基于磁流体的光纤磁场传感器技术

赵 勇 吕日清 仝锐杰 彭 昀 著

科 学 出 版 社
北 京

内 容 简 介

全书共 9 章，系统地论述了基于磁流体的光纤磁场传感技术。首先介绍磁流体的构成、制备及应用等；其次介绍磁流体微观结构的模拟及其特性分析；然后深刻阐述基于磁流体的磁控折射率、磁控双折射及磁控体形效应等特性的光纤磁场传感技术；最后探索基于磁流体的光纤磁场传感技术的矢量磁场传感特性，以及磁流体光子晶体结构的磁场传感技术。本书内容覆盖了基于磁流体的光纤磁场传感技术的方方面面，特别是对传感器的讨论细致、深入，并列举了大量的传感器设计实例。

本书适合控制科学与工程、光学工程、仪器科学与技术等专业的高年级本科生和研究生，以及该领域的研究人员和工程技术人员阅读参考。

图书在版编目（CIP）数据

基于磁流体的光纤磁场传感器技术 / 赵勇等著. —北京：科学出版社，2023.11

ISBN 978-7-03-074003-8

Ⅰ. ①基… Ⅱ. ①赵… Ⅲ. ①光纤传感器－磁场传感器－研究 Ⅳ. ①TP212

中国版本图书馆 CIP 数据核字（2022）第 224652 号

责任编辑：姜 红 常友丽 / 责任校对：韩 杨
责任印制：徐晓晨 / 封面设计：无极书装

科学出版社 出版
北京东黄城根北街 16 号
邮政编码：100717
http://www.sciencep.com
北京九州迅驰传媒文化有限公司 印刷
科学出版社发行 各地新华书店经销
*
2023 年 11 月第 一 版 开本：720×1000 1/16
2024 年 1 月第二次印刷 印张：16 1/4
字数：328 000

定价：148.00 元

（如有印装质量问题，我社负责调换）

序

磁流体是一种新型纳米功能材料，既具有磁性，又具有流动性，在光纤传感领域中展现出巨大的应用前景。

光纤磁场传感技术是光纤传感技术的重要分支，基于磁流体的光纤磁场传感器具有体积小、重量轻、灵敏度高、可分布式测量等先天优势，涉及光学、材料学、电子学、信息与系统科学等众多学科领域。

该书系统地论述了基于磁流体的光纤磁场传感技术，逻辑思路清晰，内容紧靠前沿，撰写知识全面，覆盖了磁流体的微观结构模拟分析、光学特性研究、磁场传感器技术等众多学术研究成果，同时还阐述了前沿发展方向，为磁场传感器研究提供一种新思路、新手段、新技术。该书涉及多学科交叉知识，同时为仪器仪表学科的发展打开新思路，体现了较高的研究和学术水平。

该书介绍了磁流体的构成、制备与应用，深入地探索了磁流体的微观结构及光学特性，包括基于蒙特卡罗法和分子动力学的磁流体微观模拟以及磁流体的光学特性的研究，如磁控透射率、磁控折射率、磁控双折射、磁致伸缩等特性，并提出基于磁流体磁控折射率特性的光纤法布里-珀罗（Fabry-Pérot, FP）磁场传感技术、光纤马赫-曾德尔（Mach-Zhender, MZ）磁场传感技术、光纤模间干涉磁场传感技术，提出基于磁流体磁控双折射特性的萨尼亚克（Sagnac）磁场传感技术和基于磁流体磁致伸缩效应的光纤磁场传感技术，并且纳入了基于磁流体的光纤磁场传感技术的最新研究方向——基于磁流体的光纤 FP 传感结构、单模-多模-细芯错位结构、C 型光纤等多种磁场传感结构的矢量磁场传感特性，以及磁流体光子晶体结构的磁场传感技术探索。

该书凝练了赵勇教授团队的众多重要研究成果，为后续广大研究人员的交流提供了重要基础。

刘铁根

2022 年 7 月于天津

前 言

磁流体是一种新型的纳米功能材料，是由直径为纳米级的固体磁性粒子借助表面活性剂均匀分散在载液中所形成的稳定胶体，既具有固体磁性材料的磁性，又具有液体的流动性，展现出多种丰富的特性，最早由美国国家航空航天局于1963年提出并研究，现已广泛应用于密封、润滑、浮选、研磨、传感等领域。

光纤传感技术始于1977年，伴随光纤通信技术的发展而迅速发展起来，它是衡量一个国家信息化程度的重要标志，在军事、国防、航空航天、工矿企业、能源环保、工业控制、医药卫生、计量测试、建筑监测、家用电器等众多领域得到广泛应用。

纳米功能材料磁流体的独有特性和光纤传感技术的优势，使磁流体在光纤磁场传感领域显示出新颖的应用前景，产生了基于磁流体的光纤磁场传感技术这一热门研究方向。

全书共9章内容：第1章是磁流体概述，主要综述磁流体的构成、制备、应用等；第2章是磁流体的微观模拟及特性分析，通过微观模拟、仿真分析等手段，深刻研究磁流体的本质；第3～5章是基于磁流体磁控折射率特性的光纤FP磁场传感技术、光纤MZ磁场传感技术、光纤模间干涉磁场传感技术；第6章是基于磁流体磁控双折射特性的光纤Sagnac磁场传感技术；第7章是基于磁流体磁控体形效应的光纤磁场传感技术；第8章是基于磁流体的光纤矢量磁场传感技术；第9章是基于磁流体光子晶体结构的磁场传感技术探索。

本书是由赵勇、吕日清、仝锐杰、彭昀共同撰写的，并由王希鑫协助撰写。赵勇负责本书的结构设计和统稿工作，同时主要负责撰写本书前言、第1章部分内容、第3章部分内容、第6章和第8章部分内容；吕日清主要负责撰写第2章、第5章和第9章；仝锐杰主要负责撰写第3章部分内容和第4章；彭昀负责撰写第8章部分内容；王希鑫协助撰写第1章部分内容和第7章。同时，感谢为本书相关研究工作做出贡献的硕士、博士研究生：李星、吴温龙、孙红娟、英宇、吴迪、王丹、李浩、刘璟璐、钱俊凯、王淑娜、李桂林、赵睿等。本书相关研究工作受到国家杰出青年科学基金项目“新型光电测量与传感器技术”（61425003）、国家自然科学基金联合基金重点支持项目“海洋环境温盐深磁一体化传感方法及监测网络关键科学问题研究”（U22A2021）、国家自然科学基金面上项目“新型磁流体光子晶体理论及传感技术研究”（61773102）、教育部博士点基金项目“基于磁流体纳米功能材料的新型磁光器件及传感技术基础研究”（20100042110029）、教育部新世纪优秀人才支持计划项目“磁流体光学特性及新型传感技术研究”（NCET-08-0102）等的资助，相关研究成果发表在国际著名学术期刊上，并获得省部级自然科学奖二等奖两项。

基于磁流体的光纤磁场传感器技术涉及学科众多且在不断发展，并且作者水平有限，书中可能存在不足之处，欢迎广大读者批评指正，不胜感激。亦欢迎越来越多的才智之士投身于基于磁流体的光纤磁场传感器技术的研究之中。

2022 年 7 月于秦皇岛

目　　录

第1章

磁流体概述

1.1 磁流体的构成

磁流体（magnetic fluid, MF）又称铁磁流体（ferrofluid），由磁性粒子、载液和表面活性剂三部分构成。磁性粒子在表面活性剂的包覆下，均匀地弥散在载液中形成一种固、液两相稳定的胶体悬浮液，如图 1.1.1 所示。

磁流体是一种新型的人造纳米功能性物质，它具有特殊的性质，既有磁性物质的磁性和液体的流动性，又具有磁控流变特性。因此，自研发以来深受众多学者和研究人员的广泛关注，具有很高的应用价值。1963 年，美国国家航空航天局首次研制出磁流体，并成功应用于液体火箭燃料的失重控制、宇宙飞船真空密封等。1977 年，关于磁流体制备和研发的第 1 届国际磁流体学术研讨会在意大利首次召开，之后每隔三年召开一次，促使磁流体的研究得以飞速发展。

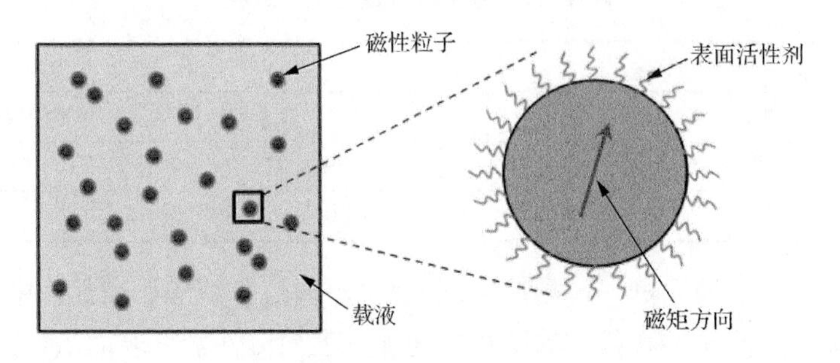

图 1.1.1　磁流体的组成

磁性粒子、载液以及表面活性剂是磁流体的主要成分[1]，影响着磁流体的性能。下面将详细介绍磁性粒子、载液以及表面活性剂的种类、作用以及应用。磁流体的性能主要取决于磁性粒子的磁特性，而磁性粒子的磁特性跟其特征尺寸有着很大的关系。从表 1.1.1 可以看出，在不同特征尺寸情况下铁磁体的磁特性有着很大的区别。

表 1.1.1 特征尺寸从宏观到原子情况下铁磁体的磁特性

物质	特征尺寸	磁特性
宏观样本	≥1μm	T_c：磁性材料从铁磁性物质/亚铁磁性物质转变成顺磁性物质的温度 当工作温度低于居里温度 T_c 时，由于磁畴结构排列整齐，物质对外显示磁性；当工作温度高于居里温度 T_c 时，金属点阵热运动的加剧破坏磁畴结构的整齐排列，物质的磁性消失
微观样本	50～1000nm	磁特性强烈依赖于样品的制作和加工方法
单磁畴磁性粒子	1～30nm	T_b：磁性材料从铁磁性物质转变成超顺磁性物质的温度 $T<T_b$ 时，磁性粒子处于铁磁性，磁性粒子的磁矩将保持原来的空间方向，这总体说明了磁性纳米粒子的磁滞现象 $T_b<T$ 时，粒子处于超顺磁性，在外磁场作用下其顺磁性磁化率远高于一般顺磁材料的磁化率，不会出现磁滞现象，当温度过高时，磁性微粒易凝聚，影响磁流体的性能
单原子	0～0.2nm	通常为顺磁特性

磁性粒子一般有铁氧体粒子、金属粒子、氮化铁粒子等，具体如表 1.1.2 所示。其中 Fe_3O_4 粒子因具有制作方便、成本低、实用性高等特点，成为最为常用的一种磁性粒子，20 世纪 70 年代以来，相应的磁流体研究成果频频出现。对于磁流体中的磁性粒子，其粒径普遍在纳米级左右，粒径过大易发生颗粒聚集沉淀，影响磁流体的稳定性。因此，磁性粒子的选取对磁流体来说尤为重要，它会影响磁流体的磁特性、稳定性以及使用价值[2]。

表 1.1.2 磁流体中磁性粒子组成

磁流体名称	磁性粒子
铁氧体磁流体	Fe_3O_4、γ-Fe_2O_3、$MeFe_2O_4$（Me=Co,Mn,Ni）
金属磁流体	Ni、Co、Fe 及其合金 Ni-Fe、Fe-Co
氮化铁磁流体	α-Fe_3N 、γ-Fe_4N

由于磁性粒子为无机固体颗粒，在载液中不能溶解或难以在载液中稳定分散，因此，必须在磁性粒子和载液的两相之间加入表面活性剂。表面活性剂又称为分散剂、稳定剂或表面涂层，不仅能吸附于磁性粒子表面，而且能被载液溶剂化，防止磁性粒子凝聚沉降。

载液是承载着磁性粒子和表面活性剂的液体，也是磁流体中含量最多的部分。载液应按不同的类型和彼此的交互作用进行筛选，同时要考虑与表面活性剂的兼容性。常见的载液及其适用的表面活性剂如表 1.1.3 所示。

表 1.1.3 载液及其适用的表面活性剂[3]

载液名称	适用的表面活性剂
水	油酸、亚油酸、亚麻酸 及它们的衍生物，以及盐类及皂类
酯及二酯	油酸、亚油酸、亚麻酸、磷酸二酯 及其他非离子界面活性剂
碳氢基	油酸、亚油酸、亚麻酸、磷酸二酯 及其他非离子界面活性剂
氟碳基	氟醚酸、氟醚磺酸及它们的衍生物，以及全氟聚异丙醚
硅油基	硅熔偶联剂、羧基聚二甲基硅氧烷
聚苯基醚	苯氧基十二烷酸、磷苯氧基甲酸

利用不同的磁性粒子、载液、表面活性剂的搭配，可以构成不同性能特征的磁流体，以适用于不同领域。表 1.1.4 列举了目前国内外常用的不同磁流体的饱和磁化强度、黏度和应用领域。

表 1.1.4 常用液体成分与磁流体的特征用途

磁流体型号	饱和磁化强度/Gs	黏度/（mPa · s）	应用领域	厂家
P-110	110	1000	扬声器	埃慕迪
P-120	110	2000	扬声器	埃慕迪
EMG304	275	<10	磁区观测、生物医学	Ferrotec
EMG708	66	<5	材料分离、金属结晶	Ferrotec
EMG900	990	60	传感器、开关和螺线管	Ferrotec
EMG905	440	<5	生物医学	Ferrotec
PBG50	55	<2	生物医学	Ferrotec
EFH1	440	<6	科普实验	Ferrotec
SS-F10B	440	—	密封	吉康

注：$1Gs=10^{-4}T$；Ferrotec 为大和热磁

1.2 磁流体的制备

磁流体中存在着磁性粒子间的磁吸引力、范德瓦耳斯力、重力以及梯度磁场力等，这些相互作用力使得磁性粒子存在着聚集的趋势，因此如何保证磁性粒子能以单个分散的状态存在于磁流体中是磁流体制备的核心问题。

20 世纪 60 年代以来，科学家开始深入研究磁流体的物理特性。经过数十年的时间，磁流体的制备技术得到飞速发展，如今，已有多种磁流体的制备方法，具体如共沉淀法、水热法和溶剂热法、氢还原法、真空蒸镀法、等离子体化学气相沉积法、气相液相反应法等。根据磁流体的主要构成成分，本节按磁性粒子的种类，将磁流体的制备分为铁氧体类、金属类以及氮化铁类这三大类，分述如下[4, 5]。

1.2.1 铁氧体类磁流体的制备

1. 共沉淀法

共沉淀法是最简单、最常用的一种制备方法，最早是由 Massart 提出[6]。在室温或较高的温度下，将二价铁离子和三价铁离子按照 1∶2 的摩尔比溶解在碱性溶液中进行混合反应。反应机理可简单表示为

$$Fe^{2+}+2Fe^{3+}+8OH^- \rightleftharpoons Fe(OH)_2+2Fe(OH)_3 \longrightarrow Fe_3O_4\downarrow+4H_2O$$

因为生成的 Fe_3O_4 不稳定，容易氧化成 γ-Fe_2O_3，因此，该反应一般在不易氧化的气氛保护下进行。反应过程中溶液的 pH 低于 11 时，有利于 Fe_3O_4 成核，pH 高于 11 时，有利于成核生长，因此 pH 一般控制在 8～14。粒子的尺寸和形貌主要取决于盐的种类、反应温度、pH 等反应参数。通过共沉淀法合成磁流体的主要方案如图 1.2.1 所示。

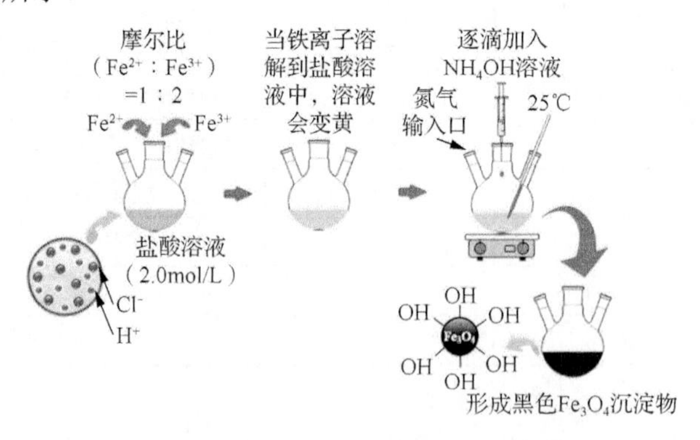

图 1.2.1 共沉淀法合成磁流体示意图[7]

整个反应过程中，粒子的生成分为两步：①浓度到达临界过饱和度时，会生成大量晶核；②随后溶质逐渐扩散到晶核表面，使晶核慢慢长大。为了制备单分散的纳米磁性粒子，这两步必须分开进行，即在晶核长大的过程中避免生成新的晶核。Wu 等[8]通过超声波结合共沉淀法，制备出平均粒径为 15nm 的 Fe_3O_4 纳米磁性粒子。使用烷醇胺类的碱性溶液，可制备粒径 4.9～6.3nm 的超顺磁 Fe_3O_4 纳

米磁性粒子[9]。共沉淀法最主要的优点是简单，可以制备出大量的磁性粒子，但磁性粒子的尺寸分布比较广，影响其应用。

2. 水热法和溶剂热法

水热法属于液相化学反应法，需在高温高压水溶液环境中进行，其中溶液温度一般为 130～250℃，压力一般为 0.3～4MPa。水热法是基于液体、固体和溶液界面中的相变和分离原理，较高的温度可促使磁性粒子快速成核并迅速长大。在水热环境中，纳米磁性粒子的形成过程分为两步：①水解和氧化；②金属氢氧化物的中和反应。如果反应容器中的水用有机溶液来替换，则称为溶剂热法。通过控制时间、温度、反应物浓度、化学计量比、溶剂、压力和反应时间等参数，实现颗粒的几何形态、粒径和尺寸分布的控制。如图 1.2.2 所示，仅通过改变铁离子的浓度和反应时间，即可获得不同形状的纳米磁性粒子。

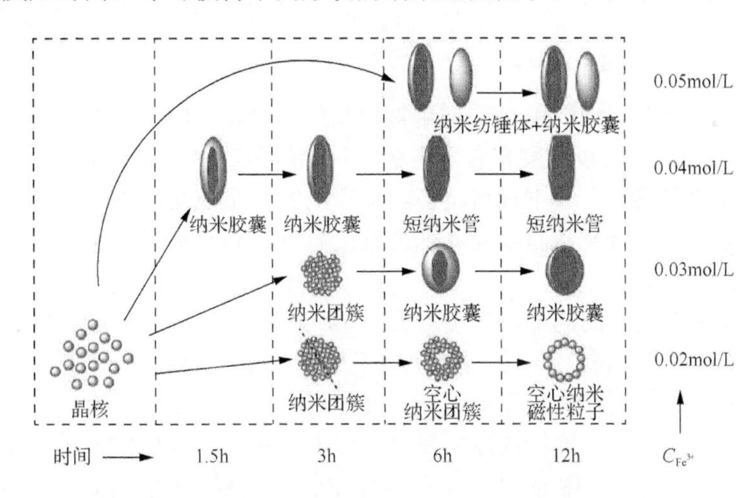

图 1.2.2　反应时间和铁离子浓度对颗粒形貌的影响[10]

水热法或溶剂热法可用来制备空心结构的颗粒和无位错的单晶颗粒。与其他制备方法相比，高温环境有利于提高颗粒的结晶度，提高纳米磁性粒子的磁性，增加晶体结构的多样化，提高粒径分布的均匀度；同时整个反应过程相对简单，且处于封闭容器中，有效避免与外界的接触和组分的挥发，有利于环境保护，但高温高压的实验环境要求增加了工业化生产的难度。

1.2.2　金属类磁流体的制备

1. 氢还原法

1983 年，S. R. Hoon 等在第 3 届国际磁流体学术研讨会上提出了制取金属粉末的方法——氢还原法[11]，并成功制备了粒径小于 8nm、面心立方晶格的含镍磁流体。氢还原法是在氮气气氛下，将$(\eta^5\text{-}C_5H_5)_2Ni$悬浮在甲苯溶液中，再通入氢气，并保持在 140～160℃的高温油浴加热此混合物至甲苯回流，经过大约 12h 后，金属颗粒覆盖容器表面，产生的黑色镍基磁流体可以通过红外光谱镜观察到。

2. 真空蒸镀法

真空蒸镀法是将金属置于真空中，通过高温加热使其蒸发成气体后，再迅速冷却使其形成细小的颗粒，然后吸附表面活性剂，再将表面活性剂包裹的纳米磁性粒子溶解在载液中形成磁流体。这种方法制备得到的磁流体具有比较高的饱和磁化强度，不过这类磁流体稳定性不好，磁性粒子容易聚集，限制了其进一步的应用。

1.2.3 氮化铁类磁流体的制备

1. 等离子体化学气相沉积法

等离子体化学气相沉积法[12]使用被电离的 N_2 与 $Fe(CO)_5$ 反应，获得氮化铁微粒。如图 1.2.3 所示，反应装置包含电极和球形反应容器。将表面活性剂和载液添加到球形反应容器中，其中球形反应容器可围绕电极转动，待 Ar、N_2、$Fe(CO)_5$ 混合均匀后，将混合物从喷嘴喷入球形反应容器，同时球形反应容器内的真空度需一直维持在 150Pa。

施加在两电极之间的电压缓慢增大，直到产生辉光，此时将 N_2 电离形成氮的等离子体。此外，$Fe(CO)_5$ 也在电弧放电下分解，生成铁离子，铁离子与氮离子结合，生成氮化铁。所形成的氮化铁粒子被包裹并沉降在由表面活性剂和载液组成的液膜中，该液膜位于旋转的球形反应容器中。反应持续约 20h 后，得到胶体物质。然后将胶体物质加热至 240℃，并搅拌 20min，加入表面活性剂和载液，蒸馏，最后得到磁流体。

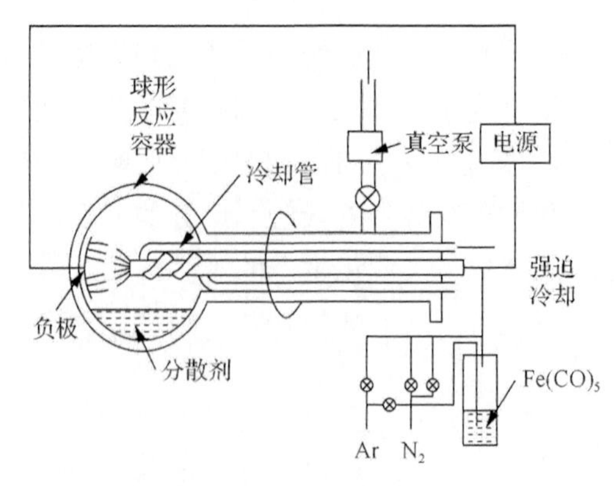

图 1.2.3 等离子体化学气相沉积法实验装置图[12]

2. 气相液相反应法

气相液相反应法是一种利用 NH_3 与 $Fe(CO)_5$ 反应生成氮化铁的方法，其反应装置如图 1.2.4 所示[13]，具体可以分为五个步骤。

1）准备阶段

向反应容器中加入溶解有表面活性剂的煤油，开动搅拌，然后将 $Fe(CO)_5$ 放入导入漏斗中，抽空系统，然后将氩气通入反应容器中进行保护，再将 $Fe(CO)_5$ 滴入反应容器。

2）前期反应阶段

通入 NH_3，将反应容器加热至 90℃，持续 1h，反应物与生成物如下：

$$Fe(CO)_5+NH_3 \longrightarrow Fe(CO)_5NH_3$$

$$Fe(CO)_5NH_3+NH_3 \longrightarrow Fe(CO)_3(NH_3)_2+2CO$$

3）升温阶段

停止通 NH_3，升高反应溶液的温度，蒸发出未反应的 $Fe(CO)_5$（沸点 105℃）。

4）后期反应阶段

在 185℃下搅拌 1h 以进行后续反应：

$$6Fe(CO)_3(NH_3)_2 \longrightarrow 2Fe_3N+18CO+10NH_3+3H_2$$

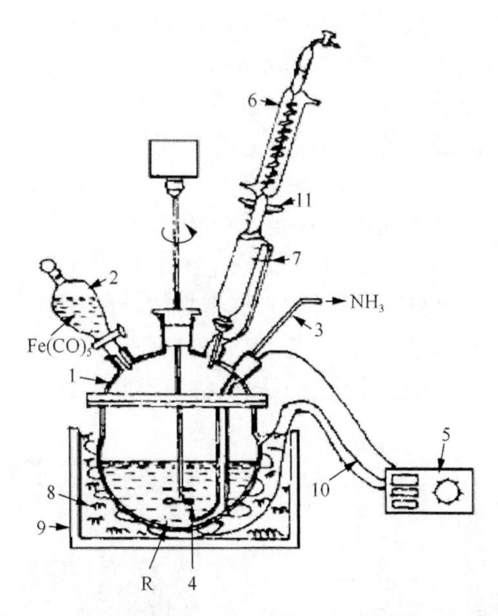

1-反应容器；2-$Fe(CO)_5$ 导入漏斗；3-导气管；4-机械搅拌；5-控温装置；6-冷凝管；7-流出漏斗；8-电阻丝；9-保温箱；10-加热导线；11-冷凝管阀；R-反应

图 1.2.4　气相液相反应法装置图[13]

5）冷却阶段

系统冷却至 140℃时，再次滴入升温阶段蒸出的 $Fe(CO)_5$。当温度降至 90℃时，通入 NH_3，并多次重复2）～5），直至 $Fe(CO)_5$ 完全反应。

1.3 磁流体的应用

磁流体是一种新型的液体磁性材料，应用领域广阔，到目前为止，已出现了许多创造性的成果[13-17]。

1.3.1 磁流体在机械领域的应用

1. 密封

磁流体密封[18]是利用外部磁场的作用产生一个固定磁流体的力，使磁流体密封膜被固定于密封间隙之中，从而将密封间隙两侧的空间隔开，并能够承受一定的压差。根据密封目的的不同，磁流体密封可以分为耐压密封和防尘防潮密封。磁流体密封原理示意图如图 1.3.1（a）所示。当磁流体被引入间隙时，通过施加外部磁场使得磁流体保持在密封间隙内，可以形成离散的液环，且承受压差而不发生任何泄漏。

当轴旋转时，由于机械运动部件彼此不接触，机械运动部件在磁流体的密封作用下运行时不会出现任何磨损。磁流体的密封压力与轴的转速成反比，当密封起作用时，磁流体不会沿轴移动，其中磁流体两侧的压差由磁表面张力平衡，磁表面张力又取决于外部磁场的方向，并且与磁流体温度成反比。此类密封件被广泛应用于化工、生化、制药、炼油等领域。

与机械密封相比，磁流体密封提供了一种经济高效且环保的密封解决方案。磁流体也被用作大功率电气开关中的馈通［图 1.3.1（b）］，以及真空密封应用中的馈通［图 1.3.1（c）］。磁流体密封和机械密封结合在一起（称为串联密封）与多个机械密封的布置相比具有多个优点。Borbáth 等[19]开发了一种适用于液化气体泵［图 1.3.1（d）］、压缩机以及真空沉积设备的串联密封。

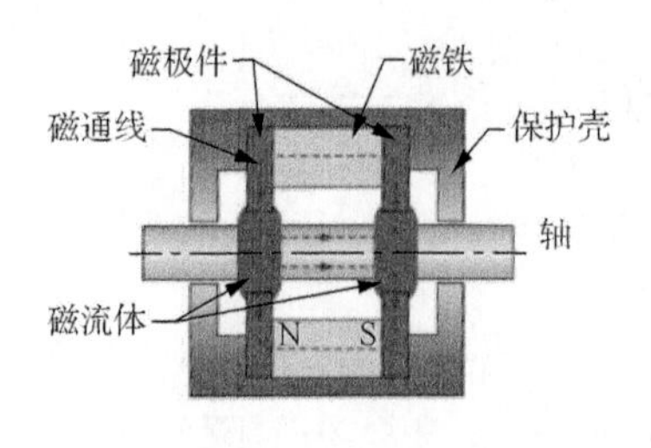

（a）磁流体密封原理示意图

（b）大功率电气开关的磁流体馈通

（c）晶体生长设备的磁流体真空馈通

（d）液化气体泵的机械磁流体串联密封

图 1.3.1 磁流体的密封原理及应用[19]

2. 润滑

磁流体润滑除了具有一般滑动轴承的特点——承载能力大、抗振性能好、使用寿命长，还具有无端泄和无磨损的特点[20]。磁流体润滑剂可用于动压润滑的轴颈轴承、推力轴承、各种滑动座和表面相互接触的复杂运动机构。这种润滑剂使用方便可靠、消耗少、磨损小，可以节省泵和其他辅助设备，实现连续润滑。图 1.3.2 显示了在有磁场和无磁场的情况下，滚动体和滚道之间的磁流体中磁性粒子的分布。在无磁场施加的情况下，磁性粒子以布朗运动的方式均匀地分散在载液中。在润滑过程中，由于磁性粒子的微滚珠效应和表面修复作用，磁性粒子在摩擦侧表现出减摩作用。当施加磁场时，磁性粒子通过磁矩相互吸引，沿磁场呈链状排列，从而增加磁流体的黏度，显著提高结构强度，增加油膜的稠度，提高润滑膜的承载能力，增强润滑效果[21]。

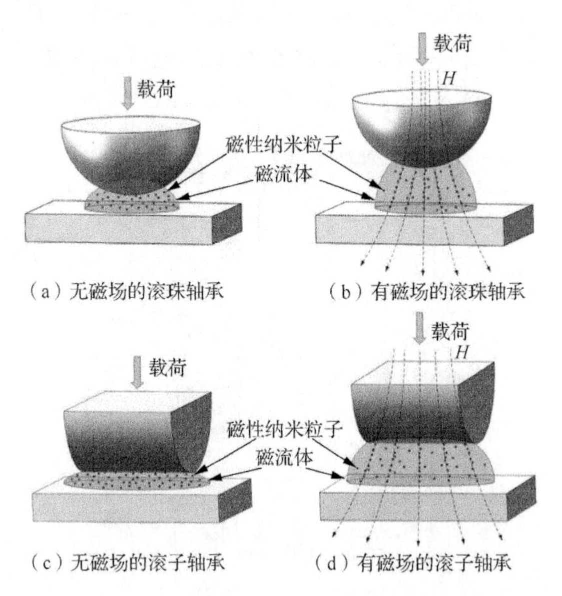

图 1.3.2 磁性纳米粒子在润滑部位的分布[20]

3. 研磨

磁流体研磨加工技术是利用磁流体本身的液体流动性和分散在磁流体中的磨料，在外加磁场的作用下，与安全阀表面产生滑动、滚动、切削等相对运动，以实现对磨削工件表面精加工的技术。

4. 阻尼

磁流体阻尼的作用分为三部分：增加振动阻尼、减小共振、改善频率特性。磁流体阻尼的工作原理是，当外层非磁性壳体的转速改变时，外层壳体与磁极之间就会产生转速差，然后通过外部磁场的调控，磁流体会产生剪切应力，驱动磁极转动，直至外层壳体与磁极的转速差消失，从而减小转速变化时的输出速度振荡。同时，磁流体阻尼还具有无机械磨损、频率低、振幅小、可磁控阻尼大小等特点，目前广泛应用于步进电机和伺服电机等[22]。

1.3.2 磁流体在光学领域的应用

磁流体拥有特殊的光学特性，如磁流体折射率可控性、热透镜效应、磁光效应及旋光效应等[23]，磁流体在光学领域上也具有很大的发展潜力。最近几年，随着光学器件及光传感领域的飞速发展，磁流体在光学上的潜在价值不断被挖掘出来，很多科研人员对磁流体的光学特性及其在光学器件和传感领域的应用进行了大量的研究，设计了基于磁流体的光学器件及传感器，如光开关、可调谐光栅、光调制器和波分复用器等。Hu 等[24]研制了基于磁流体填充法布里-珀罗（Fabry-Pérot, FP）腔的电流传感器，如图 1.3.3 所示。当外部线圈的电流发生改变，线圈内部的磁场

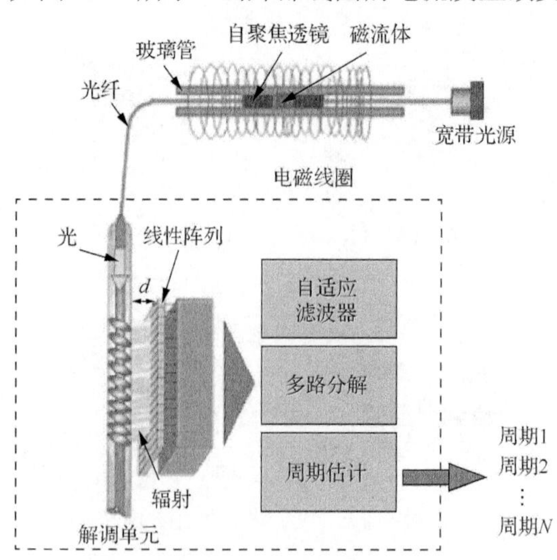

图 1.3.3　传感器结构和波长测量系统

也随之改变，而磁流体的折射率随着外部磁场强度的变化而发生改变，从而改变了 FP 腔体谐振峰的中心波长。透过 FP 腔的光经过光纤光栅，反射出的光被光电阵列接收，转换成电信号后经处理就可得出线圈电流的大小。

1.3.3　磁流体在医学领域的应用

磁流体在医药领域中的应用也在不断地被发掘。医学领域中的磁流体必须具有生物兼容性和降解性。因此，医用磁流体的载液是水，表面活性剂主要是蛋白质或葡萄糖、淀粉等，磁性粒子多为可以被身体器官从血液中除去的 Fe_2O_3 或 Fe_3O_4。磁流体可以和药物混合后注入血液中，也可以利用 X 射线在外加磁场的作用下对肠胃进行检查。在对癌症病人进行治疗时，利用磁场梯度，磁流体可以使得红细胞和白细胞有效地分离，同时磁流体还在人体骨髓移植方面具有突出的贡献。除此之外，磁流体在医学上的应用还包括局部热疗和全身热疗、肿瘤的磁栓塞封死治疗、磁性靶向药物载体等。Wu 等[25]回顾了磁粉成像和神经成像的原理和应用，对中风小鼠大脑中信号的保留和定位进行了监测。超顺磁性氧化铁纳米磁性粒子标记的脑内巨噬细胞情况如图 1.3.4 所示，可以清楚地看到，氧化铁纳米磁性粒子标记的细胞在 48h 内数量达到最高，随后逐渐减少，但即使在注射 96h 后仍能检测到标记细胞的存在。随着科学的发展，磁流体会在医学领域具有更加广阔的应用前景。

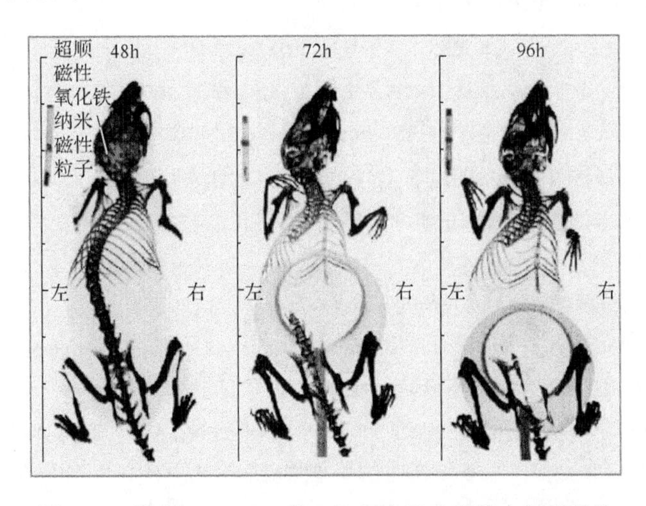

图 1.3.4　注射 48h、72h 和 96h 后中风小鼠脑内超顺磁性氧化铁纳米磁性粒子标记的巨噬细胞[25]

参 考 文 献

[1] Motozawa M, Ishii S, Fukuta M. Experimental study on contribution of clustering structure to surface tension change of magnetic fluid under magnetic field[J]. Journal of Magnetism and Magnetic Materials, 2019, 499: 166285.

[2] 邓浩然. Fe-Co 基合金磁流体的制备研究[D]. 沈阳: 沈阳工业大学, 2019.

[3] 夏肆华. 磁流体的制备及其性质研究[D]. 宁波: 宁波大学, 2011.

[4] 孙晓宁. 碘化油磁流体纳米颗粒的制备及其在肿瘤热疗中的应用[D]. 济南: 山东大学, 2016.

[5] Patel D A, Attri M J, Patel D B. Performance of hydrodynamic porous slider bearing using water based magnetic fluid as a lubricant: Effect of slip and squeeze velocity[J]. Journal of Scientific & Industrial Research, 2021, 80(6): 508-512.

[6] Massart R. Preparation of aqueous magnetic liquids in alkaline and acidic media[J]. IEEE Transactions on Magnetics, 1981, 17(2): 1247-1248.

[7] Askaripour H, Vossoughi M, Khajeh K, et al. Magnetite nanoparticle as a support for stabilization of chondroitinase ABCI[J]. Artificial Cells, 2019, 47(1): 2721-2728.

[8] Wu S, Sun A Z, Zhai F Q, et al. Fe_3O_4 magnetic nanoparticles synthesis from tailings by ultrasonic chemical co-precipitation[J]. Materials Letters, 2011, 65(12): 1882-1884.

[9] Pereira C, Pereira A M, Fernandes C, et al. Superparamagnetic MFe_2O_4(M = Fe, Co, Mn) nanoparticles: Tuning the particle size and magnetic properties through a novel one-step coprecipitation route[J]. Chemistry of Materials, 2012, 24(8): 1496-1504.

[10] Wu W, Xiao X H, Zhang S F, et al. Large-Scale and controlled synthesis of iron oxide magnetic short nanotubes: Shape evolution, growth mechanism, and magnetic properties[J]. Journal of Physical Chemistry C, 2010, 114(39): 16092-16103.

[11] Hoon S R, Kilner M, Russell G J, et al. Preparation and properties of nickel ferrofluids[J]. Journal of Magnetism and Magnetic Materials, 1983, 39(1-2): 107-110.

[12] 王瑞金. 氮化铁磁流体的制备与稳定性[J]. 科技通报, 2005, 21(3): 342-346.

[13] 李海泓, 李学慧, 刘宗明. 氮化铁磁流体的制备技术[J]. 化学工程师, 2000(2): 17-19.

[14] 浦鸿汀, 蒋峰景. 磁流变液材料的研究进展和应用前景[J]. 化工进展, 2005, 24(2): 132-136.

[15] 刘俊红, 顾建明. 磁流体的热力学特性和应用[J]. 功能材料与器件学报, 2002, 8(3): 314-318.

[16] 陈险峰, 卜胜利, 廖尉均, 等. 纳米磁流体的光学性质及其在光信息领域的应用[J]. 激光与光电子学进展, 2005, 42(12): 5-6.

[17] 祁冠方, 韩军, 胡文续. 磁性流体及其应用[J]. 液压与气动, 2000(4): 46-48.

[18] Li Z X, Li S X, Wang X, et al. Numerical simulation and experimental study on magnetorheological fluid seals with flexible pole pieces[J]. IEEE Transactions on Magnetics, 2021, 57(10): 1-7.

[19] Borbáth T, Bica D, Potencz I, et al. Leakage-free rotating seal systems with magnetic nanofluids and magnetic composite fluids designed for various applications[J]. International Journal of Fluid Machinery and Systems, 2011, 4(1): 67-75.

[20] Peng H, Shang G L, Zhang H, et al. Device for simulating fluid microgravity environment based on magnetic compensation method and research on magnetic fluid lubrication performance of oil film bearing[J]. Advances in Materials Science and Engineering, 2022, 2022: 2388622.

[21] Wang A, Pan J B, Ye J, et al. Structural design and magnetic field analysis on magnetic fluid lubricated bearings[J]. The Journal of Engineering, 2022, 2022(6): 644-655.

[22] 韩调整, 黄英, 黄海舰. 磁流体的制备及应用[J]. 材料开发与应用, 2012, 27(4): 86-98.

[23] Zhang C C, Pu S L, Hao Z J, et al. Magnetic field sensing based on whispering gallery mode with nanostructured magnetic fluid-infiltrated photonic crystal fiber[J]. Nanomaterials, 2022, 12(5): 862.

[24] Hu T, Zhao Y, Li X, et al. Novel optical fiber current sensor based on magnetic fluid[J]. Chinese Optics Letters, 2010(4): 392-394.

[25] Wu L C, Zhang Y, Steinberg G, et al. A review of magnetic particle imaging and perspectives on neuroimaging[J]. American Journal of Neuroradiology, 2019, 40(2): 206-212.

第 2 章

磁流体的微观模拟及特性分析

第 1 章已经针对磁流体构成、制备、应用等做了基本概述。本章将通过理论建模、仿真分析、实验验证等多个角度，从微观尺度去研究磁流体的光学特性，诸如磁流体的磁控透射特性、磁控折射率特性、磁控双折射特性等。

2.1 磁流体微观结构的分析方法及其模拟的关键问题

2.1.1 磁流体微观结构的分析方法

磁流体是一种新型的纳米磁性功能材料，其微观结构的排列规律与磁流体的物理特性有着密切联系。因此，磁流体微观结构排列规律的研究对揭示磁流体的物理特性具有显著的意义。近年来相关科研人员经过不断努力，在理论方面已经取得重大进展。1997 年，Rosenzweig[1]首先取得了开拓性进展，提出了关于磁流体的热力学和流体动力学的方程模型。在此基础上，伴随着运算能力的飞速增长以及一批高效算法的相继产生，科学家开始尝试用理论建模的方法去研究磁流体微观结构体系。目前，已经有一些理论分析方法用于粒子的移动和微观结构的仿真，比如分子力学（molecular mechanics）方法、蒙特卡罗法（Monte Carlo method, MCM）、分子动力学方法（molecular dynamics method, MDM）、随机动力学方法（stochastic dynamics method, SCM）、布朗动力学方法（Brownian dynamics method, BDM）、朗之万动力学方法（Langevin dynamics method, LDM）、格子玻尔兹曼方法（lattice Boltzmann method, LBM）、耗散粒子动力学法（dissipative particle dynamics method, DPDM）。磁流体仿真方法的整个发展过程如图 2.1.1 所示，这些数值模拟方法成为宏观实验观测现象与其微观结构模型的纽带。

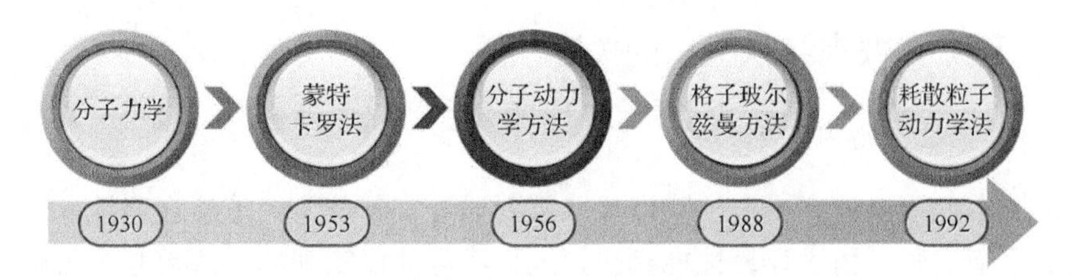

图 2.1.1　磁流体仿真方法的发展过程

1999 年，Satoch 等[2]提出基于布朗动力学方法分析磁流体在布朗效应比较显著情况下的微观结构变化规律，能够很好地反映出磁流体微观结构从离散到团簇的过程。2005 年，Castro 等[3]提出基于蒙特卡罗法分析磁流体在有无磁场条件下微观结构的变化规律，并总结出一种多粒径分布的模型。同年，宣益民等[4]提出基于格子玻尔兹曼方法仿真分析磁流体微观结构的变化规律，在外加磁场作用下，随着时间的变化，磁性粒子构成的链状结构更加明显。2007 年，李强等[5]提出基于分子动力学方法仿真分析三种不同磁偶极子的磁流体在无磁场和有磁场情况下微观结构变化的规律，磁流体中的磁性粒子在无磁场情况下呈团簇状态，而在有磁场情况下逐渐呈链状排列。2011 年，王士彬等[6]提出基于耗散粒子动力学法仿真分析磁流体内磁性粒子和载液的相互作用。现有的磁流体微观结构仿真的四种主要方法优缺点如表 2.1.1 所示。仿真方法改进的几个方向如下：①磁流体微观结构的动态模拟可以使仿真结构更加客观真实；②假设条件的减少可以使得到的仿真结构与实际结构更相符；③算法的改进能够减少程序的运行时间。

表 2.1.1　磁流体微观结构仿真方法的比较

研究方法	理论	优点	缺点
分子动力学方法[6,7]	单个粒子的受力分析	粒子移动的效率高，能客观反映粒子真实作用力下运动情况	矢量计算复杂，较难实现长时间的物理过程模拟
蒙特卡罗法[8]	体系能量最低理论	能够反映系统宏观能量的变化情况	计算量大，不能确定每个粒子的真实移动轨迹
格子玻尔兹曼方法[4]	求解粒子的分布函数	算法具有并行性，边界简单	不能确定粒子真实移动轨迹，不易确定粒子分布函数的平衡态
耗散粒子动力学法[6]	粒子团簇的受力分析	模拟粒子变化过程的时间变长	矢量算法更复杂

2.1.2 磁流体微观结构模拟的关键问题

1. 微观结构的周期性拓展

原则上，模拟仿真模型的物理尺寸需要逼近宏观体系，才能客观地反映出体系的热平衡性质。由于计算性能有限，人们不可能以宏观体系的尺寸去实现磁流体的微观模拟，通常选取几百个粒子所构成的小体系作为研究对象。显然，用这样小的体系获得任何与宏观状态有关的信息都是不确切的，其中最主要原因是小体系表面的影响。假如少数粒子被限制在一个孤立有限的单体中，会使该体系具有极大的比表面，那么模拟的结果会显示所有的粒子都趋向仿真单体的表面，显然宏观体系中并不存在这种所有粒子趋于表面的表面效应。为了消除小体系过大比表面积的影响，在模拟过程中引入“周期性边界条件”[9]，将仿真的小体系在空间上进行无限次拓展，形成一个无限大空间点阵。在仿真过程中，当一个粒子从仿真的小体系中移动出去时，将会在相对应映像面处再次进入该体系，确保仿真体系中粒子个数不变。即所研究的体系不存在壁面和边界，其二维直观示意图如图 2.1.2 所示。

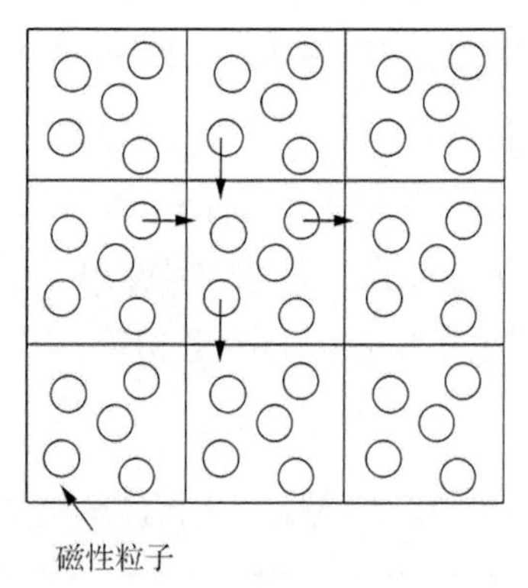

图 2.1.2 微观结构的周期性拓展

2. 粒子作用的截断范围

粒子间的作用范围和计算机运算能力是有限的，因此，以粒子间作用能为例计算粒子间的相互作用能时，由于周期性边界条件，不同单体单元之间存在相互作用，每一粒子与其他粒子的相互作用将延至无穷远，能量的计算也由此变得非常复杂[10]。静磁势能和范德瓦耳斯势能的作用范围较小，粒子表面活性剂引起的排斥作用只有在 $d_{\mathrm{p}}+2\delta$ 的范围内才会发生，而远距离处的粒子作用能则可以忽略不计。为了降低运算量，模拟中计算以粒子为中点、特定长度为半径的球体范围内的总能量，以近似计算体系的能量，如图 2.1.3 所示。

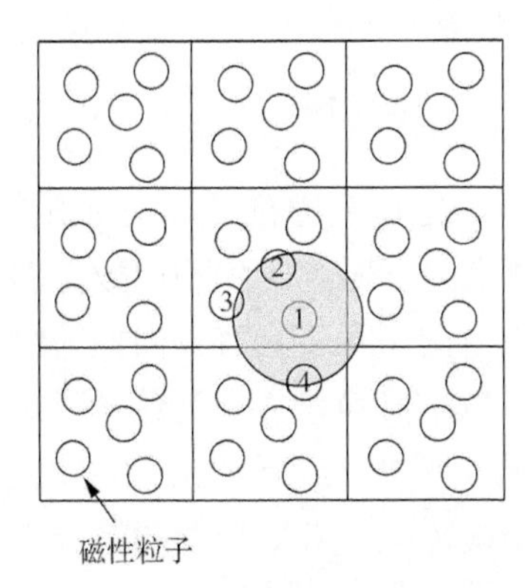

图 2.1.3　粒子的能量截断范围

将截断距离确定为一个常数，作用范围则为以中心粒子为中心的圆球，称其为截断球，中心粒子与其他粒子相互作用仅涉及球体范围内粒子。对于图 2.1.3 中粒子 1 来说，由于粒子 2、粒子 3 和粒子 4 在截断球内，而其他粒子都在截断距离外，因而在计算粒子 1 具有的能量或受力时，仅考虑粒子 2、粒子 3 和粒子 4 对粒子 1 的贡献。粒子 i 所具有的能量为

$$U_i = U_{im} + U_{iv} + U_{ir} \tag{2.1.1}$$

式中，U_{im}、U_{iv}、U_{ir} 分别为粒子 i 与在截断范围内的其他粒子的静磁势能总和、表面活性剂排斥势能总和、范德瓦耳斯势能总和。体系的总能量为

$$U = \sum_{i=1}^{N}(U_i / 2 + U_{ih}) \tag{2.1.2}$$

式中，N 为体系包含的粒子个数；U_{ih} 为外加磁场下粒子 i 具有的磁势能。

3. 粒子状态的初始化

粒子初始化状态将影响体系的模拟过程，一般通过随机产生粒子坐标的方式实现，这符合自然规律。但是由于粒子具有一定的半径，因此随机产生的粒子可能存在重叠。为了保证粒子不重叠，就需要随机产生更多的位置以实现粒子不重叠。但这样的效率不高，且浓度越高粒子越多，就会导致初始化时间迅速增大。因而仿真中采用的是晶格分布法[11]而不是随机分布法，通过晶格分布法产生粒子的初始坐标位置，在每个晶格上的粒子叠加了微弱的随机扰动，实现快速初始化操作。

图 2.1.4（a）、（b）中 a 为粒子间距，将晶格沿各坐标轴进行 $Q-1$ 次扩展，则二维结构中粒子数 $N=Q^2$，仿真区域边长 $L=Qa$，则仿真粒子面积浓度

$\phi_s = N \cdot \pi(d/2)^2 / L^2$，粒子数浓度$n = N / L^2$。三维结构中粒子数$N = Q^3$，仿真区域边长$L = Qa$，则仿真粒子体积浓度$\phi_s = N \cdot \dfrac{4}{3}\pi(d/2)^3 / L^3$，粒子数浓度$n = N / L^3$。仿真过程中通过给定体系的粒子数与面积浓度或者体积浓度，反解出粒子间距a，在体系中心建立坐标系，产生相应数量的粒子坐标，并附加给一定的随机扰动。关于粒子磁矩方向，对于具有方向性的粒子如杆形[11]、椭球形等，因为粒子本身具有方向，可以定义粒子方向为粒子磁矩方向；而对于球形粒子，因为粒子本身没有方向之说，所以要给球形粒子附加一个向量作为粒子磁矩。在磁场中，磁流体的纳米粒子被磁化，其磁矩指向趋于磁场方向。

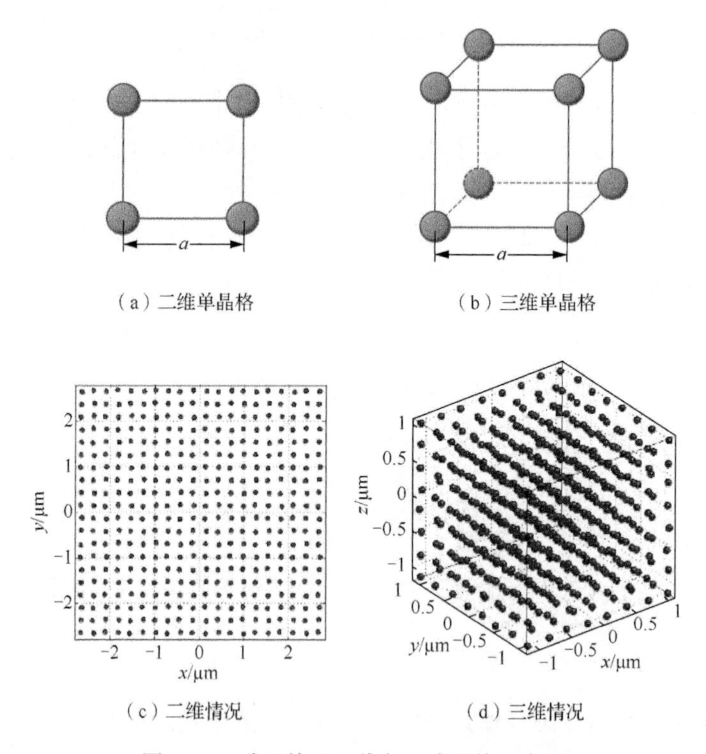

（a）二维单晶格　（b）三维单晶格

（c）二维情况　（d）三维情况

图 2.1.4　球形粒子二维与三维晶格示意图

磁性粒子的磁化强度定义为单位体积的磁矩。对于顺磁性物质，磁化强度与外加磁场是线性关系。当外加磁场足够大时，体系达到饱和磁化强度。当外加磁场较小时，体系中各粒子磁矩不完全指向外加磁场方向，而是在与磁场有一定夹角范围内随机分布。给定外加磁场就能找到粒子磁矩分布范围，利用随机数产生粒子磁矩指向。综合粒子位置晶格分布和粒子磁矩与外加磁场关系，产生的二维与三维结构仿真的初始化如图 2.1.4（c）、（d）所示。

2.2 基于蒙特卡罗法的磁流体微观模拟

2.2.1 微观结构模拟的物理机制

磁流体是一种磁性液体，其磁性主要取决于纳米磁性粒子的磁特性，而纳米磁性粒子的磁特性跟其表观尺寸有着很大的关系，这在第 1 章中已经有相应描述。磁流体在常态下放置不会发生聚沉或分层现象，能够长期保持稳定。在外加磁场作用下，纳米磁性粒子的磁矩会逐渐偏向磁场方向，磁性粒子间产生较强的磁偶极子作用力，使得磁流体粒子聚集成一定的结构，这种结构将影响磁流体的光学特性。对该结构形成过程及影响因素进行研究，有利于寻找规律，实现磁流体的结构可控性，将磁流体的特殊光学性质应用到光学传感以及磁记录等各个方面。

1. *磁偶极子模型*

图 2.2.1 是经典的磁偶极子相互作用模型[12]。因为磁流体中纳米磁性粒子粒径约为 10nm，属于单磁畴的范围，具有超顺磁的特性，当施加足够强度的磁场之后，粒子磁矩迅速响应，取向与磁场方向一致。由于铁纳米磁性粒子为单畴状态，磁偶极矩均为 m，粒子间距为 r_{ij}，包裹的表面活性剂厚度为 δ，粒子体积为 V_1、V_2，两粒子位置连线与磁场的夹角为 θ。

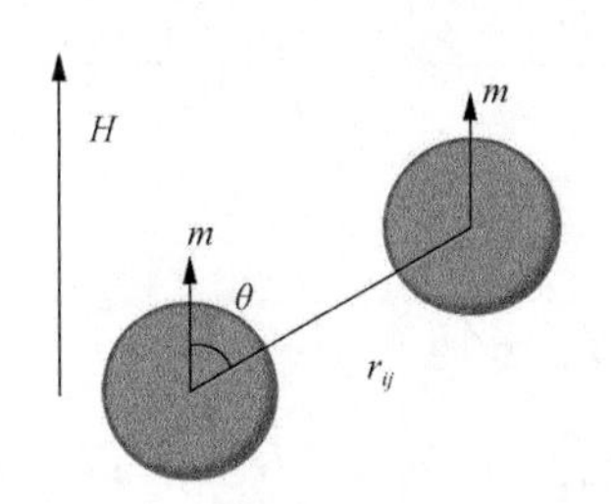

图 2.2.1　磁偶极子相互作用模型

两磁性粒子的相互作用能 U_m 为

$$U_m = -\frac{\mu_0 m^2}{4\pi r_{ij}^{\ 3}}(3\cos\theta^2 - 1) \tag{2.2.1}$$

当两粒子位置排布与外加磁场方向一致时，$\theta = 0°$，它们之间的 U_m 表现为

$$U_m = -\frac{\mu_0 m^2}{2\pi r_{ij}^{\ 3}} \tag{2.2.2}$$

当两粒子位置排布与外加磁场方向垂直时，$\theta = 90°$，它们之间U_m表现为

$$U_m = \frac{\mu_0 m^2}{4\pi r_{ij}^{\ 3}} \qquad (2.2.3)$$

可以推算当$\theta = 54.7°$时，$U_m = 0$，是两个粒子相吸与相斥的交界。两个粒子之间的相互作用力在与磁场夹角为0°～54.7°时表现为吸引能，54.7°～90°时表现为排斥能。由粒子静磁势能的分析可得，磁性粒子在磁场作用下会形成球形长链，球链间相互靠近，球形粒子交错排列，能够形成合并链。

2. *磁流体势能分析*

磁流体中的磁性粒子假设为单一的粒径相同的球形粒子，粒子表面包裹一层活性剂分子，磁性粒子所受的作用势主要有外加磁场作用势能U_{h_i}、磁偶极子作用势能$U_{m_{ij}}$、包裹表面活性剂而具有的排斥势能$U_{v_{ij}}$和粒子间范德瓦耳斯势能$U_{r_{ij}}$，表达式分别为

$$U_{h_i} = -\mu m \cdot H = -\mu |m||H| n_i \cdot h \qquad (2.2.4)$$

$$U_{m_{ij}} = \frac{\mu_0 m^2}{4\pi d_{\mathrm{p}}^{\ 3}} \left(\frac{d_{\mathrm{p}}}{r_{ij}}\right)^3 \left(\left(n_i \cdot n_j\right) - 3\left(n_i \cdot t_{ij}\right)\left(n_j \cdot t_{ij}\right)\right) \qquad (2.2.5)$$

$$U_{v_{ij}} = \frac{\pi d_{\mathrm{p}}^{\ 2} \xi kT}{2} \left(2 - \frac{r_{ij}}{\delta} \ln\left(\frac{d}{r_{ij}}\right) - \frac{r_{ij} - d_p}{\delta}\right) \qquad (2.2.6)$$

$$U_{r_{ij}} = -\frac{A}{6}\left(\frac{2}{L_v^{\ 2} + 4L_v} + \frac{2}{(L_v + 2)^2} + \ln\left(\frac{L_v^{\ 2} + 4L_v}{(L_v + 2)^2}\right)\right) \qquad (2.2.7)$$

式中，下标i和j为粒子标号；μ_0为真空磁导率；d_{p}为粒子粒径；δ为表面活性剂厚度；r_{ij}为粒子间距；d为磁性粒子包裹表面活性剂后的整体直径，$d = d_{\mathrm{p}} + 2\delta$；$\xi$为磁性粒子单位面积上的表面活性剂分子的个数；$A$为哈马克（Hamaker）常数；$L_v = \frac{2r_{ij}}{d_{\mathrm{p}}} - 2$；$n_i$和$n_j$表示粒子磁矩的单位向量，分别为$n_i = m_i / m$，$n_j = m_j / m$；$m$为磁性粒子的固有磁矩；$r_{ij} = r_i - r_j$，其中$r_i$和$r_j$是粒子的位置向量；$t_{ij}$表示两粒子的相对位置的单位向量，$t_{ij} = r_{ij} / |r_{ij}|$；$h$为外加磁场的单位向量，$h = H / |H|$；$k$为玻尔兹曼常数；$T$为热力学温度。为了研究磁偶极子作用势、外加磁场作用势以及粒子间排斥势对磁流体结构的影响，定义以下无量纲参数：

$$\lambda_h = \frac{\mu m H}{kT} \tag{2.2.8}$$

$$\lambda_m = \frac{\mu_0 m^2}{4\pi d_\mathrm{p}^{\ 3} kT} \tag{2.2.9}$$

$$\lambda_v = \frac{\pi d_\mathrm{p}^{\ 2} \xi}{2} \tag{2.2.10}$$

$$\lambda_r = \frac{A}{6kT} \tag{2.2.11}$$

式中，λ_h 表示外加磁场作用势强度；λ_m 表示磁偶极子作用势强度；λ_v 表示由活性剂分子层引起的排斥势强度；λ_r 为范德瓦耳斯势能强度；k 为玻尔兹曼常数；T 为磁流体的热力学温度，取为 300K。

引入无量纲单位后各势能函数表达式可以简化为

$$U_{h_i}^* = -\lambda_h n_i \cdot h \tag{2.2.12}$$

$$U_{m_{ij}}^* = \lambda_m \left(\frac{d_\mathrm{p}}{r_{ij}}\right)^3 \left(\left(n_i \cdot n_j\right) - 3\left(n_i \cdot t_{ij}\right)\left(n_j \cdot t_{ij}\right)\right) \tag{2.2.13}$$

$$U_{v_{ij}}^* = \lambda_v \left(2 - \frac{r_{ij}}{\delta} \ln\left(\frac{d}{r_{ij}}\right) - \frac{r_{ij} - d_\mathrm{p}}{\delta}\right) \tag{2.2.14}$$

$$U_{r_{ij}}^* = -\lambda_r \left(\frac{2}{L_v^{\ 2} + 4L_v} + \frac{2}{(L_v + 2)^2} + \ln\frac{L_v^{\ 2} + 4L_v}{(L_v + 2)^2}\right) \tag{2.2.15}$$

经计算，两个磁流体粒子之间各部分势能与磁场方向的关系如图 2.2.2（a）、（b）所示。

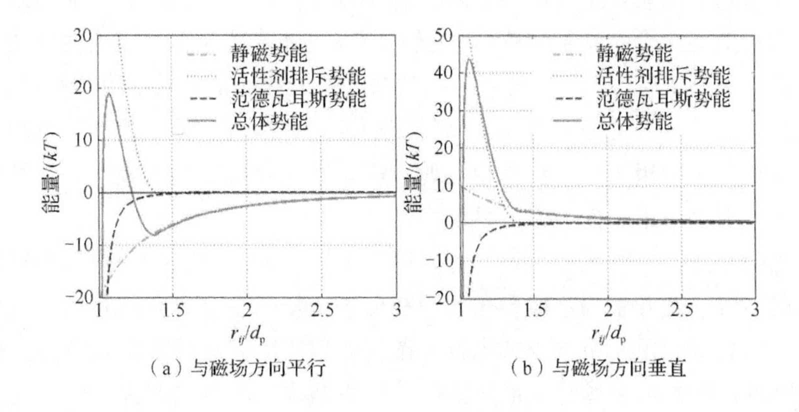

（a）与磁场方向平行　　（b）与磁场方向垂直

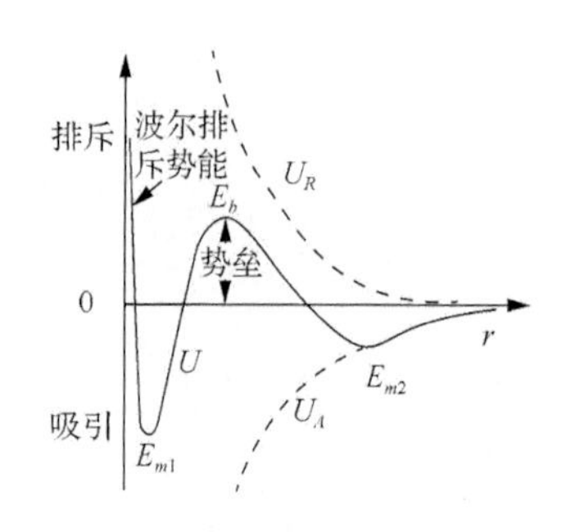

（c）胶体系统的势能曲线

图 2.2.2　磁流体两粒子间势能分析

由图 2.2.2（a）可见，微粒静磁势能表现为吸引能，大小与 r_{ij}^3 成反比，衰减较快，粒子间距在 3 倍粒径处就接近于零。静磁势能的存在使得总势能曲线上出现了一个极大值点。当两粒子慢慢远距离接近时，活性剂排斥势能表现为短程排斥，在距离接近 $d_\mathrm{p}+2\delta$ 时，活性剂排斥势能是急剧上升的，将总势能曲线快速升高，出现了一个极大值点。刚性模型的范德瓦耳斯势能表现为短程吸引，并在距离接近粒径处，急剧增大，将总势能拉低，形成又一个极小值。在图 2.2.2（b）中，静磁势能表现为排斥能，总势能中缺少了一个极小值。这种稳定机制与胶体的稳定机制具有相似性，图 2.2.2（c）为胶体系统的势能曲线。胶体系统中有一个极大值 E_b、两个极小值 E_{m1} 和 E_{m2}，分别称作势垒、第一极小值与第二极小值。若胶体系统势能曲线中势垒很低甚至接近于零，胶体系统就将发生聚沉现象。粒子在引力势下互相靠近，由于势垒很低，粒子的热运动很容易克服势垒的阻挡到达第一极小值处，形成稳定的缔合结构，随着缔合结构体量增大，胶体系统失稳发生絮凝或聚沉。因而胶体系统是否发生絮凝或聚沉完全取决于势垒的高低，一般势垒高于 $15kT$ 时就能阻止聚沉的发生。两粒子在第二极小值处也能形成缔合结构，从能量趋势图看，形成的缔合结构并不稳定，略微加热或者略加搅动即可被拆散，这种微弱缔合结构被称作弱絮凝。所以胶体系统能否稳定主要取决势垒的大小和第二极小值是否存在，若不存在势垒和第二极小值，系统因不稳定而聚沉；若存在第二极小值，但势垒较小，系统弱稳定，稍微有些外界扰动都可能使系统失稳；若存在第二极小值，势垒也相对较高，系统将处于弱絮凝状态，稳定；若势垒很高，不存在第二极小值，系统稳定。

对比图 2.2.2（a）、（b）、（c）可以得出结论：磁流体在外加磁场平行方向存在第二极小值，会发生弱絮凝现象，而在外加磁场的垂直方向没有第二极小值，不会发生弱絮凝现象。所以外加磁场使磁流体发生的弱絮凝现象具有方向性，可以预见磁流体在外加磁场时将形成方向性聚集结构，即链状结构。

2.2.2　基于蒙特卡罗法的建模

磁流体中磁性粒子的运动包括平动运动和转动运动，平动运动指粒子在合力作用下所产生的直线运动，而转动运动指粒子磁矩在各种转矩作用下的旋转运动。蒙特卡罗法仿真是用粒子位置的随机平动与粒子磁矩的随机转动进行仿真的。当一个体系处于热平衡状态时，其能量也处于最低状态[13]。磁流体作为一个系统，其总势能计算公式为

$$U=\sum_{i=1}^{N}\left(U_{ih}+\sum_{j=1,j\neq i}^{N}(U_{m_{ij}}+U_{v_{ij}}+U_{r_{ij}})\right) \tag{2.2.16}$$

假设 i 粒子迁移前系统的总势能为 U_1，i 粒子迁移后的系统总势能为 U_2。如果 $U_2\leqslant U_1$，那么迁移有效；若 $U_2>U_1$，此次迁移发生的概率为 $\exp\left[-\left(U_2-U_1\right)/(kT)\right]$[14]。当体系总势能在模拟的过程中基本保持不变的时候可以认为体系达到了热平衡状态。

蒙特卡罗法模拟磁流体微观结构的主要步骤如下：

（1）确定体系中粒子的初始位置与初始磁矩方向。

（2）以当前状态为状态 i，计算关于状态 i 的体系总势能 U_i。

（3）随机或者顺序选取一个粒子，命名为粒子 α。

（4）给粒子 α 一个随机的平动量，计算新状态下的体系总势能 U_j。

（5）若 $U_j\leqslant U_i$，采纳新状态为当前状态 j，转到步骤（7）。

（6）若 $U_j>U_i$，计算转移概率 $P_1=\exp\left[-\left(U_j-U_i\right)/(kT)\right]$，产生一个随机数 R_1。若 $R_1\leqslant P_1$，采纳新状态为当前状态 j，转到步骤（7）；若 $R_1>P_1$，拒绝新状态，以状态 i 为当前状态 j，转到步骤（7）。

（7）改变粒子 α 的磁矩方向，计算新状态下的体系总势能 U_k。若 $U_k\leqslant U_j$，采纳新状态为当前状态 k，转到步骤（2）。

（8）若 $U_k>U_j$，计算转移概率 $P_2=\exp\left[-\left(U_k-U_j\right)/(kT)\right]$，产生一个随机数 R_2。若 $R_2\leqslant P_2$，采纳新状态为当前状态 k，转到步骤（2）；若 $R_2>P_2$，拒绝新状态，以状态 j 为当前状态 k，转到步骤（2）。

此处，利用蒙特卡罗法对磁性液体薄膜在有无外加磁场作用下的三维空间结构进行模拟，但是所采用的粒子模型是均匀分布的单个纳米磁性粒子相互作用形成的链状结构模型，形成的链状结构在纳米量级，在光学显微镜下不可见。然而通过实验观测发现，磁流体无外加磁场作用下形成团簇和有外加磁场作用下形成链状结构，可在光学显微镜中观测到。通过计算可知，单个粒子（粒径 10nm）间

的相互作用不足以产生如此大规模团簇和链状结构。通过对电子显微镜测定的纳米磁性粒子团簇粒径进行分析，统计出团簇粒子粒径，运用团簇粒子相互作用形成链状结构模型，以取代单个粒子相互作用形成的链状模型，进行三维空间结构模拟。这种团簇粒子相互作用模型很好地符合磁性液体中粒子的实际存在形式。

同以往单个粒子相互作用形成链状结构模型不同，磁性液体之所以存在团簇和链状结构，其根本原因是在磁性液体中无外加磁场时存在粒子预先团簇现象，由于纳米磁性粒子具有极大的比表面积，此时体系的自由能很高，纳米磁性粒子会自动聚集成团以降低体系的表面能。这些聚团粒子均匀地分散在载液中，在外加磁场作用下，该聚集体磁化得到的整体磁矩远大于单个粒子的磁矩，因而具有较大的静磁势能，较大的静磁势能能够克服粒子间的排斥势能，使团簇粒子靠近。更重要的是静磁势能具有方向性，使得聚团粒子沿磁场方向排列，形成链状结构。聚团粒子在外加磁场下形成大规模链状结构的过程称为链接过程，此过程是可逆的，一旦撤掉外加磁场，磁流体短时间内将恢复原来的聚团粒子无序排布状态。图 2.2.3 为磁流体在无外加磁场时的光学显微镜图，由图 2.2.3 可见，无序分布的粒子粒径在百纳米量级，而单个纳米磁性粒子在光学显微镜下是不可见的，这就验证了纳米磁性粒子预先团簇现象的存在。在此借鉴北京理工大学磁流体研究组拍摄的电镜照片统计出团簇粒子的粒径为 100nm[8]。

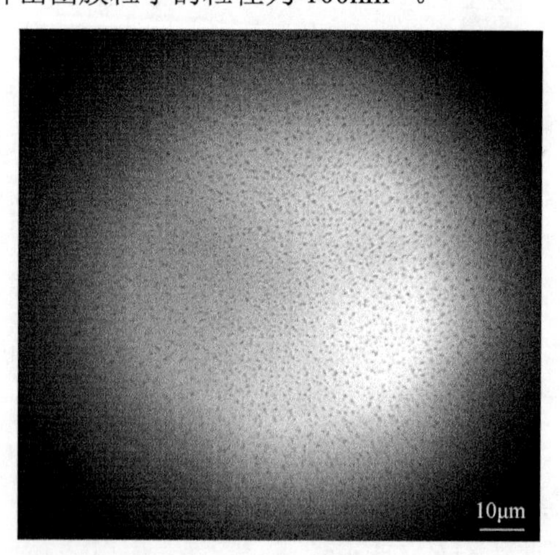

图 2.2.3 磁流体在无外加磁场时的光学显微镜图

本章选用的磁流体型号为 EMG507，其饱和磁化强度 M_s 为 100Gs，体积浓度为 1.8%，包裹活性剂厚度为 1.5nm，单个纳米磁性粒子固有磁矩为 2.315×10^{-19} A/m，ξ 为磁性粒子单位面积上的表面活性剂分子的个数，一般为 10^{18} 个/m^2。假设粒子间距为 11nm，使用式（2.2.2）可以计算出两个纳米磁性粒子间的最大磁性吸引

势能为 -4.01×10^{-21} J，使用式（2.2.6）得到粒子表面包裹活性剂引起的最大排斥势能为 4.15×10^{-19} J。范德瓦耳斯势能在 11nm 的间距上很小，可以忽略。因而有 $|U_v|>|U_m|$，可见，超微磁性粒子的静磁势能不足以克服由于包裹活性剂而具有的排斥势能，也就无法形成光学显微镜下观察到的大量的团簇与链状结构。对于粒径为 D 的聚团粒子，其表现为方向性吸引的静磁势能的大小正比于 $(D/d_{\mathrm{p}})^3\eta^2$，其中 d_{p} 为磁性粒子粒径（约为 10nm），η 为聚集体的填充密度，一般认为 0.1～0.2。可见，聚团粒子所具有的静磁势能与聚团粒子的粒径 3 次方成正比，远大于单个纳米磁性粒子的静磁势能，因此能够克服活性剂所形成的排斥能产生大量链状结构。

聚集体在磁场下各个粒子的磁矩转向磁场方向，聚团粒子的磁偶极矩为所有纳米磁性粒子的磁偶极矩总和，利用朗之万顺磁理论可以计算每个聚团粒子的磁偶极矩。粒子所受总磁场为 $H=H_0+H_{\mathrm{MF}}$，H_0 为外加磁场，$H_{\mathrm{MF}}=\omega M_s\eta$ 为内场，ω 为内场系数（一般为洛伦兹常数，取为 $4\pi/3$），M_s 为粒子的饱和磁化强度，每个聚团粒子的磁偶极矩为

$$M=\mu_0 M_s V\eta L(a) \tag{2.2.17}$$

式中，$a=mH/(kT)$，m 为单个粒子的磁偶极矩，$m=\mu_0 M_s v$，v 为单个粒子的体积，k 为玻尔兹曼常数，T 为热力学温度；朗之万函数 $L(a)=\coth(a)-\dfrac{1}{a}$；$V$ 为团簇粒子体积。目前对磁流体粒子的形状描述有球形、杆形、椭球等，本节采用的是均匀尺寸的球形粒子模型，其他形状可以通过球形粒子的组合得到。

2.2.3 磁流体的三维微观模拟

由于二维模拟和三维模拟存在着相似性，因此，本节将直接介绍磁流体的三维尺度的微观模拟。将磁流体中的聚团粒子置于三维空间中时，聚团粒子将会既有空间位置，又有自身的固有磁矩的空间取向。因此在三维微观结构模拟中，需要确定一个磁性粒子所在的位置及其磁矩方向、大小等，这样就要考虑使用多少个参量能很好地描述磁流体磁性粒子的状态。在三维直角坐标系中，确定一个团簇粒子的空间位置的基本参数为 x、y、z 三个参量；确定磁性粒子的固有磁矩方向则至少需要方位角 θ 与天顶角 ψ 两个参量，其中 θ 为团簇粒子的磁偶极矩与 x 轴正向夹角，ψ 为聚团粒子的磁偶极矩与 z 轴正向夹角，范围分别为 $0\leqslant\theta\leqslant2\pi$，$0\leqslant\psi\leqslant\pi$。因此确定一个磁性粒子的状态，最终需要使用 5 个参量，即 (x,y,z,θ,ψ)。

聚团粒子的最大平动位移为 a，a 与 x 轴的夹角为 φ_1，与 z 轴的夹角为 φ_2，

磁矩与 x 轴的夹角的最大转动角度为 α_1，与 y 轴的夹角的最大转动角度为 α_2，则平动时的坐标变换与周期性边界是

$$\begin{cases} x \to x + a\gamma \sin\varphi_2 \sin\varphi_1 \\ y \to y + a\gamma \sin\varphi_2 \cos\varphi_1 \\ z \to z + a\gamma \cos\varphi_2 \\ x < -L/2 \to x = x + L/2 \\ x > L/2 \to x = x - L/2 \\ y < -L/2 \to y = y + L/2 \\ y > L/2 \to y = y - L/2 \\ z < -L/2 \to z = z + L/2 \\ z > L/2 \to z = z - L/2 \end{cases} \tag{2.2.18}$$

转动时的角度的变换与磁矩方向变换是

$$\begin{cases} \theta \to \theta \pm \gamma\alpha_1 \\ \psi \to \psi \pm \gamma\alpha_2 \\ \sin\psi\cos\theta \to \sin(\psi \pm \gamma\alpha_2)\cos(\theta \pm \gamma\alpha_1) \\ \sin\psi\sin\theta \to \sin(\psi \pm \gamma\alpha_2)\sin(\theta \pm \gamma\alpha_1) \\ \cos(\psi) \to \cos(\psi \pm \gamma\alpha_2) \\ \theta < 0 \to \theta = \theta + 2\pi \\ \theta > 2\pi \to \theta = \theta - 2\pi \\ \psi < 0 \to \psi = \psi + \pi \\ \psi > \pi \to \psi = \psi - \pi \end{cases} \tag{2.2.19}$$

式中，φ_1 和 α_1 为[0,2π]上的随机数；φ_2 和 α_2 为[0,π]上的随机数；γ 为[0,1]上的随机数；L 为仿真区域的边长。在三维坐标系下的磁矩也将会多出一个在 z 轴方向上的分量：$M_z = \sum_{i=1}^{N} M_{iz}$。进行模拟单体边长 L 的计算时采用的体积浓度为 $\phi_s = N \cdot \frac{4}{3}\pi(d/2)^3 / L^3$。

1. 无外加磁场时的磁流体微观模拟结果

图 2.2.4 为无外加磁场作用下磁流体三维微观结构的形成过程。主要参数有：$H = 0\text{Gs}$，聚团粒子磁矩 $m = 2.315\times10^{-19}\ \text{A/m}$，$\phi_s = 1.8\%$，$N = 512$，$L = 2.46\mu\text{m}$，$\lambda_v = 157.08$，$\lambda_r = 8.05$，$\lambda_m = 1.29$，$\lambda_h = 0$。图 2.2.4（a）、（b）、（c）分别为在时间步数为 0、1000 以及 10000 时的粒子分布状况。可见，粒子由最初的三维晶格

分布逐渐聚集成团簇，且随着步数的增长或时间的推移，磁性粒子的团簇现象越来越明显。由同步的能量曲线图 2.2.4（c）和（d）可以看出，在时间步数为 10000 时体系到达热平衡状态，此时粒子多以团簇状态存在，团簇的大小不一，但很少有单个粒子存在。

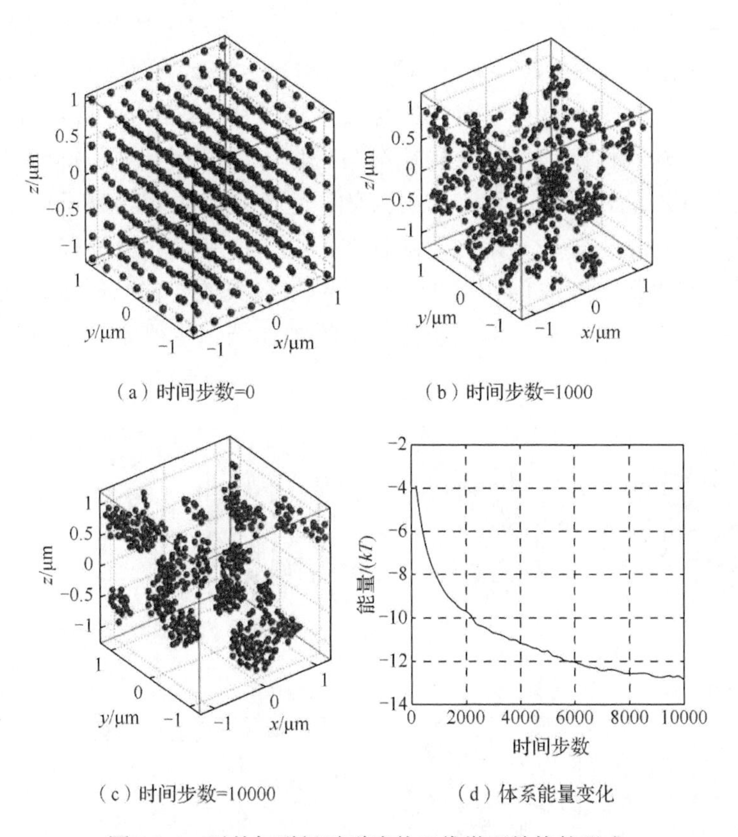

（a）时间步数=0　（b）时间步数=1000

（c）时间步数=10000　（d）体系能量变化

图 2.2.4　无外加磁场时磁流体三维微观结构的形成

2. 外加磁场下磁流体微观模拟结果

图 2.2.5 是磁流体在外加磁场作用下三维微观结构的形成过程。模拟过程中的主要参数有：$H = 60\text{Gs}$，聚团粒子的磁矩 $m = 15.8\times10^{-19}\ \text{A/m}$，$\phi_s = 5\%$，$N = 512$，$L = 2.46\mu\text{m}$，$\lambda_v = 157.08$，$\lambda_r = 8.05$，$\lambda_m = 60.3$，$\lambda_h = 3.84$。图 2.2.5（a1）、（b1）、（c1）分别是在外加磁场下时间步数为 0、10000 以及 100000 时微观结构模拟结果，磁性粒子由原来的三维晶格分布逐渐聚集成链状结构，链状的取向与外加磁场方向一致。在早期阶段，如图 2.2.5（b1）所示，沿着外加磁场方向，形成较短的链状结构。随着时间的推移，如图 2.2.5（c1）所示，链状结构越来越长，链状结构也越来越直，链间距也逐渐固定。从能量曲线图 2.2.5（d1）也可以看出，随着时

间的增加，链状结构的长度也相对恒定，同时磁流体体系趋向稳定。图 2.2.5 的（a2）、（b2）、（c2）为 *xOy* 平面视图，图 2.2.5（d2）为图 2.2.5（a2）、（b2）、（c2）对应的链状结构占空比。综合可得，磁流体在外加磁场下形成的链状结构随着时间步数的增加排列逐渐整齐，链状结构的占空比也越来越小，到达热平衡状态时，各链状结构规则地分布在 *xOy* 平面上，近似呈现中心六边形形状，链间距逐渐趋于一个定值。图 2.2.5（a3）、（b3）、（c3）为 *yOz* 平面视图，图 2.2.5（d3）为图 2.2.5（a3）、（b3）、（c3）对应的链状结构占空比。综合可得出，随着时间步长的增加，磁流体中的链状结构逐渐与磁场方向平行且规律排布，链状结构的占空比存在波动，这是由于当给磁流体体系施加磁场时，粒子形成较短的链状结构密排，此时相较于初始的混乱状态，粒子占空比非但没有下降反而上升了，随后，在磁场的长时间作用下，磁性粒子形成的链状结构逐渐规律排列，体系趋于平衡时，不同层的链交错排列会增加遮挡，使得体系粒子占空比稍微上涨。

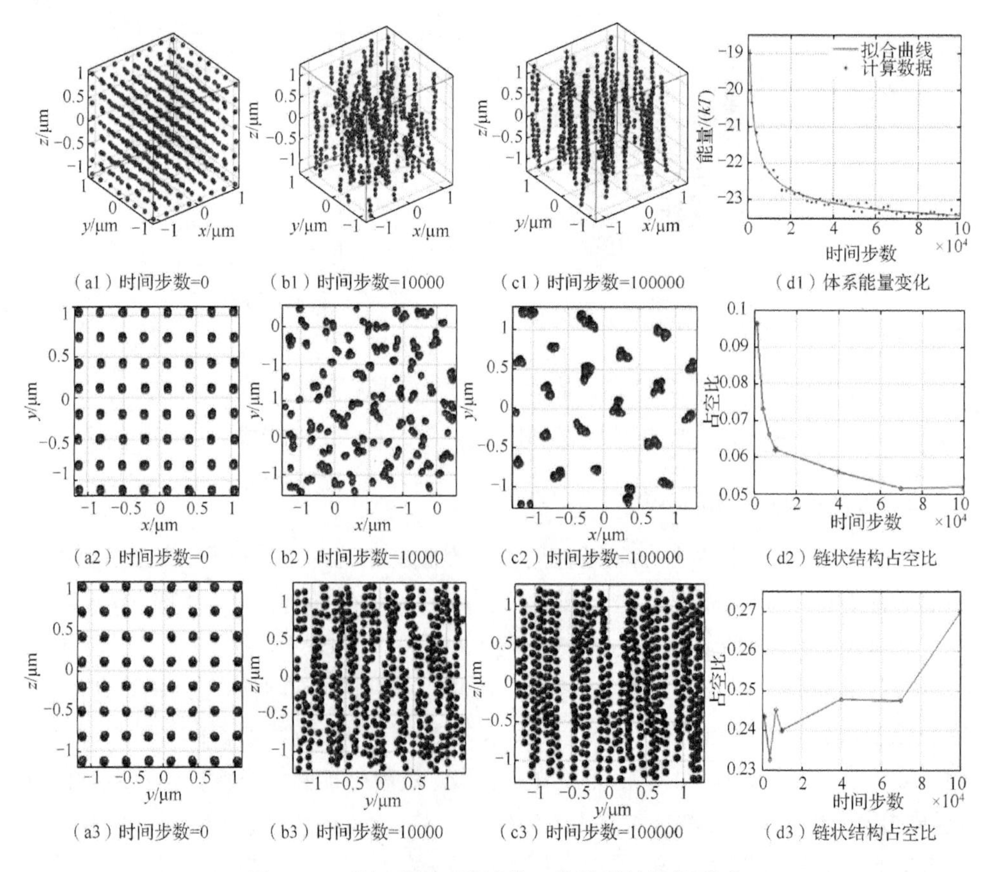

图 2.2.5　外加磁场下磁流体三维微观结构的形成

在无外加磁场时，磁性粒子会聚成团簇结构，而在外加磁场作用时，磁性粒子聚集成链状结构，沿磁场方向有序排列。从平行于磁场方向可以看到链状结构规则排列，链状之间的距离固定；从垂直于磁场方向可以看到链状结构密排，更为直观地表现为粒子在侧视图上的占空比会增大。这种结构的变化是影响磁流体性质的原因之一。图 2.2.6 给出了磁流体三维微观结构在不同磁场下的仿真结果。主要参数有：$\phi_s = 1.8\%$，$N = 512$，$L = 2.46\mu m$，$\lambda_v = 157.08$，$\lambda_r = 8.05$，m、λ_h、λ_m 由磁场强度确定。图 2.2.6（a）、（b）、（c）、（d）分别是当 H 为 25Gs、50Gs、75Gs、100Gs 时系统达到热平衡时的磁流体微观结构。模拟结果显示，在磁场较小时，如图 2.2.6（a）所示，磁性粒子不能形成规则的链状结构，说明链状结构的形成需要磁场达到一定强度，即磁流体对磁场的响应存在死区。图 2.2.6（b）、（c）、（d）说明随着磁场的增大，磁流体中磁性粒子聚集而成的链状结构增长、变直且排列有序性增强。

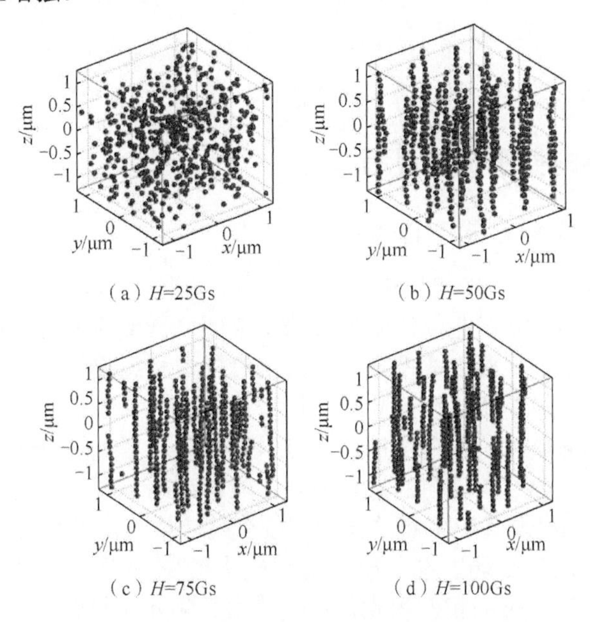

（a）H=25Gs　（b）H=50Gs

（c）H=75Gs　（d）H=100Gs

图 2.2.6　磁场强度对磁流体三维微观结构的影响

图 2.2.7 为磁流体体积浓度对磁流体三维微观结构的影响及不同体积浓度下磁流体形成稳定链状结构过程中的能量变化。图 2.2.7（a）、（b）、（c）分别为 $N = 512$、H=60Gs，以及 ϕ_s 分别为 1%、1.8%、3.6%时系统达到热平衡状态时的磁流体微观结构。模拟结果显示，随着体积浓度的增大，磁流体中磁性粒子聚集而成的链状结构增长、增多、增密。从图 2.2.7（d）可以看出三种体积浓度下磁流体的能量变化过程相似，拐点接近，即仿真体系到达热平衡状态的步数几乎相同，换言之，磁流体在外加磁场下稳定时间与其体积浓度无太大关系。

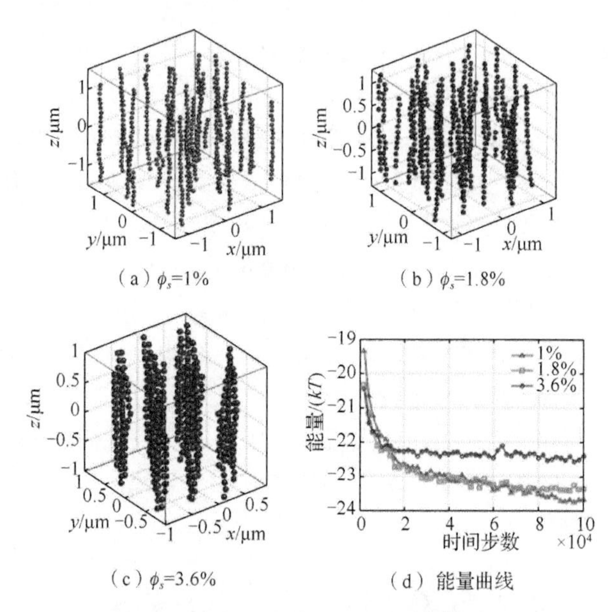

图 2.2.7 磁场作用下体积浓度对磁流体三维微观结构的影响

2.2.4 磁流体的微观实验观测

1. 实验系统的设计与搭建

磁流体中磁性粒子的尺度一般为纳米量级，直径约 10nm，因此要实现磁性粒子微观结构变化的动态观测，纳米量级分辨率的显微镜成为必不可少的工具。但现有的技术很难满足，要么成本高，要么测量样本相态限制。然而磁流体磁性粒子会发生团簇或形成链状结构，此时，结构尺寸会增大，因此，抓住这一特点，为了动态地研究磁流体的微观结构，在光学显微镜的基础上，作者设计并制作了用于研究磁流体微观结构研究的实验装置，能够动态地观察磁流体在磁场作用下微观结构的变化，以及其所引起的光学特性变化，并可提供垂直和平行于观察样本的两种不同方向的磁场，能长时间提供较大的磁场而不影响周围环境温度，保证样本观察空间状态的相对恒定。该装置由视频光学显微镜、双回路液冷的恒温均匀磁场发生装置、底光源支架、计算机、可编程电源、光源、水冷液循环散热装置、变压器油循环装置和高斯计等组成，如图 2.2.8（a）、（b）所示，可实现对多种磁场方向下磁流体微观结构的研究。

观测装置中使用了高倍单筒视频光学显微镜，选择了具有超长工作距离的 100 倍平场消色差物镜（齐焦距离为 95mm，工作距离可达到 12.5mm，焦距长为 2mm，景深为 0.9μm，数值孔径 0.55，分辨率达到 0.5μm），以满足磁流体的观测需求，并配备了 300 万电荷耦合器件（charge coupled device，CCD）摄像头，实现动态监测和记录。同时，实际装置使用中，双回路液冷的恒温均匀磁场发生装置能在中心产生 500Gs 以上的均匀磁场，如图 2.2.8（c）所示。

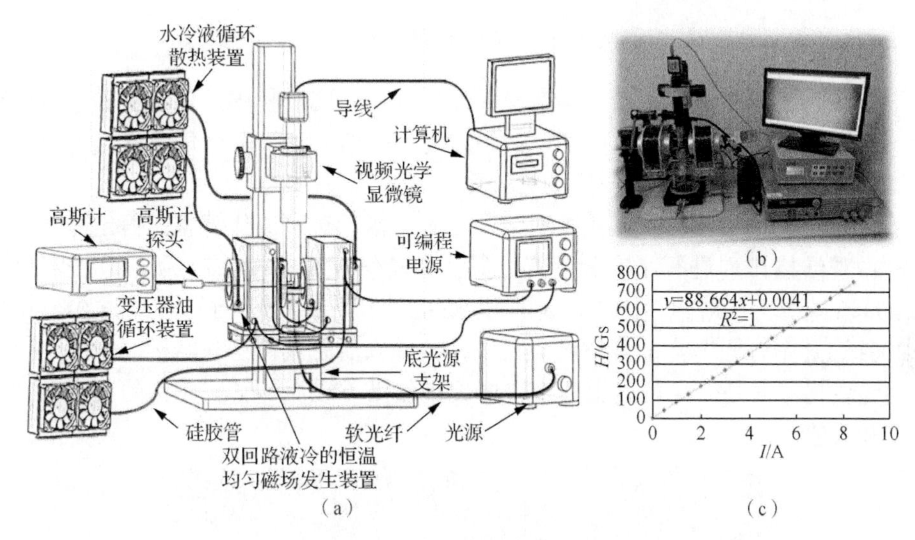

图 2.2.8　实验装置

2. *磁流体薄膜的制备*

磁流体具有固体的磁性和液体的流动性，因此具有很多特有光学性质。由于磁流体对光的衰减比较大，因此主要以薄膜形式进行其光学特性的研究。通过磁流体薄膜，可以实现对磁流体的透射率、折射率、磁光特性、双折射特性等光学特性以及相关微观结构的研究，因此磁流体薄膜的成功制备将成为关键基础。由于磁流体的透射损耗比较大，薄膜厚度均不大于 300μm，而且大部分厚度均为 100μm 及以下，如 10μm、20μm、50μm、100μm 等。综合考虑，采用化学抛光方法，将 40%氢氟酸、98%浓硫酸、软水按 2∶2∶3 配比制成腐蚀溶液，对载玻片表面进行抛光，制作出不同厚度的凹槽，其中化学抛光的速度约为 1μm/min。在凹槽处填充磁流体，用另一片载玻片进行覆盖，然后利用紫外光固化胶（UV 胶）进行快速密封，最终制作出均匀微米级厚度的磁流体薄膜，如图 2.2.9 所示。该磁流体薄膜制作方法耗时短、成本低、深度可控、表面光滑。

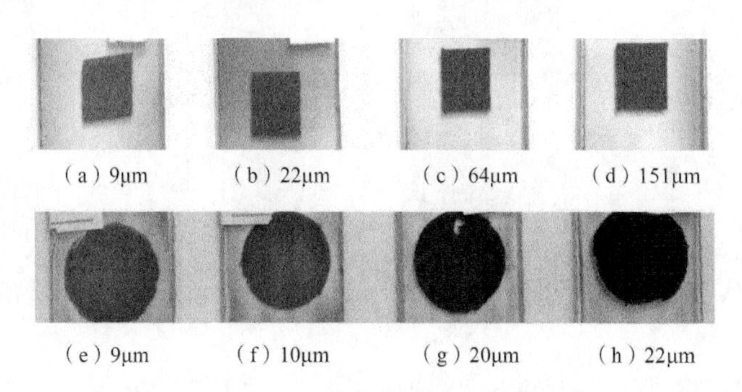

图 2.2.9　不同厚度和形状的磁流体薄膜

3. 磁场、温度作用下磁流体微观实验观测结果

由于磁流体对温度和磁场具有交叉敏感性，研究过程中，保证实验条件中变量的单一性，从响应过程、厚度、体积浓度、磁场大小等多个角度进行了探索。

1）磁流体的微观结构与磁场的关系

（1）恒定磁场下的磁流体微观结构响应。本节对磁流体薄膜在恒定磁场作用下的微观结构排列进行了实验研究，具体实验结果如图 2.2.10 所示。在温度为 22.00℃的环境下，对厚度为 10μm 的 EMG905 薄膜持续观察了 7h。通过 0s、900s、25200s 这几个时间节点的观察结果可知，900s 以后磁流体链状结构的长度不再发生明显变化，只是一定程度上变细，即磁场作用下磁流体链状结构的长度存在一个饱和阈值。

（a）H=0Gs，t=0s （b）H=104.5Gs，t=900s （c）H=104.5Gs，t=25200s

图 2.2.10 恒定磁场下厚度为 10μm 的 EMG905 磁流体薄膜的微观结构响应（T'=22.00℃）

（2）不同薄膜厚度的磁流体微观结构响应。本节对磁流体微观结构随薄膜厚度的变化情况进行了实验研究，具体结果如图 2.2.11 所示。在温度为 22.00℃和相近磁场强度的情况下，分别对厚度为 10μm、22μm、50μm 的 EMG905 磁流体薄

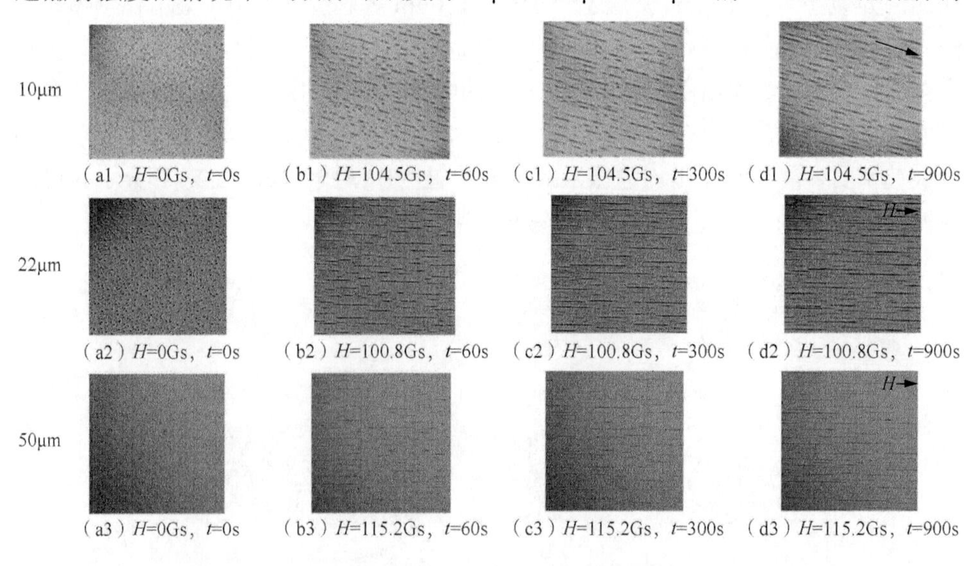

（a1）H=0Gs，t=0s （b1）H=104.5Gs，t=60s （c1）H=104.5Gs，t=300s （d1）H=104.5Gs，t=900s

（a2）H=0Gs，t=0s （b2）H=100.8Gs，t=60s （c2）H=100.8Gs，t=300s （d2）H=100.8Gs，t=900s

（a3）H=0Gs，t=0s （b3）H=115.2Gs，t=60s （c3）H=115.2Gs，t=300s （d3）H=115.2Gs，t=900s

图 2.2.11 恒定磁场下不同厚度的 EMG905 磁流体薄膜的微观结构响应（T'=22.00℃）

膜进行持续观测。实验结果表明，三种厚度的磁流体薄膜中的磁性粒子经过 300s 后形成较为稳定的链状结构，而 900s 后均达到稳定。此外，磁流体链状结构的长度随着厚度的增加而显著变长，同时响应时间也随之增加。

（3）平行磁场作用下的磁流体微观结构响应。本节对磁流体微观结构在平行磁场作用下的变化情况进行了实验研究，具体结果如图 2.2.12 所示。分别在 0Gs、88Gs、134.6Gs、220.5Gs 的磁场条件下，对 10μm 厚的 EMG905 磁流体薄膜进行实验观测。结果表明，随着磁场增大，磁流体的微观结构中磁性粒子形成链状结构的长度不断变长，表明磁链长度跟磁场强度存在着正比关系。

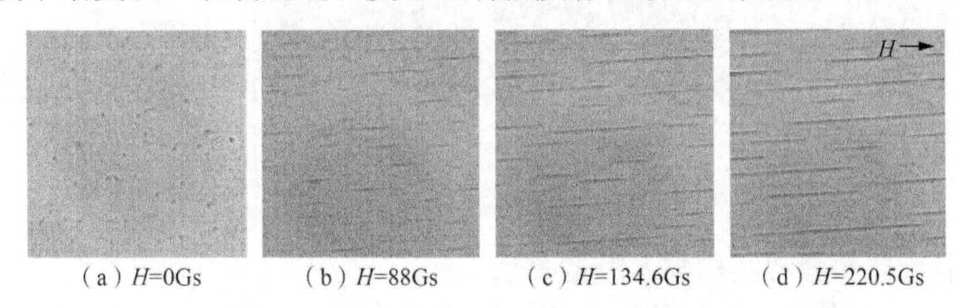

（a）H=0Gs　（b）H=88Gs　（c）H=134.6Gs　（d）H=220.5Gs

图 2.2.12　平行磁场下厚度为 10μm 的 EMG905 磁流体薄膜的微观结构响应（T' = 28℃）

（4）垂直磁场作用下的磁流体微观结构响应。本节对垂直磁场作用下磁流体微观结构变化规律进行了实验研究，具体结果如图 2.2.13 所示，可以看出在 21.52℃下 10μm 厚的 EMG905 磁流体薄膜的微观结构随磁场增大的变化情况。初始磁场为 0Gs 时，磁流体薄膜发生弱凝絮而存在聚团现象，之后随着磁场增大，团簇粒子也增多。这是由于在厚度方向上所形成的磁链结构受到厚度的限制而形成更多的磁链。与平行于磁流体薄膜的磁场作用下相对比，两种情况下的磁流体微观结构存在不同的微观结构排列形式，影响着相应的光学特性。

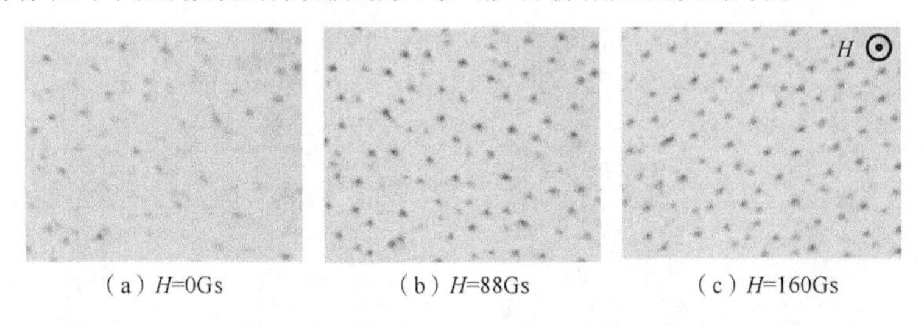

（a）H=0Gs　（b）H=88Gs　（c）H=160Gs

图 2.2.13　垂直磁场下厚度为 10μm 的 EMG905 磁流体薄膜的微观结构响应（T' = 21.52℃）

（5）不同种类的磁流体微观结构的磁场响应。本节研究了载液不同、厚度相同的磁流体在磁场作用下的情况，图 2.2.14（a）、（b）为油基 EMG905 的 10μm 的磁流体薄膜，图 2.2.14（c）、（d）为水基 EMG605 的 10μm 厚度的磁流体薄膜。这两种载液的磁流体薄膜在磁场作用下均出现相似的情况，磁性粒子形成链状结构，并随着磁场强度的增加，链状结构的长度变长。在响应时间方面，水基磁流体的响应速度明显比油基磁流体的要快，但最终趋势是一致的。这种响应时间的差异很大程度是由载液的黏性造成的，如 EMG905 的黏度为 9cP（其中 1cP=1mPa·s），EMG605 的黏度则小于 5cP。而饱和磁化强度却是油基的比水基的大。此外，水基磁流体形成的链状结构明显比油基磁流体形成的链状结构要细。最终得出结论，EMG605 适合对响应速度要求较高的场合，而 EMG905 则适合对饱和磁化强度和稳定性要求较高的场合。

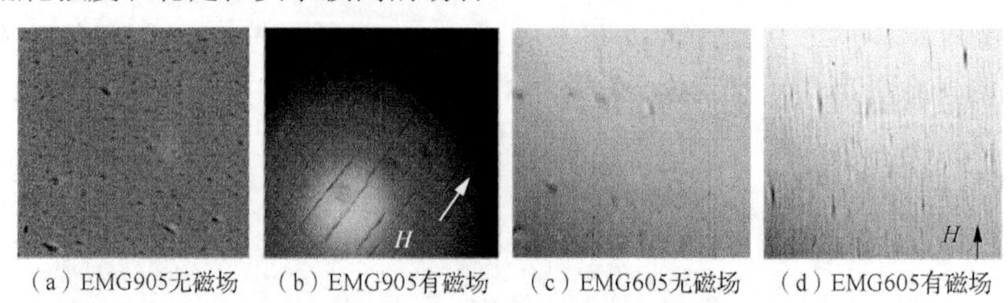

（a）EMG905无磁场 （b）EMG905有磁场 （c）EMG605无磁场 （d）EMG605有磁场

图 2.2.14 10μm 厚的不同种类的磁流体薄膜微观结构的磁场响应

2）磁流体的微观结构与温度的关系

本节对恒定磁场下磁流体微观结构随着温度的变化情况进行了实验研究，具体结果如图 2.2.15 所示。对厚度为 22μm、50μm 的 EMG905 磁流体薄膜在恒定外加磁场下所形成的链状结构随温度的变化情况进行观测。可以看出，22μm 厚度的磁流体薄膜在温度范围很小的情况下，磁链结构随着温度的上升而变得模糊，然后又随着温度的下降变得清晰，而 50μm 厚度的磁流体薄膜在温度范围相对较大的情况下，仍能仔细清晰地观察到磁流体薄膜中链状结构的状态。这一定程度上反映了，随着厚度的增加，磁流体薄膜所能抵抗温度的变化范围越宽。这一定程度上是由于磁流体薄膜随着厚度的增加，整个磁流体的量增多了，粒子间作用加强，因此相同的温度变化不再足以对磁流体结构产生较为强烈干扰，或者由于热量的传递缓慢而使得图像在较大范围内还是清晰可见的。从总体观察来看，温度的升高会破坏磁流体链状结构的形成和保持。

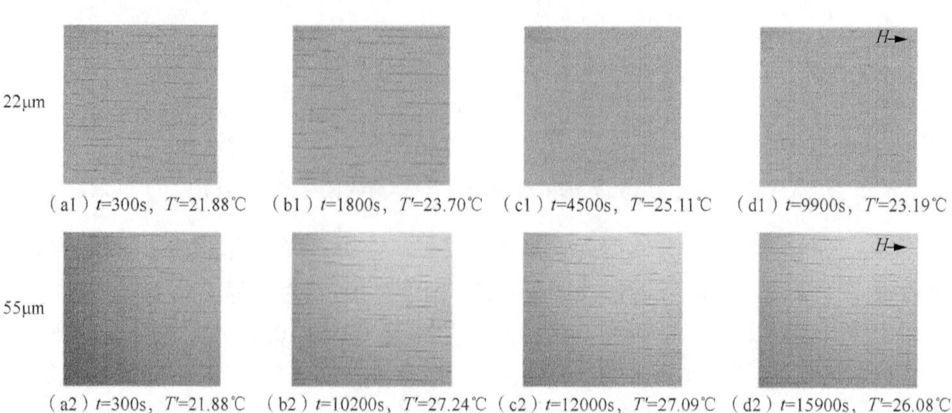

（a1）t=300s，T'=21.88℃ （b1）t=1800s，T'=23.70℃ （c1）t=4500s，T'=25.11℃ （d1）t=9900s，T'=23.19℃

（a2）t=300s，T'=21.88℃ （b2）t=10200s，T'=27.24℃ （c2）t=12000s，T'=27.09℃ （d2）t=15900s，T'=26.08℃

图 2.2.15 EMG905 磁流体薄膜微观结构随温度变化

3）实验与理论对比

磁流体微观结构的实验观测结果与仿真结果的趋势是一致的。实验和理论结果均表明：磁流体在恒定磁场作用下，链状结构的长度会达到一个稳定值，而不会随着时间的增长而无限衔接形成更长的链；随着磁场不断增大，所形成链状结构也会变长，并且所形成的链状结构随着厚度增加而变长。

在理论研究时，温度的体现主要取决于 kT，理论的磁场仿真中将绝对能量值除以 kT 实现归一化处理，如果 kT 中 T 上升，而归一化后的参量不变，那么相应的系统能量就需要变得更大才能继续保持归一化的参量不变，需要将磁场的强度增大，才能使归一化后的参量保持一致，即需要加大磁场强度来提高能量值，以实现归一化后的参量不变。这就表明了当温度升高的时候，想要保持同样的效果，磁场的强度也同时需要提高，这样才能保证链状结构不发生明显的变化。同时实验结果正好验证了磁流体微观结构中的链状结构会随着温度上升而被破坏，变得模糊、变短等特点，即磁流体的微观结构在温度作用下，链状结构随着温度升高而被破坏变短，不利于链状结构的形成。

4）磁场作用下磁流体的各向异性

前期的磁流体微观结构的观测结果如图 2.2.16 所示。无磁场作用下磁流体磁性粒子是随机分布的，具体如图 2.2.16（a）所示。如图 2.2.16（b）所示，当磁场为 100Gs 时，磁性粒子慢慢聚集形成沿磁场方向排列的链状结构，链粗细大概为 1μm，链间距在几十微米量级，链长在上百微米量级，即在磁场作用下，磁性粒子有序排列，形成一定的链状结构。如图 2.2.16（c）所示，当磁场增加到 200Gs 时，与图 2.2.16（b）对比可见，链状结构长度增加。如图 2.2.16（d）所示，随着磁场强度的增长，磁性粒子的链状结构长度继续增加。如图 2.2.16（e）所示，最终在磁场为 400Gs 时，链状结构更长且更直，并存在贯穿整个观察视野的链状结构。如图 2.2.16（f）所示，在链状结构变化不太明显时，撤掉外加磁场，链状结构逐渐解体，粒子分布也变得没有规则，最终粒子回归为随机分布的状态，具体如图 2.2.16（a）所示。

通过以上的理论分析和实验观测可得，磁流体内部的磁性粒子排列会受到外加磁场的影响，即表现出各向同性的磁流体在磁场作用下将变成各向异性。

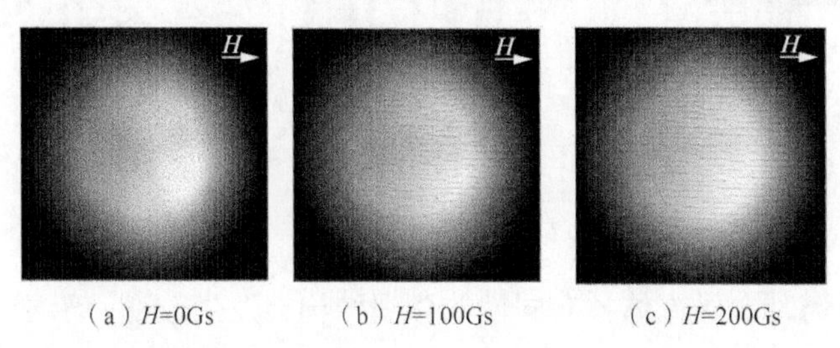

（a）H=0Gs　　（b）H=100Gs　　（c）H=200Gs

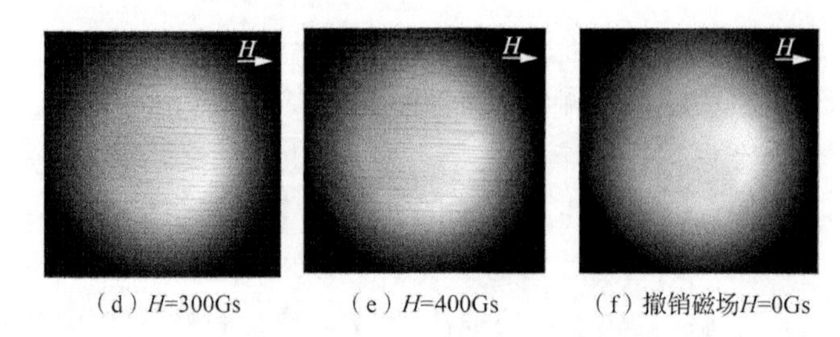

（d）H=300Gs　（e）H=400Gs　（f）撤销磁场H=0Gs

图 2.2.16　光学显微镜下磁流体的微观结构变化情况

本节利用蒙特卡罗法仿真分析了外加磁场强度对磁流体微观结构的影响，如图 2.2.17 所示。主要参数有：$\phi_s = 1.8\%$，$N = 512$，$L = 2.46\mu m$。图 2.2.17（a）、（b）、（c）、（d）、（e）分别是 H 为 0Gs、100Gs、200Gs、300Gs、400Gs 时系统达到热平衡的磁流体微观结构。在磁场较小时，如图 2.2.17（b）所示，磁性粒子形成较短的链状结构。图 2.2.17（c）、（d）、（e）说明随着磁场的增大，磁流体中磁性粒子聚集而成的链状结构增长、变直，排列有序性增强。当撤销磁场时，如图 2.2.17（f）所示，磁流体也会重新回到其原来随机分布的状态。这与实验观测结果的规律是相符的。

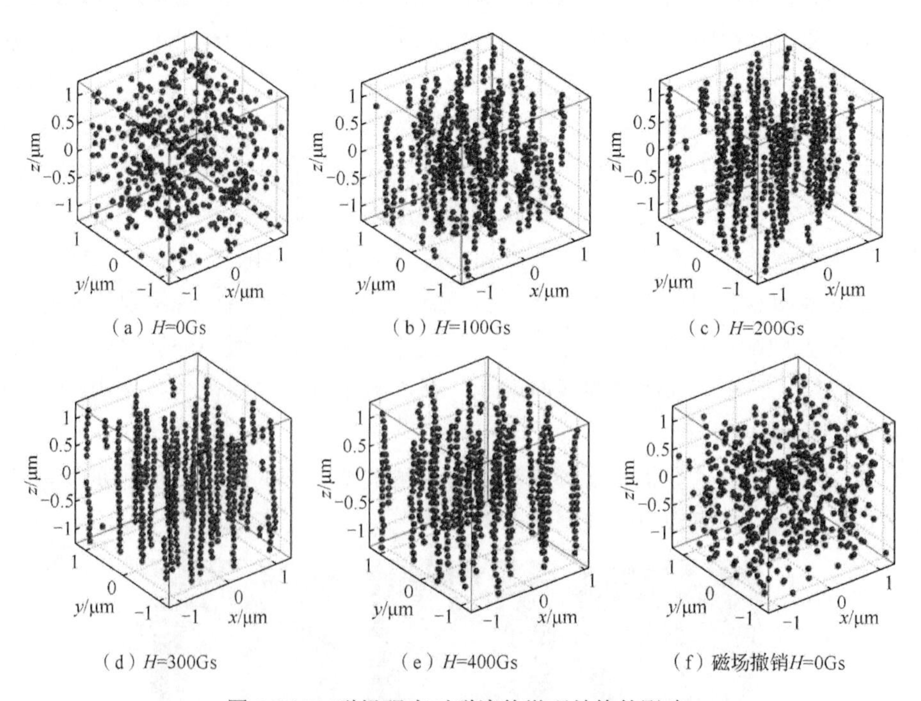

（a）H=0Gs　（b）H=100Gs　（c）H=200Gs

（d）H=300Gs　（e）H=400Gs　（f）磁场撤销H=0Gs

图 2.2.17　磁场强度对磁流体微观结构的影响

当外加磁场时，磁流体各向同性的微观结构会发生改变。沿磁场方向观测，

图 2.2.18（a1）、（b1）、（c1）、（d1）为磁流体在不同磁场强度下的 *xOy* 平面视图。随着磁场强度的增大，磁流体中的磁性粒子在 *xOy* 平面内的占空比会逐渐减小，使光束沿磁场方向入射到磁流体中时透射率逐渐变大。若光从垂直磁场方向入射，由磁流体微观结构的 *yOz* 平面视图［图 2.2.18（a2）、（b2）、（c2）、（d2）］可知，随着磁场的增大，磁流体的透射率也会相应地发生改变。比较可知，磁流体沿着磁场方向和垂直磁场方向的结构不同，导致沿垂直磁场方向入射磁流体的光透射率远远小于平行于磁场方向入射的情况，最终磁流体折射率具有各向异性的特点，即具有双折射特性。

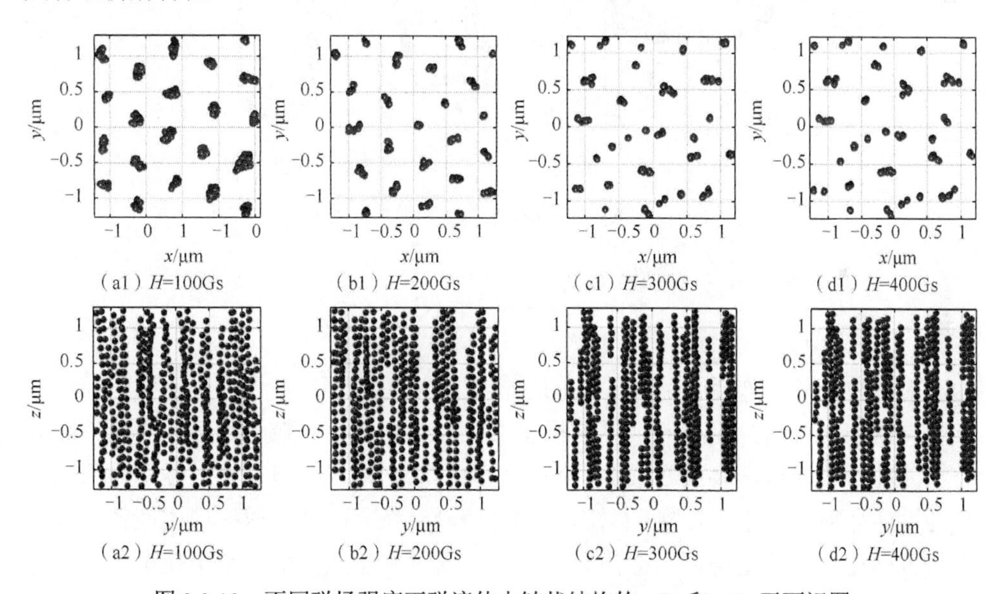

图 2.2.18　不同磁场强度下磁流体中链状结构的 *xOy* 和 *yOz* 平面视图

2.3　基于分子动力学的磁流体微观模拟

目前，上述仿真分析方法中的球形粒子模型仅能反映出粒子的平动变化。在实验观测中，磁流体在放置一段时间后会出现弱凝絮现象，并且呈现一系列不规则形状。而实际上，磁性粒子既有平动又有转动。本节对粒子模型进行改进，在经典分子动力学方法基础上，将磁性粒子模型设置为球杆形，充分考虑了粒子平移变化和粒子转动变化。

2.3.1　球杆形磁性粒子模型的受力分析

相比球形磁性粒子模型，球杆形磁性粒子模型的受力分析更为复杂。如

图 2.3.1（a）所示，采用 Satoch[11]提出的球杆形粒子作为磁性粒子的分析模型。磁性粒子被看成单一大小的球杆形结构，其两端携带磁荷量分别为 q 和$-q$，粒子圆柱部分直径为 d=10nm，磁性粒子的长度为 $l=5d+2\delta$，圆柱面部分长度为 l_0，磁矩为 $m=ql_0$，粒子表面覆有一层厚度 δ=1.5nm 的表面活性剂，以产生足够的排斥力，避免磁性粒子凝聚沉淀。球杆形磁性粒子的两端可以看成正负两极，通过四点受力分析，可对磁性粒子间的相互作用进行计算，如图 2.3.1（b）所示。

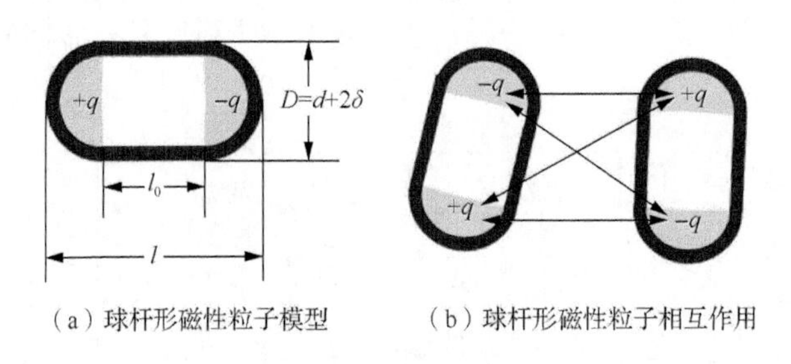

（a）球杆形磁性粒子模型　　（b）球杆形磁性粒子相互作用

图 2.3.1　球杆形磁性粒子模型以及相互作用

1. 球杆形磁性粒子间的作用力

1）磁作用力

磁性粒子间磁作用力为粒子间的磁极相互作用而产生的力。由于磁性粒子的尺寸非常小，可认为是单磁畴结构模型，具有超顺磁性（粒子小于临界尺寸时具有单磁畴结构的铁磁物质在较高温度下表现为顺磁特点，但在外加磁场作用下其顺磁性磁化率远高于一般顺磁材料，称为超顺磁性）[15,16]。球杆形磁性粒子两端携带方向相反的固定磁荷，因而产生磁矩，同时在磁流体中，每个粒子具有固定的磁矩，当在外加磁场作用下，磁矩方向发生变化，展现出磁性，反之，不显示磁性。球杆形磁性粒子在空间位置的作用如图 2.3.2 所示。

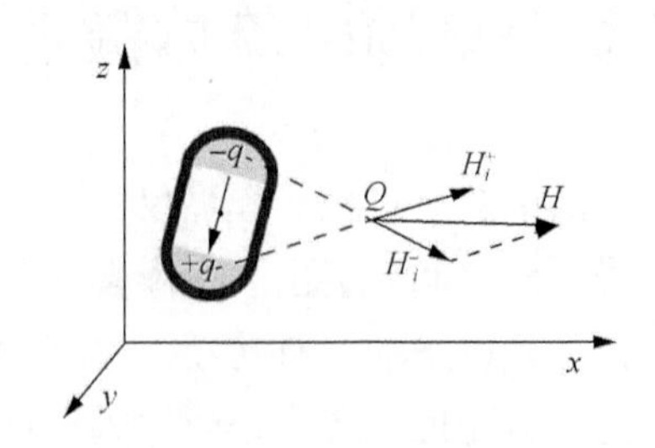

图 2.3.2　球杆形磁性粒子作用力模型

对于单位磁矩为 e_i 的球杆形磁性粒子 i，在坐标中的位置设定为 r_i，这样，两端磁荷的位置分别为 $r_i^+ = r_i + (l_0/2)e_i$ 和 $r_i^- = r_i - (l_0/2)e_i$，球杆形磁性粒子携带的正磁荷 $+q$ 和负磁荷 $-q$ 在 Q 点产生的磁场强度分别为

$$\begin{cases} H_i^+ = \dfrac{q}{4\pi} \cdot \dfrac{r_i^+ - r_Q}{\left|r_i^+ - r_Q\right|^3} \\ H_i^- = -\dfrac{q}{4\pi} \cdot \dfrac{r_i^- - r_Q}{\left|r_i^- - r_Q\right|^3} \end{cases} \tag{2.3.1}$$

这样，在 Q 点处的粒子 i 产生的合磁场强度为

$$H_i = H_i^+ + H_i^- = \frac{q}{4\pi} \cdot \frac{r_i^+ - r_Q}{\left|r_i^+ - r_Q\right|^3} - \frac{q}{4\pi} \cdot \frac{r_i^- - r_Q}{\left|r_i^- - r_Q\right|^3} \tag{2.3.2}$$

当磁性粒子 j 与磁性粒子 i 在作用范围内，可以推出磁性粒子 i 对磁性粒子 j 的正磁荷端产生的磁场强度为

$$H_{ij}^+ = \frac{q}{4\pi} \cdot \frac{r_i^+ - r_j^+}{\left|r_i^+ - r_j^+\right|^3} - \frac{q}{4\pi} \cdot \frac{r_i^- - r_j^-}{\left|r_i^- - r_j^-\right|^3} \tag{2.3.3}$$

同理，磁性粒子 i 对磁性粒子 j 的负磁荷端产生的磁场强度为

$$H_{ij}^- = \frac{q}{4\pi} \cdot \frac{r_i^+ - r_j^-}{\left|r_i^+ - r_j^-\right|^3} - \frac{q}{4\pi} \cdot \frac{r_i^- - r_j^-}{\left|r_i^- - r_j^-\right|^3} \tag{2.3.4}$$

将 $r_i^+ = r_i + (l_0/2)e_i$ 和 $r_i^- = r_i - (l_0/2)e_i$ 代入式（2.3.3）和式（2.3.4），磁性粒子 j 在 r_i^+ 和 r_i^- 处产生的磁场强度分别为

$$H_{ij}^+ = \frac{q}{4\pi} \cdot \left(\frac{r_{ij} + (l_0/2)(e_i - e_j)}{\left|r_{ij} + (l_0/2)(e_i - e_j)\right|^3} - \frac{r_{ij} + (l_0/2)(e_i + e_j)}{\left|r_{ij} + (l_0/2)(e_i + e_j)\right|^3} \right) \tag{2.3.5}$$

$$H_{ij}^- = \frac{q}{4\pi} \cdot \left(\frac{r_{ij} + (l_0/2)(e_i + e_j)}{\left|r_{ij} + (l_0/2)(e_i + e_j)\right|^3} - \frac{r_{ij} + (l_0/2)(e_i - e_j)}{\left|r_{ij} + (l_0/2)(e_i - e_j)\right|^3} \right) \tag{2.3.6}$$

这样，可以推出磁性粒子 j 作用在磁性粒子 i 两端的磁力为

$$\begin{cases} F_{ij}^+ = \mu_0 q H_{ij}^+ \\ F_{ij}^- = \mu_0 q H_{ij}^- \end{cases} \tag{2.3.7}$$

通过上式，可以得出磁性粒子 j 作用于磁性粒子 i 的磁偶极矩作用力合力为

$$F_{ij}^m = F_{ij}^+ + F_{ij}^- \tag{2.3.8}$$

当磁偶极矩作用力为正时，磁性粒子间作用力表现为相互排斥，为负时，表现为相互吸引。作用力大小还与磁性粒子间的相对距离以及磁矩的指向有关。

2）排斥作用力

磁性粒子间的排斥力是由表面活性剂提供的[17]，能够保证磁性粒子均匀地分散到载液中，并长期稳定地存在。表面活性剂应是一种化学特性稳定的物质，当表面活性剂包裹磁性粒子时，外表面能与载液相容，内表面能与磁性粒子外表面有较强的吸附力。当磁性粒子由于磁偶极矩作用力相互聚集时，表面活性剂层会像压缩弹簧一样产生排斥能，致使磁性粒子相互分离。油酸作为一种有机酸，很容易通过酸化凝固于磁性粒子表面，从而作为一种表面活性剂，保证磁流体的稳定性。图 2.3.3 为两个球杆形磁性粒子互相接触时的状态图。其中表面活性剂的厚度为 δ，粒子表面距离为 d_s。当 $d_s > 2\delta$ 时，两个磁性粒子未接触；当 $d_s < 2\delta$ 时，两个磁性粒子相互接触。然而，由于每个粒子的运动状态不同，当粒子碰撞时，压缩的程度会不相同，产生的力与表面活性剂形变的程度有关。下面来分析磁性粒子相互碰撞时产生的这种排斥力。

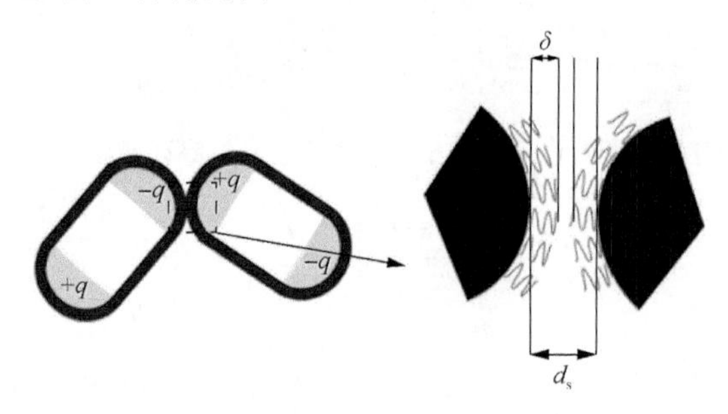

图 2.3.3 球杆形磁性粒子排斥力作用力模型

目前关于球形磁性粒子的排斥能分析较成熟，首先以球形磁性粒子下的模型进行阐述。球形磁性粒子被看成包裹了厚度为 δ 的表面活性剂的直径为 d 的固体铁氧体粒子。当两个粒子相互接近时，由表面活性剂产生的排斥能为[11]

$$U_{ij}^{r} = \frac{\pi d^2 \xi kT}{2}\left[2 - \frac{r_{ij}}{\delta}\ln\left(\frac{d+2\delta}{r_{ij}}\right) - \frac{r_{ij}-d}{\delta}\right] \tag{2.3.9}$$

式中，ξ 为单位面积表面活性剂分子数量；k 为玻尔兹曼常数。由式（2.3.9）可得由表面活性剂所引起的相互排斥力为

$$F_{ij}^{r} = \frac{\pi d^2 \xi kT}{2\delta} t_{ij} \ln\left(\frac{d+2\delta}{r_{ij}}\right), \quad d < r_{ij} < d+2\delta \tag{2.3.10}$$

式中，t_{ij} 是从磁性粒子 j 指向磁性粒子 i 的单位向量。将上述理论用于球杆形磁性粒子分析时，需要将球杆形磁性粒子看成由若干球形磁性粒子线性排列组成。然而，当这些连续的球形磁性粒子置于球杆形磁性粒子中的特定位置后，在磁性粒子圆柱体部分的排斥力便无法精确地反映出来。为了精确地分析这个阶段的过程，

将计算模型进行改进。当磁性粒子间排斥时存在三种接触情况：半球面与半球面相互接触，半球面与圆柱面相互接触，圆柱面和圆柱面相互接触。

首先对球杆形磁性粒子 i 的圆柱面和球杆形磁性粒子 j 的圆柱面相互接触的情况进行分析。如图 2.3.4 所示，设定球杆形磁性粒子 i 和 j 的中心位置分别为 r_i 和 r_j，当两个磁性粒子的圆柱面部分互相接触时，会产生接触点。沿着接触点分别向磁性粒子 i 和磁性粒子 j 的轴线作垂直线段，可以得出与轴线的两个交点分别为 Q_i 和 Q_j。根据磁性粒子 i 和磁性粒子 j 的中心点的位置以及单位磁向量，可以得出接触点与两个轴线的垂直交点分别为

$$\begin{cases} Q_i = r_i + a_i e_i \\ Q_j = r_j + a_j e_j \end{cases} \tag{2.3.11}$$

式中，a_i 和 a_j 分别为 Q_i 到 r_i 以及 Q_j 到 r_j 的距离。两个交点的向量与两个粒子的指向 e_i 和 e_j 满足：

$$\begin{cases} e_i \cdot \left(Q_i - Q_j\right) = 0 \\ e_j \cdot \left(Q_i - Q_j\right) = 0 \end{cases} \tag{2.3.12}$$

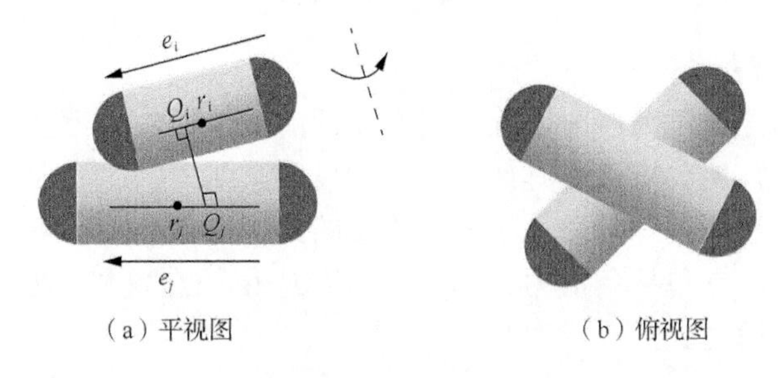

（a）平视图　　（b）俯视图

图 2.3.4 磁性粒子排斥模型（圆柱面-圆柱面）

这里，满足式（2.3.12）的条件需要保证 $e_i \cdot e_j \neq \pm 1$，因为当 $e_i \cdot e_j = \pm 1$ 时，磁性粒子 i 和磁性粒子 j 沿着轴线方向平行排列。当 $\left|Q_i Q_j\right|$ 大于 $d_s + 2\delta$ 时，磁性粒子没有相互接触。当 $\left|Q_i Q_j\right|$ 小于 $d_s + 2\delta$ 时，粒子相互接触，此时需同时满足以下条件：

$$\left|Q_i - Q_j\right| < d + 2\delta,\quad \left|a_i\right| < l_0/2,\quad \left|a_j\right| < l_0/2 \tag{2.3.13}$$

考虑球杆形磁性粒子 i 的圆柱面和球杆形磁性粒子 j 的半球面相互接触的情况。这种情况需满足 $\left|a_i\right| < l_0/2$ 且 $\left|a_j\right| \geqslant l_0/2$，如图 2.3.5（a）所示，从磁性粒子 i 的半球面中心点 r_{hi} 向磁性粒子 j 的轴线作垂线，$M = r_j + b_j e_j$。其中 b_j 的大小可根

据两个磁性粒子交叉点的位置情况而定。这样，磁性粒子 j 的轴线交叉点与磁性粒子 i 的半球面的中心点的矢量可以表示为$\left(r_j + b_j e_j - r_{hi}\right)$。当它们相互接触产生排斥力时，通过 M 点与磁性粒子 i 的半球面中心位置的距离即可判断粒子是否相互碰撞，需要满足：

$$\left|b_j\right| < l_0/2, \quad \left|M - r_{hi}\right| < d + 2\delta \tag{2.3.14}$$

最后考虑球杆形磁性粒子 i 的半球面和球杆形磁性粒子 j 的半球面相互接触的情况。如图 2.3.5（b）所示，当它们相互接触产生排斥力时，计算两个接触的半球部分的中心点的距离，当其小于 $d + 2\delta$ 时，粒子碰撞，表达式为

$$\left|b_j\right| > l_0/2, \quad \left|r_{hi} - r_{hj}\right| < d + 2\delta \tag{2.3.15}$$

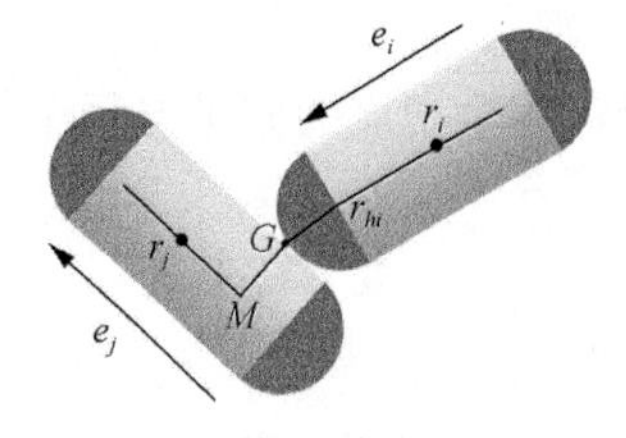

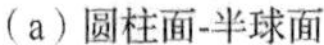
（a）圆柱面-半球面

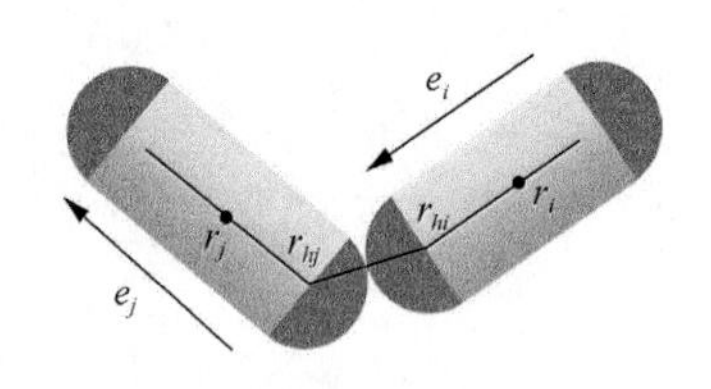

（b）半球面-半球面

图 2.3.5　磁性粒子排斥模型

3）其他作用力

磁性粒子悬浮在载液中时，除了受粒子间的磁作用力、相互排斥力外，还受一些其他力作用，例如范德瓦耳斯力、重力以及布朗力。这里为了简化处理，将球杆形磁性粒子看作由球形磁性粒子相连接的结构。范德瓦耳斯力是存在于分子间的一种吸引力，它包括色散力、诱导力和取向力。磁流体中磁性粒子的范德瓦耳斯力主要为色散力。它表示为[18]

$$F_{\mathrm{f}} = \frac{A}{12\left(l+1\right)^3}\left(\frac{4}{l^2 + 2l} + \frac{1}{2\left(l+1\right)} - 1\right) \tag{2.3.16}$$

式中，A 为 Hamaker 常数；$l = d_{\mathrm{s}}/d_{\mathrm{p}}$（$d_{\mathrm{s}}$ 为粒子间距，d_{p} 为粒径大小）。在载液中，磁性粒子会受到载液中的分子在各个方向的撞击，这与温度有关，这种力被称为布朗力，它表示为

$$F_{\mathrm{b}} = \sqrt{6\pi\eta d_{\mathrm{p}} kT/\Delta t} \cdot G \tag{2.3.17}$$

式中，η 为黏度；Δt 为时间间隔；G 为三个方向白噪声的任意常数。磁性粒子还受重力和浮力的作用，然而通过实验观察，磁性粒子在载液中能够悬浮，即重力和浮力相接近。因此，磁性粒子的其他力的合力为范德瓦耳斯力和布朗力的合力：

$$F_{ij}^{Q} = F_{\mathrm{f}} + F_{\mathrm{b}} \tag{2.3.18}$$

2. 球杆形磁性粒子的力矩分析

1）磁性粒子间力矩

磁流体中的磁性粒子在受粒子间磁作用力的同时，还受粒子间力矩的作用。粒子间力矩是由粒子间磁作用力产生的。如图 2.3.6 所示，球杆形磁性粒子 i 的两极受的粒子间磁作用力分别为 F_{ij}^{+} 和 F_{ij}^{-} ，由磁荷两端产生磁矩。这样，对于半球面中心位置，在垂直于力与磁矩平面的位置会产生力矩。对球杆形磁性粒子间两极磁作用力 F_{ij}^{+} 和 F_{ij}^{-} 的推导可以得出磁性粒子 j 作用在磁性粒子 i 的正极和负极的磁矩分别为[11]

$$\begin{cases} T_{ij}^{+} = \dfrac{l_0}{2} e_i \times F_{ij}^{+} \\ T_{ij}^{-} = \dfrac{l_0}{2} e_i \times F_{ij}^{-} \end{cases} \tag{2.3.19}$$

因此可以得出磁性粒子 i 的合磁矩为

$$T_{ij}^{m} = T_{ij}^{+} + T_{ij}^{-} \tag{2.3.20}$$

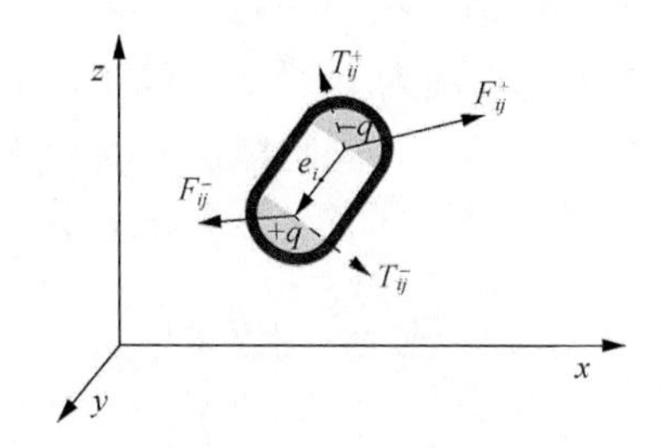

图 2.3.6　球杆形磁性粒子的磁矩模型

2）外加磁场力矩

由于磁流体具有超顺磁性，外加磁场会影响磁流体的微观结构，磁性粒子会沿着外界磁场方向呈链状排列。这是由外加磁场产生的力矩引起的。以磁矩为 m 的粒子来说，外加磁场产生的磁矩为[11]

$$T_{iH} = \mu_0 m \times H \tag{2.3.21}$$

同时， $m = q l_0 e_i$ ，将其代入式（2.3.21），可得

$$T_{iH} = \mu_0 q l_0 e_i \times H \tag{2.3.22}$$

如图 2.3.7 所示，外加磁场产生的力矩垂直于磁场与单位磁矩向量相交的平面。这部分力矩使球杆形磁性粒子逐渐沿着磁场方向排列。

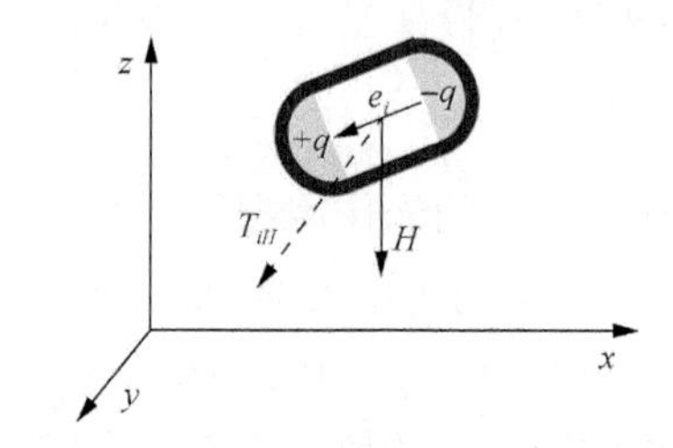

图 2.3.7 球杆形磁性粒子的外加磁场力矩模型

2.3.2 球杆形磁性粒子模型的磁流体微观结构模拟

1. *初始状态*

由于本节所采用的是球杆形磁性粒子的磁流体模型进行仿真分析，因此与 2.3.1 节的初始化方法存在着一些差异，主要体现在磁矩方向问题上。如图 2.3.8 所示，采用晶格分布法，根据磁性粒子数将仿真单元在空间内划分为一定数量的小晶格，粒子平均分布在晶格的交点上，并施加一定扰动，避免磁性粒子在晶格内的分布过于理想。

根据晶格分布，可以求出磁流体中磁性粒子的体积浓度。当相邻磁性粒子的间距为 a 时，将其沿着一个方向扩展为 Q 个磁性粒子，即 $Q-1$ 个间距为 a 的线性排列。接着按照同样方法向另外两个方向同样扩展为 Q 个磁性粒子，形成边长为 $(Q-1)a$ 的正方体。可以计算出磁性粒子的体积浓度 ϕ_s 为

$$\phi_s = \frac{\pi Q^3 d^2}{(Q-1)^3 a^3}\left(\frac{d}{6}+\frac{l_0}{4}\right) \tag{2.3.23}$$

这样，在仿真过程中，当磁性粒子的体积浓度已知时，可以推导出粒子间距以及仿真单元的边长。然后根据边长、体积浓度以及磁性粒子数量，建立磁流体微观结构的坐标系。如图 2.3.8（a）和（b）所示，当磁流体体积浓度为 1%且仿真磁性粒子个数为 1331 时，可以计算出正方体边长为 810nm，对应坐标进行了归一化处理。

磁性粒子的运动除了平动之外，还伴随转动。磁矩变化是反映磁性粒子转动的指标。对于球杆形磁性粒子，磁矩方向为负磁荷到正磁荷的方向，因此磁性粒子指向与磁荷方向一致。当外界磁场作用于磁流体时，磁性粒子被磁化，磁性粒子方向（磁矩方向）沿外界磁场方向变化。在磁矩初始化时，方向均设为一致。

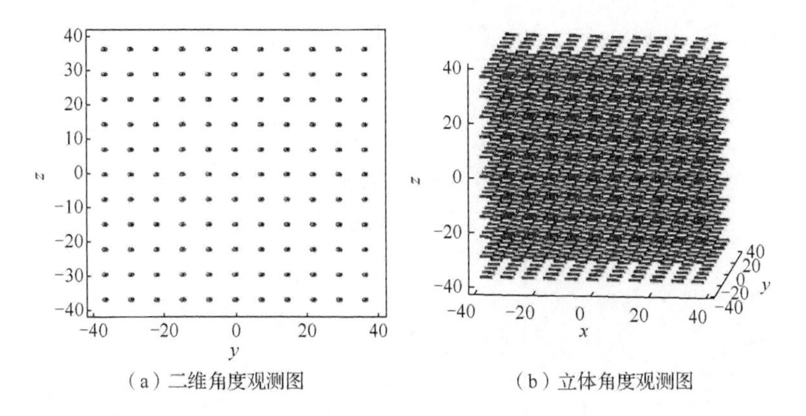

（a）二维角度观测图　（b）立体角度观测图

图 2.3.8　球杆形磁性粒子初始化模型

2. 运动方程及模拟参数

在分析时，相对于球形磁性粒子模型，非球形磁性粒子的平动和转动都能通过磁性粒子的直观状态反映，其平动和转动分别是由力和力矩引起的。如图 2.3.9 所示，磁性粒子 i 在系统中受力和力矩作用后，以平动速度 v_i 和角速度 ω_i 运行。

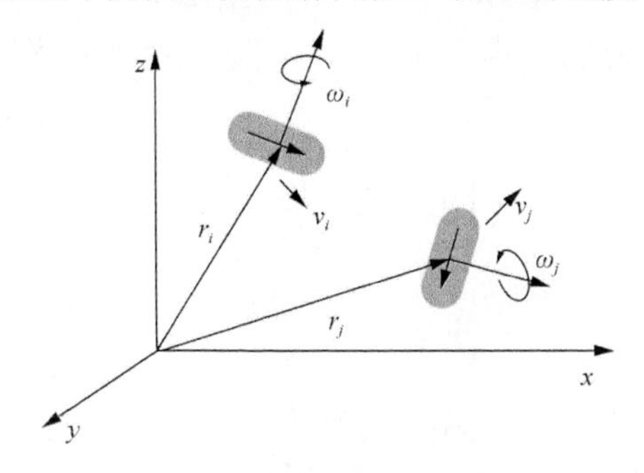

图 2.3.9　磁性粒子运动系统

粒子平动速度 v_i 与粒子位置 r_i 随时间变化有关，粒子角速度 ω_i 与粒子沿轴线角度 φ_i 随时间变化有关，分别表示为

$$v_i = \frac{\mathrm{d}r_i}{\mathrm{d}t}, \quad \omega_i = \frac{\mathrm{d}\varphi_i}{\mathrm{d}t} \tag{2.3.24}$$

由于仿真的磁流体为薄膜形式结构，在这里不考虑剪切流。力和转矩使磁性粒子产生速度和角速度[11]，它们分别表示为

$$v_i = v_i^{//} + v_i^{\perp} = \frac{1}{\eta X^A} F_i^{//} + \frac{1}{\eta Y^A} F_i^{\perp} \tag{2.3.25}$$

$$\omega_i = \omega_i^{//} + \omega_i^{\perp} = \frac{1}{\eta X^C} T_i^{//} + \frac{1}{\eta Y^C} T_i^{\perp} \tag{2.3.26}$$

式中，$F_i^{//}$ 和 $F_i^{\perp}$ 分别为平行和垂直于磁性粒子轴线的作用力。相关参数[19]可分别表示为

$$
\begin{cases}
X^{\mathrm{A}} = \dfrac{16\pi R s^3}{-2s + \left(1+s^2\right)L} \\
Y^{\mathrm{A}} = \dfrac{32\pi R s^3}{2s + \left(3s^2-1\right)L} \\
X^{\mathrm{C}} = \dfrac{32\pi R^3 s^3 \left(1-s^2\right)}{6s + \left(3-3s^2\right)L} \\
Y^{\mathrm{C}} = \dfrac{32\pi R^3 s^3 \left(2-s^2\right)}{-6s + \left(3+3s^2\right)L}
\end{cases}
\tag{2.3.27}
$$

式中，$L = \ln\dfrac{1+s}{1-s}$；$s = \dfrac{\sqrt{\left(l_0/2+\delta\right)^2 - \left(d/2+\delta\right)^2}}{l_0/2+\delta}$；$X^{\mathrm{A}}$、$Y^{\mathrm{A}}$、$X^{\mathrm{C}}$、$Y^{\mathrm{C}}$ 为特定粒子形状的阻力函数“A”表示平移，“C”表示旋转。

为了研究粒子间作用力、粒子间排斥力、外加磁场对磁流体微观结构的影响，定义无量纲参数：

$$
\begin{cases}
\mathrm{Rm} = \dfrac{\mu_0 m^2}{12\pi^2 \eta\gamma l_0^{\,2} d^4} \\
\mathrm{RV} = \dfrac{\pi d^2 n_s kT}{2\delta} \\
\mathrm{RH} = \dfrac{\mu_0 m H}{\pi\eta\gamma d^3}
\end{cases}
\tag{2.3.28}
$$

式中，Rm 表示粒子间相互作用势强度；RV 表示由表面活性剂引起的排斥势强度；RH 表示外加磁场作用势强度。球杆形磁性粒子在经过时间段 Δt 后的位置和单位磁矩与上一时刻 t 的位置和单位磁矩的关系可以表示为

$$r_i = r_i\left(t+\Delta t\right) - r_i\left(t\right) = v_i\left(t\right)\cdot\Delta t \tag{2.3.29}$$

$$e_i\left(t+\Delta t\right) = e_i\left(t\right) + \Delta t\cdot\omega_i\left(t\right)\times e_i\left(t\right) \tag{2.3.30}$$

程序流程：首先对磁流体中磁性粒子进行初始化设置，初始化过程包括粒子位置（坐标）、粒子指向（单位磁矩方向）以及设定最大时间步数，初始化采用晶格分布法。为分析粒子平动和粒子转动，在作用半径内计算作用在每个粒子上的合力和合力矩。合力包括粒子间作用力、排斥力和布朗力等，合力矩包括粒子间力矩和外加磁场力矩。通过 Verlet 算法求解运动方程，得出粒子下一时刻的状态。

接着判断时间步数，如果大于设定最大时间步数，则程序停止，否则继续计算下一时刻作用在粒子上的力和力矩。

3. *磁性粒子的磁场响应过程分析*

为了能够精确地让磁性粒子微观运动变化反映宏观现象，首先在仿真系统中构建一个边长为 810nm 的正方体，构建体积浓度为 1%的磁流体系统进行计算。通过计算，可得粒子个数为 N=1331。这里，粒子磁矩 m 的量级为 10^{-20}A·m^2。仿真选取的其他参数为：时间步长 $\Delta t=10^{-3}$s，环境热力学温度 T=300K，磁矩大小 $m=7\times10^{-20}$A·m^2，真空磁导率 $\mu_0=4\pi\times10^{-7}$N/A^2，作用半径 $r_{\mathrm{coff}}=2.5\times10^{-7}$m，$\delta$=1.5nm，$d$=10nm，黏度 η=0.1Pa·s，单位面积上表面活性剂分子数 $n_s=10^{18}$ 个/m^2。Hong 等[20]曾对磁流体在不同磁场下的团簇过程进行过实验分析，分别对磁流体薄膜施加垂直于薄膜表面方向的 0～400Oe［其中 1Oe=$10^3/(4\pi)$A/m］磁场，磁流体的最终状态存在四个阶段，分别为均匀分散状态、无序状态、动态六边形结构和稳定六边形结构。因此在此部分仿真中，同样选取方向沿 x 轴、范围为 0～400Oe 的均匀磁场，且采用晶格分布方式实现磁性粒子的初始化，获得磁性粒子的运动过程，列出最能反映四个阶段状态变化趋势的结果，并对每种状态过程进行详细解释。磁性粒子在外加磁场为 30Oe 情况下，时间步长经过 2×10^5、4×10^5、18×10^5 后的二维和三维结构图如图 2.3.10 所示。

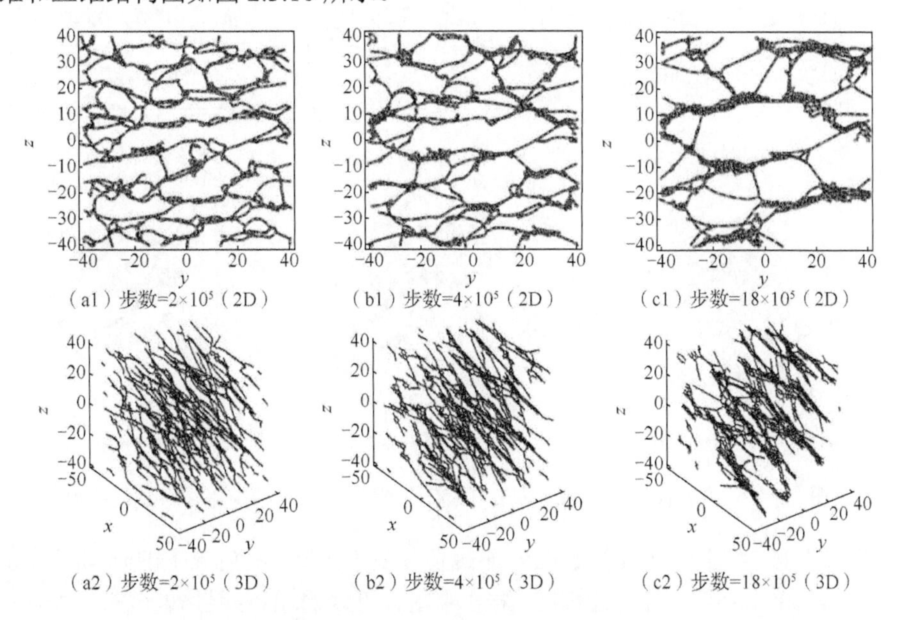

图 2.3.10　磁性粒子在低磁场强度（30Oe）情况下微观结构随时间变化过程

由三维结构图可知，磁性粒子在低磁场强度下经过较短时间，磁矩方向有沿磁场方向变化趋势，但变化并不明显，磁性粒子大多数处于离散状态，继续经过一段时间后，磁矩方向仍然无明显变化，但从二维的角度观察，磁性粒子开始出现少量团簇趋势，经过长时间到达稳定状态后，磁性粒子呈网状团簇状态，团簇体与团簇体之间存在多数单个游离状态的粒子。这种现象的原因是磁性粒子本身存在磁偶势能和布朗力，粒子在低磁场作用下不能够克服磁偶势能和布朗力进行运动。所以，这种状态可以看成磁流体的均匀分散状态。图 2.3.11 给出了磁性粒子在外加磁场强度为 90Oe 情况下的时间步数经过 2×10^5、4×10^5、18×10^5 后二维和三维的位置。可以看出，粒子在中等强度磁场下作用较短时间内，磁性粒子的磁矩方向有沿着磁场方向变化的趋势，虽然比低磁场强度下明显，但磁矩方向仍不完全平行于磁场方向，随着时间增加，开始有少数粒子构成链状结构的趋势，当到达稳定状态时，有少量磁柱形成，但此刻磁柱与磁柱之间无明显分布规律。产生这种现象的原因是磁性粒子在中等磁场强度下刚好能够克服磁偶势能进行运动，但未能达到饱和磁化强度状态。这种最终形成少量无规则磁柱的结构可以看成磁流体无序状态。

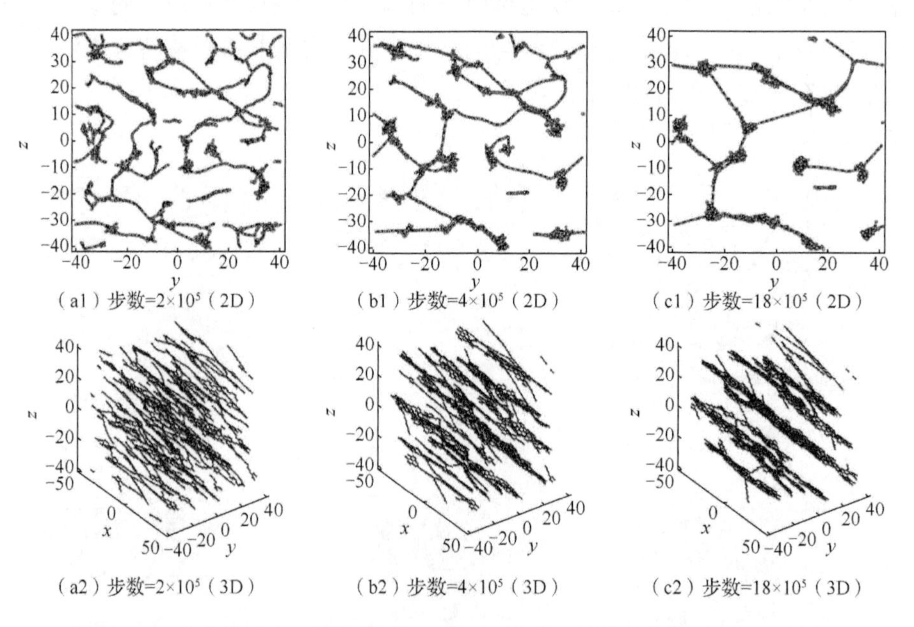

（a1）步数=2×10⁵（2D） （b1）步数=4×10⁵（2D） （c1）步数=18×10⁵（2D）

（a2）步数=2×10⁵（3D） （b2）步数=4×10⁵（3D） （c2）步数=18×10⁵（3D）

图 2.3.11 磁性粒子在中磁场强度（90Oe）情况下微观结构随时间变化过程

图 2.3.12 给出了磁性粒子在外加磁场强度为 135Oe 情况下的时间步数经过 2×10^5、4×10^5、18×10^5 后二维和三维结构图。可以看出，磁性粒子在较高强度磁场下作用较短时间，磁性粒子的磁矩方向完全沿着磁场方向排列，粒子呈链状结构，但磁流体中的链与链间无明显规律性，随着时间步数进一步增加，链的直径

开始增大，数目减少，并且链与链间从最初的无规律结构趋向于有规律的排列。到后期到达稳定状态时，链与链间已经有即将形成六边形的排列形式，少数链的直径大小不一，且链间仍有少量磁性粒子存在。产生这种现象的原因是磁性粒子在较高磁场强度下几乎完全能够克服磁偶势能进行运动，但磁柱还不能完全吸附游离粒子。所以，这种状态可以看成磁流体的动态六边形结构。

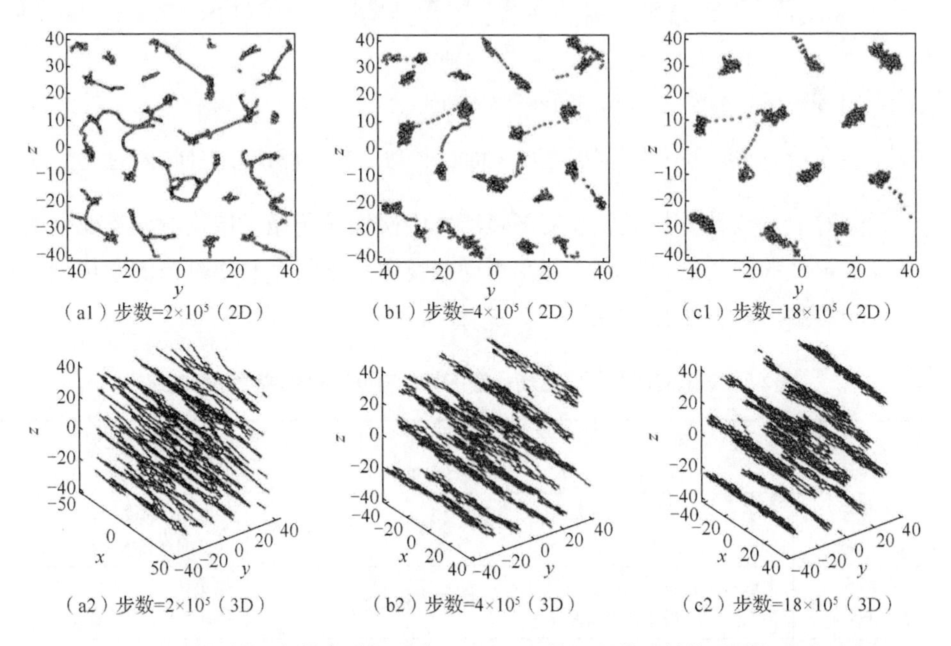

（a1）步数=2×10^5（2D）　（b1）步数=4×10^5（2D）　（c1）步数=18×10^5（2D）

（a2）步数=2×10^5（3D）　（b2）步数=4×10^5（3D）　（c2）步数=18×10^5（3D）

图 2.3.12　磁性粒子在较高磁场强度（135Oe）情况下微观结构随时间变化过程

图 2.3.13 为磁流体在磁场强度为 300Oe 情况下的微观结构变化过程。在这个磁场强度下，磁性粒子在短时间内迅速成链，链与链间最终能够形成六边形规则的排列形式，且每个链的直径大小相差不大。链与链间刚开始有少数游离粒子，随着时间增加，最终游离状态的单个粒子逐渐消失。磁流体的这种具有六边形的排列结构完全符合稳定六边形结构。

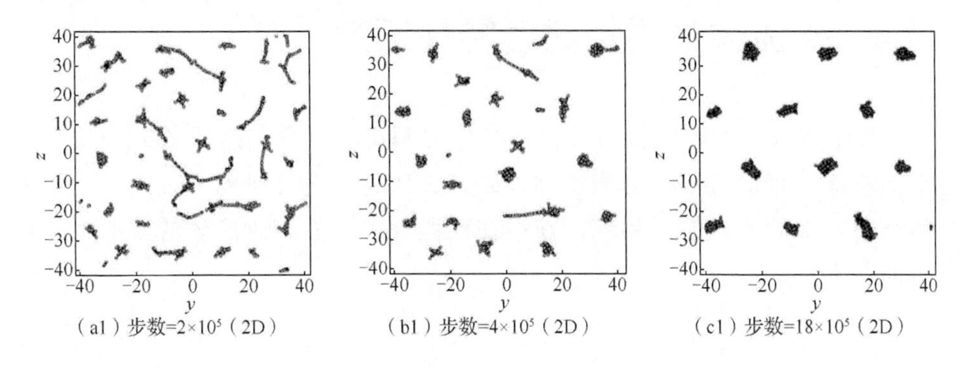

（a1）步数=2×10^5（2D）　（b1）步数=4×10^5（2D）　（c1）步数=18×10^5（2D）

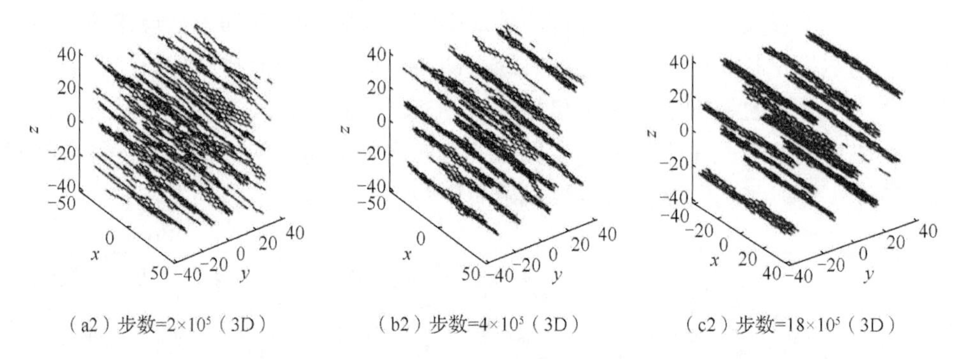

（a2）步数=2×10⁵（3D）　（b2）步数=4×10⁵（3D）　（c2）步数=18×10⁵（3D）

图 2.3.13　磁性粒子在高磁场强度（300Oe）情况下微观结构随时间变化过程

通过对上述四种外加磁场强度下磁流体中磁性粒子微观结构随磁场变化的分析，经过定性的比较后，将磁流体在不同磁场强度下每个时间阶段的变化趋势特征归纳和总结，如表 2.3.1 所示。

表 2.3.1　磁流体在不同磁场强度下每个时间阶段的变化趋势特征

磁场	短时间（200s）	长时间（600～1400s）	最终状态时间（1400s 以后）
低磁场（0～45Oe）	粒子离散，磁矩不沿着磁场方向，偏离较大	形成少量网状团簇，数量增多	网状团簇体数量稳定，团簇体之间存在大量离散粒子
中磁场（45～100Oe）	离散粒子数量减少，磁矩沿磁场方向趋势比低磁场明显	少数粒子聚集成链	少量磁柱形成，无明显趋势，存在一定数量离散粒子
较高磁场（100～180Oe）	磁矩几乎完全沿着磁场方向，粒子呈链状，但无明显规律	链直径增大，数目减少，趋近有规律，但存在游离粒子	形成六边形排列，但是还存在少量游离粒子
高磁场（180～400Oe）	磁矩完全沿着磁场方向，粒子呈链状，且链数目比较高磁场多	链直径增大，磁柱数目减少，且磁柱之间不存在游离粒子	链与链之间完全形成规则六边形排列

2.4　磁流体的磁控透射特性研究

本节在磁流体微观结构的理论模型研究基础上，采用米氏散射理论和蒙特卡罗法相结合的方法，对磁流体的磁控透射特性进行研究，设计并搭建磁流体光学特性的实验研究系统，获得在不同外界因素下磁流体透射率，并对比验证。

2.4.1　磁流体磁控透射特性的理论分析

1. 米氏散射理论

散射是指光通过不均匀介质，部分光将偏离原来传播方向分散传播，包括折射、衍射、反射等过程。粒子的散射分为米氏散射和瑞利散射。将球形粒子粒径与入射光波长的比值定义为粒子尺度 $\chi=\pi d_{\mathrm{p}}/\lambda$，其中，$d_{\mathrm{p}}$ 为磁性粒子粒径，λ 为入射光的波长。当 $\chi\gg 1$ 时，即所研究粒子的粒径远大于入射光的波长，称为大粒子，此时采用几何光学和衍射理论求解光的传递；当 $\chi\approx 1$ 时，即粒子粒径与入射光波长相当，用米氏散射理论对光的传递进行分析；当 $\chi\ll 1$ 时，则采用瑞利散射理论分析光传递。米氏散射和瑞利散射的主要区别是米氏散射中粒子的尺寸较大，而瑞利散射中粒子的尺寸非常小，本节研究的磁流体中的磁性聚团粒子的尺寸与入射光波长的比值在 $10^{-1}\sim 10^{-2}$，即粒子的尺寸与波长在一个可比较的范围，考虑用米氏散射进行分析。

米氏散射理论是对任何尺寸均匀的球形粒子散射问题的严格解，是对均匀介质中的粒子单色波的数学求解，在胶体、金属悬浮液等的光散射问题研究中有着很好的实用价值。由米氏散射理论可知，与散射粒子距离为 r 处的散射强度如下所示：

$$I_{\mathrm{sca}}=I_0 g\frac{\lambda^2}{8\pi^2 r^2}g \tag{2.4.1}$$

$$I(\theta,\varphi)=|S_1(\theta)|^2\sin^2\varphi+|S_2(\theta)|^2\cos^2\varphi \tag{2.4.2}$$

式中，λ 为入射光波长；I_0 为入射光的光强；I_{sca} 为散射的光强；θ 为散射角；φ 为偏振光的偏振角。

$$S_1(\theta)=\sum_{n=1}^{\infty}\frac{2n+1}{n(n+1)}(a_n\pi_n+b_n\tau_n) \tag{2.4.3}$$

$$S_2(\theta)=\sum_{n=1}^{\infty}\frac{2n+1}{n(n+1)}(a_n\tau_n+b_n\pi_n) \tag{2.4.4}$$

式中，$S_1(\theta)$ 和 $S_2(\theta)$ 为振幅函数；π_n 和 τ_n 为只和散射角 θ 有关的连带勒让德函数（associated Legendre function）；a_n 和 b_n 为函数，如下所示：

$$a_n=\frac{\varphi_n(\alpha)\varphi_n'(m\alpha)-m\varphi_n'(\alpha)\varphi_n(m\alpha)}{\varepsilon_n(\alpha)\varphi_n'(m\alpha)-m\varepsilon_n'(\alpha)\varphi_n(m\alpha)} \tag{2.4.5}$$

$$b_n=\frac{m\varphi_n(\alpha)\varphi_n'(m\alpha)-\varphi_n'(\alpha)\varphi_n(m\alpha)}{m\varepsilon_n(\alpha)\varphi_n'(m\alpha)-\varepsilon_n'(\alpha)\varphi_n(m\alpha)} \tag{2.4.6}$$

其中，$\varphi_n(\alpha)$ 为贝塞尔（Bessel）函数，$\varepsilon_n(\alpha)$ 为第一类汉克尔函数（Hankel function of the first kind），φ' 和 ε' 分别为 φ 和 ε 的导函数，$\alpha=\dfrac{\pi d_{\mathrm{p}}}{\lambda}$，$d_{\mathrm{p}}$ 为磁性粒子粒径，m 为磁性粒子的复折射率，其虚部表示磁性粒子对光的吸收。米氏散射中 $\varphi_n(\alpha)$、$\varepsilon_n(\alpha)$ 和 $\varphi_n'(\alpha)$、$\varepsilon_n'(\alpha)$ 满足的递推关系如下[21]：

$$\varphi_n(\alpha)=\frac{2n-1}{\alpha}\varphi_{n-1}(\alpha)-\varphi_{n-2}(\alpha) \tag{2.4.7}$$

$$\varphi_n'(\alpha)=-\frac{n}{\alpha}\varphi_n(\alpha)+\varphi_{n-1}(\alpha) \tag{2.4.8}$$

$$\varepsilon_n(\alpha)=\frac{2n-1}{\alpha}\varepsilon_{n-1}(\alpha)-\varepsilon_{n-2}(\alpha) \tag{2.4.9}$$

$$\varepsilon_n'(\alpha)=-\frac{n}{\alpha}\varepsilon_n(\alpha)+\varepsilon_{n-1}(\alpha) \tag{2.4.10}$$

初始值为

$$\varphi_{-1}(\alpha)=\cos\alpha \tag{2.4.11}$$

$$\varphi_0(\alpha)=\sin\alpha \tag{2.4.12}$$

$$\varepsilon_{-1}(\alpha)=\cos\alpha-\mathrm{i}\sin\alpha \tag{2.4.13}$$

$$\varepsilon_0(\alpha)=\sin\alpha+\mathrm{i}\cos\alpha \tag{2.4.14}$$

与散射角相关的 π_n、τ_n 满足的递推关系如下所示：

$$\tau_n=\pi_n\cos\theta-\pi_n'\sin^2\theta \tag{2.4.15}$$

$$\pi_n=\frac{2n-1}{n-1}\pi_{n-1}\cos\theta-\frac{n}{n-1}\pi_{n-2} \tag{2.4.16}$$

$$\pi_n'=(2n-1)\pi_{n-1}+\pi_{n-2}' \tag{2.4.17}$$

$$\pi_0=0 \tag{2.4.18}$$

$$\pi_0'=\pi_1'=0 \tag{2.4.19}$$

将这些递推关系进行求解，得到所需的解。

粒子的米氏散射的相函数 $\Phi(\theta)$ 如下所示：

$$\Phi(\theta)=\frac{2\left(\left|S_1(\theta)\right|^2+\left|S_2(\theta)\right|^2\right)}{Q_{\mathrm{s}}\chi^2} \tag{2.4.20}$$

式中，$S_1(\theta)$、$S_2(\theta)$ 为振幅函数，可以由前面的递推公式进行求解；Q_{s} 为粒子的散射系数；χ 为粒子尺度，在前面已有介绍。

粒子的散射系数 Q_s 及粒子的吸收系数 Q_e 分别为

$$\begin{cases} Q_s = \dfrac{2}{\chi^2}\sum_{n=1}^{\infty}(2n+1)\left(|a_n|^2+|b_n|^2\right) \\ Q_e = \dfrac{2}{\chi^2}\sum_{n=1}^{\infty}(2n+1)\mathrm{Re}(a_n+b_n) \\ Q_a = Q_e - Q_s \end{cases} \tag{2.4.21}$$

式中，Re 为复数的实部符号；a_n、b_n 为米氏散射系数，可以由前面的递推公式得到。

2. 基于蒙特卡罗法的光学特性模型建立

1）基于蒙特卡罗法的光传递概率模型

本节主要通过蒙特卡罗法研究光线辐射的过程以获得磁流体光学透射特性。光线在磁流体薄膜内的传递是非常复杂的，运用蒙特卡罗法分析时，把入射光看成由多束光纤组成，分析每束光在透过磁流体薄膜时的过程。通过对出射光束的统计来计算磁流体薄膜的透射率。

根据前期研究获得的不同磁场作用下磁流体微观结构模型可知，磁性粒子的分布情况是迥异的，会对光学透射特性产生不同的影响。基于蒙特卡罗法磁流体薄膜的光透射过程模拟可以分解成光线在上表面的反射与折射、在薄膜内的传递、与磁性粒子的碰撞及碰撞后的散射吸收、在下表面的反射或者折射等独立过程[18, 21]。下面介绍每个独立过程相应的概率模型。

（1）磁流体薄膜表面的镜面反射和折射。

假设 $\rho_{s\lambda}$ 是磁流体薄膜的反射表面的反射率，可由菲涅耳（Fresnel）公式[22, 23]得到，如图 2.4.1 所示。采用随机数方法进行判定，用产生的随机数 R_r 与对应的反射率 $\rho_{s\lambda}$ 进行比较[7]。若 $R_r \geqslant \rho_{s\lambda}$，光线被折射；反之，光线被反射。光线是垂直于磁流体薄膜表面入射的。由菲涅耳公式可知，当光线从一种均匀介质进入另一种均匀介质时，在界面处将发生折射或反射现象。在研究磁流体的透射时，采用的是光线垂直入射磁流体薄膜，从菲涅耳公式可以得到以下关系：

$$r_s = \frac{n_1\cos\theta_1 - n_2\cos\theta_2}{n_1\cos\theta_1 + n_2\cos\theta_2} \tag{2.4.22}$$

$$t_s = \frac{2n_1\cos\theta_1}{n_1\cos\theta_1 + n_2\cos\theta_2} \tag{2.4.23}$$

式中，n_1、n_2分别为两种介质的折射率；θ_1、θ_2分别为入射角和折射角，由于光线是垂直入射的，故此时的θ_1和θ_2均为0。从文献[22]和[23]可知，菲涅耳公式对于各向异性的介质是不适用的，理论上将介电张量换成目前的介电常数，得到类菲涅耳公式。磁流体的折射率与外部磁场有一定的关系，在光线从空气进入磁流体薄膜的时候，利用菲涅耳公式及相对应的磁流体的折射率来判断光线是否被反射，若被反射则看作该条光线没有进入，跟踪结束，否则继续跟踪光线。

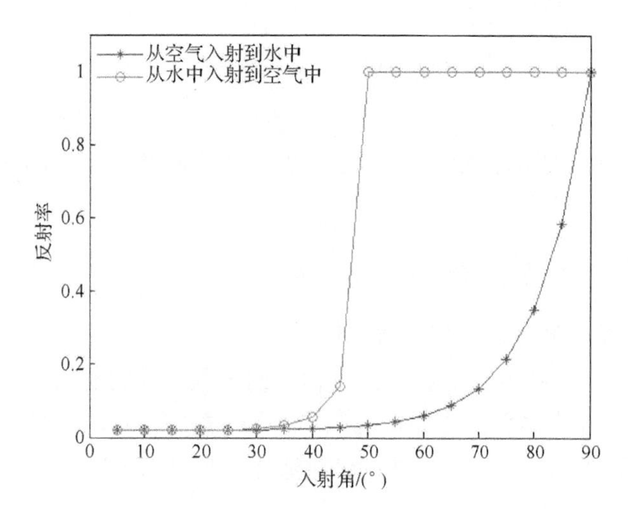

图 2.4.1　磁流体薄膜表面的反射率

（2）磁流体薄膜内光束的传递行程。

$$S = -\frac{1}{K_{\mathrm{et}\lambda}}\ln(1 - R_{\mathrm{s}}) \tag{2.4.24}$$

式中，S为波长λ的光谱辐射传递行程；$K_{\mathrm{et}\lambda}$为磁流体载液与磁性粒子总的光谱衰减系数；R_{s}为传递行程随机数[21]。

（3）光线击中磁性粒子的判断。

目前，对光线是否击中粒子的判断主要有两种：一种是从能量衰减的角度来判断光线是否击中粒子；另一种是利用几何的方法，即将磁性粒子的位置坐标全部标定出来，然后计算光线是否与粒子相交，若相交则表示光线击中磁性粒子，反之则没有击中粒子。前一种方法适合应用在均匀分布的半透明体中，而由于磁流体在外部磁场的作用下，磁性粒子将不是均匀分布的，故采用后者判断光线是否击中磁性粒子。不足的是该方法的运算比较复杂，在计算机中所需的时间比前一种要长很多。这里采用判断磁性粒子是否在光线附近的方法，若磁性粒子的球心距光线小于100nm则击中，反之则光线未击中粒子。因为在同一条光线上可能存在多个距离小于100nm的磁性粒子，为此，只有离光源最近的粒子是击中的。

（4）光线被粒子散射或者吸收的判断。

当光线击中磁性粒子后，无外乎就是被散射或者吸收两种状态。若光线被吸收了，则该光线的传递结束；反之，光线被散射，则继续传递，但是此时必须判断光线传递的方向，并在接下来的传递过程中重新判断是否击中其他磁性粒子。

（5）光线被载液吸收。

光线在载液传递的过程中，载液对光线也有吸收，由朗伯-比尔定律可知磁流体薄膜厚度与所对应光程有关，故在光线透过磁流体薄膜时，判断光线是否被载液吸收，若被载液吸收，则跟踪结束，反之，则穿过薄膜的光线数值累加。

2）磁流体薄膜的物理模型

在前面得到的微观结构基础上，在图2.4.2的磁流体薄膜物理模型中设定光的入射方向均平行于 z 轴方向。因此，模拟平行磁场（即磁场方向与入射光方向平行）作用下的透射特性时，将如图2.4.2的微观结构单元体沿 x 轴和 y 轴进行无限次拓展，得到一个无限大平面，将 z 轴进行有限次拓展形成一定厚度的薄膜；模拟垂直磁场（即磁场方向与入射光方向垂直）作用下的透射特性时，需将 x 轴与 z 轴对调，进行上述拓展。光从拓展体上表面垂直入射，沿 z 轴负方向向下传播，并假设外部温度是恒定的，且光线入射后不引起磁流体内部的温度改变，即内部的总能量不变，同时每个磁性粒子的散射是相互独立的。

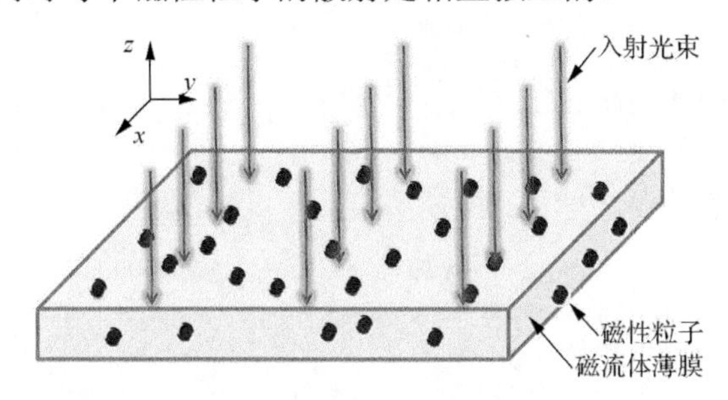

图2.4.2　磁流体薄膜的物理模型

采用蒙特卡罗法对光学透射特性进行模拟，即对光线进行跟踪。假设有一定数量光线垂直入射于磁流体薄膜，经过上述一系列传递，记录透过磁流体薄膜的光线数、被薄膜吸收的光线数、被薄膜反射回来的光线数，将得到的三个值与入射光线总数作比值，即为光线通过磁流体的透射率、吸收率与反射率。本节主要对磁流体的透射率作了充分的分析，并进行实验操作验证了仿真的合理性。对于吸收率和反射率模拟是为后续研究中利用菲涅耳反射原理分析磁流体的折射率做准备。

在进行磁流体透射特性模拟的过程中，需要知道载液和磁性粒子的主要参数，主要用到两者的复折射率。据调研[7]，水和磁性粒子（Fe_3O_4）在红外 $1\sim15\mu m$ 波段的复折射率 n_b、n_p 如图2.4.3（a）、（b）所示，从图中可以看出在1550nm处的水和磁性粒子（Fe_3O_4）的复折射率分别为1.33、$2.65+0.75i$。

根据前面介绍的米氏散射理论，可以对磁流体的物理特性参数进行计算，包括水的吸收系数，以及磁性粒子的衰减系数、散射系数、反射系数等。这些参数是模拟磁流体光学透射特性的前提条件。

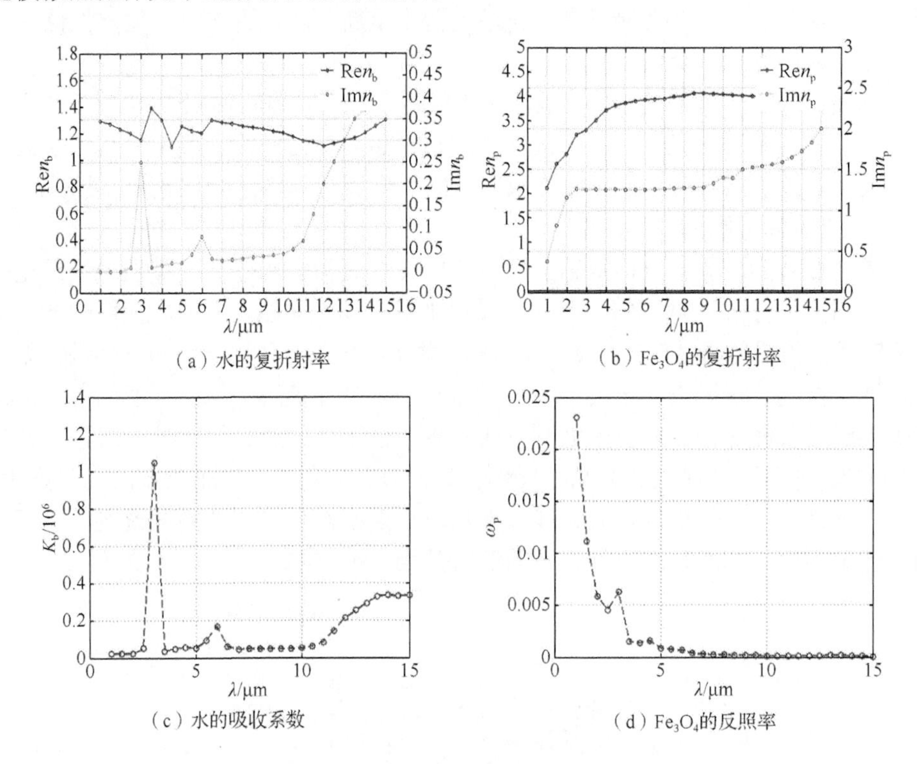

图 2.4.3　水和 Fe_3O_4 的光谱参数图

水的吸收系数表达式如下所示：

$$K_b = \frac{4\pi \operatorname{Im} n_b}{\lambda} \tag{2.4.25}$$

式中，K_b 为水的吸收系数［见图 2.4.3（c）］；λ 为入射光的波长；$\operatorname{Im} n_b$ 为对应波长下的水的光谱复折射率的虚部。磁性粒子的物理特性参数包括粒子反照率 ω_p（用来判断光线是否被反射）和吸收率 η_p（用来表征对击中光线的吸收），如下所示：

$$\begin{cases} \omega_p = \dfrac{K_{sp}}{K_{ep}} = \dfrac{Q_s}{Q_e} \\ \eta_p = \dfrac{K_{ap}}{K_{ep}} = \dfrac{Q_a}{Q_e} \end{cases} \tag{2.4.26}$$

式中，K_{ep}、K_{sp} 和 K_{ap} 由米氏散射理论求出，即 $K_{sp}=Q_s$、$K_{ap}=Q_a$ 和 $K_{ep}=Q_e$；$Q_e=Q_a+Q_s$，所以可以知道 $\omega_p+\eta_p=1$，粒子的反照率见图 2.4.3（d）。

3. 磁流体光学透射特性模拟结果

对于磁流体的光学透射特性的模拟主要从以下几个方面进行：磁流体薄膜的厚度、外部磁场强度、不同型号（浓度）磁流体等。

在外部磁场为零的时候，据文献[24]，光透过磁流体薄膜时符合朗伯-比尔定律，单色平行光通过均匀介质后被吸收的比例与入射光强无关，正比于光程的厚度，如下所示：

$$\mathrm{d}I/I=-\alpha\cdot\mathrm{d}x \tag{2.4.27}$$

式中，α 为物质的吸收系数。假定有 N 条光线从磁流体的表面入射，然后从磁流体薄膜穿过，有的直接传递到下表面，有的击中磁性粒子，被粒子吸收或者散射后，也到达下表面，这些到达表面的粒子最终穿过薄膜的条数为 N_{tra}，其中被载液和磁性粒子吸收的光线条数为 N_{abs}，被上表面反射回去和经过上表面折射出去的条数为 N_{ref}。这些光线的数目之和为入射光线的数目，即 $N_i=N_{ref}+N_{abs}+N_{tra}$。磁流体在该入射波长下的透射率 τ_λ、反射率 ρ_λ 和吸收率 α_λ 如下所示。

$$\begin{cases}\tau_\lambda=N_{tra}/N_i\\ \rho_\lambda=N_{ref}/N_i\\ \alpha_\lambda=N_{abs}/N_i\end{cases} \tag{2.4.28}$$

由上述可知，$\tau_\lambda+\rho_\lambda+\alpha_\lambda=1$，光在磁流体薄膜中透射率、反射率以及吸收率之和为 1，即光在磁流体中的最终传输状态有三种：光透过磁流体薄膜、光被磁流体薄膜反射以及光被磁流体吸收。

利用 MATLAB 软件建立磁流体透射模型进行模拟，选定体积浓度 1.8%，磁场强度为 100Gs，粒子数 N 为 512，边长 L 为 2.46μm，x 轴和 y 轴方向进行无限次扩展，z 轴方向进行 4 次扩展得到厚度为 10μm 的薄膜，选取入射光线数量为 10^4，入射方向平行于磁场方向，波长范围为 1～15μm，得到的平行磁场下磁流体薄膜透射、吸收、反射曲线如图 2.4.4（a）所示，透射曲线在 3μm 和 6μm 处有两个谷值，在较长波长 13μm 之后持续较低。相应位置的吸收曲线与透射曲线完全相反，这是由载液（水）的相应波长吸收特性决定的。由于垂直入射，反射率曲线整体偏低，但是在短波长波段值较大。磁场大小、方向对磁流体微观结构影响很大，必然引起其透射率的变化，通过对不同磁场大小、方向下磁流体的透射模型仿真分析，可以得到磁流体薄膜的透射率变化规律。

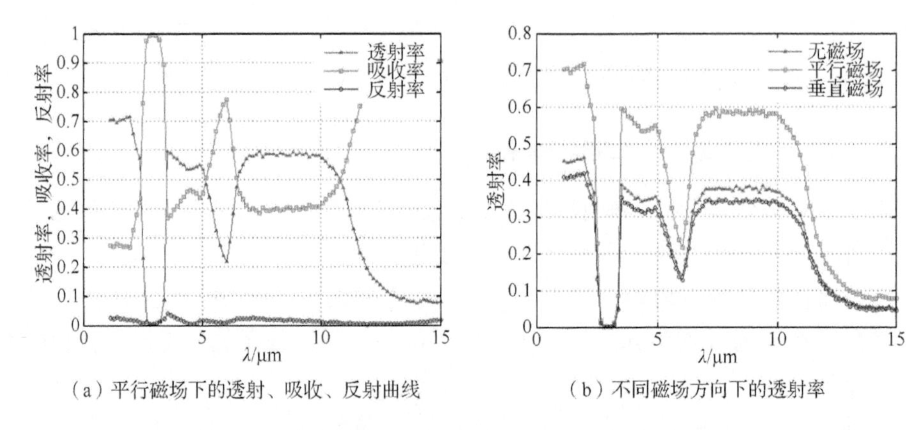

（a）平行磁场下的透射、吸收、反射曲线　　（b）不同磁场方向下的透射率

图 2.4.4　平行磁场下磁流体薄膜透射、吸收、反射曲线及不同磁场方向下透射率

从图 2.4.4（b）可以看出，平行磁场下磁流体透射率较无磁场时要提高很多，而垂直磁场下却低于无磁场的情况。因为磁流体在磁场下形成有序的链状结构排列，会使得平行于磁场的方向上占有面积减小，光线入射时与磁性粒子碰撞的机会也减少。这就使得平行磁场方向的透射率提高。而垂直磁场方向链状结构的密排加剧了磁流体的液固两相分离，加大了光线与粒子碰撞后被吸收的概率，因而磁流体在外加磁场下形成的独特的微观结构使得其具有各向异性。

根据前期获得磁场作用下的磁流体微观结构模型，分别建立透射模型以分析磁流体对磁场强度的响应特性。从图 2.4.5 中可以看出，平行磁场下，1～15μm 波段上，磁流体的透射率随着磁场强度的增大而增大，这是由于磁场越强在平行于磁场的方向磁流体的链状排列越规则，截面占有面积越小。而垂直磁场下的透射率随磁场变化在1～15μm 波段上无法看出明显规律。

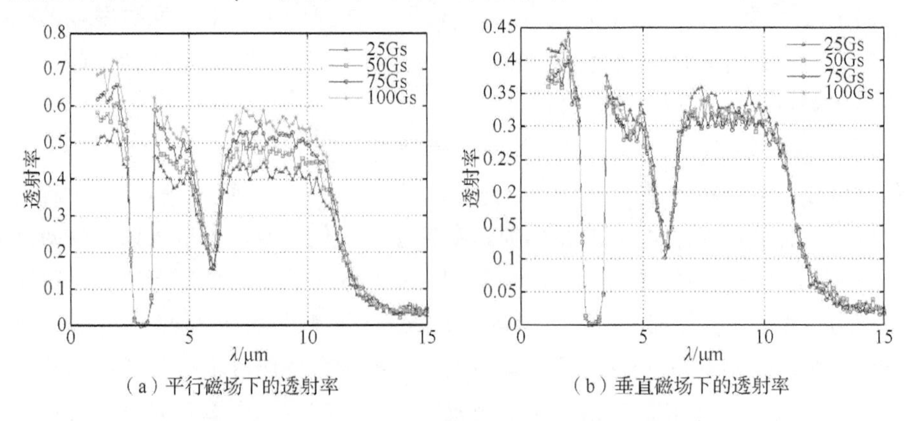

（a）平行磁场下的透射率　　（b）垂直磁场下的透射率

图 2.4.5　磁场强度和方向对磁流体透射率的影响

另外，磁流体的体积浓度和磁流体薄膜的厚度都会对其透射率产生影响。体积浓度越高，其透射率越低，如图 2.4.6（a）所示。磁流体薄膜厚度越厚，磁流

体的透射率越低，如图 2.4.6（b）所示。如图 2.4.7 所示，磁流体在入射光的波长为 1550nm 处的透射率与磁流体的体积浓度和磁流体薄膜的厚度存在着线性关系。

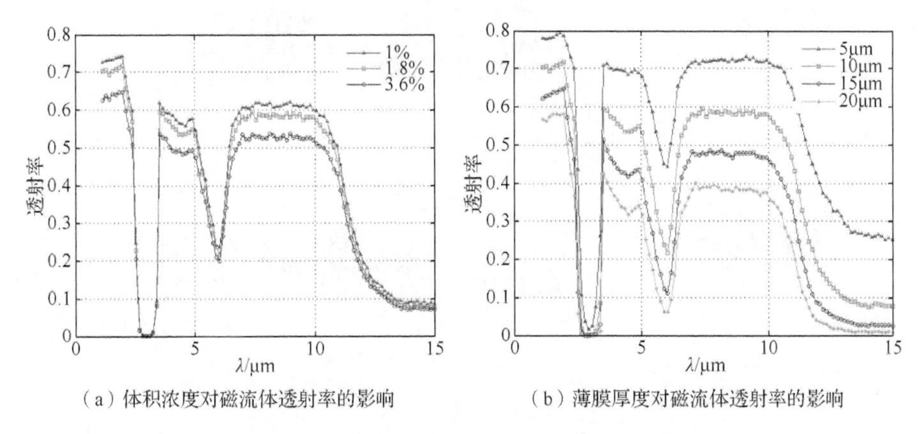

（a）体积浓度对磁流体透射率的影响　（b）薄膜厚度对磁流体透射率的影响

图 2.4.6　体积浓度、薄膜厚度分别对磁流体透射率的影响

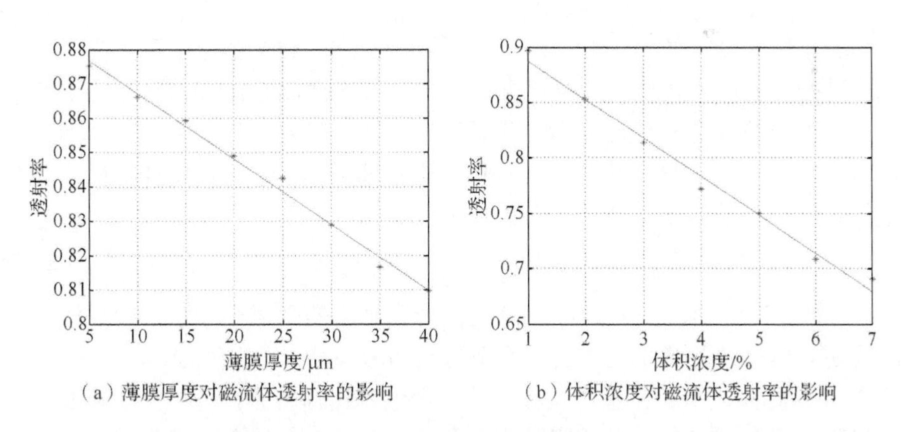

（a）薄膜厚度对磁流体透射率的影响　（b）体积浓度对磁流体透射率的影响

图 2.4.7　入射光的波长为 1550nm 时体积浓度、薄膜厚度对磁流体透射率的影响

2.4.2　磁流体磁控透射特性的实验研究

1. 磁流体光学特性研究实验系统

为了对磁流体薄膜光学特性进行实验研究，本节设计了磁流体薄膜透射率的测量系统，如图 2.4.8 所示。

系统包括光源、光纤耦合器（3dB）、双探测器电路、计算机、光纤准直器、环境控制区域（磁场、温度）、磁流体薄膜。系统为了保证实验的科学性和准确性，设计系统时从光路、电路硬件、软件等方面综合考虑，消除光源波动、光纤波动等影响，降低噪声，以获得更准确的实验数据。

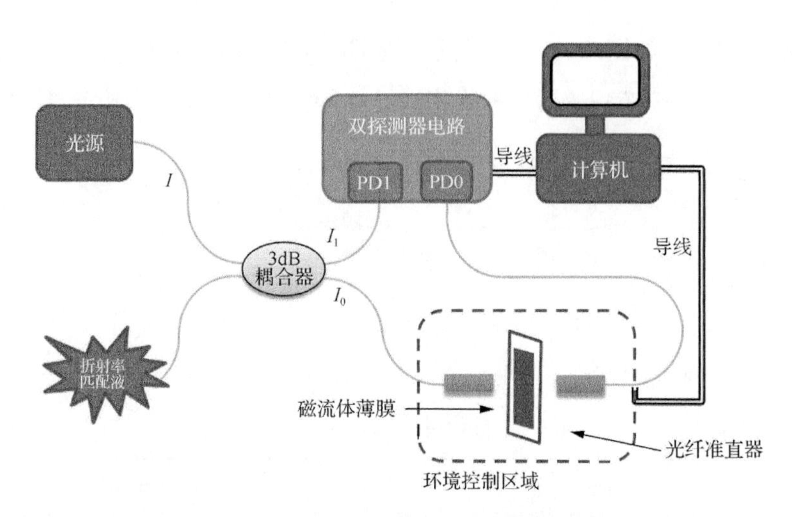

图 2.4.8　磁流体薄膜透射率的测量系统

2. 光路系统

实验系统的设计如图 2.4.8 所示，光源经过 3dB 耦合器分成两束光，其中一束光通过光纤直接连接到探测模块光电探测器（photoelectric detector，PD）上，而另外一束光经准直器准直输出，并通过磁流体薄膜后，进入到另一个准直器，并传输到 PD0 上。这样电压信号经过信号调理和采集卡后，利用计算机实现数据的采集和处理。根据光路可以得到

$$I = I_0 + I_1 \tag{2.4.29}$$

式中，I 是光源的强度；I_0 是经过磁流体薄膜光路的入射光光强；I_1 是作为消除光源波动的参比光源的光强。由于使用的是 3dB 耦合器，因此 $I_0 = I_1$。光源 I_0 在到达 PD0 的时候，由于在整个过程中除了经过磁流体薄膜，还经过了耦合器、光纤准直器、空气、玻璃、光纤等器件和介质，经过每一种介质和器件时，都会产生相应的损耗，因此需要将这些损耗消除，才能得到磁流体的衰减损耗。通过计算和假设，得到两个探测器分别检测到的电压信号的幅度关系式：

$$\begin{cases} V_{\text{PD0}} = \mathrm{e}^{-(\alpha_1 + \alpha_2 \cdot L_2 + \alpha_3 \cdot L_3 + \alpha_4 \cdot L_4)} \cdot I_0 \cdot a_0 \\ V_{\text{PD1}} = \mathrm{e}^{-\beta_1} \cdot I_1 \cdot b_0 \end{cases} \tag{2.4.30}$$

式中，V_{PD0} 为 PD0 所探测到的电压信号；V_{PD1} 为 PD1 所探测到的电压信号；α_1 为光纤光路损耗；α_2 为空气的吸收系数；L_2 为经过空气的光路长度；α_3 为磁流体薄膜的吸收系数；L_3 为经过的磁流体薄膜的厚度；α_4 为玻璃的吸收系数；L_4 为经过玻璃的厚度；β_1 为无磁流体薄膜的光路的衰减系数；a_0 为 PD0 的电路的放大系数；b_0 为 PD1 的电路的放大系数。

由于光纤线路的随意波动容易造成光路衰减的变化，通过直接测量计算出各个部分的衰减系数不太切合实际，同时由于光源存在波动，所以在测量透射率的同时，着重消除光源波动及其他衰减系数的影响，得到磁流体的透射率。因此对测量得到的两路电压信号进行比值处理，这样可以很好地去除光源对测量实验的影响，保证实验的正确性，推导公式如下：

$$r_{\text{film}} = \frac{V_{\text{PD0}}}{V_{\text{PD1}}} = \frac{e^{-(\alpha_1+\alpha_2 \cdot L_2+\alpha_3 \cdot L_3+\alpha_4 \cdot L_4)} \cdot I_0 \cdot a_0}{e^{-\beta_1} \cdot I_1 \cdot b_0} \tag{2.4.31}$$

$$r_{\text{air}} = \frac{V_{\text{PD0}}}{V_{\text{PD1}}} = \frac{e^{-(\alpha_1+\alpha_2 \cdot L_2)} \cdot I_0 \cdot a_0}{e^{-\beta_1} \cdot I_1 \cdot b_0} \tag{2.4.32}$$

式中，r_{film} 为带磁流体薄膜情况下测量得到的比值；r_{air} 为不带磁流体薄膜情况下测量得到的比值。通过对比上面两个公式可以看到两比值相除后得到的将是磁流体和玻璃的总衰减情况 T_1，这样就能有效地消除光路中光纤和器件所引起的衰减，并得到下式：

$$T_1 = \frac{r_{\text{film}}}{r_{\text{air}}} = \frac{\dfrac{e^{-(\alpha_1+\alpha_2 \cdot L_2+\alpha_3 \cdot L_3+\alpha_4 \cdot L_4)} \cdot I_0 \cdot a_0}{e^{-\beta_1} \cdot I_1 \cdot b_0}}{\dfrac{e^{-(\alpha_1+\alpha_2 \cdot L_2)} \cdot I_0 \cdot a_0}{e^{-\beta_1} \cdot I_1 \cdot b_0}} = e^{-(\alpha_3 \cdot L_3+\alpha_4 \cdot L_4)} \tag{2.4.33}$$

从式中可以看到，T_1 与玻璃和磁流体两者的衰减系数和厚度有关，使用归一化处理来消除玻璃的衰减影响。于是就得到测量载玻片的衰减情况，公式如下：

$$V_{\text{PD0}} = e^{-\left(\alpha_1+\alpha_2 \cdot L_2+\alpha_4 \cdot \frac{1}{2} L_4\right)} \cdot I_0 \cdot a_0 \tag{2.4.34}$$

这样可通过比值得到 r_{glass}：

$$r_{\text{glass}} = \frac{V_{\text{PD0}}}{V_{\text{PD1}}} = \frac{e^{-\left(\alpha_1+\alpha_2 \cdot L_2+\alpha_4 \cdot \frac{1}{2} L_4\right)} \cdot I_0 \cdot a_0}{e^{-\beta_1} \cdot I_1 \cdot b_0} \tag{2.4.35}$$

且有载玻片的透射率 T_2：

$$T_2 = \frac{r_{\text{glass}}}{r_{\text{air}}} = \frac{\dfrac{e^{-\left(\alpha_1+\alpha_2 \cdot L_2+\alpha_4 \cdot \frac{1}{2} L_4\right)} \cdot I_0 \cdot a_0}{e^{-\beta_1} \cdot I_1 \cdot b_0}}{\dfrac{e^{-(\alpha_1+\alpha_2 \cdot L_2)} \cdot I_0 \cdot a_0}{e^{-\beta_1} \cdot I_1 \cdot b_0}} = e^{-\alpha_4 \cdot \frac{1}{2} L_4} \tag{2.4.36}$$

根据式（2.4.33）和式（2.4.36）可以测出一块载玻片的透射率，进一步可以消除 T_1 中玻璃的衰减影响光强的问题，获得磁流体的透射率：

$$T_{\mathrm{MF}}=\frac{T_2}{T_3}=\mathrm{e}^{-\alpha_3\cdot L_3}=\frac{\dfrac{r_{\mathrm{film}}}{r_{\mathrm{glass}}}}{\dfrac{r_{\mathrm{glass}}}{r_{\mathrm{air}}}}=\frac{r_{\mathrm{film}}\cdot r_{\mathrm{air}}}{r_{\mathrm{glass}}^2} \tag{2.4.37}$$

或者

$$T_{\mathrm{MF}}=\frac{T_2}{T_3}=\mathrm{e}^{-\alpha_3\cdot L_3}=\frac{\dfrac{r_{\mathrm{film}}}{r_{\mathrm{air}}}}{T_2^{\ 2}} \tag{2.4.38}$$

由最终结果可得到磁流体透射率跟测量的信号的关系。求解公式即可获得磁流体薄膜最终透射率的大小。实验中使用的磁流体薄膜样本分别是 EMG905、EMG605 两种类型，与对应载液混合稀释的体积浓度分别为 25%、50%、100%，厚度分别为 10μm、20μm。

3. *磁流体薄膜的透射率与温度、磁场的关系*

本节对与对应载液混合稀释的体积浓度为 100%、厚度为 10μm 的 EMG905 磁流体薄膜进行了温度实验研究。当温度范围为 31℃到 47℃时，透射率随着温度升高而升高，具体如图 2.4.9 所示。

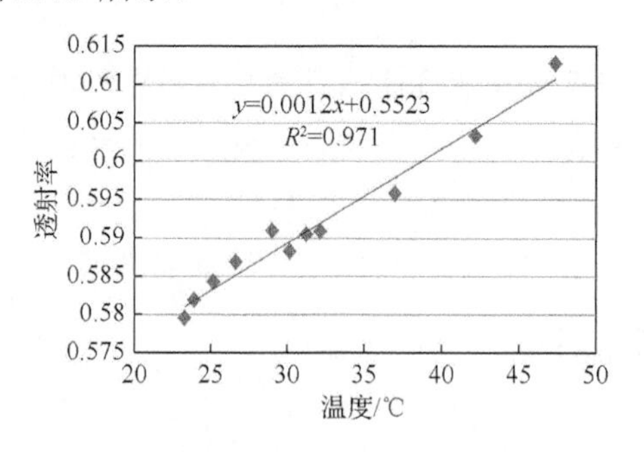

图 2.4.9　厚度为 10μm 的 100%EMG905 磁流体薄膜的透射率随温度变化情况

平行磁场下的实验结果如图 2.4.10（a）中所示，100%浓度的 EMG905 的 10μm 厚度磁流体薄膜在磁场强度范围为 0Gs 到 450Gs 时透射率随着磁场的增大而上升。垂直磁场下的实验结果如图 2.4.10（b）、（c）和（d）所示，50%、100%浓度的 10μm、20μm 厚度的 EMG905 的磁流体薄膜在磁场强度范围为 0Gs 到 450Gs 时得到的透射率随着磁场的增大而下降。对比发现随着厚度的增大或者与对应载液混合稀释的体积浓度的提高，磁流体的透射率都在降低，而且几种情况下的透射率均随磁场强度上升而下降。

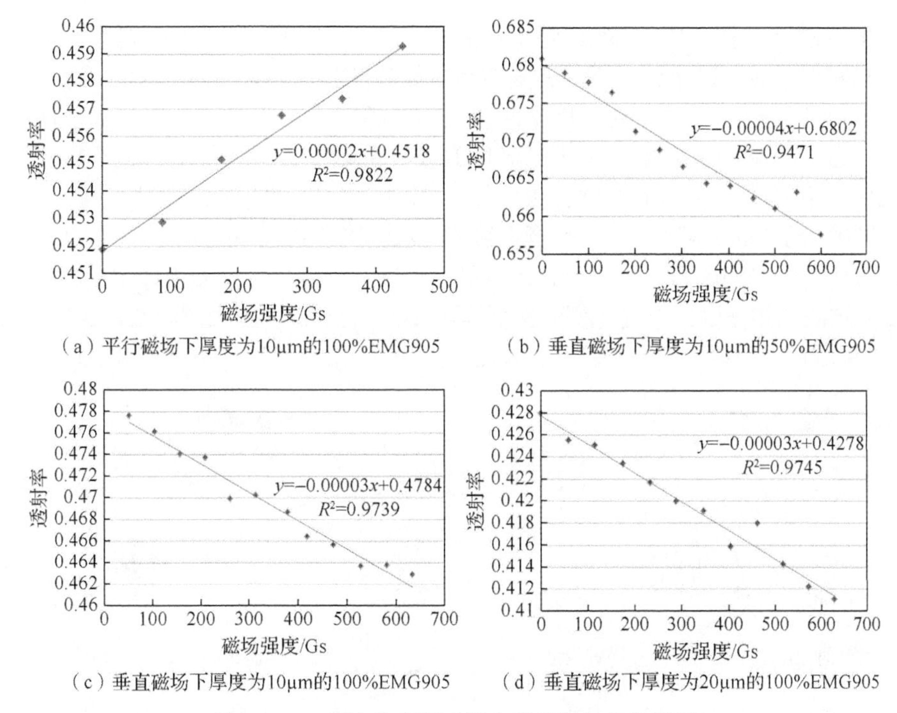

（a）平行磁场下厚度为10μm的100%EMG905

（b）垂直磁场下厚度为10μm的50%EMG905

（c）垂直磁场下厚度为10μm的100%EMG905

（d）垂直磁场下厚度为20μm的100%EMG905

图 2.4.10　磁流体薄膜透射率随磁场的变化情况

2.5　磁流体的磁控折射率特性研究

近年来，随着光纤传感技术的飞速发展，基于磁流体折射率可调谐特性的光纤器件层出不穷，因此，本节研究磁流体的磁控折射率特性，有助于推动磁流体在光学传感领域的应用。

2.5.1　磁流体磁控折射率特性的理论分析

对于具有超顺磁性[25]的磁流体，在外加磁场作用下磁性粒子有两种重要的能量形式：一是磁性粒子的热能；二是在外加磁场作用下磁性粒子的磁能。热能和磁能的相对关系可以通过朗之万函数[26]来描述：

$$n_{\mathrm{MF}}=\left(n_s-n_0\right)\left[\coth\left(\alpha\frac{H-H_{c,n}}{T}\right)-\frac{T}{\alpha\left(H-H_{c,n}\right)}\right]+n_0,\quad H>H_{c,n} \tag{2.5.1}$$

式中，当磁感应强度达到临界磁场 $H_{c,n}$ 时，磁流体折射率 n_{MF} 才开始发生变化；n_0 是外界磁场小于 $H_{c,n}$ 时磁流体的折射率；n_s 是磁流体的饱和折射率；H 是外加磁感应强度；T 是外界热力学温度；α 为拟合参数。从式（2.5.1）中可得，对于给定浓度的磁流体，温度和磁场是影响磁流体折射率的两大因素。

虽然磁流体在 1965 年就已经被制备出来了[27]，但是对于其折射率测量方面的研究相对较少。通常情况下，测量液体折射率的方法可以分成折射法和反射法。基于折射法的折光仪被广泛地用来测量液体的折射率。但是，折射法只能测量透明或半透明液体的折射率。由于磁流体的吸收系数较大，折射法不适合用来测量磁流体的折射率，因此采用反射法。

2002 年，Yang 等[28]首次采用全反射的方法测得了磁流体的折射率，并研究了影响磁流体折射率的因素，如磁流体的种类、浓度、温度，以及磁流体薄膜样品的厚度及外加磁场的强度、方向、变化梯度等。其测量系统装置图如图 2.5.1（a）所示。

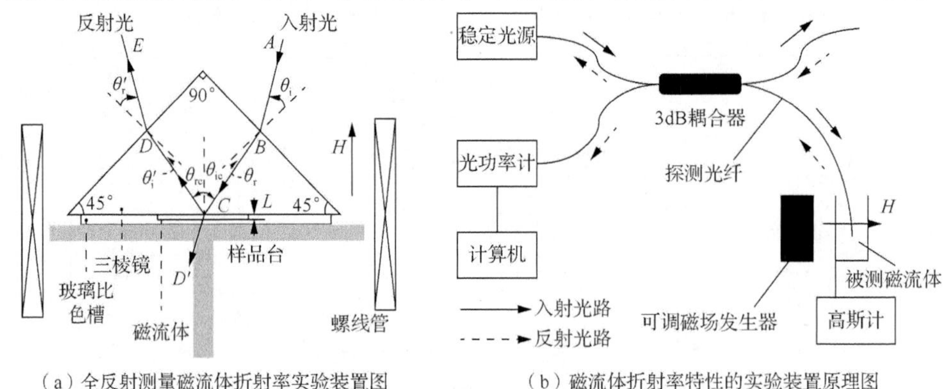

（a）全反射测量磁流体折射率实验装置图　（b）磁流体折射率特性的实验装置原理图

图 2.5.1　目前磁流体折射率的测量装置

然而，在上述测量方法中，必须使用一个折射率比磁流体还高的棱镜，以满足全反射的条件，并且在实验中必须测量几十到几百个数据点来确定临界角，进而确定磁流体的折射率，实验中很难保证很高的精度和重复性。2005 年，Pu 等[29]提出了一种基于光纤端面后向反射来测量磁流体折射率的方法，他将光纤插入盛有大量磁流体的烧杯中，测量装置图如图 2.5.1（b）所示。该方法和全反射方法相比，结构相对简单且没有复杂的光路调节问题，但是磁流体暴露于空气中容易造成磁流体的挥发和污染。文献[29]仅测量了磁流体折射率随浓度和温度变化的情况，没有测量磁流体折射率随外加磁场的变化情况。

综上所述，磁流体折射率的测量方案还有一些需要改善的地方，在此基础上先从理论上分析磁流体折射率的影响因素，再根据影响因素设计测量方案。针对上述测量方案中的不足，本节提出了一种具有独立传感探头的磁流体折射率特性测量方案，并且在信号处理上采用差分电路[30]，能有效消除光路中固有损耗的影响，使结果更为准确。

2.5.2　磁流体磁控折射率的测量

1. *磁流体磁控折射率测量系统设计*

基于菲涅耳反射原理[31]和差分的思想，本节设计的磁流体折射率测量实验装置原理图如图 2.5.2（a）所示，波长为 1550nm 的光从稳定的激光光源发出，经过 3dB 耦合器后平均分成两路，光路 1 中的光经过环形器后进入磁流体传感探头，反射回来的光信号被 PD1 接收，光路 2 中的光经过环形器后进入水基准探头，两路的探头被放在同一个传感环境内，反射回来的光信号被 PD2 接收，然后将两路信号做差分处理。

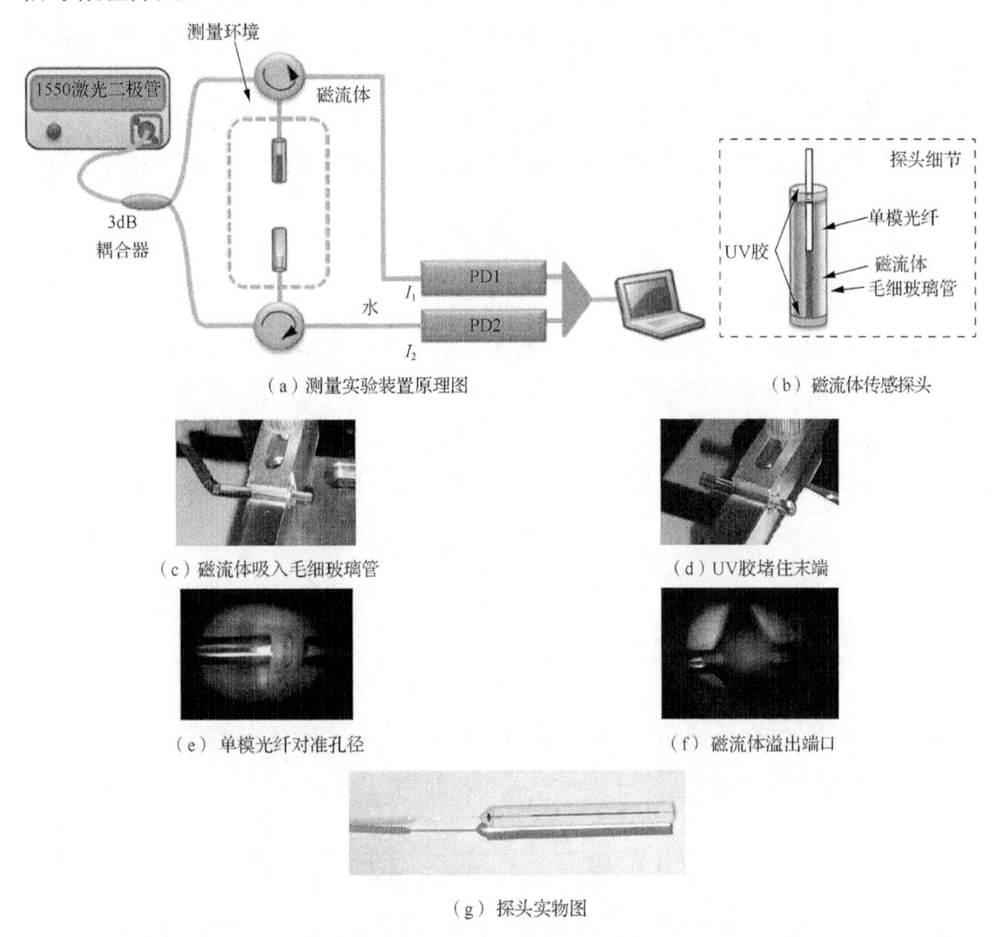

（a）测量实验装置原理图　（b）磁流体传感探头

（c）磁流体吸入毛细玻璃管　（d）UV胶堵住末端

（e）单模光纤对准孔径　（f）磁流体溢出端口

（g）探头实物图

图 2.5.2　磁流体折射率测量实验装置原理图和测量探头制作

考虑到之前的测量方案[29]中磁流体被放置在烧杯中有挥发和被污染的问题，本节设计了一种独立式的探头结构，如图 2.5.2（b）所示，将单模光纤插入填充磁流体的毛细玻璃管内密封，构成独立的反射式传感探头，可有效避免磁流体的污染，也增强了光路的稳定性。具体的实施步骤如下。

（1）准备一个内径为(125+5)μm 的毛细玻璃管，通过毛细作用将磁流体吸进去后用 UV 胶将其末端封住，紫外灯照射 30min 后将其固定在六维调整架的一端，具体步骤如图 2.5.2（c）和（d）所示。

（2）准备包层直径为125μm的单模光纤，剥去其涂覆层并用光纤切割刀切平端面，固定在六维调整架的另一端，借助显微镜，将单模光纤慢慢插入毛细玻璃管的孔中，直到看到端口处有磁流体溢出，如图2.5.2（e）和（f）所示。

（3）将插入端溢出的磁流体清洁干净后滴上UV胶密封，紫外光照射30min后，一个独立式的磁流体传感探头就制作好了，如图2.5.2（g）所示。

用上述方法在毛细玻璃管中装上蒸馏水，水基准探头同理可制得。磁流体传感探头和水基准探头要放在同一传感环境中以保持各条件一致。差分的思想是为了消除光路中一些固有的损耗。根据菲涅耳反射原理，当一束光入射到两种不同介质的分界面上，由于折射率的差异，一部分光会反射回来。反射回来的光强可以表示为[30]

$$I = I_0 \cdot \left| \frac{\tilde{n}_1 - \tilde{n}_2}{\tilde{n}_1 + \tilde{n}_2} \right|^2 \tag{2.5.2}$$

式中，I_0是光源的输出光强；$\tilde{n}_1$是介质1的折射率。在本节实验中介质1为单模光纤，有$\tilde{n}_1 = n_{\text{fc}} = 1.467$。在磁流体传感探头中，介质2为磁流体，有$\tilde{n}_1 = n_{\text{MF}} - \mathrm{i}k_{\text{MF}}$，其中，$k_{\text{MF}}$为磁流体的衰减系数，需要由实验测得。在水基准探头中，介质2为蒸馏水，此时有$\tilde{n}_2 = n_{\text{water}} = 1.333$。两路反射回来的光强$I_1$和$I_2$可表示如下[32]：

$$I_1 = K_1 I_0 \cdot \frac{\left(n_{\text{fc}} - n_{\text{MF}}\right)^2 + k_{\text{MF}}^2}{\left(n_{\text{fc}} + n_{\text{MF}}\right)^2 + k_{\text{MF}}^2} \tag{2.5.3}$$

$$I_2 = K_2 I_0 \cdot \frac{\left(n_{\text{fc}} - n_{\text{water}}\right)^2}{\left(n_{\text{fc}} + n_{\text{water}}\right)^2} \tag{2.5.4}$$

式中，K_1和K_2分别是两路光强的衰减系数。通过式（2.5.3）和式（2.5.4）可以得出相对反射强度R的表达式：

$$R = I_1 / I_2 = K \frac{\left(n_{\text{fc}} - n_{\text{MF}}\right)^2 + k_{\text{MF}}^2}{\left(n_{\text{fc}} + n_{\text{MF}}\right)^2 + k_{\text{MF}}^2} \cdot \frac{\left(n_{\text{fc}} - n_{\text{water}}\right)^2}{\left(n_{\text{fc}} + n_{\text{water}}\right)^2} \tag{2.5.5}$$

式中，$K = K_1 / K_2$。在测试磁流体样品之前，先在两个支路中都放置水基准传感探头来调平电路，通过调节差分电路的滑动变阻器使两路采集到的功率相等，此时有$K_1 = K_2$。因此，式（2.5.5）化简得到磁流体折射率表达式：

$$n_{\text{MF}} = n_{\text{fc}} \cdot \frac{1+\eta}{1-\eta} \pm \sqrt{\frac{4\eta}{(1-\eta)^2} \cdot n_{\text{fc}}^2 - k_{\text{MF}}^2} \tag{2.5.6}$$

式中，$\eta = \left(n_{\text{fc}} - n_{\text{water}}\right)^2 / \left(n_{\text{fc}} - n_{\text{water}}\right)^2 \cdot R$。实验中使用的磁流体样品为水基的$Fe_3O_4$磁流体（EMG507，Ferrotec），体积浓度为1.8%[33]。经过折射率计测量得到该磁流体的折射率小于单模光纤的折射率，而且η的数值接近于0，因此式（2.5.6）的

第二项前面符号应该取负号。前面提到k_{MF}为磁流体的衰减系数，下面通过实验对本节所使用的磁流体样品做进一步测定。根据朗伯-比尔定律[34]：

$$I = I_0 \mathrm{e}^{-\alpha_{MF} L} \tag{2.5.7}$$

式中，α_{MF}是磁流体的吸收系数；L是磁流体的薄膜厚度。测量装置如图 2.5.3（a）所示，将准直器放在六维调整架两端，并借助接收端的光电探测器进行对准。将磁流体薄膜放入槽中，保持其方向与准直器连线方向垂直，为了消除玻璃片对探测到的功率的影响，将制作磁流体薄膜的玻璃片也放置在槽内，记录接收到的功率，具体步骤如图 2.5.3（b）和（c）所示。

实验中，磁流体薄膜厚度 L=17μm，光波长为 1550nm，探测到的功率玻璃片为 995.03μW，磁流体薄膜为 476.49μW，经计算得到$\alpha_{MF} = 433.13\text{cm}^{-1}$，根据$k_{MF} = \alpha_{MF} \cdot \lambda / 4\pi$求得磁流体的衰减系数$k_{MF} = 5.345 \times 10^{-3}$。将测出的磁流体衰减系数代入到式（2.5.6）中，可以推导出磁流体的折射率在不同测量环境（温度和磁场）下的规律。

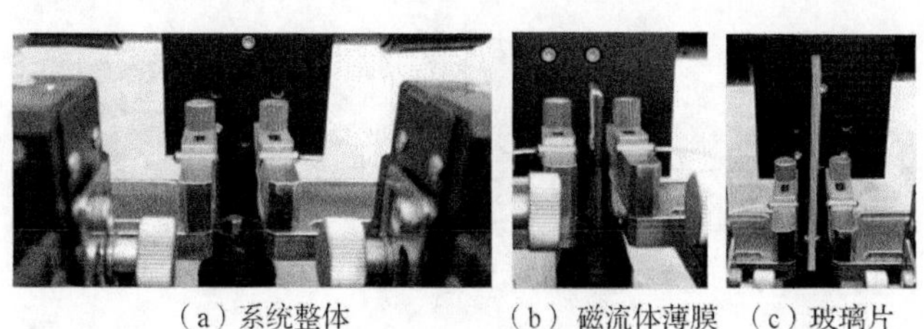

（a）系统整体　（b）磁流体薄膜　（c）玻璃片

图 2.5.3　磁流体衰减系数测量系统

2. *无磁场下温度对磁流体折射率的影响*

在研究温度对磁流体折射率的影响时，将磁流体传感探头和水基准探头同时放在温控箱中，通过水浴法控制温度范围为 0～70℃，并结合式（2.5.6），得到的磁流体折射率和温度的关系如图 2.5.4 所示。

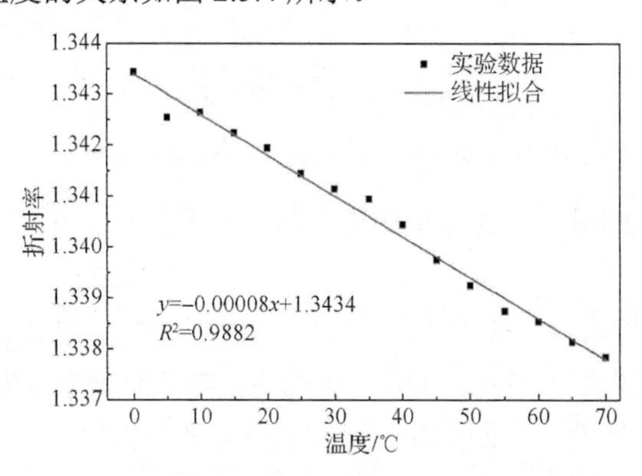

图 2.5.4　温度对磁流体折射率的影响（0～70℃）

3. 磁流体磁控折射率的实验研究

1）磁场发生装置的设计

由前期研究可知，温度对磁流体的折射率特性会有一定的影响，因此在研究外加磁场对磁流体折射率的影响时，应该保持温度恒定。为了营造一个磁场稳定且温度恒定的环境，本节设计了一套恒温液冷线圈，其零件爆炸视图如图 2.5.5（a）所示。该线圈主要由上盖 1、螺纹内筒 2、工字型器件 3、线圈 4 和下盖 5 组成。其中 1、2、3、5 均选用铝材质，因为考虑到其具有优异的导热性能，线圈 4 采用耐高温的漆包线，内径 1.4mm，长度为 60mm，700 匝铜线均匀缠绕在铝制外壳上，通过可编程直流电源调节该线圈内部电流而实现磁场的改变。壳体内部通有冷却液，线圈的剖面图如图 2.5.5（b）所示。通过外部的散热循环装置来保持线圈周围温度恒定，这一设计能有效防止线圈内电流过大时线圈温度上升造成磁流体探头附近温度的改变。

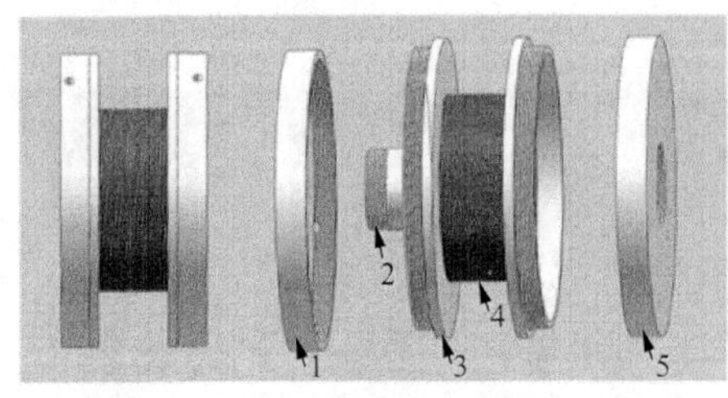

（a）爆炸视图

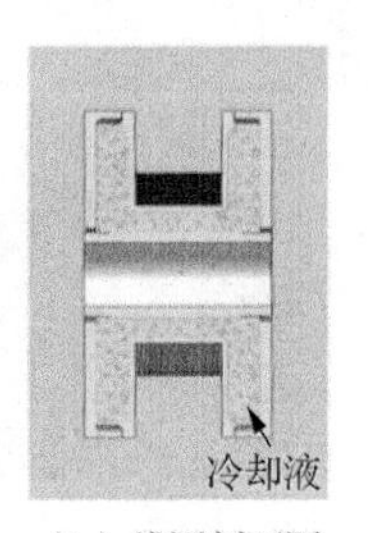

（b）线圈剖面图

图 2.5.5 恒温液冷线圈零件

2）磁场方向对磁流体折射率的影响

当有外加磁场作用于磁流体时，磁流体中的微粒会沿着磁场的方向形成磁链，此时，磁流体会发生磁电方向效应[35]而导致磁流体的电极化率发生变化，进而影响到磁流体的折射率 n_{MF}。这便是磁场作用下其折射率改变的根本原因，它们之间的关系可由下式表示：

$$n_{\mathrm{MF}} = \sqrt{\varepsilon_{\mathrm{MF}}} = \sqrt{1+\chi_e} \tag{2.5.8}$$

式中，$\varepsilon_{\mathrm{MF}}$ 是磁流体的介电常数；χ_e 是磁流体的电极化率。电极化率 χ_e 是一个与外加磁场方向相关的量[36]。当外加磁场方向平行于光入射方向时，$\frac{\partial \chi_e}{\partial H} > 0$，磁流体折射率和磁场强度成正比；当外加磁场方向垂直于光入射方向时，$\frac{\partial \chi_e}{\partial H} < 0$，磁流体折射率和磁场强度成反比。因此，本节分别测量两种磁场方向（平行和垂直）下磁流体的折射率特性。借助前文设计的线圈，两种情况下的磁场施加方案示意图如图 2.5.6（a）和（b）所示。

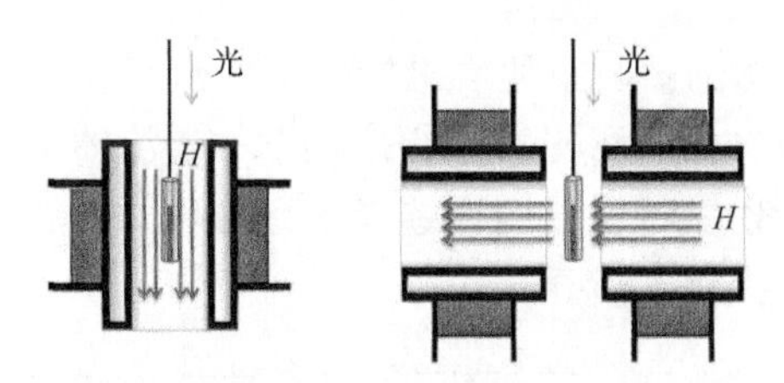

（a）平行磁场下探头位置　（b）垂直磁场下探头位置

图 2.5.6　磁场的施加方案

磁流体传感探头放置在线圈的中心区域，以保证磁场的均匀，高斯计放在贴近磁流体传感探头的位置，用来标定磁场强度。温度计放在传感探头附近，用来检测磁场变化过程中的温度情况。控制磁场强度从 0Gs 升高到 650Gs，每次改变 50Gs，分别测试磁流体传感探头处于平行和垂直两种磁场下的折射率特性，结果如表 2.5.1 所示。

表 2.5.1　平行和垂直磁场下磁流体的折射率特性

磁场强度/Gs	平行磁场下折射率	垂直磁场下折射率
0	1.3412	1.3409
50	1.3421	1.3405
100	1.3428	1.3401
150	1.3437	1.3384
200	1.3441	1.3364
250	1.3473	1.3346
300	1.3509	1.3334
350	1.3526	1.3328
400	1.3541	1.3325
450	1.3556	1.3322
500	1.3570	1.3325
550	1.3584	1.3318
600	1.3596	1.3314
650	1.3600	1.3316

根据表 2.5.1 平行和垂直磁场下磁流体的折射率特性的数据，分别绘制磁流体折射率在平行磁场（圆形数据标志）和垂直磁场（方块数据标志）条件下的变化趋势，如图 2.5.7（a）所示。磁流体的磁控折射率趋势在平行磁场和垂直磁场环境下呈现相反的趋势，在磁场变化的过程中，传感探头附近温度维持在 28℃，证明恒温液冷线圈起到了很好的恒温作用。当磁场平行于光束时，磁流体的折射率随着磁场强度的升高而升高，数值从 1.3412 升高到 1.36，改变了 0.0188；而磁场

垂直于光束时，磁流体的折射率随着磁场强度的升高而降低，数值从 1.3409 下降到 1.3316，改变了 0.0093。可见，平行磁场下的磁流体折射率可调谐范围更大，因此在利用磁流体折射率特性时应该选择平行磁场的施加方式，这为磁流体在光纤传感器件中的应用提供了指导。

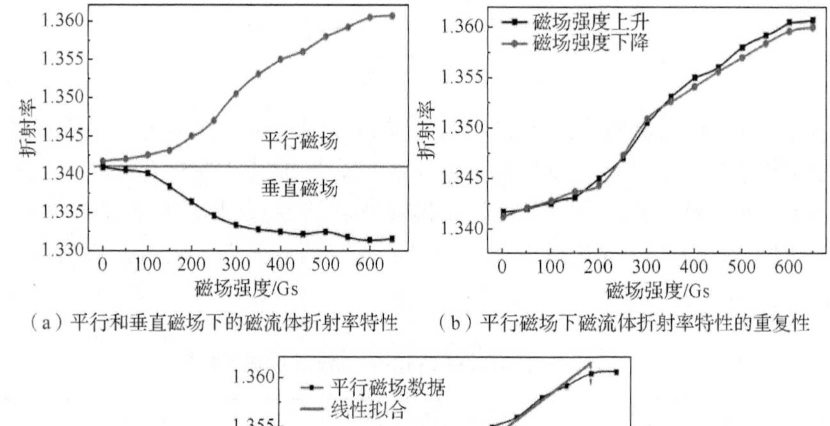

（a）平行和垂直磁场下的磁流体折射率特性　（b）平行磁场下磁流体折射率特性的重复性

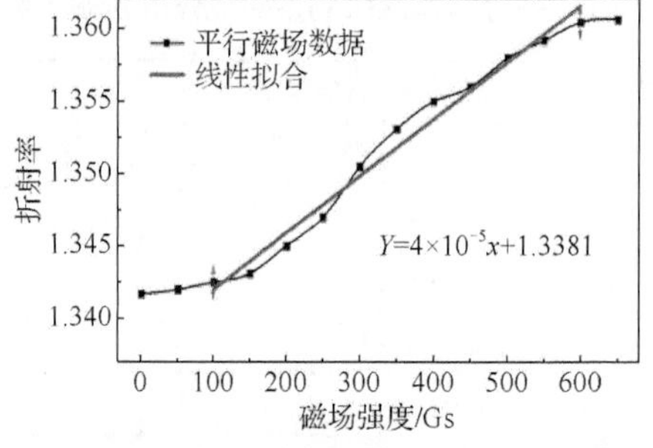

（c）平行磁场下磁控折射率灵敏度的线性拟合

图 2.5.7　磁场下磁流体折射率特性

接下来本节验证平行磁场条件下磁流体折射率特性的重复性，实验分别测试了当磁场强度从 0Gs 升高到 650Gs 和从 650Gs 降低到 0Gs 时磁流体的折射率特性曲线，如图 2.5.7（b）所示，其中方块和圆形标志分别代表磁场的上升和下降过程中的磁控折射率曲线。在升、降磁场下的两条曲线近乎重合，证明平行磁场下磁流体的折射率曲线重复性较好。观察图中的曲线趋势，当磁场强度从 0Gs 逐渐增大到 100Gs 时，磁流体的折射率上升比较缓慢，随后上升趋势加快，但是到达 600Gs 之后磁流体的折射率逐渐呈现一种饱和的状态，不再随着磁场强度的升高而升高，这与文献[37]中描述的曲线趋势相符。因此可以认定对于本节的磁流体样本，其平行磁场下的折射率线性变化区间为 100～600Gs，将磁场强度在 100～600Gs 范围内的磁流体折射率数据进行拟合，如图 2.5.7（c）所示。拟合后可以得到其磁控折射率灵敏度为 $4\times10^{-5}\mathrm{Gs}^{-1}$。在实验中应用磁流体的折射率特性时，应该注意磁场的施加方向，同时磁流体的折射率在平行磁场环境下有更大的可调谐范围。该实验测得的磁流体的温控和磁控折射率特性也为后面与光子晶体光纤的结合提供了良好的理论依据。

2.5.3　磁流体磁控折射率特性的微观阐释

磁流体具有的独特的光学特性与其内部结构密切相关，具体而言是与载液中磁性粒子的运动有关，从图 2.5.7 中可以看出，磁流体的折射率特性在平行磁场和垂直磁场的条件下呈现截然相反的趋势。因此，研究不同条件下磁流体中磁性粒子的微观运动机理是很有必要的，这对于从本质上理解磁流体的各种特性很有帮助，同时，对于加深磁流体的理论研究并拓展磁流体的应用研究有一定的指导意义。

众所周知，在外加磁场的作用下，磁流体中的磁性粒子会发生平动和转动[38]，本节建立一个基于蒙特卡罗法的模型[39]，用来仿真不同磁场方向上不同磁场强度下的磁性粒子成链情况。

根据 2.2.3 节的磁流体三维结构模型，将粒子粒径为 100nm 设置为长度的无量纲单位 1，结合本节使用的磁流体（EMG507）体积浓度 ϕ_s 为 1.8%，粒子个数 N 为 512，根据计算单位体的尺寸边长 L 为 24.6036，即 2.46μm，粒子表面包裹的活性剂厚度 δ 为 1.5nm，单位面积上的表面活性剂分子数 ξ 为 10^{18} 个/m^2。玻尔兹曼常数 k 为 $1.38\times10^{-23}\,\mathrm{J/K}$，真空磁导率 μ_0 为 $4\pi\times10^{-7}\,\mathrm{N/A^2}$，热力学温度 T 为 300K。根据以上参数，实现磁流体的磁性粒子三维微观结构仿真，零磁场情况下磁流体的磁性粒子分布情况如图 2.5.8 所示。零磁场作用下，磁流体的磁性粒子均匀地分布在载液里。而当有外加磁场作用时，本节分别仿真平行磁场和垂直磁场作用下，磁性粒子随着磁场强度的增强的成链情况，结果图 2.5.9 所示。从图 2.5.9 可以看出，随着磁场强度的增强，磁性粒子成链现象越来越明显，然后逐渐形成饱和的状态，该结果和前文中所绘制的磁流体折射率特性曲线的趋势是吻合的。

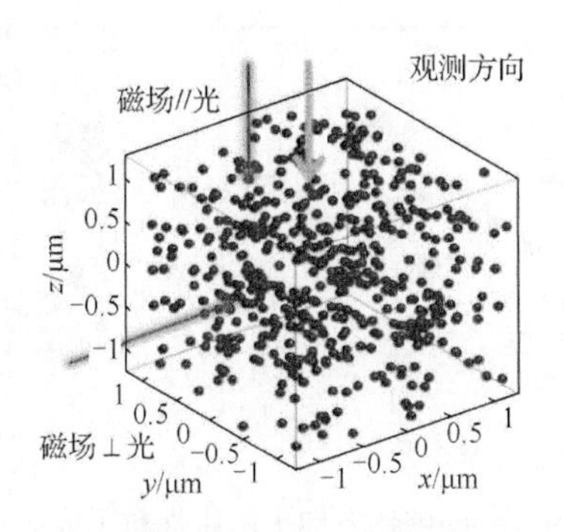

图 2.5.8　零磁场情况下磁性粒子的分布情况

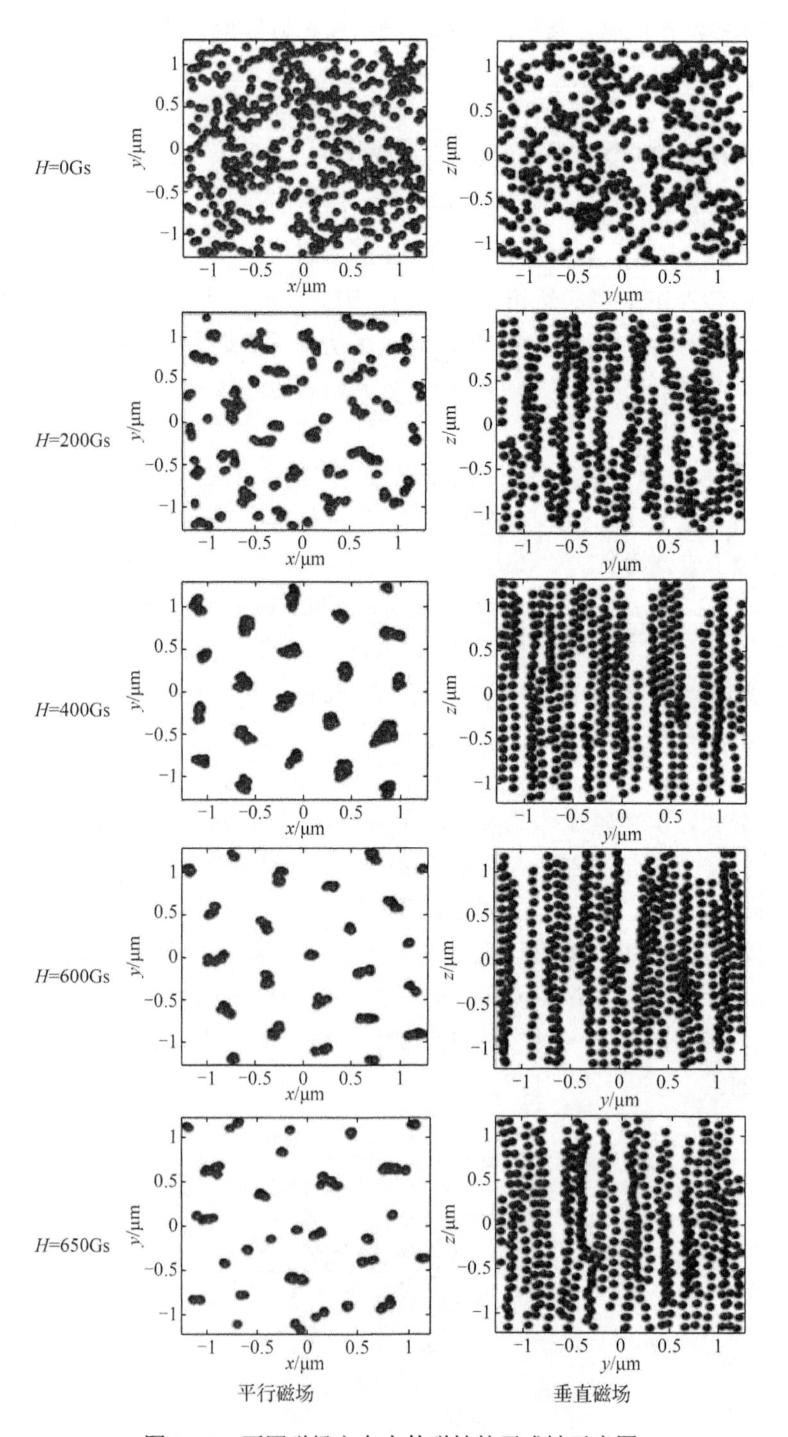

图 2.5.9 不同磁场方向上的磁性粒子成链示意图

从图 2.5.9 还可以明显地看出，左列（平行磁场）和右列（垂直磁场）视角下的磁流体微结构是截然不同的，这正可以用来解释图 2.5.7 中不同磁场方向下磁流体折射率特性相反的现象。这一结果强有力地证明了磁流体折射率与磁性粒子的微观结构之间必然的联系。为了能定量地描述这个成链的过程，本节采用二维的快速傅里叶变换（fast Fourier transform, FFT）[40]技术分析图 2.5.9 中不同观察投影面的空间频率分布信息，经过快速傅里叶变换后的图像如图 2.5.10 所示。在没有磁场作用的时候，磁性粒子呈现随机分布；当有平行方向磁场施加时，随着磁场强度的增加，能量的分布会呈现低频化，这意味着磁性粒子的分布更具有周期性；然而，当有垂直方向磁场施加时，能量在两个轴上有不同表现，粒子的分布

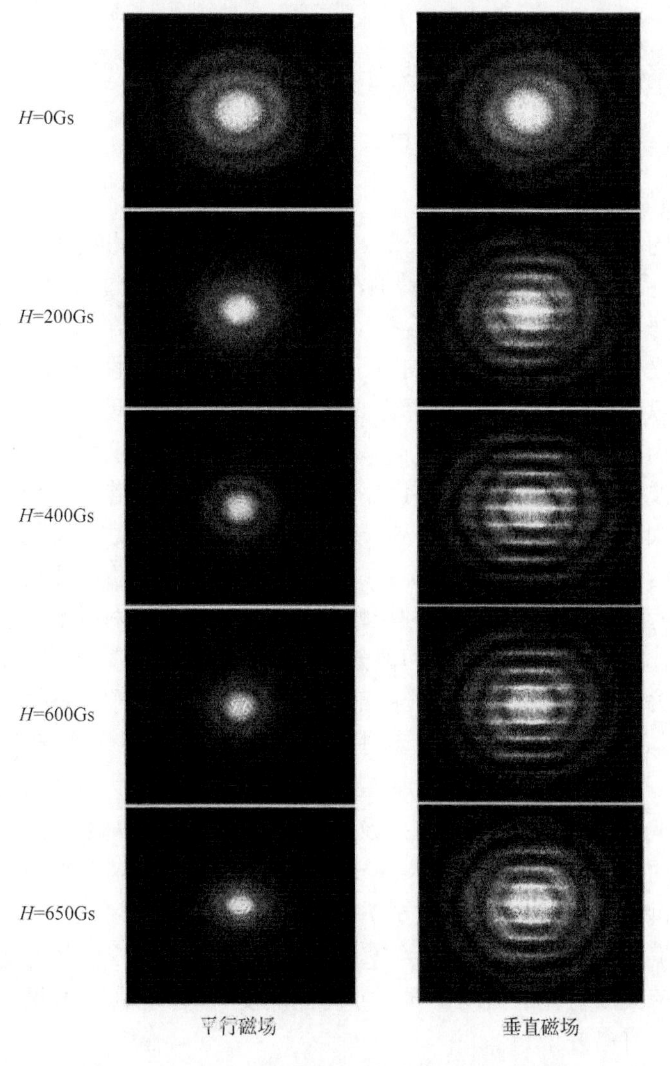

图 2.5.10　不同磁场微观结构投影的 FFT 后图像

在纵轴上出现比水平轴更明显的周期性变化，这说明磁性粒子的链状结构更加明显。当磁场强度超过 400Gs 后，右列的图案基本没有变化，说明其链状结构基本饱和，和图 2.5.7 中垂直磁场下的折射率特性曲线完全符合。

2.6 磁流体的磁控双折射特性研究

由于在磁场作用下，磁流体会存在各向异性，因此，本节在前期磁控折射率的研究基础上，进一步研究磁流体的磁控双折射特性，深化磁流体在光学传感领域的应用。

2.6.1 磁流体磁控双折射特性的理论分析

1. 光波双折射特性的产生机理

1）光的偏振态

电磁波的电场矢量 E、磁场矢量 H 不但互相垂直且都和传播方向 r 垂直，E、H、r 组成右手螺旋系统，电磁波是横波。对横波来说，通过波的传播方向且包含振动矢量的那个平面显然和不包含振动矢量的平面有区别，这说明波的振动方向对传播方向没有对称性。振动方向对于传播方向的不对称性被称为偏振。这也是横波区别于纵波的一个最明显的标志。只有横波才有偏振现象；反之，具有偏振特性的波必为横波。

由于光波与物质之间相互作用时，电场矢量 E 起主要作用，因此将 E 称为光矢量，用其来直接描述光波情况。电磁波在一定的平面内边振动边向前传播，这种波一般称为偏振波，在光的情况下就叫作偏振光。E 的振动方向与光波传输方向 r 垂直，存在随位置分布的各种振幅和相位，即存在各种偏振态，可分为线偏振、圆偏振、椭圆偏振、非偏振和部分偏振。其中前三种属于完全偏振，有完全确定的相位关系；非偏振即自然光；部分偏振是完全偏振和非偏振的综合。

光的偏振产生方法有很多，其中最普遍的方法就是运用偏振片产生。如图 2.6.1（a）所示，当单色自然光 S 经过偏振片 P_1 后，变为沿透振方向的振幅为 A_1 的线偏振光。再经过波片 W 时，设 W 的光轴与 A_1 呈 θ 角，故 A_1 可分解为两个互相垂直的、分别平行和垂直于 W 光轴的 o 光和 e 光，它们的振幅分量分别为 A_o 和 A_e。两束光在经过 W 之后，成为两束增加了相位差 δ_{oe} 的线偏振光，一般可合成椭圆偏振光。最后经过偏振片 P_2 时，两束光中只有在 P_2 透振方向的分量才能通过，则两束出射光的振动在同一方向上，设 W 的光轴与 P_2 呈 α 角，则最后透射光的光强可以表示为

$$A_{2o} = A_o \sin\alpha = A_1 \sin\alpha \sin\theta \tag{2.6.1}$$

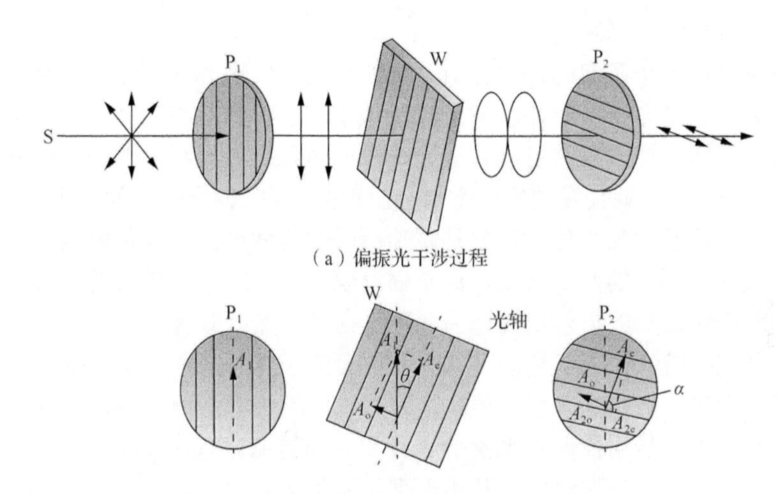

（a）偏振光干涉过程

（b）偏振方向的合成与分解

图 2.6.1　偏振光干涉现象

$$A_{2\mathrm{e}} = A_{\mathrm{e}} \cos\alpha = A_1 \cos\alpha \cos\theta \tag{2.6.2}$$

由于这两束出射光均来自单色自然光，所以光波的频率相同；两束光均来自线偏振光 A_1 的前后两次投影，因此有稳定的相位差；两束出射光由于偏振片 P_2 的作用，有同一方向上的振动。综上所述，出射光满足偏振光干涉的条件。

两束出射光的输出光强 I 可用双光束干涉光强公式描述，即

$$I = A_{2\mathrm{o}}^2 + A_{2\mathrm{e}}^2 + 2 \times A_{2\mathrm{o}} \times A_{2\mathrm{e}} \times \cos\delta \tag{2.6.3}$$

式中，δ 是两束出射光的相位差，可表示为

$$\delta = \Delta\delta + \delta_{\mathrm{oe}} + \delta' \tag{2.6.4}$$

式中，$\Delta\delta$ 是线偏振光 A_1 恰好在波片 W 前时 o 光和 e 光的相位差；δ' 是 o 光和 e 光在 P_2 透振方向引入的相位差，当 $A_{2\mathrm{o}}$ 和 $A_{2\mathrm{e}}$ 为如图 2.6.1（b）中所示的相反方向时，$\delta' = \pi$，反之，当 $A_{2\mathrm{o}}$ 和 $A_{2\mathrm{e}}$ 为相同方向时，$\delta' = 0$；δ_{oe} 是光经过波片 W 时产生的相位差，即

$$\delta_{\mathrm{oe}} = \frac{2\pi}{\lambda} \left| n_{\mathrm{o}} - n_{\mathrm{e}} \right| d \tag{2.6.5}$$

其中，n_{o} 和 n_{e} 分别是 o 光和 e 光的折射率；d 是波片厚度。

在以上讨论中，偏振片 P_1 使自然光变为线偏振光。当入射光本身为圆偏振光或椭圆偏振光时，偏振片 P_1 可以省去，仍能实现偏振光干涉。

偏振光干涉的入射光不仅可以是单色光，还可以是白光。白光包含各个波长，不同波长的光分别满足不同的干涉相长和相消情况，有不同程度的加强和减弱，两束出射光干涉条纹将呈现彩色[41]。因此，运用偏振片可以将自然光转变为偏振光。

2）双折射产生的偏振

当一束单色光在各向同性的介质（例如空气和玻璃）的界面折射时，折射光线只有一束，且遵守折射定律。但当光线从空气入射到某些晶体时，情况就有所改变。有些晶体能使一条单色的入射光线分成两条折射光线，例如透过方解石去看纸面上的一行字，就会发现每个字都会出现两个象，这种现象称为双折射现象。应该注意，双折射现象与色散现象是截然不同的两种现象。双折射是使每一种单色光都分成同一颜色的两支光线。经研究发现，经过产生双折射的晶体的两条折射光，一条遵守熟知的折射定律，因此称它为寻常光或 o 光，而另一条当入射角为零时也发生偏折，当入射角改变时，入射角的正弦与折射角的正弦之比不是常数，且折射光线一般不在入射面内，换言之，它不遵守折射定律，因此称它为非常光或 e 光。进一步用检偏器来检验 o 光和 e 光的偏振态，发现它们都是偏振度为 1 的直线偏振光，且振动方向互相垂直，如图 2.6.2 所示。

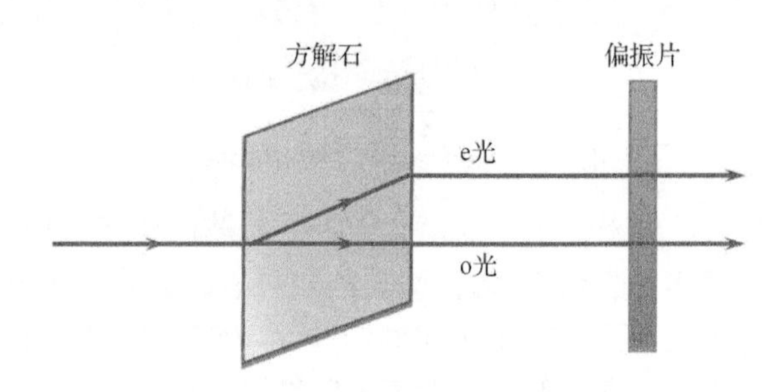

图 2.6.2　双折射特性及其偏振状态的演示

一般情况下，各向异性的透明晶体具有双折射性质，这种双折射性质是晶体本身固有的，称为永久双折射。对绝大多数光学各向同性的材料而言，它们在自然状态下并不具有双折射性质，但在外界场（如应力、电场和磁场）的作用下，表现出如同晶体一样的双折射性质。某些各向异性晶体其双折射性质也会随着场的改变发生变化，这种双折射是暂时的，往往随着外界场的解除而随即消失，故称为暂时双折射或人为双折射。

2. 磁流体磁控双折射特性的仿真

磁流体是一种单畴磁性粒子的胶体分散系。在磁场作用下，磁流体中平行于外加磁场方向上的折射率高于垂直于磁场方向的折射率。下面将对磁流体双折射特性的影响因素进行讨论分析。

文献[42]和[43]指出，对于粒径小于百纳米量级的磁性粒子，粒子的光学各向异性对磁流体宏观各向异性的影响很弱。磁流体中粒子粒径在 10～20nm，因此，对磁流体而言，不需要考虑磁性粒子形状或者性质上的各向异性对磁流体宏观各向异性的作用。另外，只有当磁流体载液中粒子的体积浓度较大时，才会影响磁流体的宏观双折射性质[42]。在本节仿真和实验中磁流体型号为水基磁流体 EMG507，它的体积浓度为 1.8%，相对较小，故在仿真和实验中无须考虑其对磁流体双折射特性的影响。

因此，对磁流体双折射特性产生影响的因素主要包括载液中存在的磁性粒子的链状结构和粒子偶极子之间的相互作用[44,45]。

1）磁流体磁控双折射产生机理

磁流体中磁性粒子之间存在表面活性剂，使得磁性粒子在载液中是分散的，形成的是多分散的磁流体，但磁流体往往有广泛的粒径分布。这种磁流体在未加磁场的情况下，本身会形成一定的各向异性结构，并具有一定的双折射性质。各向异性结构以及其他聚合粒子是由其中较大的粒子聚合形成的，它们的粒子之间的相互作用能大大超过热能 kT（kT 被认为是大多数典型磁流体中的磁性粒子之间的固有相互作用能量的大小）。但研究表明，在铁磁流体中，这个自身形成各向异性结构的条件仅仅适用于粒子粒径大于 17nm 的情况。

在本节中，为了更好地研究外加条件对磁流体双折射特性的影响，选用磁性粒子粒径在 10nm 左右的 EMG507 磁流体。这种磁流体中磁性粒子之间的相互作用能低于 kT，则磁流体中的粒子自身不能形成具有各向异性的多相结构[46,47]。同时，粒子位置排列和粒子磁矩方向的均匀性会对磁流体中各向异性有显著影响，特别是性质上的各向异性。

与此同时，当磁流体中磁性粒子之间的相互作用能低于或约等于 kT 时，磁性粒子的相互排列的相关性在外加磁场的作用下会获得明显的各向异性，且根据磁流体中双折射特性的一般机制可知，磁流体中光轴的方向与磁场方向是一致的。磁性粒子排列的各向异性会导致磁流体中有效介电常数的各向异性，最终导致其光学特性的各向异性。

显然，一对粒径较大的粒子形成的二聚物结构对磁流体各向异性的影响明显大于粒径较小的一对粒子。然而，一般来说，磁流体中小粒子的浓度会远远大于大粒子的浓度。所以，小粒径粒子在高浓度的情况下产生的双折射总效应可以比大粒径粒子组成的各向异性结构更大。因此，当施加外界磁场或温度场时，大粒径的粒子和团簇结构将分离成小粒径粒子，此时，小粒径的粒子形成的各向异性的结构对于磁流体光学特性的影响起到了主要作用。文献[48]实现了小粒径粒子的磁矩方向与磁流体宏观光学各向异性的相关性的研究，这为从微观结构研究磁流体的宏观双折射特性提供了一定的理论基础。

但运用微观结构仿真磁流体双折射是在基于一定假设的基础上实现的。第一，一对小粒径粒子的光学各向异性被等效为一个各向异性强度相同的单个粒子，且这些有效粒子的各向异性参数不会影响磁流体的宏观双折射特性。第二，磁性粒子之间的距离被认为是固定的值，并等于在铁磁流体粒子之间的平均距离。第三，在二维模型中，粒子的两个半径矢量和他们的磁矩矢量被认为是同一个平面内的。在此，关于磁矩的假设是一个非常大的近似，所以，最后得到的磁流体的各向异性参数也会存在一定的误差。第四，假设粒子之间的平均距离与磁流体的体积浓度成比例关系，这个假设主要是适用于磁流体的三维微观结构，而非磁流体的二维结构。

本节目的就是从理论上仿真磁流体双折射特性，并分析磁场和温度对磁流体双折射率的影响。

2）磁流体磁控双折射原理分析

本节选取的磁流体型号为水基磁流体 EMG507，体积浓度为ϕ_s为 1.8%。磁流体中磁性粒子为球形单畴粒子，它们的直径为d_{p}，磁性粒子外面包裹了一层表面活性剂，厚度为δ。那么粒子之间的流体动力学距离，即两粒子相切时的中心距离可以用$d_{\mathrm{h}}=d_{\mathrm{p}}+2\delta$表示。磁性粒子粒径$d_{\mathrm{p}}$为 10nm，表面活性剂厚度$\delta$为 1.5nm。为了最大可能地简化模型，但最终不影响对结构的仿真，在本节的仿真中只考虑原子之间的匹配关系。在这种情况下，平衡二进制分布函数$n_2(R)$符合玻尔兹曼定律（R为连接两个粒子中心的矢量）[49]，如图 2.6.3 所示。这也是基于可见光的波长比磁流体粒子尺寸大得多的前提下的。因此，磁流体的有效光学性质可以由系统的有效介电常数来确定。

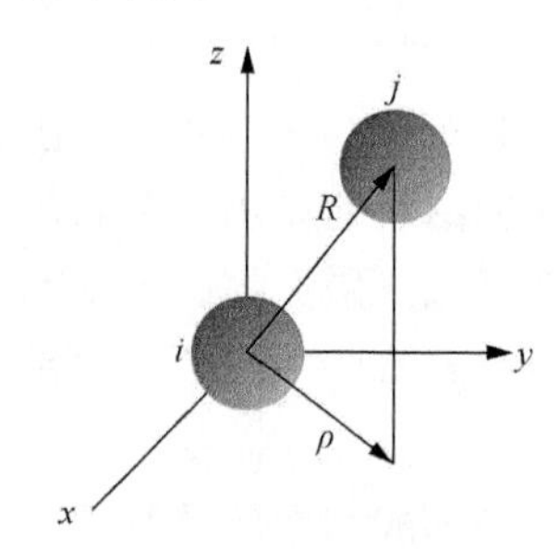

图 2.6.3 磁流体中两粒子形成的团簇结构

有效介电常数ε的定义如式（2.6.6）所述[50]：

$$\varepsilon=\varepsilon_{\mathrm{f}}E+\left(\varepsilon_{\mathrm{p}}-\varepsilon_{\mathrm{f}}\right)\frac{\phi_s}{V_{\mathrm{p}}}\int E_{\mathrm{p}}\left(r\right)\mathrm{d}r \tag{2.6.6}$$

$$V_{\mathrm{p}}=\frac{\pi}{6}d_{\mathrm{p}}^3 \tag{2.6.7}$$

式中，ε_{p}和ε_{f}分别是磁性粒子材料和载液的介电常数；E是铁磁流体中的平均电场；E_{p}表示磁性粒子的独立电场，该电场的大小和方向与磁流体中其他粒子的位置有关。在计算磁流体的介电常数时，常常忽略粒子的表面活性剂对整个磁流体有效介电常数的影响。主要原因有两个：首先，磁性粒子的表面活性剂分子的介电常数比磁性粒子的磁导率要低得多；其次，是因为表面活性剂这层物质的体积相对磁性粒子的体积是非常小的。因此，表面活性剂对磁流体整体有效介电常数的影响微不足道，在此可以忽略。

在确定磁流体的有效介电常数 ε 时，最主要的问题就是磁流体中测试粒子的独立电场 E_{p} 的确定。在稀释的流体系统中，粒子之间的相互作用可以被忽略，这个问题也相对容易解决[49]。但当相互作用较为显著时，这个问题则不能够精确求解。所以针对大多数未稀释悬浮液和复合材料，其有效介电常数常常通过直观的或者半经验的方法来计算[51]。然而，大多数的方法仍然不考虑磁性粒子对之间的相互关系，故这些方法计算得到的外加磁场下磁流体的各向异性值与实际双折射率之间会存在较大误差。因此，本节采取文献[52]、[53]中最先提出的反射方法，该方法适用于粒子的间距明显大于粒子粒径的情况，该条件在磁流体中是符合的。因此，通过此方法仿真，也将得到更加精确的双折射率。

当磁流体中的两个粒子处于磁场 H 和电场为 E 的环境下，如图 2.6.3 所示。这些电场和磁场被称为该物质的麦克斯韦场。为了计算第一个粒子中存在的电场 E_{p}，将直角坐标系的原点设置在磁性粒子对中的第一个粒子上，使坐标系的 z 轴方向与电场 E 的方向平行。

运用磁性粒子对的近似关系，第一个磁性粒子的电场 E_{p} 可以用式（2.6.8）表示：

$$E_{\mathrm{p}} = E_{\mathrm{p}}^{0} + \int_{R>d_{\mathrm{h}}} E_{\mathrm{P}}'(R) n_2(R) \mathrm{d}R \tag{2.6.8}$$

$$E_{\mathrm{P}}' = \beta E \tag{2.6.9}$$

$$\beta = \frac{3\varepsilon_{\mathrm{f}}}{2\varepsilon_{\mathrm{f}} + \varepsilon_{\mathrm{p}}} \tag{2.6.10}$$

式中，E_{p}^{0} 表示单个粒子在忽略了与其他粒子之间相互作用的基础上计算得到的内部电场；$E_{\mathrm{P}}'(R)$ 表示在第二个粒子对第一个粒子作用时产生的电场；R 为连接两个粒子中心的矢量；$n_2(R)$ 为磁性粒子对的分布函数。在此，假定归一化条件是在 R 趋近于∞时，$n_2(R)$ 趋近于 n，其中 n 表示磁流体中单位体积的平均粒子数目，如下所示：

$$n = \frac{\phi_s}{V_{\mathrm{p}}} \tag{2.6.11}$$

运用反射的主要思想，本节首先需要计算第二个粒子附近的电场情况，在此过程中需要完全忽略第一个粒子的影响。然后，将两个粒子分别在第一个粒子处产生的电场相加，即相当于第一个粒子处于均匀磁场 $E + E_2(R)$ 中，在此 $E_2(R)$ 只表示的是第二个粒子在第一个粒子处产生的电场。当周围粒子不止两个时，可以通过迭代的方法实现整个空间内所有粒子电场的计算。

对于极化球体周围的静电场问题可以用式（2.6.12）解决[54]：

$$E_2 = \alpha V_m \left(3\frac{R \cdot (R \cdot E)}{|R|^5} - \frac{E}{|R|^3} \right) \tag{2.6.12}$$

$$\alpha = \frac{3}{4\pi} \cdot \frac{\varepsilon_p - \varepsilon_f}{2\varepsilon_f + \varepsilon_p} \tag{2.6.13}$$

由第二个粒子的电场 $E_2(R)$ 在第一个粒子处产生的 $E_p'(R)$ 在环境电场 E 下与 E_p^0 有近似关系：

$$E_p'(R) = \beta E_2(R) \tag{2.6.14}$$

将式（2.6.12）和式（2.6.14）代入式（2.6.8）中，可以得到磁性粒子对中第一个粒子处的电场大小。由于 $n_2(R)$ 为磁性粒子对的分布函数，符合玻耳兹曼定律，故两个粒子之间的相互作用可以由式（2.6.15）表示：

$$n_2 = n\exp(-\mu(R, m_1, m_2)) \frac{\exp\left(\mu \dfrac{m_1 \cdot H + m_2 \cdot H}{kT}\right)}{Z^2} \tag{2.6.15}$$

$$u = \frac{\mu_0}{4\pi kT} \left(3\frac{(m_1 \cdot R)(m_2 \cdot R)}{|R|^5} - \frac{m_1 \cdot m_2}{|R|^3} \right) \tag{2.6.16}$$

$$Z = 4\pi \frac{\operatorname{sh} \kappa}{\kappa} \tag{2.6.17}$$

$$\kappa = \mu_0 \frac{mH}{kT} \tag{2.6.18}$$

式中，μ_0 为真空磁导率；u 为磁矩分别为 m_1 和 m_2 的两个磁性粒子偶极-偶极间的相互作用能量；m 为粒子磁矩的大小；κ 为单个粒子在磁场强度为 H 的磁场中的相互作用能大小。

考虑到磁流体中粒子不能形成各向异性结构的情况，可能是由于无量纲能量 u 在较小的量级上。因此，根据 u 的值的线性近似关系，将式（2.6.15）中第一个指数进行放大，可以得到

$$n_2 = n(1 - \mu(R, m_1, m_2)) \frac{\exp\left(\mu \dfrac{m_1 \cdot H + m_2 \cdot H}{kT}\right)}{Z^2} \tag{2.6.19}$$

综合式（2.6.6）、式（2.6.8）、式（2.6.16）及式（2.6.19），可以得到

$$\varepsilon = \varepsilon_{\mathrm{f}} E + \left(\varepsilon_{\mathrm{p}} - \varepsilon_{\mathrm{f}}\right)\left(1 + \phi_s \alpha J\right)\beta E \tag{2.6.20}$$

$$J = \int_{R>d_h} \frac{3R_E^2 - |R|^2}{|R|^5}\left(1 + \frac{3R_H^2 - |R|^2}{|R|^5}\lambda L^2(\kappa) d_h^2\right)\mathrm{d}R \tag{2.6.21}$$

$$\Lambda = \frac{\mu_0}{4\pi}\frac{m^2}{d_h^3 kT} \tag{2.6.22}$$

式中，$L(\kappa) = \coth(\kappa) - 1/\kappa$ 是朗之万函数；Λ 是用于粒子之间相互作用的无量纲参数；R_E 和 R_H 分别表示两粒子间矢量 R 在电场和磁场方向的投影。

综上，根据以上的近似求解可知，磁流体的粒子之间的均匀相关性会对介电常数张量 ε 产生影响，因此，铁磁流体的光学性质是由积分 J 决定的，在此 J 是由电场矢量 E 和磁场矢量 H 共同决定的。所以，在理论上再一次验证了外加磁场的施加必定会对磁流体的光学性质产生影响，且各向异性发生改变。

因此，式（2.6.20）和式（2.6.21）可以被认为是张量 ε 关于 λ 展开的后的一个线性项。计算结果表明[46]，J 型积分可以通过能量函数 u 的幂级数展开得到，其中二阶的展开和更高阶的展开都会显著小于 J。并且随着 u 功率的升高，积分也将会相应地减小。

3）磁流体磁控双折射在磁场下的数值仿真

由前面理论分析可知，粒子之间的排列会对最后的双折射特性产生影响。当外加磁场时，磁性粒子对的排列将会对介电常数张量 ε 产生影响。磁流体的折射率的大小是由其介电常数决定的，因此，要计算磁流体的双折射率，只需分别计算在平行磁场和垂直磁场方向上的磁流体的介电常数。本节将磁流体中平行磁场方向和垂直磁场方向的介电常数的大小分别定义为 $\varepsilon_{//}$ 和 $\varepsilon_{\perp}$，从而得到磁流体的双折射率 Δn，如式（2.6.23）所示：

$$\Delta n = \sqrt{\varepsilon_{//}} - \sqrt{\varepsilon_{\perp}} \tag{2.6.23}$$

式中，$\varepsilon_{//}$ 和 $\varepsilon_{\perp}$ 可以在磁场不同的情况下，运用以下公式来推导得到[49]：

$$\varepsilon_{//} = \varepsilon_{\mathrm{f}} + (\varepsilon_{\mathrm{p}} - \varepsilon_{\mathrm{f}})\phi_s \beta\left(1 + \frac{4\pi}{3}\phi_s \alpha(1 + 0.8\Lambda L^2(\kappa))\right) \tag{2.6.24}$$

$$\varepsilon_{\perp} = \varepsilon_{\mathrm{f}} + (\varepsilon_{\mathrm{p}} - \varepsilon_{\mathrm{f}})\varphi_m \beta\left(1 + \frac{4\pi}{3}\varphi_m \alpha(1 - 0.4\Lambda L^2(\kappa))\right) \tag{2.6.25}$$

在现实中磁性粒子的介电常数 ε_{p} 远远大于载液的介电常数 ε_{f}，因此，针对体积浓度较低的 EMG507 磁流体，结合式（2.6.23）～式（2.6.25）可得磁流体的双折射率的理论表达式：

$$\Delta n = 1.8\phi_s^2 \lambda L^2(\kappa)\sqrt{\varepsilon_f} \tag{2.6.26}$$

在进行磁流体双折射测量的时候，可以发现磁流体的双折射率是受外界环境因素影响的，磁场和温度场都会影响磁流体的双折射特性。

为了分析外界环境中磁场对磁流体双折射特性的影响，必须去除温度对磁流体双折射特性的影响。因此，在仿真过程中，假定外加环境温度不发生改变，即外加环境热力学温度 T 恒定为 300K。运用式（2.6.26）可以得到磁场对磁流体双折射率的影响，如图 2.6.4 所示。模拟过程中的其他参数设置为：磁流体体积浓度 ϕ_s 为 1.8%，粒子表面包裹的活性剂厚度 δ 为 1.5nm，玻尔兹曼常数 $k = 1.38\times10^{-23}$ J/K，真空磁导率 $\mu_0 = 4\pi\times10^{-7}\,\mathrm{N/A^2}$。

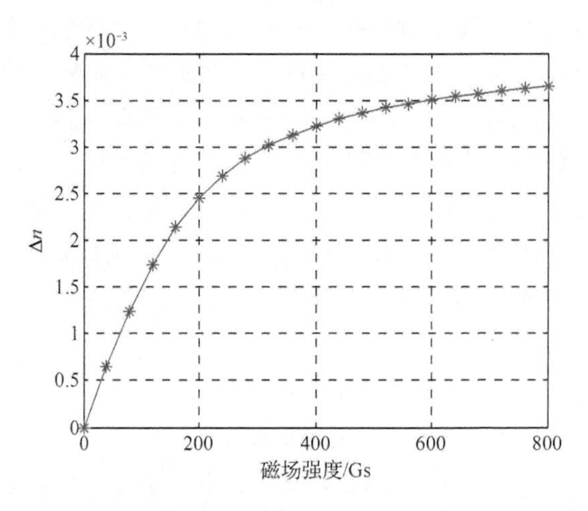

图 2.6.4　磁流体双折射特性的仿真结果

在磁场小于 400Gs 时，随磁场的增加磁性粒子所形成的磁链结构会有显著变化，同时磁流体中沿磁场方向的结构和垂直磁场方向的结构发生改变，导致磁流体在光轴方向和垂直光轴方向光的传播速度不同，即折射率不同，所以，磁流体在磁场作用下，双折射率也随之发生显著改变。故在磁场为 0～400Gs 时，磁流体中双折射率改变较为显著。当磁场在 400Gs 以上时，磁流体中的磁链结构变化较小，因此对磁流体的双折射率的影响也相应较小。这由磁流体的微观结构随磁场的变化可以看出。最终磁流体的双折射率达到了一个阈值，大约为 3.5×10^{-4}。

从仿真得到的磁流体的双折射随磁场的特性可以看出，在磁场强度为 0～200Gs 时，磁流体的双折射率随磁场的灵敏度可达 1.25×10^{-6}/Gs，在磁场为 200～500Gs 时，灵敏度为 0.26×10^{-6}/Gs。根据磁流体双折射的磁调谐特性，特别是在低磁场区域内，磁流体的双折射对磁场的影响改变较为灵敏，这种特性对于之后的实际传感具有重要意义。

2.6.2　磁流体磁控双折射特性的实验研究

没有外部磁场的影响，磁流体的磁性粒子是高度均匀地弥散在载液中的；当外部存在一定的磁场时，磁流体的微观结构排布将发生变化，也就是磁性粒子会发生聚集现象，即磁性粒子沿着磁场的方向形成磁链，并且磁链的形成对磁流体的光学现象起到了非常奇妙的作用，如磁控双折射特性。

1. 空间光路下双折射特性的实验研究

1）实验原理

磁流体的透射特性在之前的研究中有一定的理论基础。据文献[24]，磁流体中的液体有效密度与面积比例决定磁流体的透射特性，在外部磁场的作用下，磁流体液相的有效密度可以表示为

$$M_{\mathrm{s,eff}} = M_{\mathrm{s}}\left(1-\frac{A_{\mathrm{col}}}{A}\cdot\frac{\rho_{\mathrm{col}}M_{\mathrm{col}}}{\rho M_{\mathrm{s}}}\right)\Bigg/\left(1-\frac{A_{\mathrm{col}}}{A}\right) \tag{2.6.27}$$

式中，M_{s} 指每克磁流体的饱和磁化强度；M_{col} 是每克磁链的饱和磁化强度；ρ 为磁流体的密度；ρ_{col} 是磁链的密度，即四氧化三铁粒子的密度；A 是指磁流体薄膜的截面面积；A_{col} 是指面积 A 中磁链的截面面积。当光线垂直入射到磁流体表面时，其光的透射率可以用式（2.6.28）表示：

$$T(H) = \frac{P}{P_0}\bigg|_{M_{\mathrm{s,eff}(H)}} \times \frac{A-A_{\mathrm{col}}}{A}\bigg|_{H} \tag{2.6.28}$$

通过分别对平行和垂直于磁场方向的光功率进行测量，可以得出磁流体中两个方向光传播功率的大小，进而体现两个方向上折射率的大小。如此，即可得到磁流体双折射率的大小。

当前，大多测量研究光学偏振态的实验都是在空间光路下实现的。因此，根据光线的偏振原理，本节设计了在空间光路下磁流体的双折射测量系统，原理如图 2.6.5 所示。为了使初始光可以实现角度的偏转，首先氦氖激光器出射的光入射到起偏器上，波长为 632.8nm 的自然光经过起偏器之后会得到线偏振光。如此，线偏振光在通过后续的各个光学器件之后，光的偏振态才会被观测到。然后，光经过磁流体薄膜，打到检偏器上。在此过程中，在外加磁场下的磁流体薄膜由于存在双折射，故经过磁流体薄膜的光的偏振态会发生角度的改变，同时线偏振光在双折射的作用下会形成一个椭圆偏振光，通过旋转检偏器，可以实现对椭圆偏振光中某一角度上功率的选取测量。最后，经过检偏器之后的线偏振光被光电探测器接收，将光的功率信号转化成示波器可以测量的电信号，并最终由示波器测量得到。

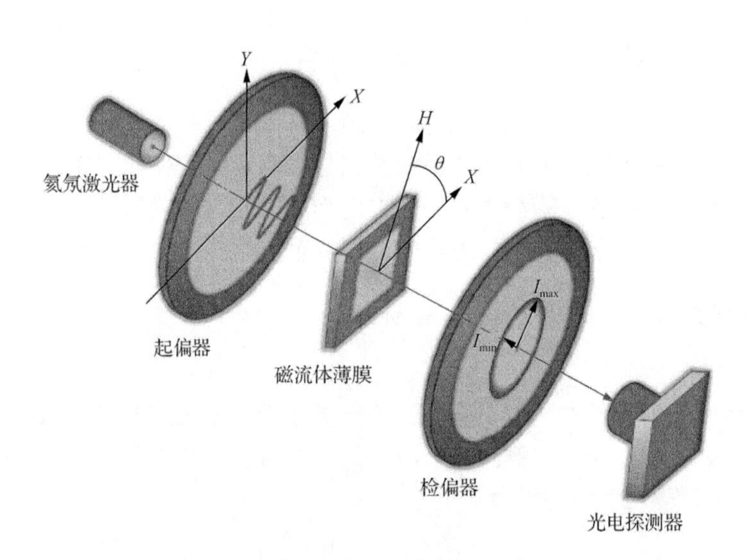

图 2.6.5 空间光路下双折射测量原理图

通常在实验中，为了使最终结果获得最大的灵敏度，利用起偏器使激光器出射的平面线偏振光的偏振方向与外加磁场的方向呈 45° 角[55]。磁流体密封于一定厚度的薄膜样品中，样品盒放入恒温槽内，最后将恒温槽放置于磁场发生装置中，电磁铁两级产生的磁场平行于磁流体薄膜的表面，且与入射光的传播方向垂直，透过磁流体薄膜的偏振光经检偏器后由光电探测器探头接收[56]。

基于经验公式[57]，当入射线偏振光的偏振方向与外加磁场方向的夹角为 45° 时，磁流体的双折射率 Δn 可以用式（2.6.29）表示：

$$\Delta n = \arcsin \frac{2\sqrt{I_{\min} / I_{\max}} \cosh\left(h_1 - h_2\right)}{1 + I_{\min} / I_{\max}} \lambda / \left(2\pi d\right) \tag{2.6.29}$$

式中，d 为磁流体样品的厚度；λ 为入射光的波长；$I_{\max}$ 和 $I_{\min}$ 分别为旋转检偏器时透射光强的极大值和极小值，透射光强的极大值和极小值反映的是磁流体中光传播的两个方向速度的大小，在实验过程中，在固定起偏角度的基础上旋转检偏器的角度，并在示波器上观测得到电压的极大值和极小值；cosh 为双曲余弦函数；h_i (i=1,2)分别为磁流体对垂直于磁场方向的光（o 光）和平行于磁场方向的光（e 光）矢量的吸收系数。吸收系数是与磁场强度 H 有关的一个量，其表达式可用式（2.6.30）表示：

$$I_i = I_{0i} \mathrm{e}^{-2h_i(H)} \tag{2.6.30}$$

式中，I_{0i} 为未加磁场时透过样品后的初始光强；I_i 为外加磁场 H 后透过样品的光强，i=1,2 分别对应于光线中的 o 光和 e 光。在本节的仿真中，式（2.6.29）和式（2.6.30）考虑了磁流体二向色性对双折射测量的影响，而大多数文献在测量磁流体双折射时，忽略了二向色性的影响，即认为 $h_1=h_2$ 或 $\cosh(h_1-h_2)=1$，这是不切合实际的，会导致在磁流体双折射测量时产生相对较大的误差。

由式（2.6.29）可以看出，对于给定的样品和固定的入射波长，在某个磁场强度时，只要测出 I_{max}、I_{min} 和 h_i，即可得出磁流体在该磁场强度下的双折射率，而 I_{max}、I_{min} 和 h_i 很容易通过旋转半波片和检偏器的方法来测量，在此需要注意的是，I_{max}、I_{min} 和 h_i 值并不是一成不变的，随着磁场的改变，功率值将发生变化，每一个磁场强度下，都有一组对应的 I_{max}、I_{min} 和 h_i 值。另外，实验中磁流体样品的厚度 d 一般选择为 10μm，氦氖激光器的波长 λ 为 632.8nm。

改变外界磁场，利用示波器测量各个功率值，即可得出不同磁场下磁流体双折射率，利用此方法可以方便地研究外界磁场对磁流体样品双折射特性的影响。

2）实验结果与分析

根据式（2.6.29）和式（2.6.30），为了得到磁流体的双折射率，按照图 2.6.5 所示的原理图搭建实验装置。首先，旋转起偏器，使初始偏振角度与磁场施加方向呈 45° 角。之后，在确定磁场强度的前提下，旋转检偏器，使透射光强最大和最小，分别记录，得到该磁场强度下的 I_{max} 和 I_{min} 值。之后再旋转检偏器，使得检偏器的检偏方向与磁场方向垂直和平行，测量得到 I_1 和 I_2。根据所测得的这些功率值，可以求得对应磁场强度下磁流体的双折射率。如此，当改变磁场强度的大小时，可以求出对应磁流体的双折射率。

实验得到的磁流体双折射率的大小与仿真结果对比图如图 2.6.6 所示。

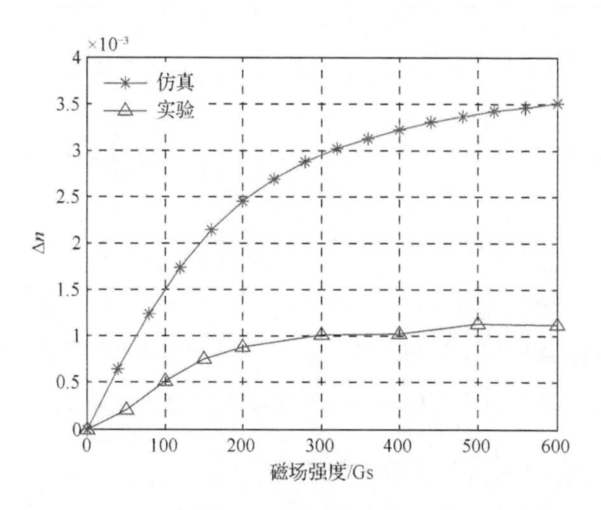

图 2.6.6　空间光路下测量得到的磁流体双折射率与仿真结果对比图

由测量结果可以发现，空间光路下测量得到的磁流体的双折射率与理论仿真得到的双折射率的趋势大致相同。随着磁场强度的增大，磁流体中磁链结构越来越明显，故磁流体的双折射率增大。当磁场强度到达一定值之后，磁链结构达到饱和状态，故磁流体在大于300Gs的磁场下，双折射率变化不明显。本节通过实验的方法，再一次验证了此时影响磁流体双折射的主要原因是磁场改变了磁流体中磁性粒子的微观结构排列。

但在数值大小上，磁流体测量得到的双折射率明显小于理论仿真值。实验与仿真结果之间存在误差，主要存在以下几点原因：

（1）温度不恒定，在实验系统中线圈中虽然加入了水冷系统保证温度不致过高，但依然不能保证温度的持续恒定，而磁流体对温度的敏感系数又很高，给实验带来一定误差。

（2）光源波动，即光源强度存在一定的波动，将会引起后续功率测量波动。

（3）实验过程中的外来振动噪声等干扰会影响实验数据的稳定。

（4）人为因素导致实验中各个部分对准不精确，影响了最后的测量结果。

（5）当前，对磁流体双折射仿真的模型较少，仿真中存在许多理想化假设，即理论模型的不准确也会导致双折射仿真结果与真实双折射率之间的偏差。

根据文献[58]中实际测量结果，计算与本节中浓度相同的磁流体的双折射率，如图2.6.7（a）所示。与文献中磁流体双折射测量结果相比，误差如图2.6.7（b）所示，磁场强度为100～600Gs时，磁流体双折射率的相对误差都在±10%以内。由此，也验证了实验的正确性和合理性。

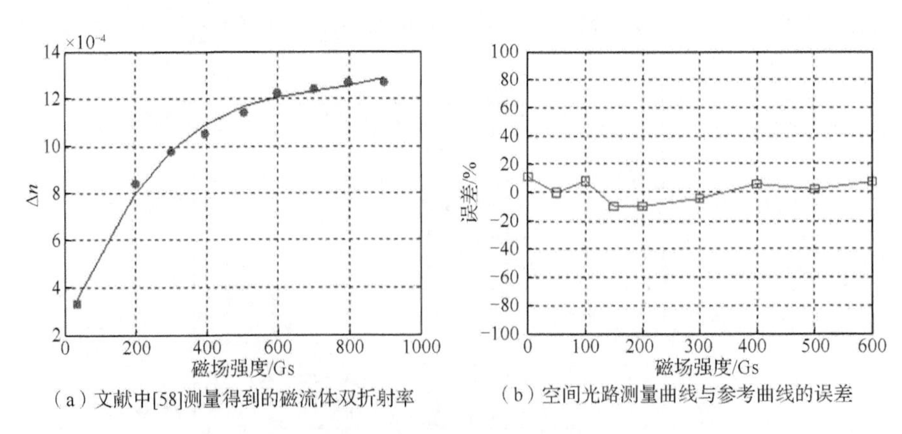

（a）文献中[58]测量得到的磁流体双折射率　（b）空间光路测量曲线与参考曲线的误差

图2.6.7　磁流体双折射率实验测量结果与误差分析

2. 光纤光路下双折射特性的实验研究

1）实验原理

考虑到空间光路实验的要求比较苛刻，且与理论仿真之间的误差相对较大，故本节提出一种光纤光路的磁流体双折射测量系统，如图2.6.8所示。可调谐激光光源分布式反馈激光器（distributed feedback laser，DFB）发出的线偏振光经过置于磁场中填充磁流体的透射式 FP 结构后，入射到分光比为 50∶50 的 3dB 耦合器中，光束一分为二，一部分进入偏振控制器 1（polarization controller 1，PC1），再经过偏振分束器 1（polarization beam splitter 1，PBS1）后由示波器接收；而另一束光则经过 PC2，再经过 PBS2 之后由示波器接收。在此过程中，当施加磁场时，通过调节 PC1 的角度，使得偏振角度与经过磁流体后的椭圆偏振光的长轴方向相同，再经过偏振分束器的作用，最终示波器上接收到的两个光功率值就是经过磁流体后的椭圆偏振光的 I_{max} 和 I_{min} 。同理，调节 PC2 的角度，使得偏振角度与磁场方向平行，可以同时实现对 I_1 和 I_2 的测量。因此，在本实验系统中，当施加一个外加磁场时，可以同时实现这四个光功率值的测量，避免了人为误操作而导致的误差。本系统的主要特点是把空间光路转化为光纤光路，降低了光功率的传输损耗，这也将在很大程度上减小实验误差。

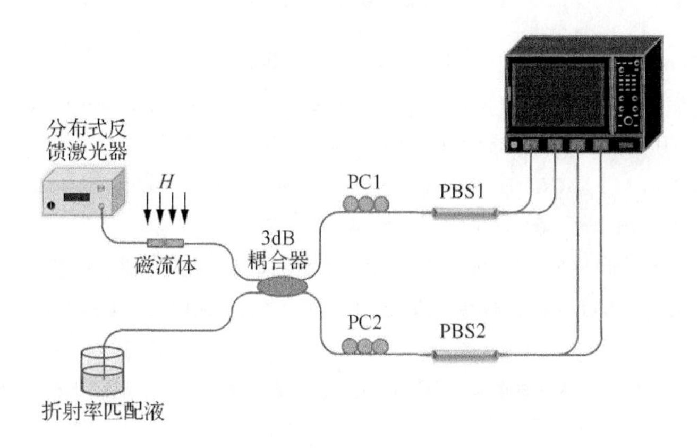

图 2.6.8　光纤光路下磁流体双折射测量系统图

2）实验结果与分析

为了验证磁流体的双折射特性，本节在确定 PC1 检偏角度的基础上，对磁流体施加磁场，观测示波器上两个功率值的改变。初始通道 1 上光功率的平均值为 316.5μW，与通道 1 垂直的通道 2 上的功率几乎为零。但当给磁流体施加磁场时，通道 1 上的光功率有了明显降低，而通道 2 上的功率增大，这是由于磁场对磁流体双折射特性有影响，使得偏振光在经过磁流体之后，偏振方式由线偏振变为椭圆偏振，故在示波器上可以观测到该现象。

运用上述方法对磁流体双折射特性进行实验研究，可以得到如图 2.6.9 所示的双折射测量结果。光纤光路下测量得到的双折射率略微大于空间光路下的磁流体双折射，两者的趋势一致，且相对误差基本在±20%以内。这也证明了磁流体的双折射率确实是随磁场的增加而增加。光纤光路的引入使测得的双折射率与理论值更接近，减小了空间光路中对准不精确所引起的误差。

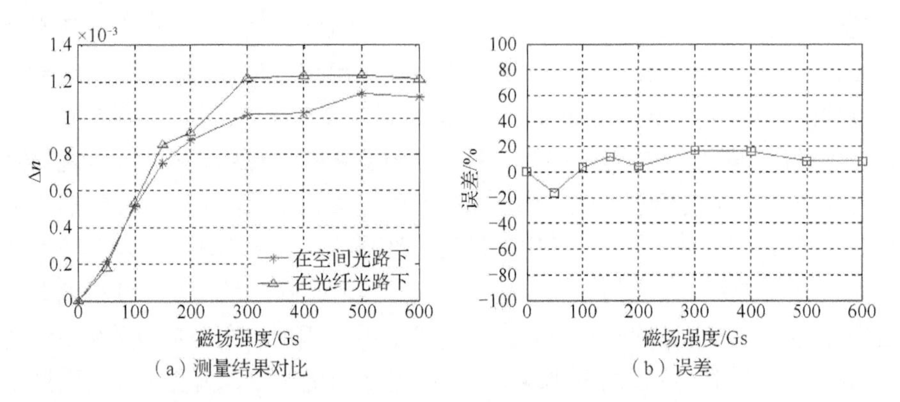

（a）测量结果对比　　（b）误差

图 2.6.9　光纤光路与空间光路下磁流体双折射测量结果

参 考 文 献

[1] Rosenzweig R E. Ferrohydrodynamics[M]. New York: Dover Publications, 1997.

[2] Satoch A, Chantrell R W, Coverdale G N. Brownian dynamics simulations of ferromagnetic colloidal dispersions in a simple shear flow[J]. Journal of Colloid and Interface Science, 1999, 209: 44-59.

[3] Castro L L, da Silva M F, Bakuzis A F, et al. Aggregate formation on polydisperse ferrofluids: A Monte Carlo analysis[J]. Journal of Magnetism and Magnetic Materials, 2005, 293(1): 553-558.

[4] 宣益民, 叶萌, 李强. 磁流体结构的 Lattice-Boltzmann 方法模拟[J]. 工程热物理学报, 2005, 26(2): 301-303.

[5] 李强, 宣益民, 李斌. 磁流体微观结构的模拟与控制方法研究[J]. 中国科学(E 辑: 技术科学), 2007, 37(5): 707-715.

[6] 王士彬, 杜林, 孙才新, 等. 水基铁磁流体磁致凝聚行为的三维耗散粒子动力学研究[J]. 功能材料, 2011, 42(2): 298-301.

[7] 李斌. 磁流体微观结构与光学性质的数值模拟研究[D]. 南京: 南京理工大学, 2006.

[8] 张齐, 王建华, 朱鹤孙. 磁性液体三维蒙特卡洛模拟[J]. 自然科学进展, 1995, 5(1): 105-113.

[9] Frenkel D, Smit B. 分子模拟: 从算法到应用[M]. 汪文川, 译. 北京: 化学工业出版社, 2002.

[10] 张立红, 张军. 分子动力学模拟方法及其误差分析[J]. 青岛大学学报(自然科学版), 2003, 2: 5.

[11] Satoch A. Introduction to Practice of Molecular Simulation: Molecular Dynamics, Monte Carlo, Brownian Dynamics, Lattice Boltzmann and Dissipative Particle Dynamics[M]. Amsterdam, Netherlands: Elsevier, 2010.

[12] 田民波. 磁性材料[M]. 北京: 清华大学出版社, 2001.

[13] Ytreberg F M, Mckay S R. Calculated properties of field-induced aggregates in ferrofluids[J]. Physical Review E, 2000, 61(4): 4107-4110.

[14] Hammersley J M, Handcomb D C. Monte Carlo Methods[M]. London: Methuen, 1965.

[15] Laurent S, Dutz S, Hafeli U O, et al. Magnetic fluid hyperthermia: Focus on superparamagnetic iron oxide nanoparticles[J]. Advances in Colloid and Interface Science, 2011, 166(1-2): 8-23.

[16] Thorat N D, Otari S V, Bohara R A. Structured superparamagnetic nanoparticles for high performance mediator of magnetic fluid hyperthermia: Synthesis, colloidal stability and biocompatibility evaluation[J]. Materials Science & Engineering C-Materials for Biological Applications, 2014, 42: 637-646.

[17] Russel W B, Saville D A, Schowalter W R. Colloidal Dispersions[M]. Cambridge: Cambridge University Press, 1989.

[18] Xuan Y L, Li Q, Li B. Numerical simulation method of microstructure and optical characteristics of magnetic fluids[C]. 2007 First International Conference on Integration and Commercialization of Micro and Nanosystems, Sanya, 2007: 1087-1094.

[19] Kim S, Mifflin R T. The resistance and mobility functions of two equal spheres in low-reynolds-number flow[J]. Physics of Fluids, 1985, 28: 2033-2045.

[20] Hong C Y, Lin C H, Chen C H, et al. Field-dependent phase diagram of the structural pattern in a ferrofluid film under perpendicular magnetic field[J]. Journal of Magnetism and Magnetic Materials, 2001, 226: 1881-1883.

[21] 黄勇, 夏新林, 谈和平, 等. 含粒子半透明流层光谱吸收的蒙特卡罗法模拟[J]. 哈尔滨工业大学学报, 2000, 32(6): 42-45.

[22] 郁道银, 谈恒英. 工程光学[M]. 北京: 机械工业出版社, 2006.

[23] 钟锡华, 周岳明. 现代光学基础[M]. 北京: 北京大学出版社, 2004.

[24] 赵勇. 光纤传感原理与应用技术[M]. 北京: 清华大学出版社, 2007.

[25] Knobel M, Nunes W C, Socolovsky L M, et al. Superparamagnetism and other magnetic features in granular materials: A review on ideal and real systems[J]. Journal of Nanoscience and Nanotechnology, 2008, 8(6): 2836-2857.

[26] Hong C Y, Horng H E, Yang S Y. Tunable refractive index of magnetic fluids and its applications[J]. Physica Status Solidi C, 2004, 1(7): 1604-1609.

[27] Stephen P S. Low viscosity magnetic fluid obtained by the colloidal suspension of magnetic particles: U. S. Patent 3215572[P]. 1965.

[28] Yang S Y, Chen Y F, Horng H E, et al. Magnetically-modulated refractive index of magnetic fluid films[J]. Applied Physics Letters, 2002, 81(26): 4931-4933.

[29] Pu S L, Chen X F, Chen Y P, et al. Measurement of the refractive index of a magnetic fluid by the retroreflection on the fiber-optic end face[J]. Applied Physics Letters, 2005, 86(17): 171904.

[30] Chen L X, Huang X G, Zhu J H, et al. Fiber magnetic-field sensor based on nanoparticle magnetic fluid and Fresnel reflection[J]. Optics Letters, 2011, 36(15): 2761-2763.

[31] 冉欢欢, 潘旭东, 李腾龙, 等. 基于菲涅耳反射的光纤激光器功率测量方法[J]. 强激光与粒子束, 2015, 27(8): 1-5.

[32] Su H, Huang X G. Fresnel-reflection-based fiber sensor for on-line measurement of solute concentration in solutions[J]. Sensors and Actuators B: Chemical, 2007, 126(2): 579-582.

[33] Müller-Schulte D. Thermosensitive, biocompatible polymer carriers with changeable physical structure for therapy, diagnostics and analytics: U. S. Patent 20070148437[P]. 2007.

[34] Tai H, Yoshino T, Tanaka H. Fiber-optic evanescent-wave methane-gas sensor using optical absorption for the 3.392-μm line of a He-Ne laser[J]. Optics Letters, 1987, 12(6): 437-439.

[35] Liu T, Chen X F, Di Z Y, et al. Measurement of the magnetic field-dependent refractive index of magnetic fluids in bulk[J]. Chinese Optics Letters, 2008, 6(3): 195-197.

[36] Dai J X, Yang M H, Li X B, et al. Magnetic field sensor based on magnetic fluid clad etched fiber Bragg grating[J]. Optical Fiber Technology, 2011, 17(3): 210-213.

[37] 赵勇, 董俊良, 陈菁菁, 等. 磁流体的光学特性及其在光电信息传感领域中的应用[J]. 光电工程, 2009, 36(7): 126-131.

[38] Kötitz R, Fannin P C, Trahms L. Time domain study of brownian and néel relaxation in ferrofluids[J]. Journal of Magnetism and Magnetic Materials, 1995, 149(1-2): 42-46.

[39] Satoh A, Chantrell R W, Kamiyama S I, et al. Three dimensional Monte Carlo simulations of thick chainlike clusters composed of ferromagnetic fine particles[J]. Journal of Colloid and Interface Science, 1996, 181(2): 422-428.

[40] Rablau C, Vaishnava P, Sudakar C, et al. Magnetic-field-induced optical anisotropy in ferrofluids: A time-dependent light-scattering investigation[J]. Physical Review E, 2008, 78(5): 051502.

[41] 姚启钧. 光学教程[M]. 3 版. 北京: 高等教育出版社, 2002: 344-349.

[42] Hasmonay E, Dubois E, Bacri J C, et al. Static magneto-optical birefringence of size-sorted γ-Fe_2O_3 nanoparticles[J]. The European Physical Journal B-Condensed Matter and Complex Systems, 1998, 5(4-6): 859-867.

[43] Scholten P C. The origin of magnetic birefringence and dichroism in magnetic fluids[J]. IEEE Transactions on Magnetics, 1980, 16(2): 221-225.

[44] Taketomi S. Magnetic fluids anomalous pseudo-cotton mouton effects about 107 times larger than that of nitrobenzene[J]. Japanese Journal of Applied physics, 1983, 22(7): 1137-1143.

[45] Ivanov A O, Kantorovich S S. Chain aggregate structure and magnetic birefringence in polydisperse ferrofluids[J]. Physical Review E, 2004, 70(2): 021401.

[46] Buyevich Y A, Ivanov A O. Equilibrium properties of ferrocolloids[J]. Physica A: Statistical Mechanics and Its Applications, 1992, 190(3): 276-294.

[47] Ivanov A O, Kuznetsova O B. Magnetic properties of dense ferrofluids: An influence of interparticle correlations[J]. Physical Review E, 2001, 64(4): 041405.

[48] Chantrell R W, Bradbury A, Menear S. Birefringence of weakly interacting fine particles[J]. Journal of Applied Physics, 1985, 57(8): 4268-4270.

[49] Zubarev A Y. On the theory of birefringence in magnetic fluids[J]. Colloid Journal, 2012, 74(6): 695-702.

[50] Christensen R M, Lo K H. Solutions for effective shear properties in three phase sphere and cylinder models[J]. Journal of the Mechanics and Physics of Solids, 1979, 27(4): 315-330.

[51] Hanai T. Electrical properties of emulsions[J]. Emulsion Science, 1968: 354-477.

[52] Happel J, Brenner H. Low Reynolds Number Hydrodynamics: With Special Applications to Particulate Media[M]. Hague: Springer, 1983.

[53] Batchelor G K, Green J T. The hydrodynamic interaction of two small freely moving spheres in a linear flow field[J]. Journal of Fluid Mechanics, 1972, 56(2): 375-400.

[54] Landau L D, Bell J S, Kearsley M J, et al. Electrodynamics of Continuous Media[M]. Amsterdam: Pergamon, 1984.

[55] Hong C Y. Field-induced structural anisotropy in magnetic fluids[J]. Journal of Applied Physics, 1999, 85(8): 5962-5964.

[56] Di Z Y, Chen X F, Pu S L, et al. Magnetic-field-induced birefringence and particle agglomeration in magnetic fluids[J]. Applied Physics Letters, 2006, 89(21): 211106.

[57] Pu S L, Liu M, Sun G Q. Influence of ambient temperature on the magnetic-field-induced birefringence of the nanostructured magnetic fluids[J]. Acta Photonica Sinica, 2010, 39(10): 1742-1746.

[58] Ulrich R. Fiber-optic rotation sensing with low drift[J]. Optics Letters, 1980, 5(5): 173-175.

第3章

基于磁流体磁控折射率特性的光纤FP磁场传感技术

光纤FP传感器是基于FP干涉原理设计的传感器，具有结构简单、灵敏度高、容易制作、抗电磁干扰、干涉谱稳定、与目前通用的光纤通信网络具有很好的兼容性等优点。本章将磁流体特性与光纤FP传感结构结合，提出了一种新型的磁流体光纤FP磁场传感器。通过对空气腔光纤FP传感器的研究，证明了基于磁流体填充的光纤FP磁场传感器的腔体结构的可行性及其温度不敏感特性，降低了温度的影响，并以酒精填充的光纤FP温度传感器的研究为基础，逐步掌握液体填充技术和密封技术，最后实现基于磁流体填充的FP磁场传感器。

3.1 基于光纤FP干涉仪的磁场传感原理

3.1.1 光纤FP干涉仪的基础原理

1. FP干涉仪

FP干涉仪是由一对具有部分反射率的平行光学平面组成的多光束干涉仪。如图3.1.1（a）所示，当单色光从一侧入射进入干涉仪后，入射光会在干涉仪内部经过多次反射和透射，构成多光束干涉。

FP干涉仪相邻的反射光之间的光程差ΔL为

$$\Delta L = 2nl\cos\theta \tag{3.1.1}$$

式中，n为FP干涉仪两光学平面之间的介质折射率；l为FP干涉仪两光学平面的距离；θ为光线在两个光学平面传播时与光学平面法向量所形成的夹角。

因此，所形成的相位差δ为

$$\delta = \frac{2\pi}{\lambda}\cdot 2nl\cos\theta \tag{3.1.2}$$

式中，λ为光的波长。那么，FP 干涉仪的透射率T_{FP}为

$$T_{FP}=\frac{(1-R)^2}{1+R^2-2R\cos\delta}=\frac{1}{1+F\sin^2(\delta/2)} \tag{3.1.3}$$

式中，R为 FP 干涉仪的两光学平面的反射率；F为细度系数且为

$$F=\frac{4R}{(1-R)^2} \tag{3.1.4}$$

那么，FP 干涉仪的反射率R_{FP}为

$$R_{FP}=\frac{F\sin^2(\delta/2)}{1+F\sin^2(\delta/2)} \tag{3.1.5}$$

FP 干涉仪的两光学平面反射率R的大小影响着细度系数F。高精细度的 FP 干涉仪图谱如图 3.1.1（b）中所示的R为 0.95、0.55 时的曲线，当R为 0.04 时，则为低精细度的 FP 干涉仪图谱。不同的精细度影响着图谱的形式，随着R的降低，图谱中谷的宽度增大，反射率也随之下降，并且波形越来越趋向于正弦信号。

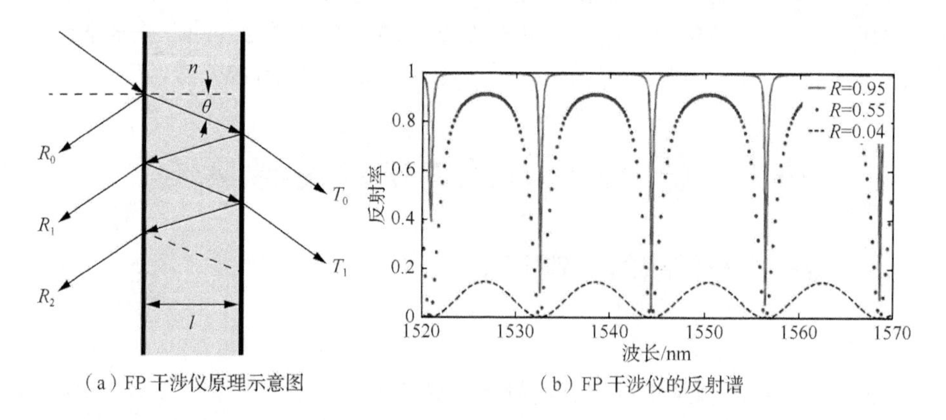

（a）FP 干涉仪原理示意图　　（b）FP 干涉仪的反射谱

图 3.1.1　FP 干涉仪原理

2. 低精细度光纤 FP 干涉仪

由于光纤 FP 干涉仪的两光学平面的反射率$R\ll 1$，其核心结构为低精细度光纤 FP 干涉仪，因此可以简化为双光束干涉，公式如下所示：

$$I=I_1+I_2+2\sqrt{I_1I_2}\cos\delta \tag{3.1.6}$$

式中，I为 FP 反射光强；I_1为第一个光学平面反射回来的光强；I_2为第一次经过第一个光学平面后再从第二个光学平面反射回来并透过第一个光学平面的光强。

图 3.1.2 为图 3.1.1（b）中 R 为 0.04 时使用多光束干涉计算得到的曲线和使用双光束干涉计算得到的曲线对比图及误差图。从图 3.1.2（a）可看出两者的计算结果十分接近，进一步通过两者对比分析可知，误差主要存在于强度信号上，如图 3.1.2（b）所示误差最大值为 0.0023，这个计算误差完全可以忽略。但是，对比两曲线之间的干涉信号的峰值和谷值并没有发现任何偏移，对使用波长解调信号时基本不存在影响，因此在后面的研究中，主要基于双光束干涉的模型进行仿真计算和论证。

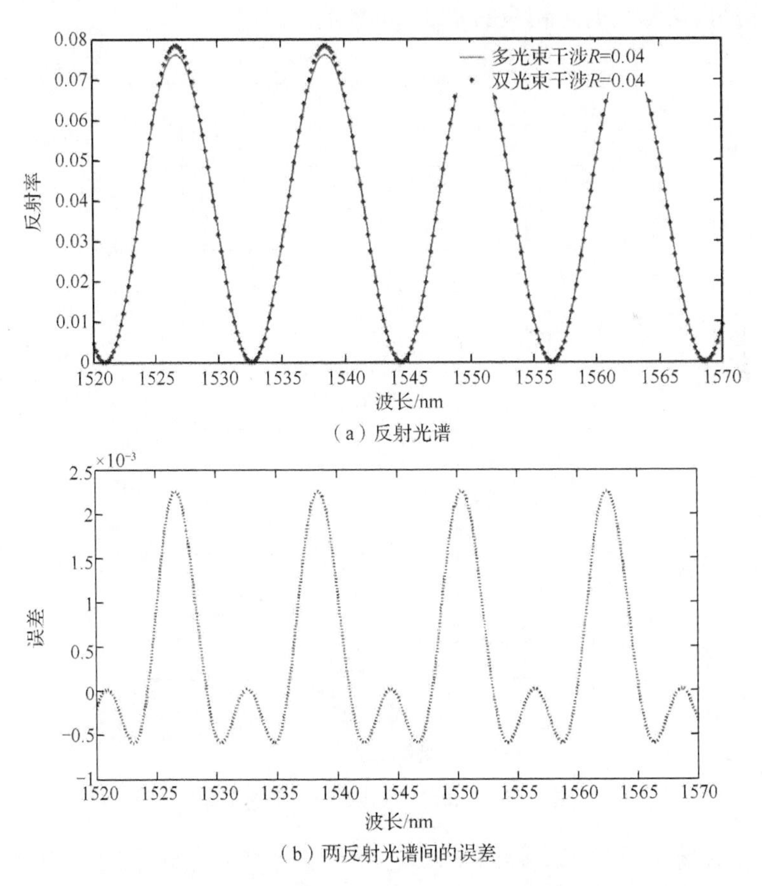

(a) 反射光谱

(b) 两反射光谱间的误差

图 3.1.2 当 R 为 0.04 时多光束和双光束形式反射光谱和误差

3.1.2 磁流体的折射率响应特性

本节选用的是 50% EMG605 水基磁流体，体积浓度约为 0.9%。根据 2.5.1 节的磁流体折射率测量方案，在平行磁场作用下的磁流体折射率如图 3.1.3（a）所示，实验结果表明，零磁场下相应的 n_{MF} 为 1.3414。当 H<200Gs 时，磁流体折射率 n_{MF} 在逐渐增大，但是变化量非常小。当 H 从 200Gs 增大到 600Gs 时，相应的 n_{MF} 从

1.3446 增大到 1.3600，且灵敏度高，线性度好。当 H 继续增大时，相应的 n_{MF} 不再发生大的变化，这是因为在较强的磁场强度作用下 n_{MF} 将达到饱和值。因此，在临界值之下 n_{MF} 随着磁场的增大而变化，当 H 超过临界值时 n_{MF} 不再改变。

在垂直磁场作用下的磁流体折射率如图 3.1.3（b）所示。实验结果表明，磁场从 0 变化到 650Gs 时磁流体折射率逐渐减小，变化量约为−0.0093。零磁场下相应的 n_{MF} 为 1.3409。当 $H<100$Gs 时，磁流体折射率 n_{MF} 的变化非常小。当 H 从 100Gs 增大到 450Gs 时，n_{MF} 从 1.3401 减小到 1.3322，线性区间小，总体线性度不好。当 H 继续增大时，相应的 n_{MF} 不再发生大的变化。

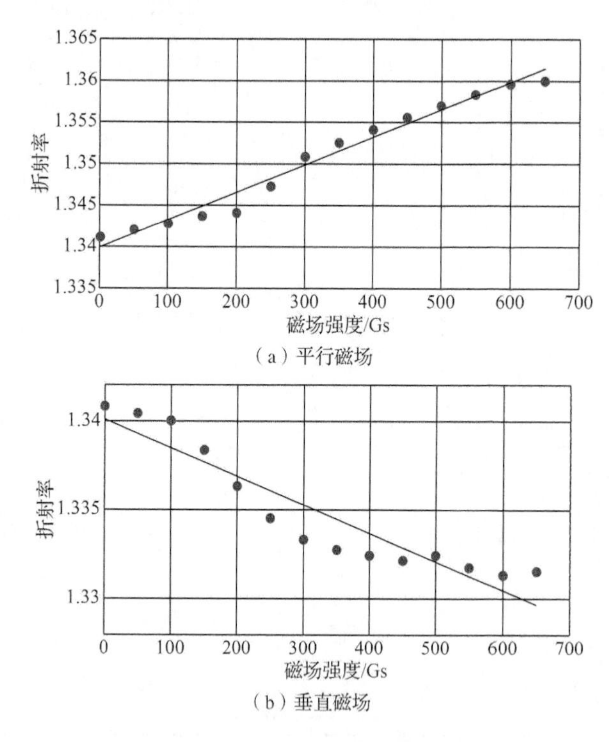

图 3.1.3 磁流体折射率与磁场的关系

无外加磁场作用时，磁流体折射率与外界温度的关系如图 3.1.4 所示。随着温度的升高，磁流体折射率线性减小，温度从 0℃升高到 70℃时，磁流体折射率变化量为−0.0056，因此可得温度灵敏度为−0.00008RIU/℃（RIU 为折射率单位）。因此，在后续的磁场测量实验中，采取一定的措施和方法消除温度影响。此处，利用磁流体的磁控折射率特性，与光纤传感系统相结合，提出一种新型光纤法布里-珀罗干涉（Fabry-Pérot interference, FPI）磁场传感器：通过外加磁场使磁流体的折射率发生变化，进而使光纤 FP 传感器输出光谱发生移动，通过检测光谱偏移量实现磁场测量。

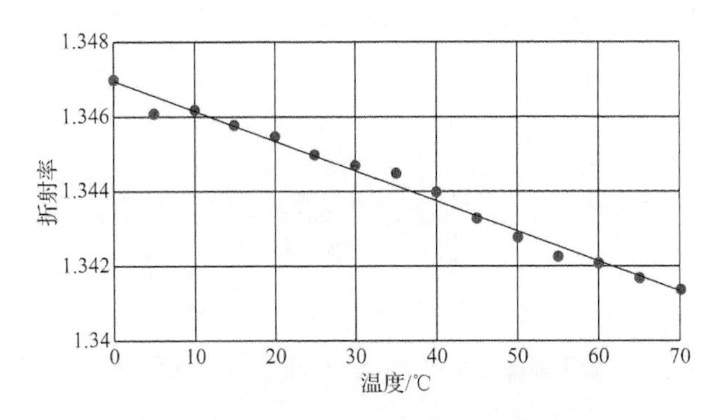

图 3.1.4　磁流体折射率与外界温度的关系

3.2　基于磁流体填充的光纤 FP 磁场传感器的设计与仿真

本节欲将磁流体独特的光学特性与光纤 FP 干涉仪相结合形成新型的磁场传感器。在设计和制作过程中需要解决几个关键问题：基本的 FP 干涉仪的结构设计与制作，干涉腔内磁流体的填充，填充完磁流体后密封的实现，高精度 FP 腔的制作。

在对上面这些问题进行全面的考虑后，本节进行了传感器结构设计、传感器制作和实验研究平台的设计与搭建，并利用搭建的实验平台对空气腔 FP 温度传感器和酒精填充的 FP 温度传感器进行研究，实现了精度较高的 FP 传感器的制作，克服了磁流体的填充和密封的难题，最终实现基于磁流体磁控折射率特性的光纤 FP 磁场传感器的制作和研究。

3.2.1　基于磁流体填充的光纤 FP 磁场传感器的理论分析与数值仿真

FP 腔的长度及腔内折射率变化会影响干涉光谱的移动，传感器设计时需要尽可能避免外界因素对传感器的影响，如温度、气压、形变等。本节选择熔融石英材料，降低了温度对腔体结构的影响。最终确定腔体结构使用内径为 125μm、外径为 2.5mm 的毛细玻璃管作为光纤 FP 干涉仪的腔体结构来制作传感器。

最终确定基于磁流体磁控折射率特性的光纤 FP 磁场传感器结构示意图如图 3.2.1 所示。传感器结构主要包括毛细玻璃管、单模光纤、胶水和磁流体。首先将一根单模光纤端面切平后插入到毛细玻璃管内，然后填充磁流体，并用一段光纤将毛细玻璃管的另外一端堵住，之后用胶封上即可。该结构能保证两个光纤端面能够很好地对准且封装简单易行，液体填充仅利用材料本身的毛细作用将滴落在管口的液体吸入到其内部。

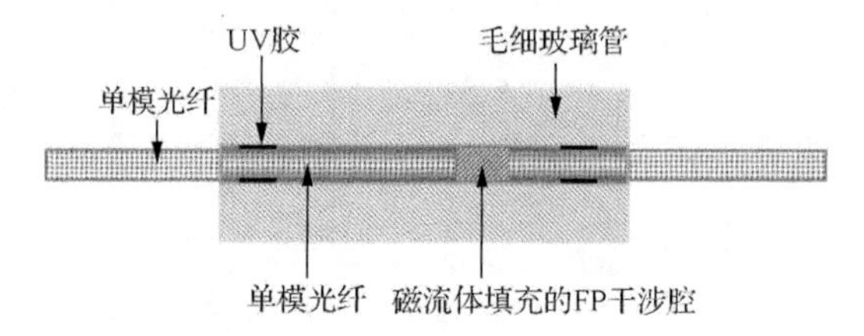

图 3.2.1 基于磁流体磁控折射率特性的光纤 FP 磁场传感器结构示意图

研究步骤如下：首先制作空气腔的 FP 传感结构，以验证结构制作工艺的可行性，然后借助酒精填充的 FP 温度传感器来进行填充和密封技术的探索，最后实现磁流体填充的 FP 磁场传感器。空气腔 FP 探头制作时受到光纤和毛细玻璃管尺寸的影响，因此需要设计一套光纤 FP 传感器的实验制作装置。在制作光纤 FP 传感器之前，首先对传感器的传感特性进行理论仿真研究。根据式（3.1.2）的两干涉光的相位差公式，结合光纤中出射光角度很小（约为 8°），$\cos\theta$ 约为 1，可以忽略掉其中的误差。这时主要影响 FP 传感器干涉谱的是腔长 l、腔体内介质的有效折射率 n、两光学平面的反射率 R。

光纤 FP 腔的两光学平面的反射率 R 可以通过菲涅尔公式计算得到：

$$R=\frac{(n_{\text{fc}}-n_{\text{cavity}})^2}{(n_{\text{fc}}+n_{\text{cavity}})^2} \tag{3.2.1}$$

式中，n_{fc} 为光纤纤芯折射率；n_{cavity} 为 FP 腔体内部介质的折射率。反射率 R 影响着光纤 FP 传感器的精细度，也就是影响输出光谱信号的条纹对比度。

可以通过选择性改变腔长 l 或腔体内介质的有效折射率 n 实现传感。因此，能得到光纤 FP 传感器相应的谐振峰的波长移动量为

$$\Delta\lambda_m=\lambda_m\left(\frac{\Delta n}{n}+\frac{\Delta l}{l}\right) \tag{3.2.2}$$

式中，$\Delta\lambda_m$ 为光纤 FP 传感器的谐振峰波长移动量；λ_m 为光纤 FP 传感器的相应谐振波长；n 为腔内介质的折射率；Δn 为腔内介质的折射率的变化量；l 为光纤 FP 传感器的腔长；Δl 为光纤 FP 传感器的腔长变化量。因此，当腔内介质为空气时，变化量主要有空气的折射率变化和腔体结构的变化，前面所提到的设计结构都是为了减少光纤 FP 传感器的腔长变化量Δl，这样就能保证光纤 FP 传感器的谐振峰变化量只与腔内介质折射率的变化相关。反之，只要能找到 Δn 与被测量的对应关系，就能通过对波长移动量的检测反推出被测量的变化，从而实现相应参数的检测。

本章提出了一种新型的磁流体填充的光纤 FP 磁场传感器，将结合第 2 章研

究的磁流体折射率的磁性可控特性对光纤 FP 传感器的磁场传感特性进行数值仿真分析。由于磁流体是一种棕褐色的不透明物质，对光具有较大的吸收损耗，因此磁流体填充的光纤 FP 谐振腔不宜过长，否则无法形成反射式的双光束干涉。FP 谐振腔的腔长为 40μm 时，传感器输出干涉光谱随磁场强度的变化如图 3.2.2（a）所示，其线性拟合关系如图 3.2.2（b）所示。

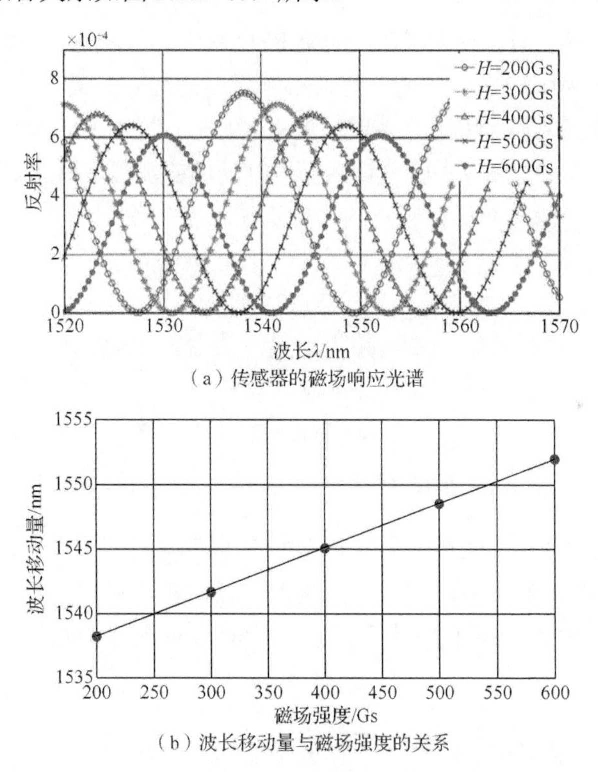

（a）传感器的磁场响应光谱

（b）波长移动量与磁场强度的关系

图 3.2.2 光纤 FP 磁场传感器的磁场响应

3.2.2 具有温度补偿的磁流体填充光纤 FP 磁场传感器的结构设计

磁流体填充的光纤 FP 磁场传感器初步将磁流体的磁控折射率特性很好地应用在传感上，但是由于实验是在恒温条件下进行的，为了得到理想的传感特性，本节将对磁场测量过程中温度交叉敏感问题进行研究。

1. 具有温度补偿的磁流体填充光纤 FP 磁场传感器结构

为了解决环境温度对磁流体折射率的交叉干扰，本节将在光纤 FP 磁场传感器中引入光纤布拉格光栅（fiber Bragg grating, FBG）作为温度补偿单元。

FBG 是近些年来发展快速而成熟的光纤无源器件之一。1978 年，Hill 等[1]、Kawasaki 等[2]第一次制作出 FBG。1989 年，Meltz 等[3]第一次研究了光纤光栅的应变和温度敏感特性。随着 FBG 制作方法的改进和工艺的提高，目前 FBG 传感器已经成为一种成熟的光纤传感无源器件。

FBG 的反射光谱不受磁场的影响，主要受应力及温度等参数的影响，因此，作者团队设计了具有温度补偿的光纤 FP 磁场传感器的结构，具体如图 3.2.3 所示。在传感结构一端的普通单模光纤中嵌入 FBG，并将整个 FBG 光纤段都伸进毛细玻璃管内，且不能被 UV 胶所覆盖。如果 FBG 被 UV 胶覆盖，在温度变化时 FBG 将被 UV 胶的热膨胀应变效应所干扰，影响温度的准确测量，从而对测量结果产生应变交叉干扰。因此，将栅区长度为 10mm 的 FBG 置于 UV 胶与光纤端面之间，能实现磁流体填充的光纤 FP 磁场传感器温度的准确测量，并保证 FBG 免受外界应力的影响，做到传感探头体积小巧、结构简单。

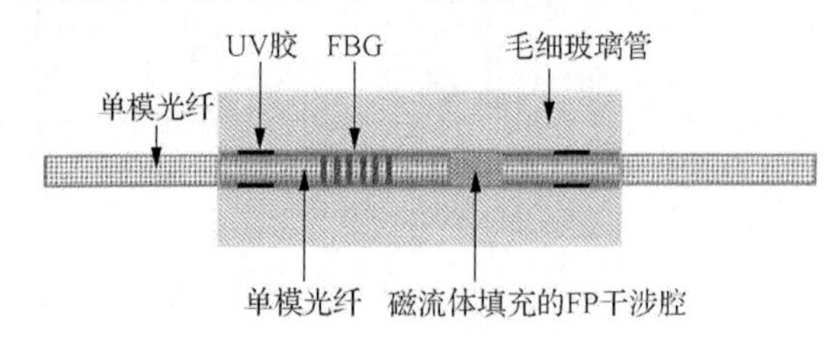

图 3.2.3　带有温度补偿的光纤 FP 磁场传感器结构

这样就能通过 FBG 直接获得传感器所在的环境温度，并实现磁流体填充的光纤 FP 磁场传感器的温度补偿，与此同时，该结构也可以实现磁场和温度同时测量，进一步扩大该传感器的使用范围。后面将对该结构进行理论分析及实验研究。

2. FBG 的基础理论

普通的 FBG 结构原理示意图如图 3.2.4 所示，FBG 是利用光纤的光敏特性制作而成的，在纤芯内部形成空间相位光栅，光纤的折射率 n_{eff} 呈周期性分布。FBG 会对入射的宽谱光进行波长选择，一定波长下的入射光会被反射，反射光的带宽通常为 0.1～0.5nm，该被反射的中心波长称为布拉格波长，其中心波长的反射率一般在 90%左右。

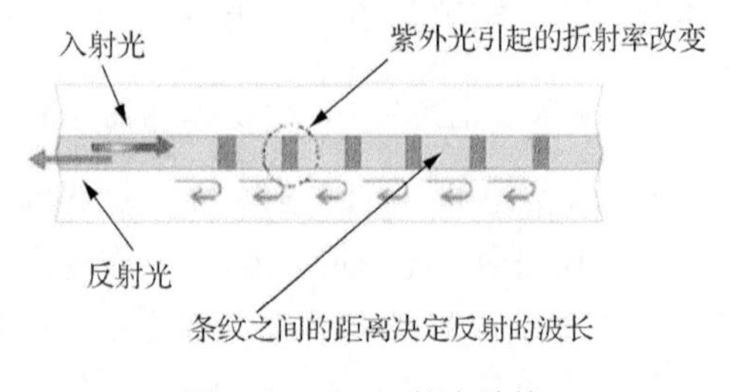

图 3.2.4　FBG 基本结构

由耦合模理论可知，FBG 的布拉格波长为[4]

$$\lambda_B = 2\pi n_{\text{eff}} \Lambda \tag{3.2.3}$$

式中，λ_B 为 FBG 的布拉格波长；n_{eff} 为光纤纤芯的有效折射率；Λ 为 FBG 的光栅折射率调制周期。任何使得 n_{eff} 和 Λ 发生变化的外界物理量都能够引起 λ_B 的变化。

本节利用 FBG 的中心波长偏移来测量外界温度的变化情况，因此，可得布拉格波长的移动变化量为

$$\Delta\lambda_B = \lambda_B(\beta_{T-n} + \beta_{T-l})\Delta T \tag{3.2.4}$$

式中，β_{T-n}、β_{T-l} 分别为光栅的热光系数和热膨胀系数。当光栅感受到环境温度变化时，其中心波长就会发生移动，通过检测中心波长的移动量就可以反映出相应的环境温度信息。

3. *具有温度补偿的磁流体填充光纤 FP 磁场传感器传感原理分析*

由于磁流体纳米功能材料对于温度和磁场交叉敏感，因此可以将磁流体的折射率变化定义为

$$\Delta n_{\text{MF}} = \alpha_{H-n}\Delta H + \alpha_{T-n}\Delta T \tag{3.2.5}$$

式中，Δn_{MF} 为磁流体的折射率变化；α_{H-n} 为磁流体的磁场敏感系数；α_{T-n} 为磁流体的温度敏感系数。考虑到热膨胀系数的问题，磁流体的 FP 传感器的综合波长移动量公式为

$$\Delta\lambda_m = \lambda_m[\alpha_{H-n}\Delta H + (\alpha_{T-n} + \alpha_{T-l})\Delta T] \tag{3.2.6}$$

式中，$\Delta\lambda_m$ 为 FP 传感器的谐振峰波长移动量；α_{T-l} 为光纤的热膨胀系数，它主要受到外界温度和磁场的影响，当知道 ΔT 的大小，相应的 ΔH 就容易得到了。

最终得到一个关系矩阵公式：

$$\begin{bmatrix}\Delta\lambda_m \\ \Delta\lambda_B\end{bmatrix} = \begin{bmatrix}\alpha_{H-n}\lambda_m & (\alpha_{T-n} + \alpha_{T-l})\lambda_m \\ 0 & (\beta_{T-n} + \beta_{T-l})\lambda_B\end{bmatrix}\begin{bmatrix}\Delta H \\ \Delta T\end{bmatrix} \tag{3.2.7}$$

通过矩阵运算最终能得到温度、磁场与光谱移动变化的情况，从而克服温度和磁场交叉敏感的问题，根据式(3.2.7)，可进一步实现温度和磁场的双参数测量：

$$\begin{bmatrix}\Delta H \\ \Delta T\end{bmatrix} = \begin{bmatrix}\alpha_{H-n}\lambda_m & (\alpha_{T-n} + \alpha_{T-l})\lambda_m \\ 0 & (\beta_{T-n} + \beta_{T-l})\lambda_B\end{bmatrix}^{-1}\begin{bmatrix}\Delta\lambda_m \\ \Delta\lambda_B\end{bmatrix} \tag{3.2.8}$$

3.2.3　具有温度补偿的磁流体填充光纤 FP 磁场传感器的仿真分析

基于 3.2.2 节的传感原理分析，对具有温度补偿的磁流体填充的光纤 FP 磁场传感器进行理论仿真，在温度和磁场的分别作用下，获得传感器的输出反射式

光谱，进而能够得到温度、磁场灵敏度，并根据式（3.2.8）得到双参数测量矩阵关系式。由于存在两类反射光谱的叠加，因此需要对传感器输出反射光谱进行清晰辨别。同时，也需要使得FBG的谐振峰与光纤FP磁场传感结构的谐振峰出现在输入光谱的有效测量范围内且两者之间不出现互相干扰。因此，本节根据反射峰的强度和传感单元的反射光谱的形式来区别峰值是否属于FBG或者是FP。

然而，由于磁流体填充的光纤FP磁场传感器为低精细度的干涉仪，因此其端面反射率R很低，而如果使用普通的高反射率的FBG，将会使得FBG的反射谐振峰强度和FP光谱的反射率之间出现过于明显而悬殊的对比度，不适合在光谱仪（optical spectrum analyzer, OSA，型号AQ6370，波长范围600～1700nm，分辨率0.02nm）同一分辨率的情况下实现同时检测，即无法实现在同一光谱下看到两个完美的反射光谱叠加。因此，为了使FP输出干涉条纹与FBG的反射峰等信号强度保持在一个数量级上，方便后续的峰值提取等运算，在无法提高光纤FP的端面反射率的情况下，将FBG的反射率降低使其接近磁流体填充的光纤FP传感器的两光学平面的反射率，从而获得更好的光谱叠加效果。

仿真时，设置磁流体填充的光纤FP传感器的腔长为40μm，FBG的中心波长在室温（25℃）下为1555nm，中心波长的反射率约为4%，光源光谱范围为1525～1565nm。

在没有外加磁场而只有温度作用的情况下，对磁流体腔光纤布拉格光栅-法布里-珀罗（FBG-FP）传感器进行仿真，得到的传感器输出反射光谱如图3.2.5（a）所示，能清晰显示两个反射光谱的叠加，而且能够互不干扰准确找出各谐振峰的移动情况。温度从20℃升高到50℃，随着温度的升高，磁流体的折射率减小，因此，传感器FP输出光谱向短波长方向（左）移动，FBG的布拉格波长随着温度的升高向长波长方向移动。从图3.2.5（b）可以看出，FBG的中心波长随温度的移动量比较微小，FBG中心波长的温度灵敏度为0.013nm/℃。

具有温度补偿的磁流体填充光纤FP传感器输出的干涉谱随温度的变化情况如图3.2.5（c）所示。随着温度的升高，由于磁流体折射率变小，因此，仅在温度作用下时，光纤FP传感器输出的干涉谱向短波长（左）方向移动，进而提取FP传感器的干涉谐振峰波长随温度变化的情况，温度范围为20～50℃，温度灵敏度为-0.092nm/℃。这里只仿真了20～50℃的情况是因为在外界环境共同作用下，强电磁场周围的温度不会极高或极低，因此，本节只仿真了一个具有30℃温差的情况。

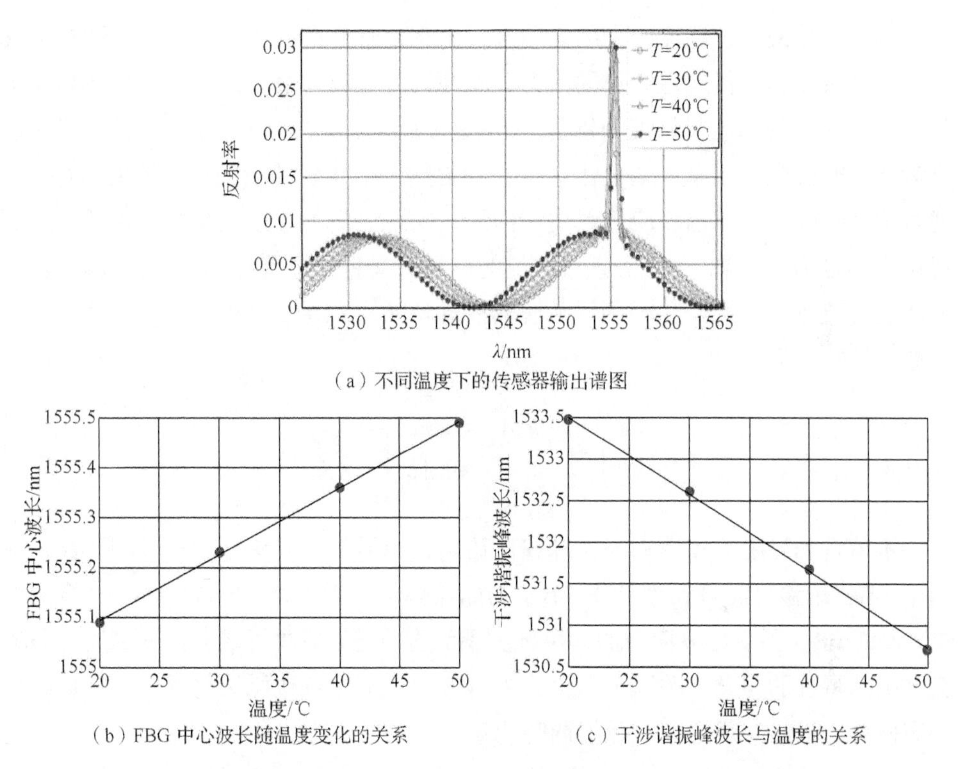

（a）不同温度下的传感器输出谱图

（b）FBG 中心波长随温度变化的关系　（c）干涉谐振峰波长与温度的关系

图 3.2.5　具有温度补偿的磁流体填充光纤 FP 磁场传感器的光谱及温度响应

当外界温度恒定在室温（25℃）、外界磁场强度变化时，本节对具有温度补偿的磁流体光纤 FP 磁场传感器进行仿真得到如图 3.2.6 所示的结果。磁场从 200Gs 增大到 600Gs 的情况下，由于平行磁场下磁流体折射率随着磁场的增大而逐渐增大，因此，传感器的输出干涉光谱向长波长（右）方向移动。由于温度恒定，因此 FBG 的谐振峰不发生移动。光纤 FP 谐振峰的磁场灵敏度为 0.034nm/Gs，此结果与未添加 FBG 温度补偿之前的光纤 FP 磁场传感器理论仿真结果一致。

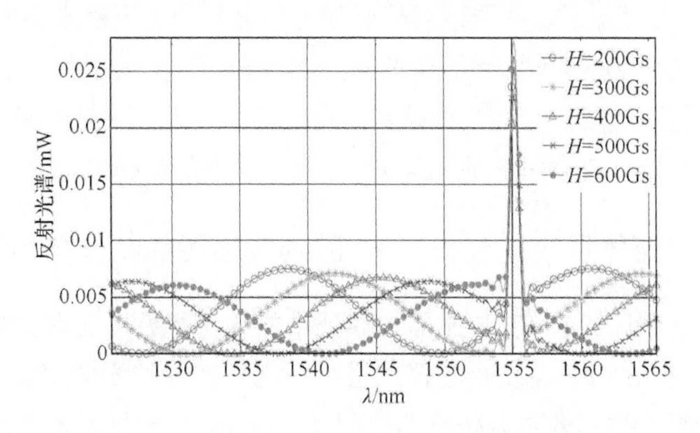

图 3.2.6　T=25℃时不同磁场强度下的传感器输出图谱

因此，当磁场、温度两个因素同时发生变化时，结合图 3.2.5（a）和图 3.2.6 的仿真结果，初步得到理论上的具有温度补偿的磁流体填充光纤 FP 磁场传感器的 FP 和 FBG 的温度灵敏度分别为−0.092nm/℃和 0.013nm/℃，而 FP 的磁场灵敏度为 0.034nm/Gs。可从光谱仪上读出 FP 传感器和 FBG 的谐振峰值的偏移量，并通过式（3.2.8）计算出相应的温度和磁场，实现磁场、温度双参数的测量，再利用温度测量结果对 FP 传感器直接测得的磁场结果进行温度补偿。通过对具有温度补偿的磁流体填充光纤 FP 磁场传感器的理论仿真和结果分析，获得了理论上的传感特性矩阵为

$$\begin{bmatrix}\Delta H\\ \Delta T\end{bmatrix}=\begin{bmatrix}0.034 & -0.092\\ 0 & 0.013\end{bmatrix}^{-1}\begin{bmatrix}\Delta\lambda_m\\ \Delta\lambda_B\end{bmatrix} \tag{3.2.9}$$

本节首先对磁流体填充的光纤 FP 磁场传感器的研究进行了设计和仿真，并利用 FBG 的温度特性设计了将 FBG 与磁流体填充的光纤 FP 传感器相结合的结构，保证 FBG 不受外界应力的作用并实现温度测量，解决了磁流体的温度与磁场交叉敏感特性的问题，并通过理论分析对新型的 FBG-FP 磁场传感器进行传感器光谱研究，最终实现温度和磁场同时测量。

3.3 基于磁流体填充的光纤 FP 磁场传感器的实验研究

本节基于磁流体特性，利用光纤 FP 传感结构，设计并实现了基于磁流体填充的光纤 FP 磁场传感器。首先对光纤 FP 传感器的结构材料和黏结胶水进行细致的分析，确定传感器结构，并通过对传感原理的分析和仿真确定相应的制作长度。借助于空气腔光纤 FP 传感器和酒精填充的光纤 FP 传感器的设计与实验研究，证明结构可行，能有效降低温度的影响，为磁流体填充的光纤 FP 磁场传感器实现做铺垫，最终实现磁流体填充的光纤 FP 磁场传感器的制作。

3.3.1 基于磁流体填充的光纤 FP 磁场传感器的制作与测试

首先制作空气腔光纤 FP 传感器，验证结构的可行性与工艺的问题，然后借助于酒精填充的光纤 FP 温度传感器来进行填充和密封技术的探索，最后实现磁流体填充的光纤 FP 磁场/电流传感器。因此光纤 FP 传感器基本结构的实现将是

基础，下面首先介绍空气腔光纤 FP 传感器的制作。由于制作时受到光纤和毛细玻璃管尺寸的影响，因此需要设计一套相应的实验装置来实现光纤 FP 传感器的制作。

1. 基于磁流体填充的光纤 FP 磁场传感器的制作

经过空气腔光纤 FP 传感器、酒精填充的光纤 FP 温度传感器的制作和各种实验，最终为磁流体填充的光纤 FP 磁场传感器制作和实现提供了经验和铺平制作中的关键技术。在制作的过程中，磁流体的填充类似酒精填充，但是中间还需要注意的一些细节。由于在填充磁流体时，需要将磁流体残留在毛细玻璃管端面的液体利用酒精进行清洗，方能使用显微镜对准，并将另一端的光纤推进。推进的时候只能一个方向行进，不能退回，保证没有空气进入到腔内并附着在光纤端面。若形成气泡，将影响整个磁流体的实验研究。黏结时尽可能保证毛细玻璃管端面干净，避免黏结不牢固。

制作磁流体填充的光纤 FP 磁场传感器的关键步骤如图 3.3.1 所示。在制作时，如图 3.3.1（a）所示，要在显微镜下同时观察到毛细玻璃管和光纤端面，并使得两者的水平以及竖直等多个维度相一致；在将光纤插入毛细玻璃管时，如图 3.3.1（b）所示，如果在前一步没有调整好两者的对准，在光纤反复进入和退出毛细玻璃管的过程中，光纤会有一个微小的位置波动，这将会影响光纤端面在管里的对准，直接影响着光纤 FP 传感器制作的成败；当光纤完全对准毛细玻璃管后，开始填充磁流体，如图 3.3.1（c）所示，在显微镜下观察到的是管内完全充满磁流体，显棕褐色；接下来就是将之前对准的光纤慢慢插入管里，如图 3.3.1（d）所示，光纤进入后，会把一部分磁流体挤出管外，图中可以明显看到光纤端面与磁流体的分界面；在两个光纤上滴 UV 胶，再同时缓慢往管里挺进，如图 3.3.1（e）所示，其腔长约为 227μm；继续旋进光纤直至如图 3.3.1（f）所示，用标尺确定其腔长，用紫外灯照射固化胶水，使其密封。

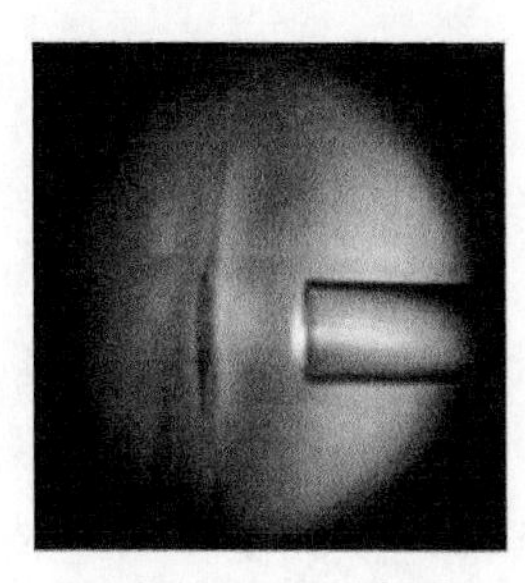
（a）光纤与毛细玻璃管的端面

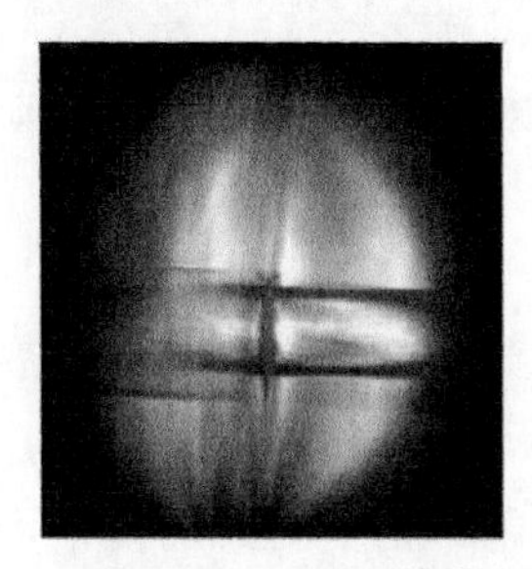
（b）光纤插入毛细玻璃管的瞬间

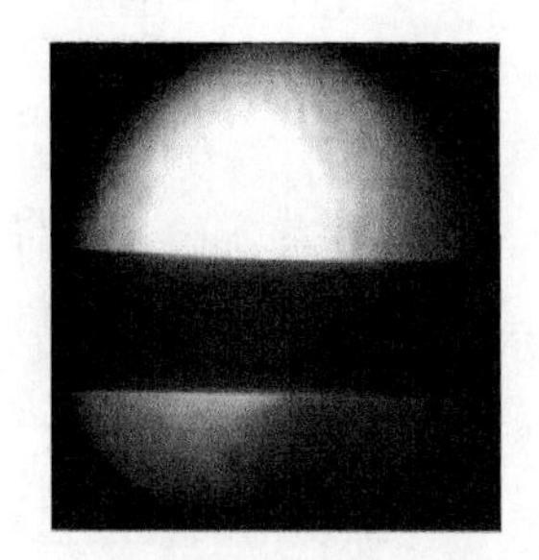
（c）磁流体填满的毛细玻璃管

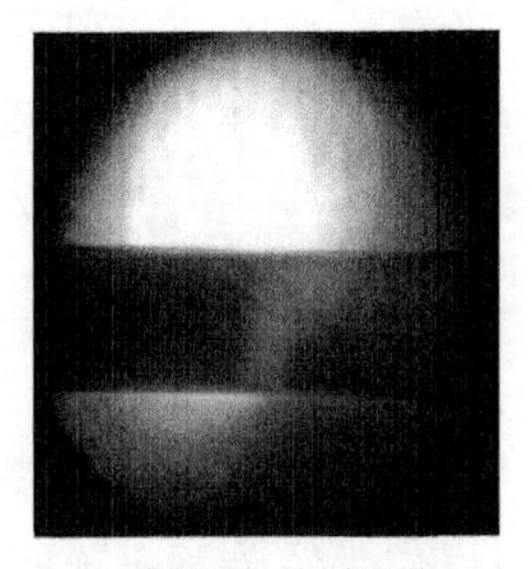
（d）磁流体与光纤的界面

（e）距离227μm的光纤端面

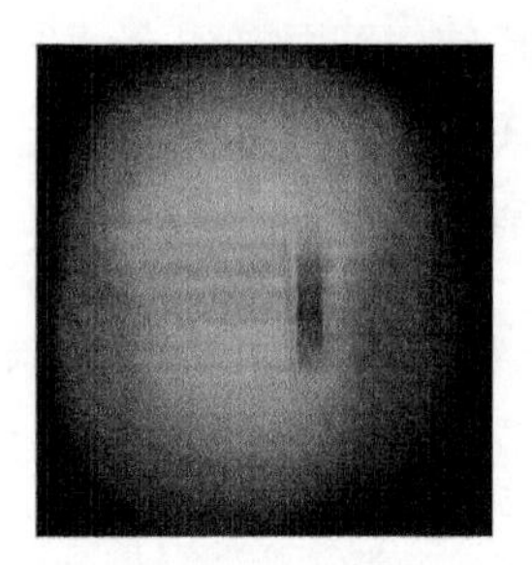
（f）32μm腔长

图 3.3.1 显微镜观察的磁流体填充的光纤 FP 磁场传感器的制作过程

通过上述方法反复实验后，分别制作出了腔长为 19μm、32μm 和 50μm 的磁流体填充的光纤 FP 磁场传感器。但是由于腔长为 50μm 的情况下，磁流体对光的衰减比较明显，因此所形成的传感器反射光谱信号微弱，淹没在底光噪声中，不适宜使用。而腔长为 19μm 的情况下，

$$L = \lambda \frac{\lambda_2 \lambda_1}{2n(\lambda_2 - \lambda_1)}$$

式中，L 为 FP 腔长；n 为腔内介质折射率；λ_1、λ_2（$\lambda_1 < \lambda_2$）分别为光纤 FP 传感器输出干涉图谱上相邻峰值或谷值的波长。如果腔长 L 很小，这样得到的传感器输出干涉图谱的谐振周期 λ_1、λ_2（$\lambda_1 < \lambda_2$）的跨度过大，即 λ_1 或 λ_2 至少有一个不在光谱显示范围内，无法实现峰值波长的测量，也无法实现传感。因此，本节最终选择了腔长为 32μm 的磁流体填充光纤 FP 磁场传感器，光能在其中传播，传输损耗在一定范围内且不影响传感信号输出，在光源光谱范围（1520～1570nm）内出现的波峰数适当，利于磁场的检测。制作完成的磁流体填充光纤 FP 磁场传感器实物图如图 3.3.2 所示，该传感器结构小巧，可以灵活地与光纤传感系统复用。

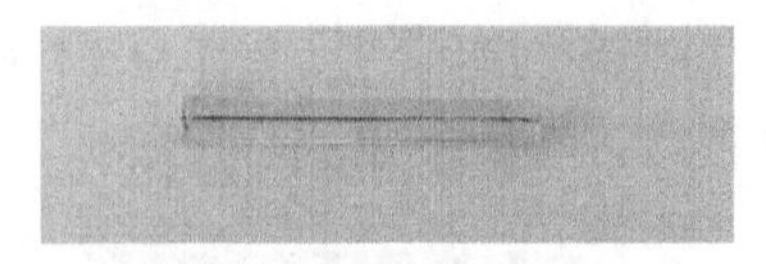

图 3.3.2 磁流体填充的光纤 FP 磁场传感器实物图

2. 磁场实验系统搭建

在制作好磁流体填充的光纤 FP 磁场传感器后，利用上述实验仪器搭建磁场测量实验系统，如图 3.3.3 所示。

光源发出的光经过环形器入射到传感器内，可编程直流电源改变输出电流，即改变电磁线圈的电流，进而改变电磁线圈周围产生的磁场。当外界磁场发生变

化时，磁流体的折射率随之发生变化，光信号受到调制，经过反射后，将携带有被测变量信息的光信号反射回环形器并出射到光谱仪，光谱仪接收并显示传感器的输出干涉光谱。而且随着磁场的变化，光谱随之发生移动。

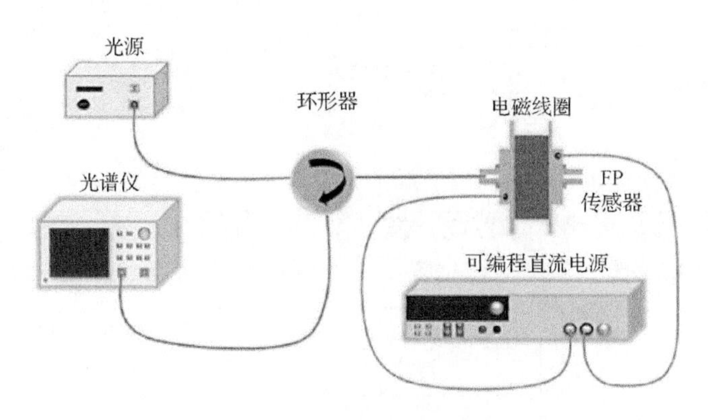

图 3.3.3　磁场测量实验系统

实验时，将磁流体填充的光纤 FP 磁场传感器放入图 3.3.3 的实验系统，在恒定温度为 25℃的磁场下进行测量，入射光方向与磁场方向平行。在实验中采用平行磁场下的测量结果，这是因为此方向下的测量结果线性度好，线性范围大。调节可编程直流电源的输出电流，即改变外界磁场强度，磁流体折射率发生变化，导致光纤 FP 传感器干涉谱的偏移，每改变一次磁场强度，就有一个相对应的干涉图谱显示在光谱仪上，找出峰值偏移随磁场强度的变化关系，计算出峰值偏移量与磁场强度变化量的关系，即可实现磁场测量。

3. 基于磁流体填充的光纤 FP 磁场传感器的实验结果与分析

本节测试了磁场强度范围为 0～391.5Gs 的情况下磁流体填充的光纤 FP 磁场传感器的磁场响应，如图 3.3.4（a）、（b）所示。可看出，谐振峰随着磁场强度的增大向长波长方向移动，且随着磁场强度的等幅度增大有着近乎一致的波长移动量。但若是直接从光谱仪采集到的光谱来进行 FP 谐振峰值偏移量的判断是不合适的，因为这里存在着光源光谱波动的干扰，同时，光源的光谱不平坦且叠加在传感器信号上输出。需要消除由光源波动所引起的偏差，得到更加准确的实验结果，因此对图 3.3.4（a）、（b）的光谱信号进行归一化的处理，并提取谐振峰值，最终得到了如图 3.3.4（c）所示的峰值偏移量与磁场强度的线性测量结果。光纤 FP 磁场传感器的磁场灵敏度为 0.034nm/Gs，实验结果与理论基本相符，证明了磁流体填充的光纤 FP 磁场传感器可以实现。

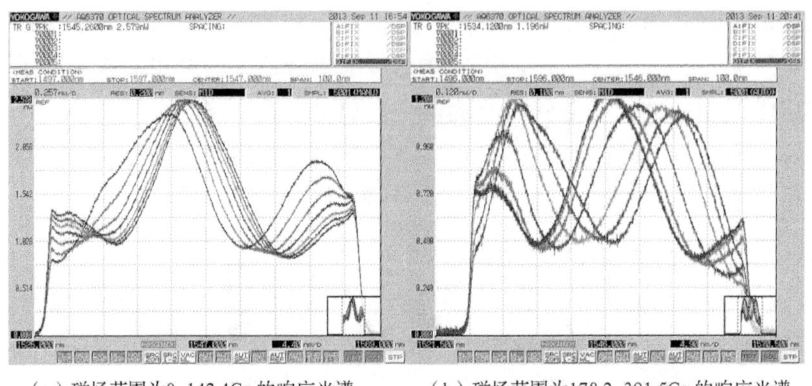

（a）磁场范围为0~142.4Gs的响应光谱

（b）磁场范围为178.2~391.5Gs的响应光谱

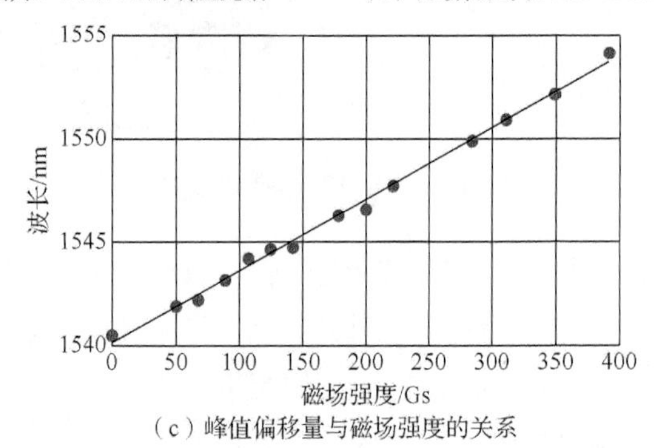

（c）峰值偏移量与磁场强度的关系

图 3.3.4　磁流体填充的光纤 FP 磁场传感器的磁场响应

3.3.2　具有温度补偿的磁流体填充光纤 FP 磁场传感器的实验研究

具有温度补偿的 FBG-FP 磁场传感器和前面提出的传感器结构仅存在微小的差别，仅仅使用一根 4%反射率的 FBG 代替了其中一个光纤 FP 传感器的反射端面。低反射率 FBG 的中心波长为 1550nm，一端接有 FC/PC［螺纹连接/紧密（物理）连接］接头，一端为长约 1m 的尾纤。

制作时，保留 FBG 左侧的 FC/PC 接头，将其右侧的 1m 尾纤用光纤切割刀切成一个平整的端面，切割后尾纤端面与栅区的距离约为 5mm。将另一端的普通单模光纤涂覆层去掉，同样切割成平整的端面，无涂覆层的区域长约 5mm。在制作 FBG-FP 时，应尽量减少损坏 FBG。

带有温度补偿的 FBG-FP 磁场传感器的实验系统与图 3.3.3 一样，实验结果光谱如图 3.3.5 所示。首先在温度和磁场的单一条件下，分别测得传感器的温度、磁场灵敏度，根据特征矩阵（3.2.9）即可获得磁场和温度。根据 FBG 的中心波长移动情况可以直接快速地测量出温度，再根据磁流体折射率与温度的关系和磁流体折射率与磁场的关系进行温度补偿，获得补偿后的 FP 谐振峰波长与磁场的关系，如图 3.3.5（b）所示。可以看出，补偿后的磁场传感特性曲线被修正，灵敏度略有提高。

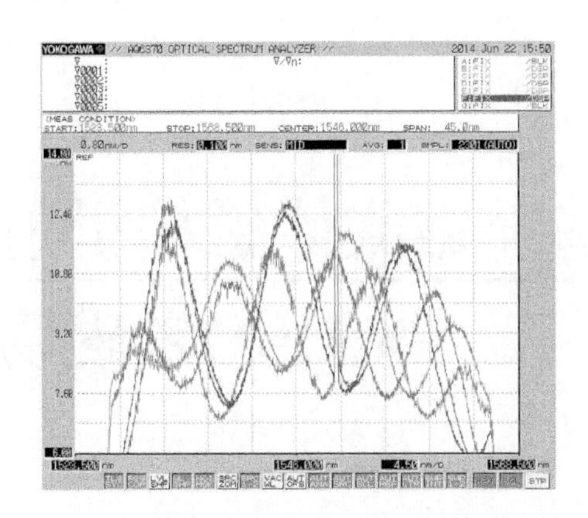

（a）FBG-FP 磁场传感器输出谱图

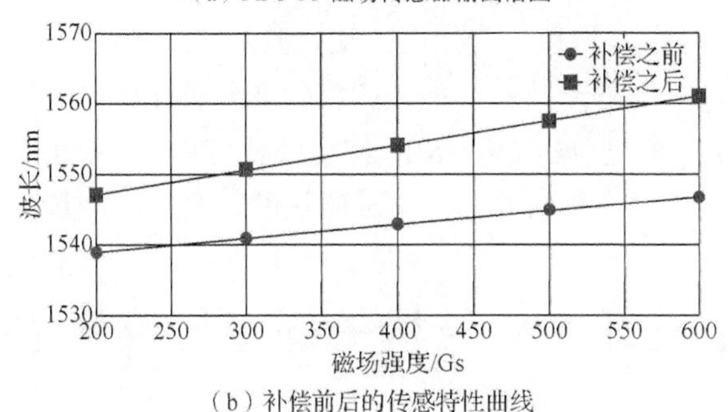

（b）补偿前后的传感特性曲线

图 3.3.5　具有温度补偿的磁流体填充光纤 FP 传感器的光谱和传感特性曲线

参 考 文 献

[1] Hill K O, Fujii Y, Johnson D C, et al. Photosensitivity in optical fiber waveguides: Application to reflection filter fabrication[J]. Applied Physics Letters, 1978, 32(10): 647-649.

[2] Kawasaki B S, Hill K O, Johnson D C, et al. Narrow-band Bragg reflectors in optical fibers[J]. Optics Letters, 1978, 3(2): 66-68.

[3] Meltz G, Morey W W, Glenn W H. Formation of Bragg gratings in optical fibers by a transverse holographic method[J]. Optics Letters, 1989 ,14(15):823-825.

[4] Erdogan T. Fiber grating spectra[J]. Journal of Lightwave Technology, 1997, 15(8): 1277-1294.

第 4 章

基于磁流体磁控折射率特性的光纤 MZ 磁场传感技术

光纤马赫-曾德尔（Mach-Zehnder, MZ）干涉型传感器中光的相位信息会随外界因素（折射率、磁场、温度）变化而改变，但是光的相位信息不能直接探测到，因此，本章将采用光的干涉技术，把光的相位变化转化成光的波长变化来实现对待测物理量的测量，通过分析光纤 MZ 结构的传感原理，提出基于磁流体磁控折射率特性的光纤 MZ 磁场传感方案，实现磁场的高灵敏度测量。

4.1 基于光纤 MZ 结构的磁场传感原理

传统的光纤马赫-曾德尔干涉仪（Mach-Zehnder interferometer, MZI）是由两个 3dB 耦合器和两个长度相等的传输臂构成，如图 4.1.1 所示，光源发出的光经第一个 3dB 耦合器后被分成两束，其中一束光进入参考臂光纤，另一束光进入传感臂光纤。参考臂光纤中传播的光不发生变化，而在传感臂中传输的光与外界待测物理量相互作用，当待测物理量改变时，传感臂中传播的光的相位会随之改变。两束光经第二个 3dB 耦合器汇合，由于存在相位差，两束光会发生干涉，通过监测输出光谱就可以实现对外界信号的测量。

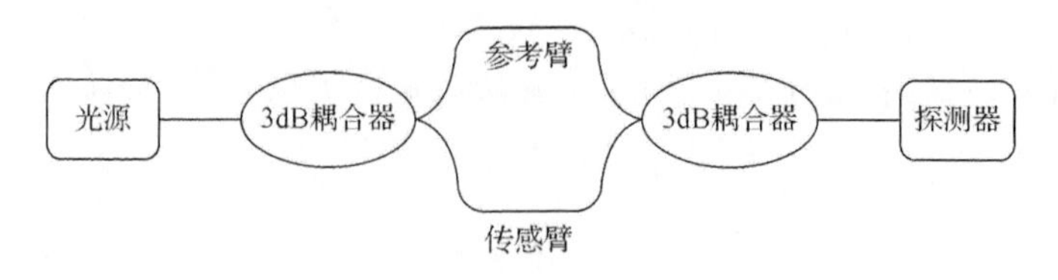

图 4.1.1　传统光纤 MZI 示意图

而由纤芯模式之间干涉形成的 MZI，是直接利用传输光纤对光束进行分束和耦合，单模-双芯-单模光纤结构如图 4.1.2 所示[1]。当入射光从单模光纤耦合到双芯光纤的两个不同的纤芯中，在双芯光纤与输出单模光纤的熔接点发生干涉，此时两个熔接点的作用与上述 3dB 耦合器相同。根据式（3.1.6），I_1是纤芯 1 的输出光强，I_2是纤芯 2 的输出光强，此时在两根纤芯中传播的光产生的相位差$\Delta\delta$可表示为

$$\Delta\delta=\frac{2\pi L}{\lambda}\left(n_1-n_2\right) \tag{4.1.1}$$

式中，L 为双芯光纤的长度；n_1、n_2分别为两根纤芯的有效折射率；λ为入射光波长。当$\Delta\delta=\frac{2\pi L}{\lambda}\left(n_1-n_2\right)=\left(2m+1\right)\pi$（$m$ 是整数）时，输出光强I达到最小值，此时，第 m 阶谐振谷波长为

$$\lambda_m=\frac{2\pi L}{\left(2m+1\right)\pi-\delta_0}\left(n_1-n_2\right) \tag{4.1.2}$$

自由光谱范围为

$$\lambda_m-\lambda_{m+1}=\frac{\lambda_m\lambda_{m+1}}{L(n_1-n_2)} \tag{4.1.3}$$

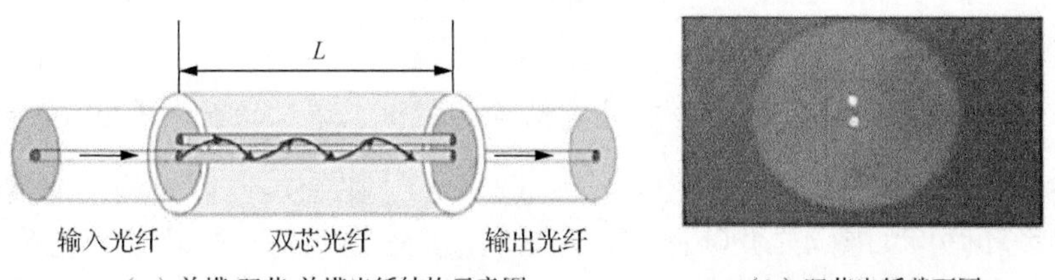

（a）单模-双芯-单模光纤结构示意图　　（b）双芯光纤截面图

图 4.1.2　纤芯模式干涉型的 MZI 结构

本节设计了如图 4.1.3 所示的传感结构，光纤 MZ 传感结构是通过在导入/导出单模光纤（single mode fiber, SMF）之间错位熔接一段长度为 L 的单模光纤形成的，错位距离为 D，导入/导出单模光纤之间的空气区域称为传感区域，在这种单模-单模-单模（single mode-single mode-single mode, SSS）的光纤 MZ 传感结构中，一束光通过导入单模光纤传输到 SSS 型光纤 MZ 结构中，并在第一个错位熔接点处分成两束：其中一束光（I_1）在单模光纤包层中传播，另一束光（I_2）在传感区域传播。当两束光通过第二个错位点时耦合在一起（I）并从导出单模光纤中传出。根据式（4.1.2），传感区域的折射率为n_2，单模光纤包层的折射率为n_1，n_2与n_1不同导致两个光束之间存在光程差，当它们相遇时发生干涉。当外界待测物理量变化时，n_2的值会发生等量的变化，与传统 MZ 传感结构相比，λ_m的偏移量会大得多，因此，SSS 传感结构具有比传统 MZ 结构更高的灵敏度。

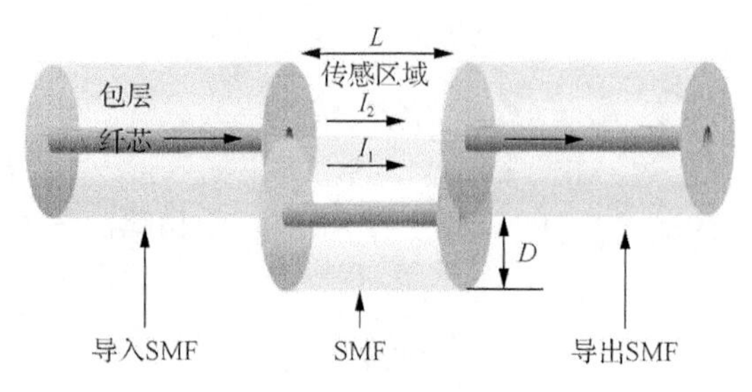

图 4.1.3 SSS 传感结构示意图

4.2 单模-单模-单模型光纤 MZ 结构的设计与仿真

传感结构的仿真本质上是对光纤模式进行分析和计算，即对在光纤中传播的光的电磁场进行数值计算。常用的数值分析方法包括有限元法、时域有限差分法和光束传播法。

本节利用 RSoft 软件的 BPM 模块建立 SSS 传感结构的仿真模型，探究传感区域长度 L、错位距离 D 对输出光谱及折射率灵敏度的影响。仿真参数设置如下：SMF 纤芯和包层的直径分别设置为 8.2μm 和 125μm，SMF 纤芯和包层的折射率分别设置为 1.4682 和 1.4628。

1. 仿真中不同错位距离 D 对传感结构的输出光谱及折射率灵敏度的影响

SSS 传感结构仿真模型如图 4.2.1（a）所示。在 SSS 传感结构中传播光束的传播路径和强度如图 4.2.1（b）所示，显然，光在通过第一个错位点之后被分成两束，两束光在第二个错位点相遇并传输一段距离后产生干涉，黑色虚线圆圈标记的区域可以看到明显的干涉现象。

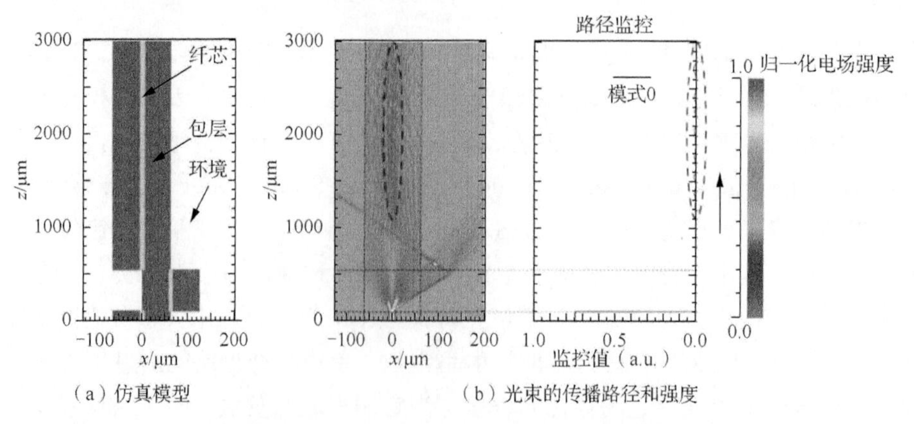

（a）仿真模型 （b）光束的传播路径和强度

图 4.2.1 外界环境折射率 n_e =1.3334 时 SSS 传感结构的仿真模型及模拟电场

根据式（3.1.6），当 $I_1=I_2$ 时，输出光谱的光强达到最大值，而 I_1、I_2 的大小

由错位距离 D 确定。因此，分别仿真并分析 L 为 50μm、250μm、450μm 和 650μm 时，不同错位距离 D 时 SSS 传感结构的输出光谱及其对比度的变化。

（1）L=50μm 时，如图 4.2.2（a）、（b）所示，D 的变化范围是 62.35～62.75μm。随着 D 逐渐增大，输出光谱的对比度先增大后减小，且在最大值两侧数据近似对称。在 D=62.55μm 时，输出光谱对比度达到最大，约为 35dB。

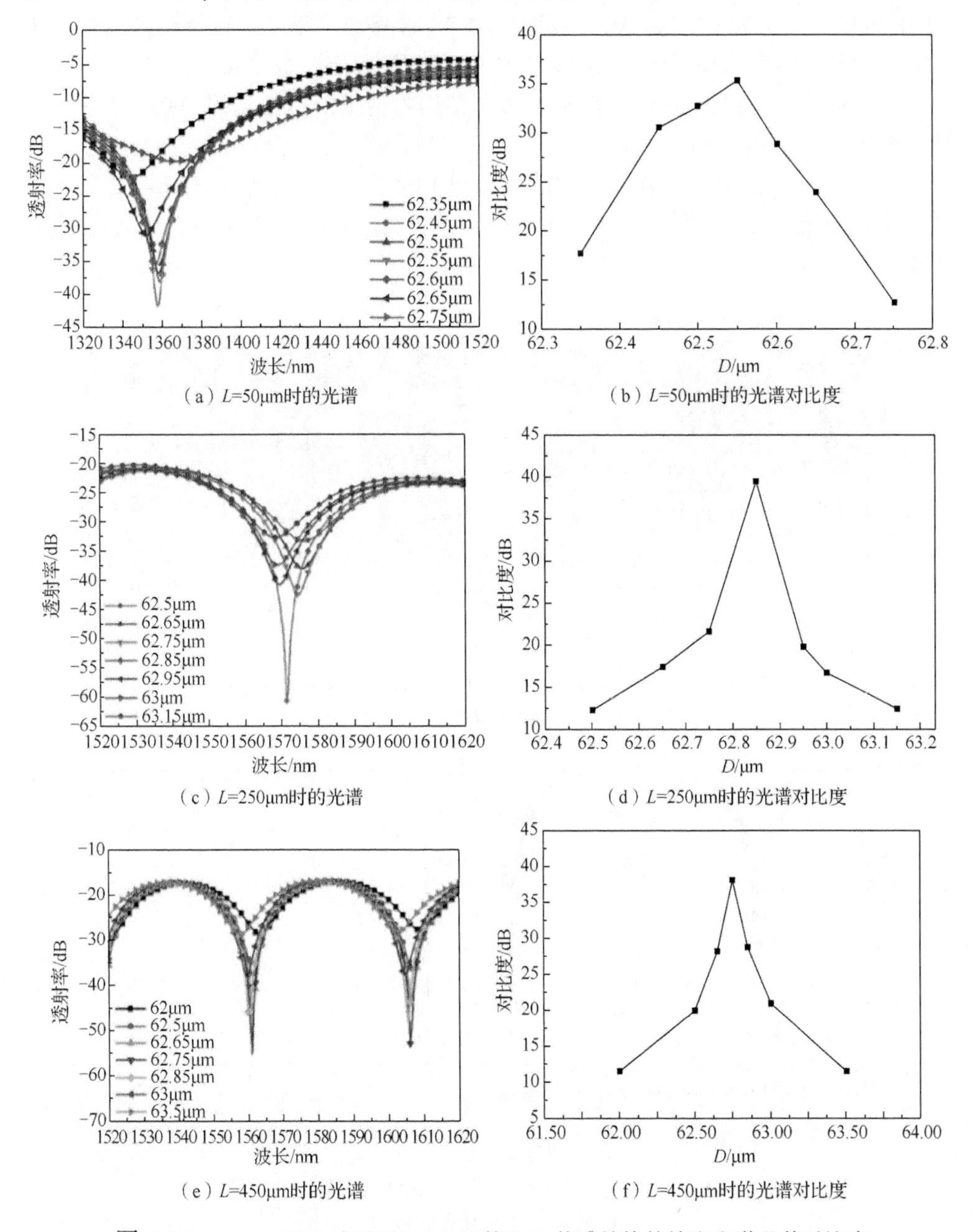

（a）L=50μm时的光谱　（b）L=50μm时的光谱对比度

（c）L=250μm时的光谱　（d）L=250μm时的光谱对比度

（e）L=450μm时的光谱　（f）L=450μm时的光谱对比度

图 4.2.2　n_e =1.3334 时不同 D、L 下的 SSS 传感结构的输出光谱及其对比度

（2）L=250μm 时，如图 4.2.2（c）、（d）所示，D 的变化范围是 62.5～63.15μm。随着 D 逐渐增大，输出光谱的对比度先增大后减小，且在最大值两侧数据近似对称。在 D=62.85μm 时，输出光谱对比度达到最大，约为 40dB。

（3）L=450μm 时，如图 4.2.2（e）、（f）所示，D 的变化范围是 62～63.5μm。随着 D 逐渐增大，输出光谱的对比度先增大后减小，在 D=62.75μm 时达到最大值，约为 40dB。图 4.2.3（a）、（b）展示了在 SSS 传感结构第二个错位熔接点处，从 X-Y 方向上观察到的模拟电场强度，两图的错位距离分别是 62μm 和 62.75μm。显然，错位距离为 62.75μm 时，在 SSS 传感结构内传播的两束光的光强几乎相等，进一步验证了之前的结果。

（4）L=650μm 时，如图 4.2.4 所示，D 的变化范围是 62.5～63μm。与之前相同，随着 D 逐渐增大，输出光谱的对比度先增大后减小，在 D=62.65μm 时达到最大值，约为 39dB。

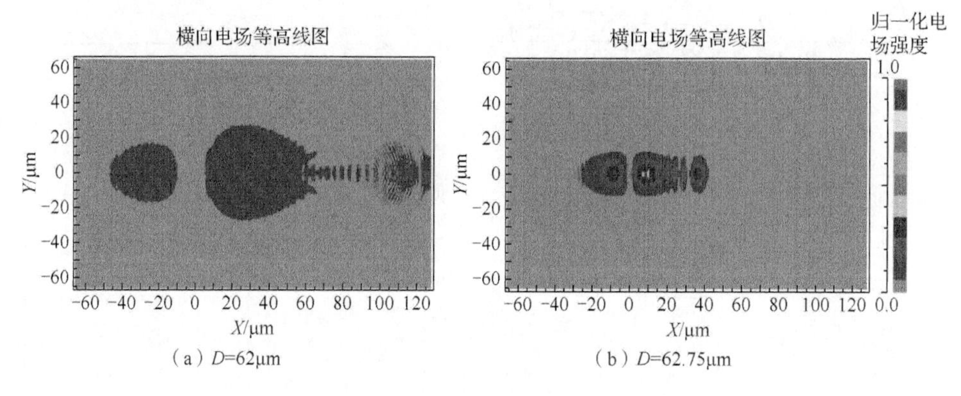

图 4.2.3　L =450μm 时不同 D 值对应的 SSS 传感结构 X-Y 方向上电场强度（ n_e =1.3334 ）

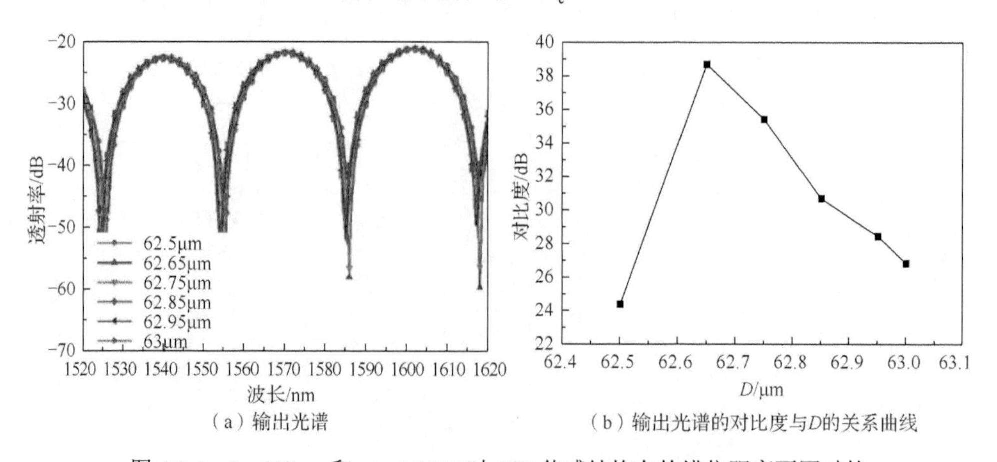

图 4.2.4　L= 650μm 和 n_e =1.3334 时 SSS 传感结构在的错位距离不同时的输出光谱及其对比度

将四种不同传感区域长度的 SSS 传感结构的最佳错位距离曲线绘制于图 4.2.5（a），可以看出，L 从 50μm 到 650μm 变化时，最佳错位距离 D 的值分别为 62.55μm、62.85μm、62.75μm、62.65μm。当错位距离 D 为 62.7μm 时，不同 L 对应的 SSS 结构的光谱对比度均大于或等于 20dB，从光谱性能角度来说，这样的对比度值完全可以满足实验要求，因此，本节将错位距离统一为 62.7μm，以便后续研究。图 4.2.5（b）中实线是在环境折射率为 1 时，不同 D 值对应的 SSS 结构的光谱对比度，虚线是在环境折射率为 1.3334 时，不同 D 值对应的 SSS 结构的光谱对比度，两条折线均在 D=62.75μm 时达到最大值，说明 SSS 结构的最佳错位距离不受外界环境折射率影响。

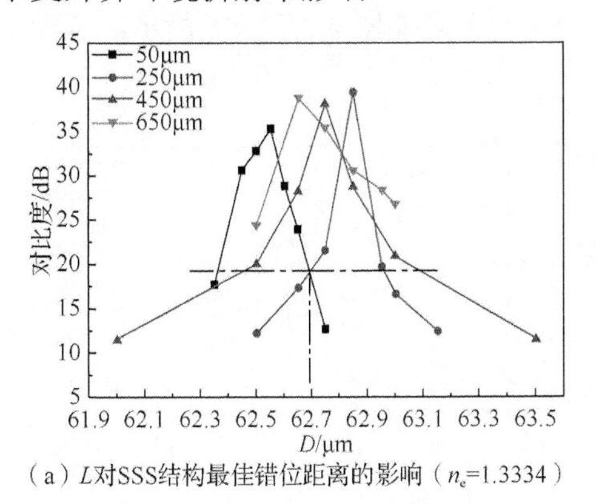

（a）L对SSS结构最佳错位距离的影响（n_e=1.3334）

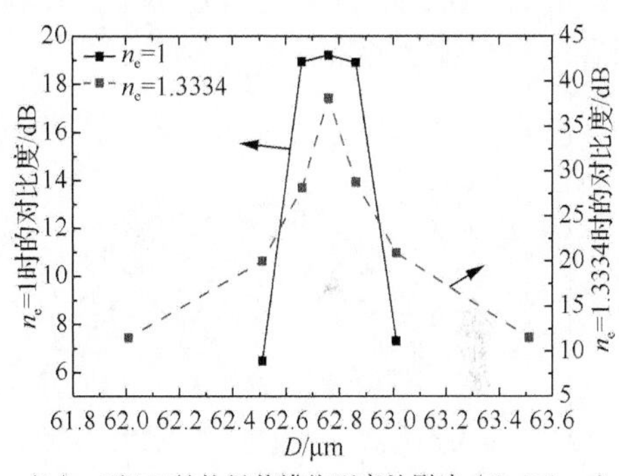

（b）n_e对SSS结构最佳错位距离的影响（L=450μm）

图 4.2.5　L 和 D 对 SSS 结构输出光谱对比度的影响

然后本节仿真了 L=450μm 时不同错位距离对折射率灵敏度的影响。以 D=62.7μm 的传感结构为例，不同折射率下传感结构的输出光谱如图 4.2.6（a）所示。随着外界折射率增大，输出光谱蓝移（即向短波长方向移动），在 1.3334～1.3375 的范围内，折射率灵敏度为-11775.86nm/RIU。不同错位距离对应的 SSS 结构的折射率灵敏度如图 4.2.6（b）所示，错位距离从 62μm 增加到 63.5μm，传感结构折射

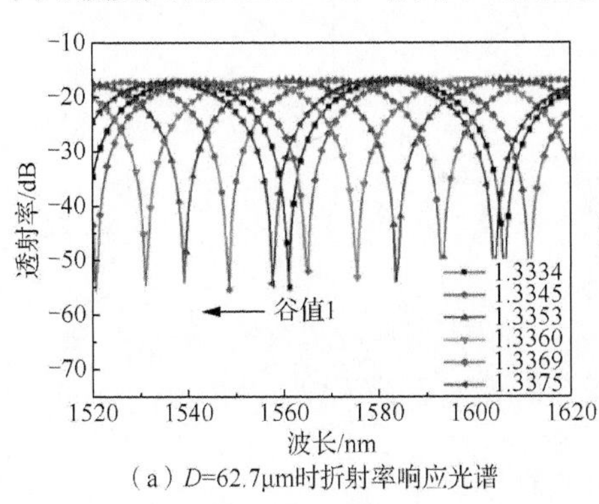

（a）D=62.7μm时折射率响应光谱

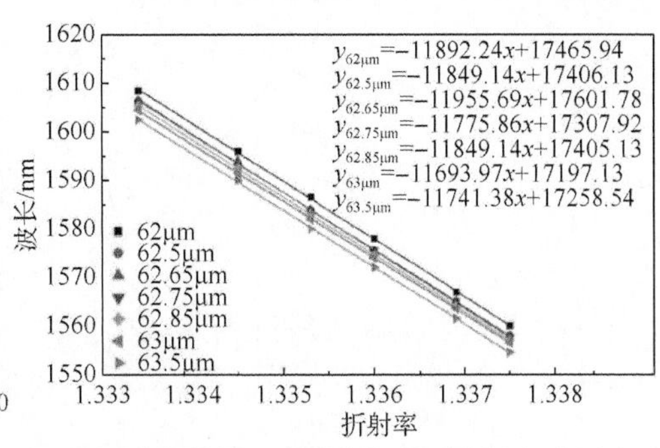

（b）不同D值的SSS传感结构对应的折射率灵敏度

图 4.2.6　SSS 传感结构的折射率响应分析

率灵敏度最大变化了 1.7%，由此可见，错位距离几乎不影响传感器的折射率灵敏度。

2. 仿真中不同传感区域长度 L 对传感结构的折射率灵敏度及输出光谱的影响

首先仿真了 L 对 SSS 结构折射率灵敏度的影响，折射率变化范围为 1.333～1.3365。以 L=250μm 的传感结构为例，随折射率变化的输出光谱如图 4.2.7（a）所示，随着折射率增大，输出光谱蓝移。图 4.2.7（b）是 L 分别为 50μm、150μm、250μm、350μm、450μm、550μm 和 650μm 时对应传感结构输出光谱的谐振谷波长与折射率之间的拟合直线，图中标记了每个 L 对应的传感结构的折射率灵敏度（sensitivity of refractive index, SRI）。L 与 SRI 的关系如图 4.2.7（c）所示，这表明两者没有单调关系。

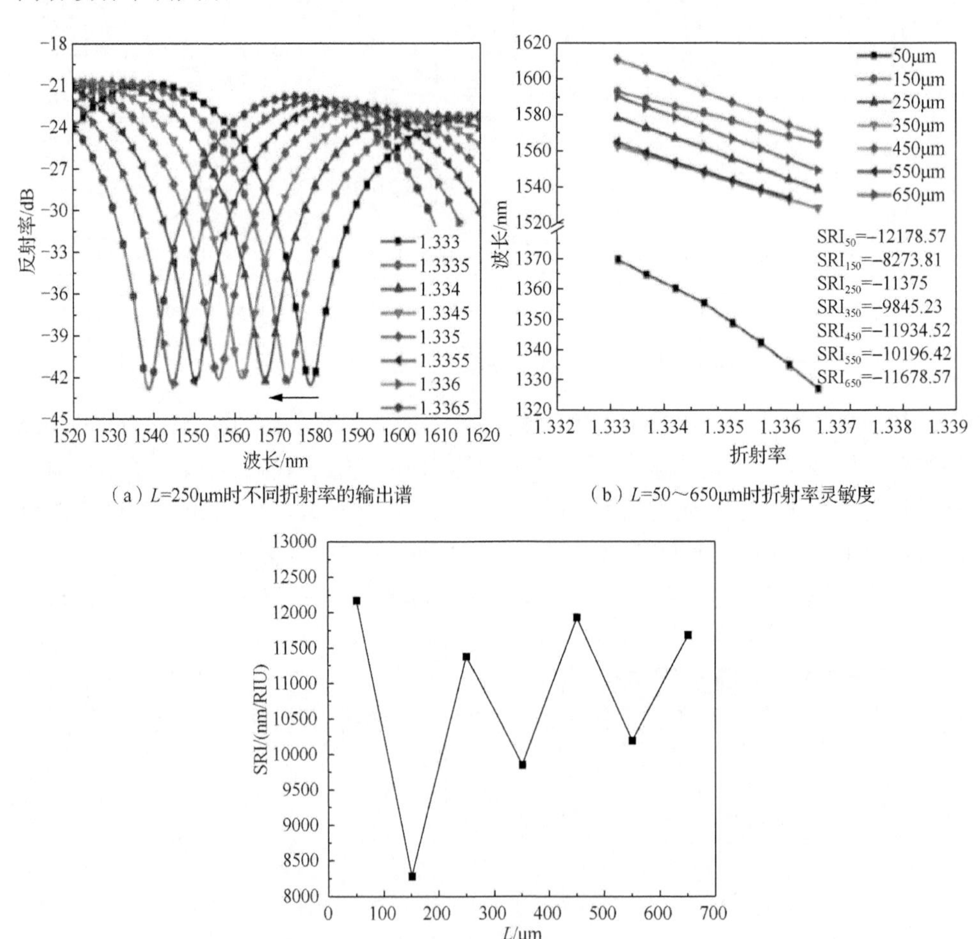

（a）L=250μm时不同折射率的输出谱

（b）L=50～650μm时折射率灵敏度

（c）L和SRI之间的关系曲线

图 4.2.7 SSS 结构在 n_e =1.333～1.3365 时折射率响应分析及 L 与 SRI 的关系

之后仿真 L 对 SSS 结构输出光谱的影响，如图 4.2.8(a)所示，L 分别为 50μm、150μm、250μm、350μm、450μm、550μm 和 650μm 时，SSS 传感结构的输出光谱具有不同的对比度和最大最小损耗。由于 L=50μm 时传感结构的输出光谱的自由光谱范围较大，在 1520～1620nm 没有波谷出现，因此，本节在 1300～1500nm 重新进行仿真和计算，将 L 与输出光谱的对比度和平均光损耗的关系绘制于图 4.2.8(b)。从仿真结果可以看到，SSS 结构的输出光谱的对比度和传感区域长度 L 之间呈波动上升的关系（虚线），输出光谱的平均光损耗和传感区域长度 L 之间也呈波动下降的关系（实线）。对传感器来说，输出光谱的对比度越大，平均光损耗越小越有利于测量。

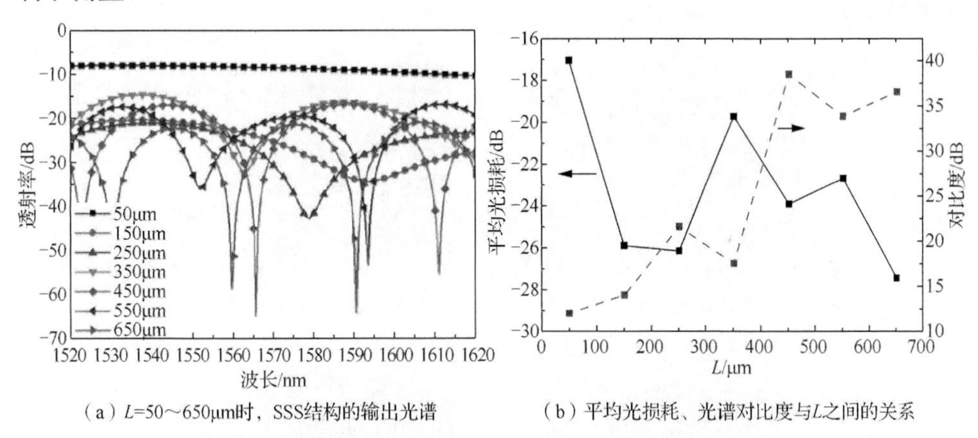

（a）L=50～650μm时，SSS结构的输出光谱　　（b）平均光损耗、光谱对比度与L之间的关系

图 4.2.8　n_e =1.333 时 SSS 结构的输出光谱、平均光损耗、光谱对比度与 L 的关系

4.3　单模-单模-单模型光纤 MZ 磁场传感结构的制作与实验测试

4.3.1　单模-单模-单模型光纤 MZ 磁场传感结构的制作

1. 传感结构的制作

传感结构的制作主要分为以下 5 个步骤：

（1）使用光纤夹夹紧光纤，将光纤穿过光纤切割刀（S325，古河电气工业株式会社），通过滑轮用重物拉直。

（2）剥离光纤涂覆层，使用光纤切割刀切割光纤，并确保切割后的光纤端面平整、干净。

（3）将切割后的两段光纤分别夹在光纤熔接机（S178A，古河电气工业株式会社）的左右光纤压板上，选择 SMF-SMF 熔接程序进行手动错位熔接，将放电强度设置为30，放电时间设置为500ms，在X方向上调节错位距离为62.7μm，Y方向对齐。熔接效果如图4.3.1（a）、（b）所示。

（4）将错位熔接后的光纤穿过切割刀，通过滑轮用重物拉直，旋转微调旋钮（每小格10μm），调节至特定长度L，再次切割。此时，SSS传感结构的制作已经完成了一半，传感区域的长度已经确定。

（5）将切割后的光纤放入熔接机右侧的光纤压板上，并调节光纤的放置方位，即在X方向上错位，Y方向上对齐，如图4.3.1（c）、（d）所示。然后在熔接机左侧的光纤压板上放入端面切平的单模光纤，重复步骤（3），错位熔接完成，效果如图4.3.1（e）、（f）所示。

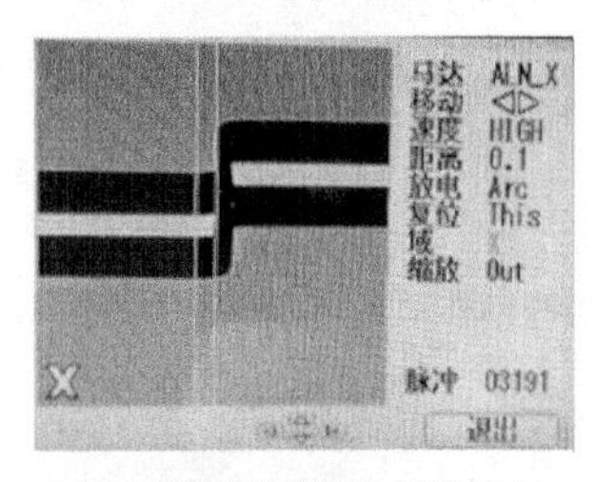

（a）手动错位熔接（X方向）

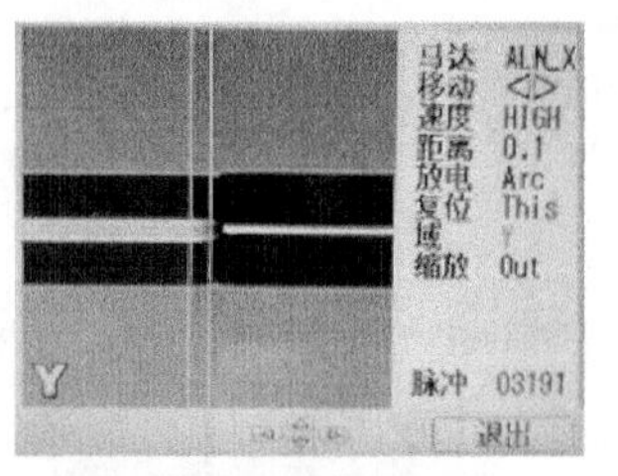

（b）手动错位熔接（Y方向）

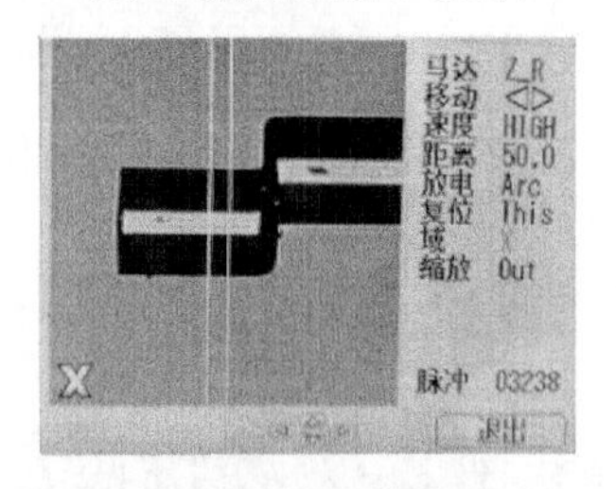

（c）调节光纤放置方位（X方向）

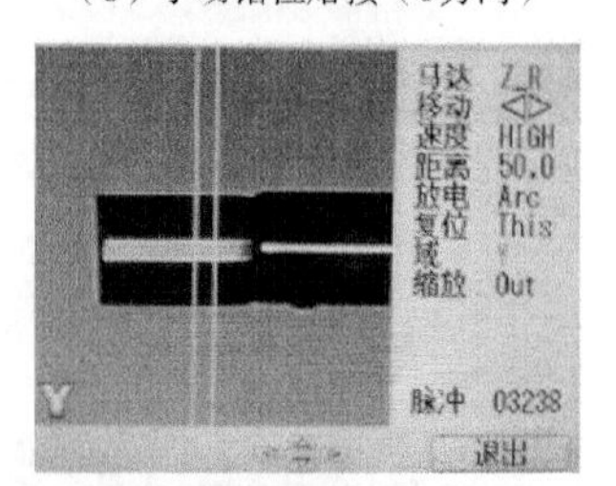

（d）调节光纤放置方位（Y方向）

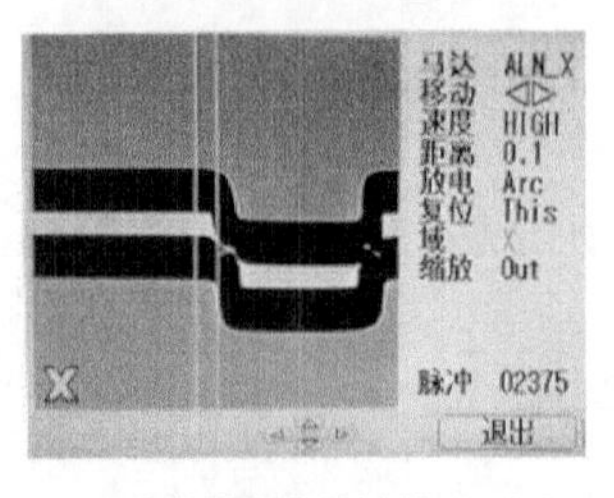

（e）完整的错位熔接结构（X方向）

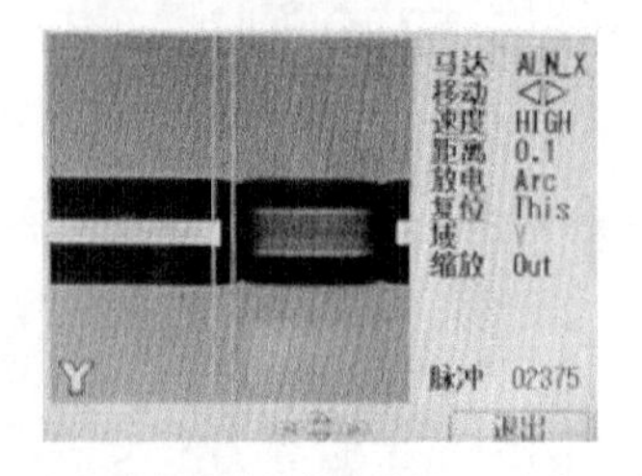

（f）完整的错位熔接结构（Y方向）

图4.3.1 传感结构制作步骤

2. 磁场检测实验及结果分析

可填充液体的封装材料有两种，一种是空芯光纤，另一种是毛细玻璃管，两者都是由化学性质稳定的二氧化硅制成，不仅耐高温、耐腐蚀、机械性能好，而且热膨胀系数极小（$5.5\times10^{-7}℃^{-1}$），不会对温度实验产生影响。与空芯光纤相比，毛细玻璃管无色透明，可清晰看到液体填充过程，且硬度比空芯光纤大，不易碎，因此最终选用内径 450μm 的毛细玻璃管作为封装材料。

液体填充进毛细玻璃管后需要立即密封，防止蒸发。密封的方式有熔接和胶封两种。熔接是把光纤与毛细玻璃管直接熔在一起，由于毛细玻璃管中填充了液体，熔接产生的热量会导致液体蒸发，无法进行后续实验测量。因此，选用胶封的方式来制作光纤 MZ 磁场传感器。UV 胶热膨胀系数小，不会对磁场测量产生影响，而且其固化速度快、适用范围广，最适宜作为密封材料。

磁流体的选择需要考虑磁流体的饱和磁化强度、黏度、稳定性、折射率等因素。磁流体作为密封介质需要选择黏度大的，因此绝大多数型号的磁流体的载液是油基或者酯基的。但是，黏度过大的磁流体容易附着到 SSS 传感结构的传感区域，在这条光路上传输的光会大幅度衰减，甚至导致此路光消失，无法产生干涉现象，因此水基磁流体更符合实验要求。本小节磁场测量实验采用的均是水基磁流体 EMG507，其黏度小，并且折射率的区间符合测量要求。

光纤 MZ 磁场传感器的制作主要分为以下 3 个步骤。

（1）制作 5 种不同长度的 SSS 传感结构，包括：100μm、165μm、270μm、480μm 和 500μm。

（2）用黑色胶带将长度为 2cm、内径为 450μm 的毛细玻璃管固定在光纤实验台上，之后将 SSS 传感结构的导入单模光纤穿过毛细玻璃管并匀速拉动，在传感结构位于毛细玻璃管中心位置时停止。在错位熔接点进入毛细玻璃管时需用镊子轻轻将光纤抬起，防止传感结构受剪切力折断。

（3）借助毛细现象将磁流体填充进毛细玻璃管，最后迅速滴加 UV 胶密封（紫外灯照射）毛细玻璃管两端，防止磁流体蒸发。

图 4.3.2 为光纤 MZ 磁场传感器实物图。

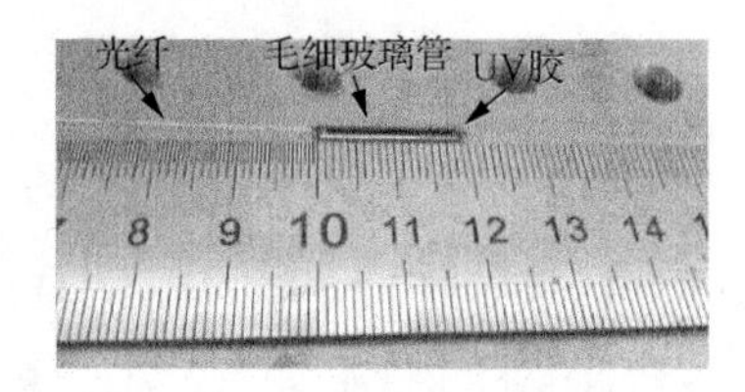

图 4.3.2　光纤 MZ 磁场传感器实物图

磁场测量实验系统如图 3.3.3 所示，超连续谱光源发出的光经过光纤 MZ 磁场传感器进入光谱仪，光谱仪输出磁场传感器的输出光谱。改变可编程直流电源输出电流的大小，可以改变线圈产生的磁场强度，电流每增加 1A，磁场强度增加

76Gs。当外界磁场改变时，磁流体的磁性粒子成链，其折射率变化，传感器中传播的光信号被调制，输出光谱偏移。

图 4.3.3 为不同传感区域长度的 SSS 传感结构在填充磁流体前后的输出光谱对比图，显然，填充磁流体之前，5 个传感结构在空气介质下都具有类似正弦曲线的干涉光谱，而填充磁流体后干涉现象消失，光谱近似一条直线。磁流体是一种深褐色溶液，光直接透过磁流体时会有较大的吸收损耗，因此，猜测在磁流体中传播的光束被磁流体吸收，传感结构的输出光谱是在单模光纤包层中传播的光。

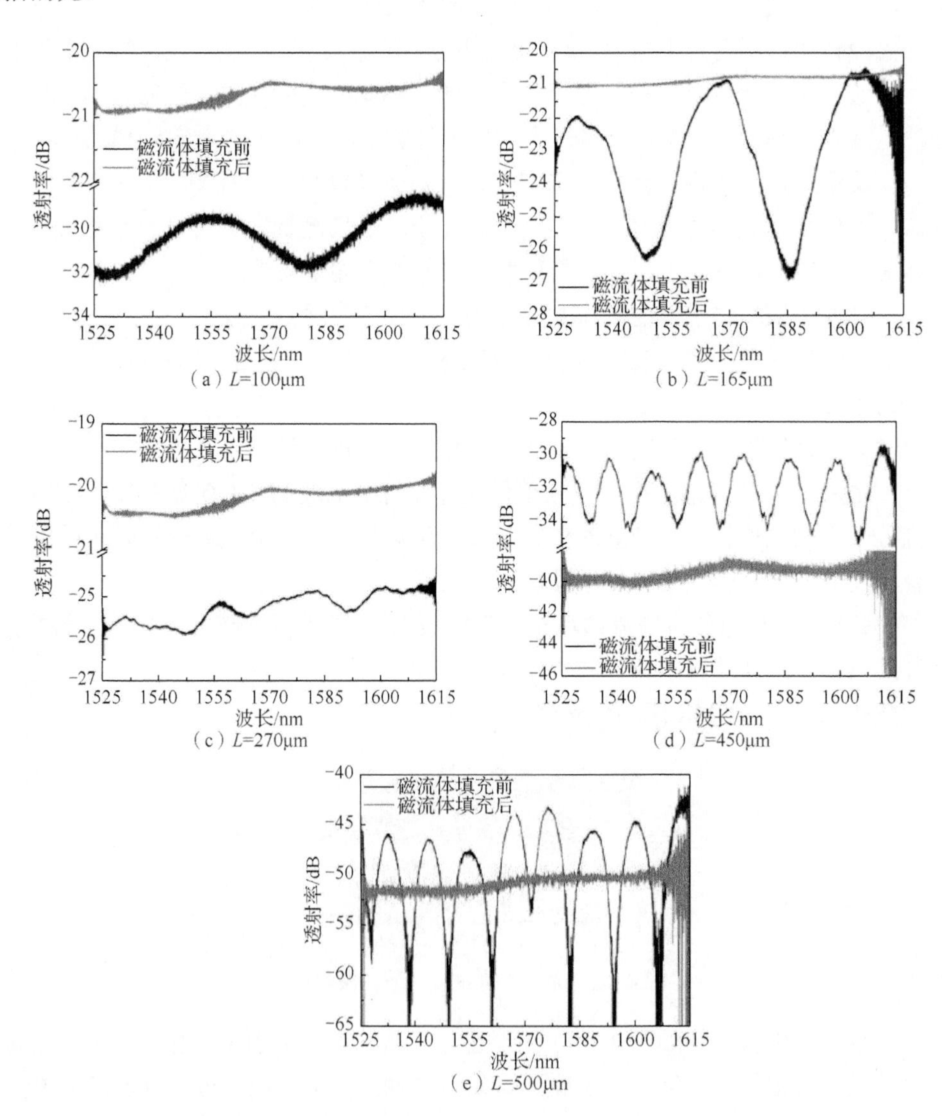

图 4.3.3 不同传感区域长度的 SSS 传感结构填充磁流体前后输出光谱对比图

本节使用图 4.3.4 的单模-单模光纤传感结构验证上述猜测是否正确，三个不同传感区域长度的单模-单模光纤传感结构的反射光谱如图 4.3.5 所示，与图 4.3.3 各个传感结构填充磁流体后的输出光谱一致，证明猜测正确。

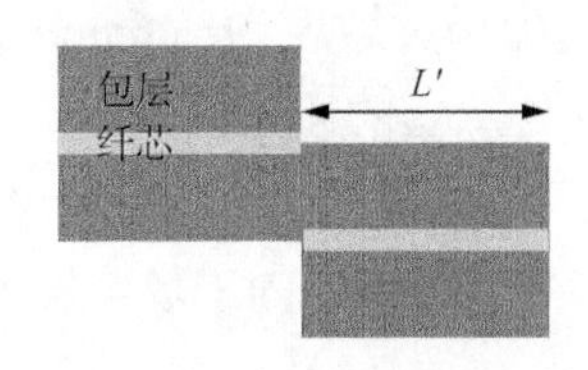

图 4.3.4　单模-单模光纤传感结构示意图

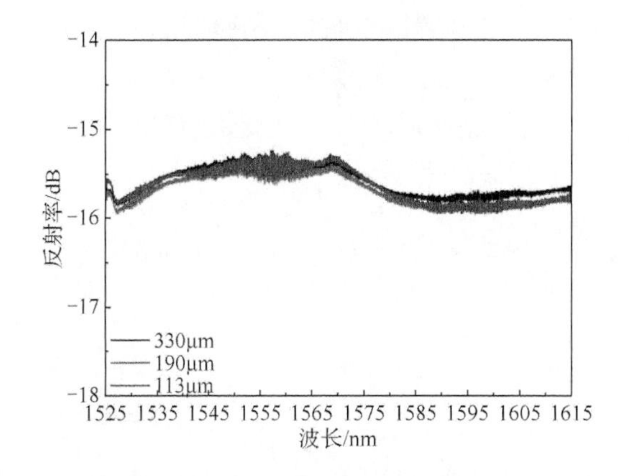

图 4.3.5　三个不同传感区域长度的单模-单模光纤传感结构的反射光谱

解决磁流体的吸收损耗问题的方案有两种：①减小 SSS 传感结构传感区域长度；②稀释磁流体。之前实验已经表明，传感区域长度 L=100μm 的结构填充磁流体之后没有干涉现象，而磁流体的折射率在 1.4 以上，若将 L 减小至 50μm 或更小，假设磁流体折射率为 1.4，SSS 传感结构包层模式的有效折射率为 1.46，经过计算可得传感器输出光谱的自由光谱范围大约是 520nm，在光源的带宽范围内可能没有一个完整的周期出现，不利于磁场测量。因此，选择稀释磁流体来解决吸收损耗过大的问题，并适当减小传感区域长度。

实验所用的磁流体是水基磁流体，采用超纯水稀释，将超纯水和磁流体以 1∶1 的比例混合，并用超声波振荡使磁性粒子均匀分布。分别制作了传感区域长度为 80μm、85μm、90μm、95μm 和 100μm 的 SSS 传感结构，并填充稀释后的磁流体制成光纤 MZ 磁场传感器，分别在垂直和平行于磁场方向上测量磁场强度。

1）垂直于磁场方向

将传感器垂直于磁场方向放置，如图 4.3.6 所示。磁场测量结果如图 4.3.7 所示。图 4.3.7（a）是传感区域长度为 80μm 的光纤 MZ 磁场传感器的磁场测量光谱，显然，随着磁场强度增加，输出光谱向短波长方向移动，且光谱的对比度逐渐下降。将磁场强度与输出光谱的谐振谷波长之间的关系曲线分段直线拟合于图 4.3.7（b），在 2～8Gs 的磁场强度范围内，传感器的磁场灵敏度为-0.87nm/Gs，在 10～14Gs 的磁场强度范围内，传感器的磁场灵敏度为-3.6nm/Gs。图 4.3.7（c）是传感区域长度为 90μm 的光纤 MZ 磁场传感器的磁场测量结果，在图 4.3.7（d）中是分段拟合的结果，在 6～18Gs 的磁场强度范围内，传感器的磁场灵敏度为-1.15nm/Gs，在 20～30Gs 的磁场强度范围内，传感器的磁场灵敏度为-4.49nm/Gs。

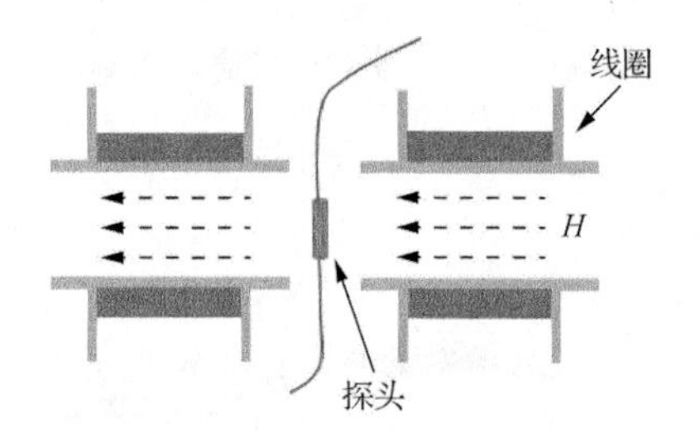

图 4.3.6 传感器垂直于磁场方向放置

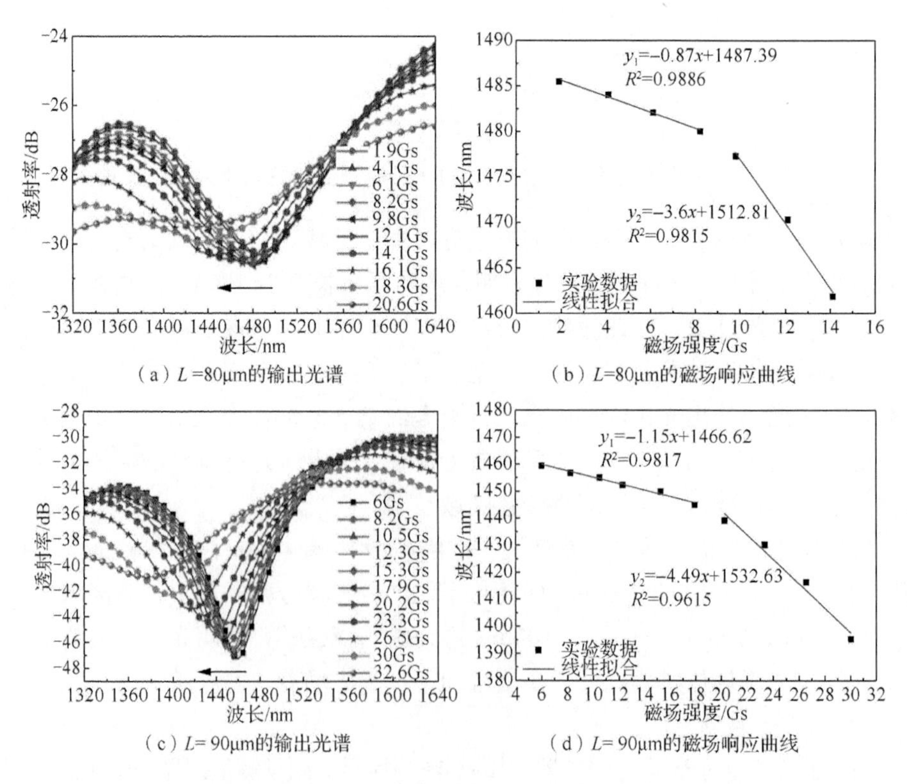

图 4.3.7 不同传感区域长度的传感器在不同磁场强度下的输出光谱及响应曲线

图 4.3.8（a）是传感区域长度为 95μm 的光纤 MZ 磁场传感器的磁场测量结果，随着磁场强度增加，输出光谱向短波长方向移动。将磁场强度与输出光谱的谐振谷波长之间的关系曲线进行二次拟合，如图 4.3.8（b）所示，在 0～18Gs 的磁场强度范围内，传感器的最小和最大磁场灵敏度分别为-0.234nm/Gs 和-4.194nm/Gs。图 4.3.8（c）是传感区域长度为 100μm 的光纤 MZ 磁场传感器的磁场测量结果，随着磁场强度增加，输出光谱向短波长方向移动。将磁场强度与输出光谱的谐振谷波长之间的关系曲线进行分段拟合，如图 4.3.8（d）所示，在 0～8Gs 的磁场强度范围内，传感器的磁场灵敏度为-0.491nm/Gs，在 10～14Gs 的磁场强度范围内，传感器的磁场灵敏度为-2.988nm/Gs。

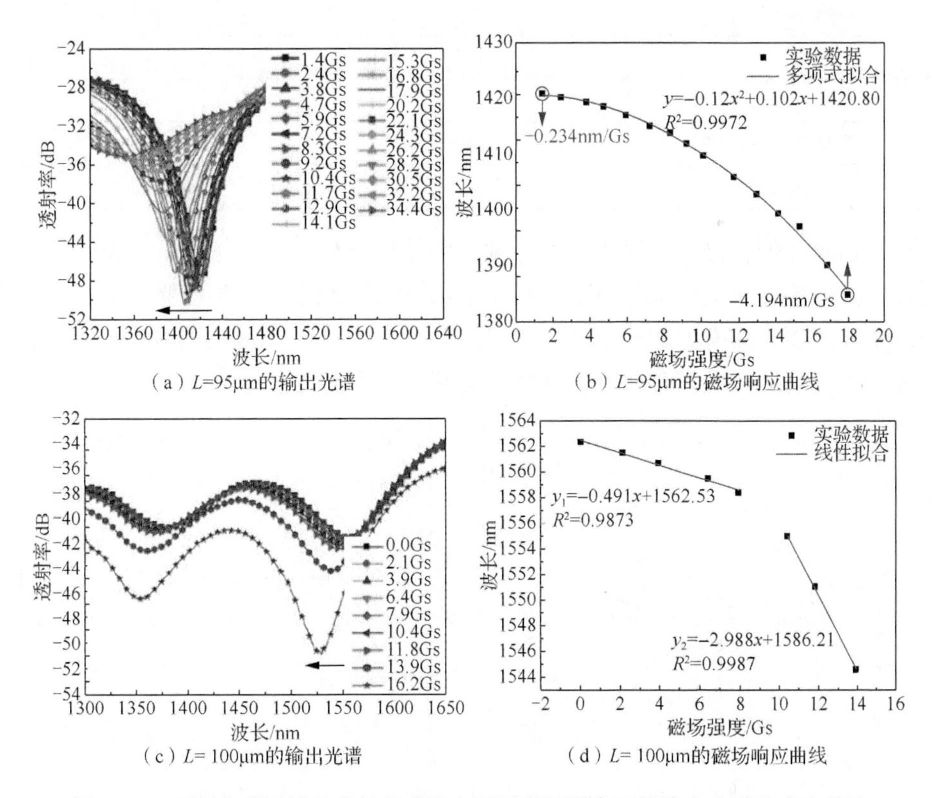

图 4.3.8　不同传感区域长度的传感器在不同磁场强度下的输出光谱及响应曲线

表 4.3.1 是本章提出的基于 MZ 传感结构的光纤磁场传感器与基于其他光纤结构的磁场传感器的灵敏度对比。不同的磁场传感器的磁场测量结果用不同的单位表示，为了方便对比各个传感器的性能，经过单位换算，将磁场强度的单位统一用高斯（Gs）表示。首先从传感结构方面对比，MZ 结构相对于其他传感结构来说制作简单，不需要拉锥、抛磨等工艺，而且成本最低；其次从灵敏度方面对比，MZ 结构的磁场灵敏度是最大的，甚至高出其他结构两个数量级。显然，本章提

出的光纤 MZ 磁场传感器具有明显的优势，可以在各种需要测量磁场强度的领域广泛应用。

表 4.3.1　基于不同传感结构的光纤磁场传感器的磁场灵敏度对比

传感结构	磁场灵敏度/（pm/Gs）	参考文献
光子晶体光纤拉锥	16.04	[2]
FP	33	[3]
S 锥	56	[4]
单模-无芯-单模	90.5	[5]
D 形倾斜光纤光栅	−180	[6]
内嵌式 MZI	−275.6	[7]
U 形单模光纤	374	[8]
基于双芯光纤的 MZI	2080	[9]
SSS	−4490	本章实验

为了验证传感器在垂直于磁场方向上测量磁场强度的重复性，在相同的实验条件下，用传感区域长度为 90μm 和 95μm 的光纤 MZ 磁场传感器分别进行另外两组实验。实验结果如图 4.3.9（a）、（b）所示，在 0～30Gs 的磁场强度范围内，光纤 MZ 磁场传感器有良好的重复性，有利于实际应用。

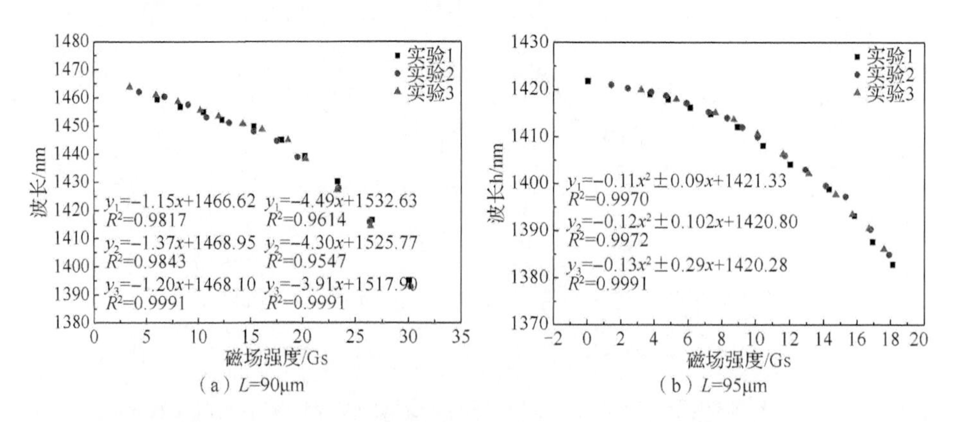

（a）L=90μm　　（b）L=95μm

图 4.3.9　不同传感区域长度的磁场传感器的重复性验证实验结果

2）平行于磁场方向

将传感器平行于磁场方向放置，如图 4.3.10 所示，磁场强度测量结果如图 4.3.11 所示。图 4.3.11（a）是传感区域长度为 85μm 的光纤 MZ 磁场传感器的输出光谱，随着磁场强度的增加，输出光谱向长波长方向移动。图 4.3.11（b）是输出光谱的谐振谷波长与磁场强度之间的拟合曲线，分别对实验数据进行线性拟合和二次曲线拟合，在 0～50Gs 的磁场强度范围内，磁场灵敏度为 0.52nm/Gs，在 80～150Gs 的磁场强度范围内，磁场灵敏度为 0.21nm/Gs。

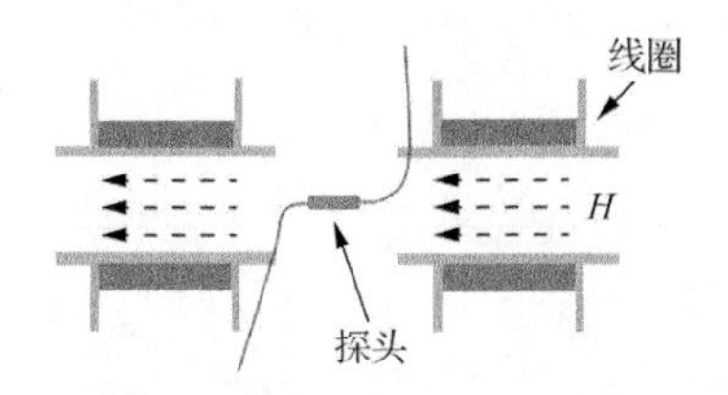

图 4.3.10　传感器平行于磁场方向放置

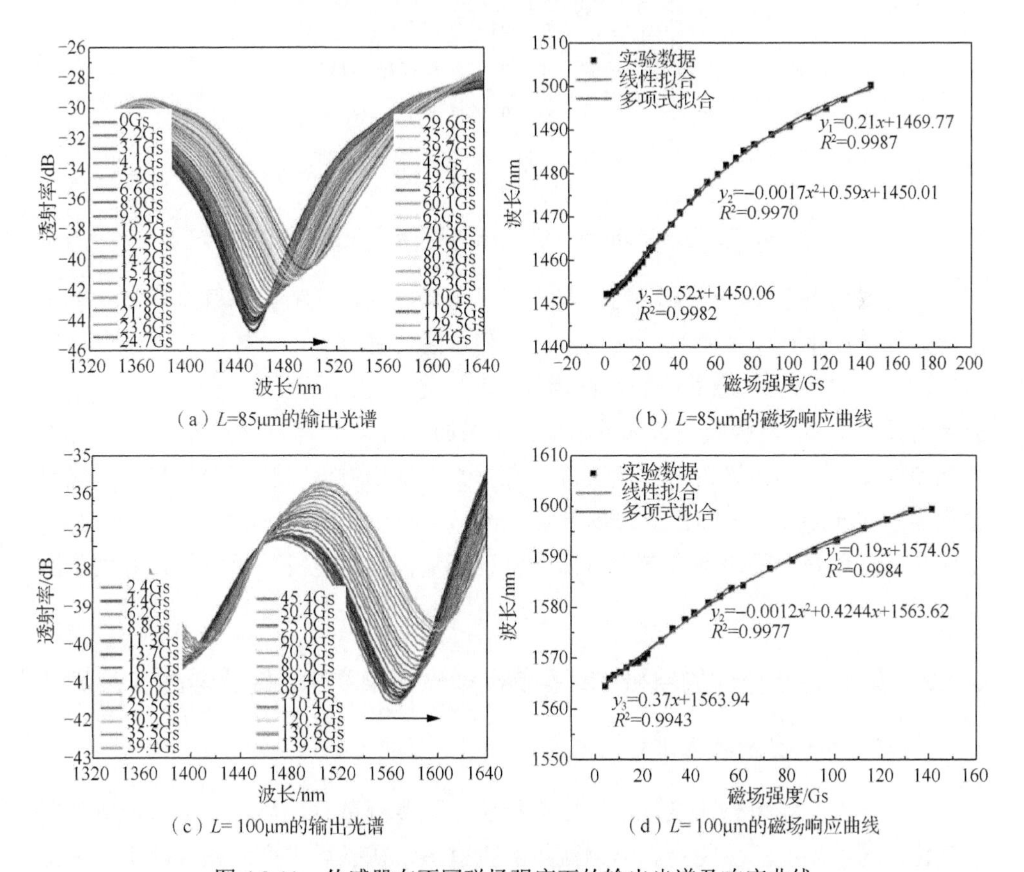

（a）L=85μm的输出光谱　（b）L=85μm的磁场响应曲线

（c）L= 100μm的输出光谱　（d）L= 100μm的磁场响应曲线

图 4.3.11　传感器在不同磁场强度下的输出光谱及响应曲线

图 4.3.11（c）是传感区域长度为 100μm 的光纤 MZ 磁场传感器的输出光谱，图 4.3.11（d）是输出光谱的谐振谷波长与磁场强度之间的拟合曲线，同样对实验数据进行线性拟合和二次拟合，在 0～50Gs 的磁场强度范围内，磁场灵敏度为 0.37nm/Gs，在 80～150Gs 的磁场强度范围内，磁场灵敏度为 0.19nm/Gs。

为了验证光纤 MZ 磁场传感器在平行于磁场方向上测量磁场强度的重复性，

在相同的实验条件下，用传感区域长度为 85μm 的传感器进行另外两组实验。实验结果如图 4.3.12 所示，在 0～150Gs 的磁场强度范围内，光纤 MZ 磁场传感器三次磁场测量的实验数据具有良好的一致性，证明光纤 MZ 磁场传感器有良好的重复性。

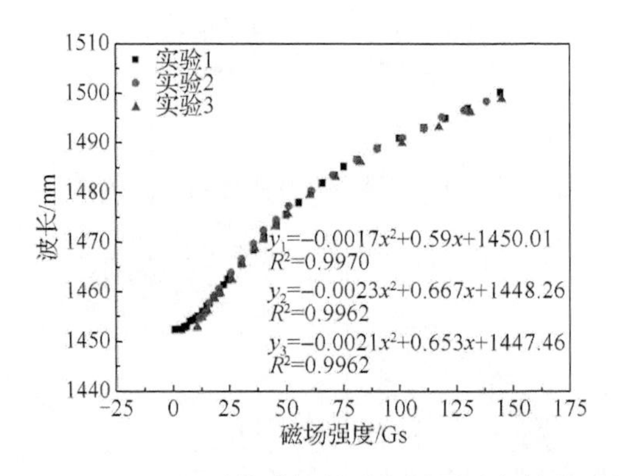

图 4.3.12　L =85μm 时传感器的磁场测量重复性实验结果

以上磁场测量实验结果表明：在垂直于磁场方向，随着磁场强度增加，输出光谱蓝移，在平行于在垂直于磁场方向，随着磁场强度增加，输出光谱红移（即向长波长方向移动）；随着磁场强度增加，输出光谱对比度逐渐下降，这是由于磁流体的吸收作用，且吸收系数随着磁场强度增加而增大，导致产生干涉的两束光的光强差异变大，输出光谱对比度下降；在垂直于磁场方向，传感器的最大磁场灵敏度为-4.49nm/Gs，在平行于磁场方向，传感器的最大磁场灵敏度为 0.52nm/Gs；无论在垂直还是平行磁场方向上，磁场强度测量都具有良好的重复性，有利于实际应用。

4.3.2 具有温度补偿的单模-单模-单模型光纤MZ磁场传感器的实验测试

1. 带温度补偿的传感器的结构设计

用基于磁流体填充的磁场传感器进行磁场强度测量时，环境温度可能随时发生变化。环境温度的变化会影响磁流体的折射率，在磁场强度测量过程中，无法分辨是温度变化导致磁流体的折射率变化还是磁场强度变化导致磁流体的折射率变化。为保证基于磁流体填充的光纤 MZ 磁场传感器测量磁场强度的准确性，本小节将FBG 作为温度补偿单元引入光纤 MZ 磁场传感器来解决温度和磁场交叉敏感的问题。带有温度补偿单元的光纤 MZ 磁场传感器结构如图 4.3.13 所示，FBG 与 SSS 传感结构串联，一起放入填充磁流体的毛细玻璃管中，并用 UV 胶密封。这样，FBG 可以直接检测磁流体的温度，使磁场测量结果更准确。

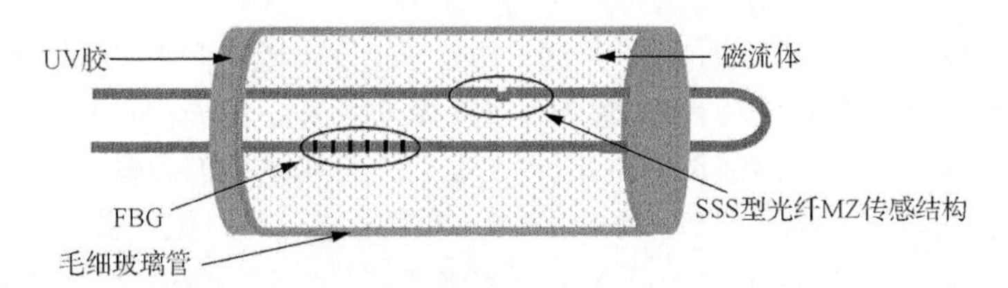

图 4.3.13　带有温度补偿单元的光纤 MZ 磁场传感器示意图

2. 磁场测量实验结果及分析

首先，将带有温度补偿单元的光纤 MZ 磁场传感器放入恒温的磁场环境中测量磁场强度，磁场强度测量实验系统与图 3.3.3 一致。分别将传感区域长度为 90μm 和 95μm 的传感器放置于均匀磁场中进行磁场强度测量。图 4.3.14（a）、（b）为传感区域长度为 90μm 的带有温度补偿单元的光纤 MZ 磁场传感器磁场测量结果。图 4.3.14（a）中的谷值 1 和谷值 2 分别为 MZ 传感结构的输出光谱和 FBG 的透射光谱，由图可知，随着磁场强度增加，谷值 1 向短波长方向移动，谷值 2 没有偏移；图 4.3.14（b）是谷值 1 和谷值 2 波长与磁场强度之间的拟合曲线，该结果

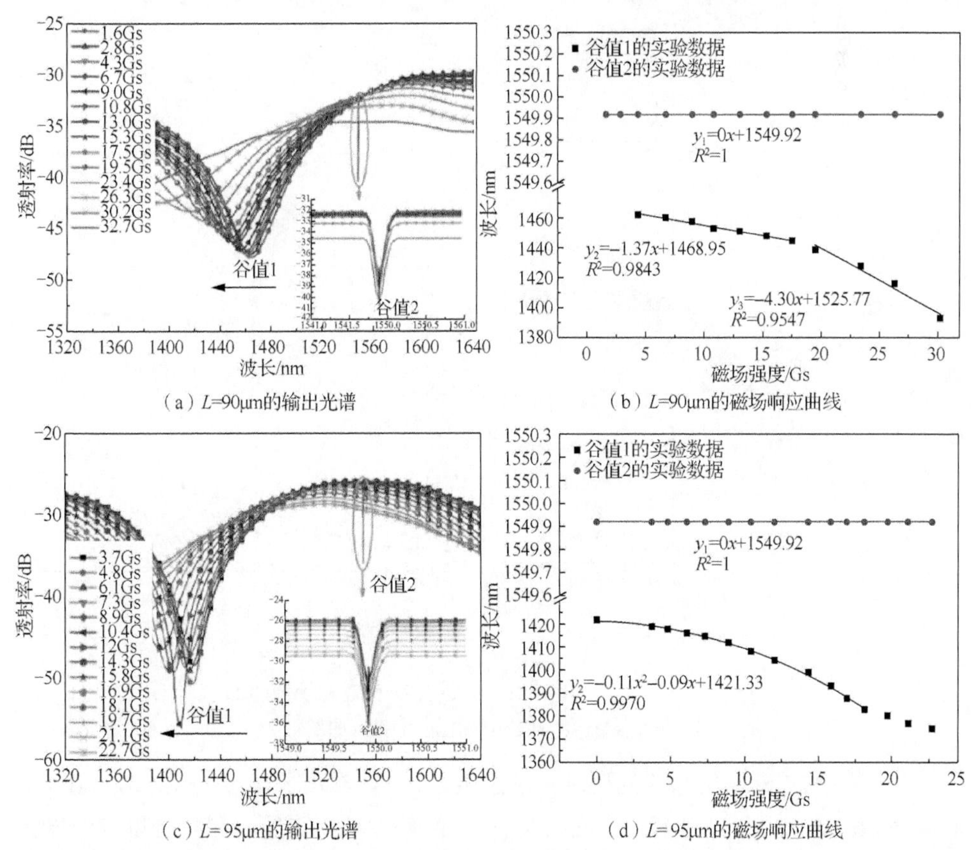

（a）L=90μm的输出光谱　（b）L=90μm的磁场响应曲线

（c）L= 95μm的输出光谱　（d）L= 95μm的磁场响应曲线

图 4.3.14　带有温度补偿单元的光纤 MZ 磁场传感器在不同磁场强度下的输出光谱及响应曲线

表明 FBG 对磁场不敏感；图 4.3.14（c）、（d）为传感区域长度为 95μm 的带有温度补偿单元的光纤 MZ 磁场传感器磁场强度测量结果，与 L=90μm 的磁场传感器测量结果相同，MZ 传感结构的输出光谱随着磁场强度增加向短波长方向移动，FBG 的透射光谱没有偏移，证明 FBG 对磁场不敏感，可以用于温度补偿。

将带有温度补偿单元的光纤 MZ 磁场传感器放入低温恒温槽中测量温度。图 4.3.15（a）、（c）分别是传感区域长度为 90μm 和 95μm 时磁场传感器在不同温度下的输出光谱，谷值 1 和谷值 2 分别为光纤 MZ 传感结构和 FBG 的光谱，两个波谷均随温度的升高而红移；图 4.3.15（b）、（d）分别是传感区域长度为 90μm 和 95μm 时谷值 1 和谷值 2 的波长与温度之间的关系图，两组实验结果表明，FBG 的温度灵敏度约为 0.01nm/℃。

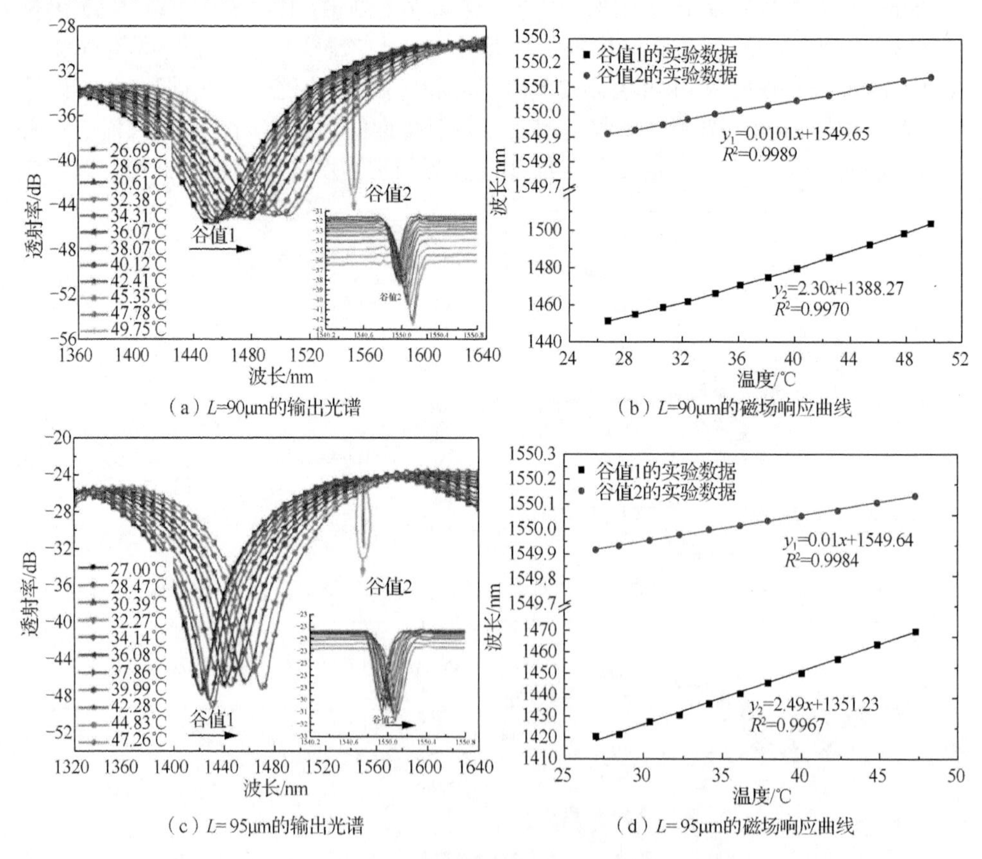

（a）L=90μm的输出光谱

（b）L=90μm的磁场响应曲线

（c）L= 95μm的输出光谱

（d）L= 95μm的磁场响应曲线

图 4.3.15 带有温度补偿单元的光纤 MZ 磁场传感器在不同温度下的输出光谱及响应曲线

设光纤 MZ 磁场传感器的磁场灵敏度为 $S_{\mathrm{MZ}\text{-}H}$，温度灵敏度为 $S_{\mathrm{MZ}\text{-}T}$，FBG 的磁场灵敏度为 $S_{\mathrm{FBG}\text{-}H}$，温度灵敏度为 $S_{\mathrm{FBG}\text{-}T}$。当外界环境温度和磁场强度同时发生变化时，光纤 MZ 磁场传感器的输出光谱波长偏移量为

$$\Delta\lambda_M = S_{\text{MZ-}H}\Delta H + S_{\text{MZ-}T}\Delta T \tag{4.3.1}$$

FBG 的透射光谱波长偏移量为

$$\Delta\lambda_B = S_{\text{FBG-}H}\Delta H + S_{\text{FBG-}T}\Delta T \tag{4.3.2}$$

根据式（4.3.1）、式（4.3.2）列方程组，可得关系矩阵公式：

$$\begin{bmatrix}\Delta\lambda_M \\ \Delta\lambda_B\end{bmatrix} = \begin{bmatrix}S_{\text{MZ-}H} & S_{\text{MZ-}T} \\ S_{\text{FBG-}H} & S_{\text{FBG-}T}\end{bmatrix}\begin{bmatrix}\Delta H \\ \Delta T\end{bmatrix} \tag{4.3.3}$$

通过矩阵运算能得到带有温度补偿单元的光纤 MZ 磁场传感器的光谱随温度、磁场变化的情况，将式（4.3.3）反向运算可得

$$\begin{bmatrix}\Delta H \\ \Delta T\end{bmatrix} = \begin{bmatrix}S_{\text{MZ-}H} & S_{\text{MZ-}T} \\ S_{\text{FBG-}H} & S_{\text{FBG-}T}\end{bmatrix}^{-1}\begin{bmatrix}\Delta\lambda_M \\ \Delta\lambda_B\end{bmatrix} \tag{4.3.4}$$

根据式（4.3.4）计算温度和磁场的变化，可以实现温度和磁场的双参数测量。将传感区域长度为 90μm 的带有温度补偿单元的光纤 MZ 磁场传感器的实验结果代入式（4.3.4），得到该传感器在 0～20Gs 磁场强度范围内的传感特性矩阵：

$$\begin{bmatrix}\Delta H \\ \Delta T\end{bmatrix} = \begin{bmatrix}-1.37 & 2.3 \\ 0 & 0.01\end{bmatrix}^{-1}\begin{bmatrix}\Delta\lambda_M \\ \Delta\lambda_B\end{bmatrix} \tag{4.3.5}$$

FBG 的温度灵敏度为 0.01nm/℃，比光纤 MZ 磁场传感器的温度灵敏度小两个数量级，用 FBG 进行温度补偿意义不大。因此，寻找新的温度补偿方式是很有必要的。

4.4　用于温度补偿的单模-单模-单模型光纤 MZ 温度传感器的实验研究

本小节提出了一种基于 SSS 温度传感器，以实现光纤 MZ 磁场传感器的温度补偿。将 SSS 温度传感器与磁流体填充的光纤 MZ 磁场传感器并联，并利用光栅解调仪的不同通道可同时测量温度或磁场。本节分别使用标准海水和硅油包裹 SSS 传感结构，制成光纤 MZ 温度传感器，并测量它们的温度响应特性。

1. 标准海水填充的光纤 MZ 温度传感器

标准海水填充的光纤 MZ 温度传感器的制作方式与基于磁流体填充的磁场传感器相同，不再赘述。图 4.4.1 为制作好的光纤 MZ 温度传感器实物图，该传感器的长度为 2cm，体积小，可以用于测量狭小空间的温度。

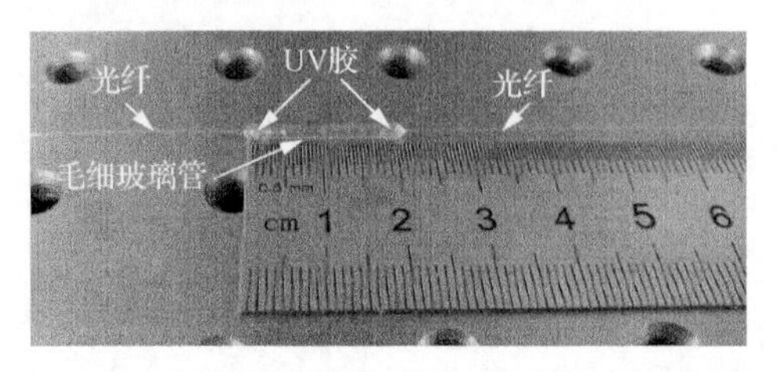

图 4.4.1 标准海水填充的光纤 MZ 温度传感器

将光纤 MZ 温度传感器放入可以提供稳定的温度环境的低温恒温槽中，使用光谱仪记录输出光谱，其分辨率设定为 0.02nm。水浴温度的变化范围为 3～38℃，图 4.4.2（a）为传感器输出光谱，图 4.4.2（b）为输出光谱的谐振谷波长随温度偏移的曲线。将数据进行二次拟合得到波长随温度变化的函数：

$$y = 0.02267x^2 + 0.58674x + 1525.8692 \tag{4.4.1}$$

经计算，光纤 MZ 温度传感器的灵敏度最高可达 2.293nm/℃。为了验证标准海水填充的光纤 MZ 温度传感器的重复性，在相同条件下进行了另外两组实验。图 4.4.2（c）显示了三组实验数据和其相应的二次拟合曲线，实验结果证明传感

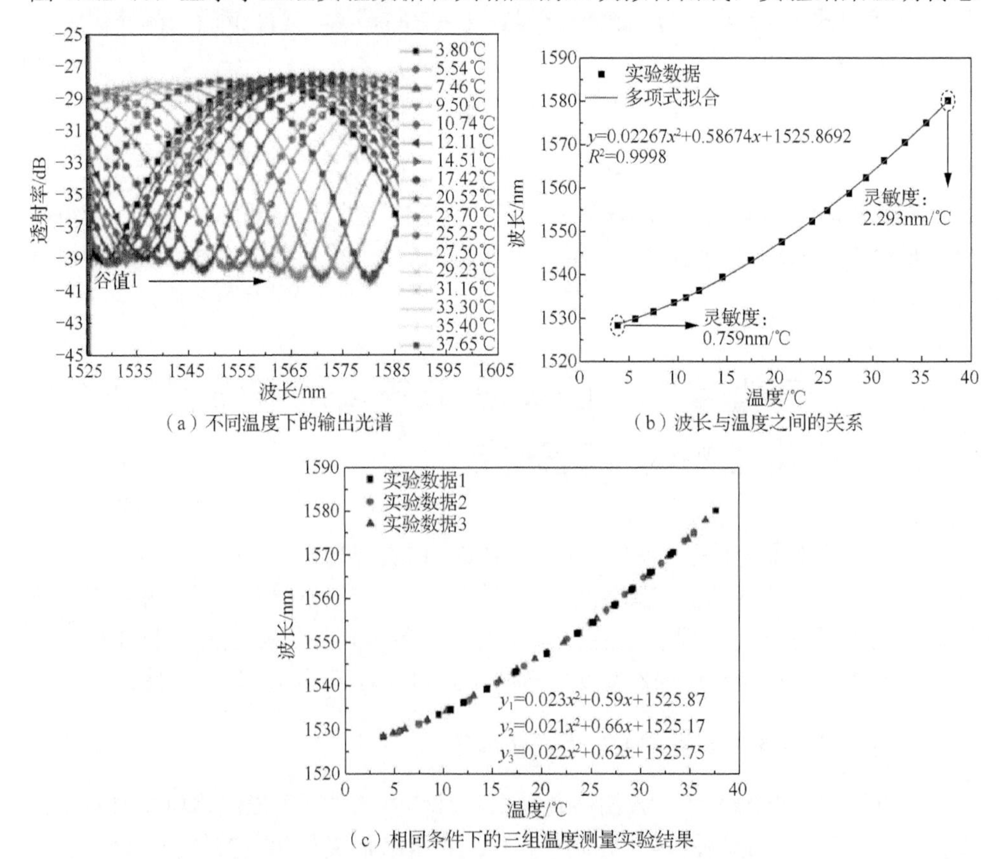

（a）不同温度下的输出光谱

（b）波长与温度之间的关系

（c）相同条件下的三组温度测量实验结果

图 4.4.2 标准海水填充的光纤 MZ 温度传感器的温度响应

器具有很好的重复性，但标准海水填充的光纤 MZ 温度传感器是非线性的，不适用于温度补偿。

2. 硅油填充的光纤 MZ 温度传感器

硅油填充的光纤 MZ 温度传感器的制作步骤及实验系统与上一小节标准海水填充的光纤 MZ 温度传感器相同，不再赘述。光纤 MZ 磁场传感器（左）和硅油填充的光纤 MZ 温度传感器（右）连接到光栅解调仪的不同通道上，实验系统如图 4.4.3 所示。

实验使用的光栅解调仪的型号是 MOI-Si155，解调仪有 4 个输入输出通道，波长范围是 1460～1620nm。将光纤 MZ 磁场传感器的导入/导出光纤分别连接到光栅解调仪的 3、4 号端口，硅油填充的光纤 MZ 温度传感器的导入/导出光纤分别连接到光栅解调仪的 1、2 号端口。由于光栅解调仪的每一个端口都可以接收和发射光，需要使用隔离器将端口 2 和 4 发射出来的光屏蔽。

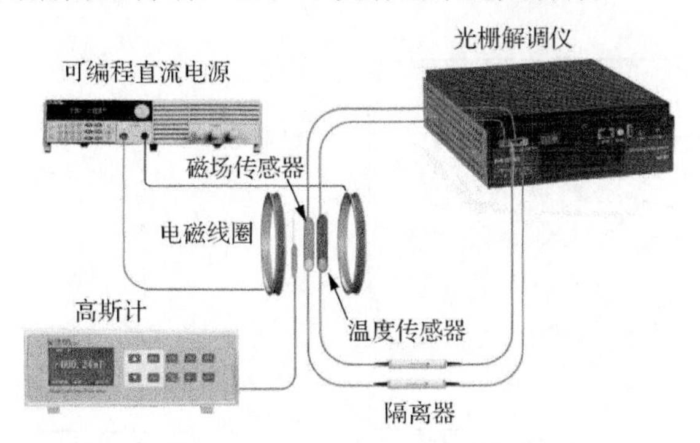

图 4.4.3　带温度补偿的磁场传感器的实验系统

硅油［型号为 XIAMETER（R）PMX-200，折射率为 1.404］填充的光纤 MZ 温度传感器在不同温度下的输出光谱如图 4.4.4（a）、（c）所示，光谱随着温度的升高而红移。

输出光谱的谐振谷波长与温度之间的关系如图 4.4.4（b）、（d）所示。在 19.57～29.95℃的温度范围内，其温度灵敏度高达 9.71nm/℃，并且具有很好的线性度（R^2=0.9995）；在 33.89～42.75℃的温度范围内，其温度灵敏度高达 8.962nm/℃，线性度高达 0.9998。本实验使用的光谱仪的分辨率为 0.02nm，温度测量分辨率达到 0.0022℃，若使用更高分辨率（1pm）的测量仪器可进一步将温度测量分辨率提高到 0.00011℃。

为了研究所提出的温度传感器的重复性和稳定性，在相同的实验条件下进行了另外 9 组实验。如图 4.4.5（a）所示，在 33～43℃的温度变化范围内，传感器具有优异的重复性，随着温度的升高，重复性误差 E_x 先降低然后升高，最大和最小重复性误差分别在 33℃和 41℃，最大重复性误差 $E_{x\_\max}$ 为 1.622%，满足传感器的重复性要求。

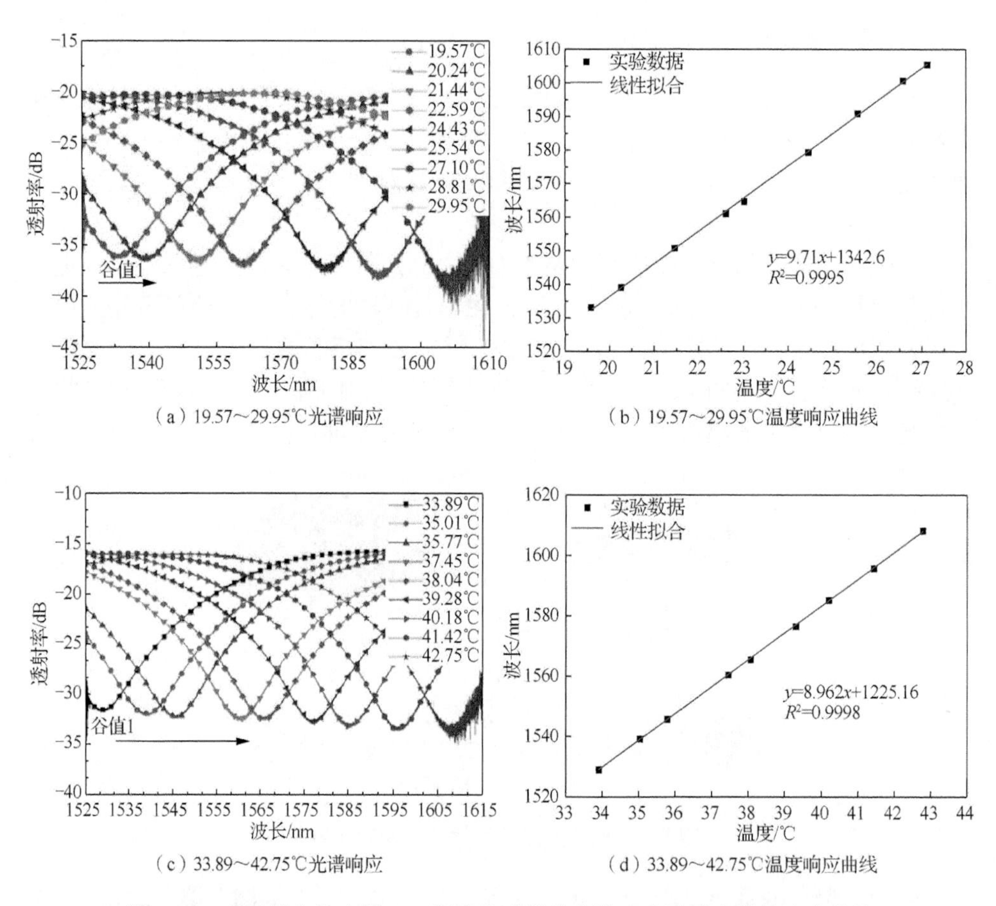

（a）19.57～29.95℃光谱响应

（b）19.57～29.95℃温度响应曲线

（c）33.89～42.75℃光谱响应

（d）33.89～42.75℃温度响应曲线

图 4.4.4　硅油填充的光纤 MZ 温度传感器的光谱响应及温度测量响应曲线

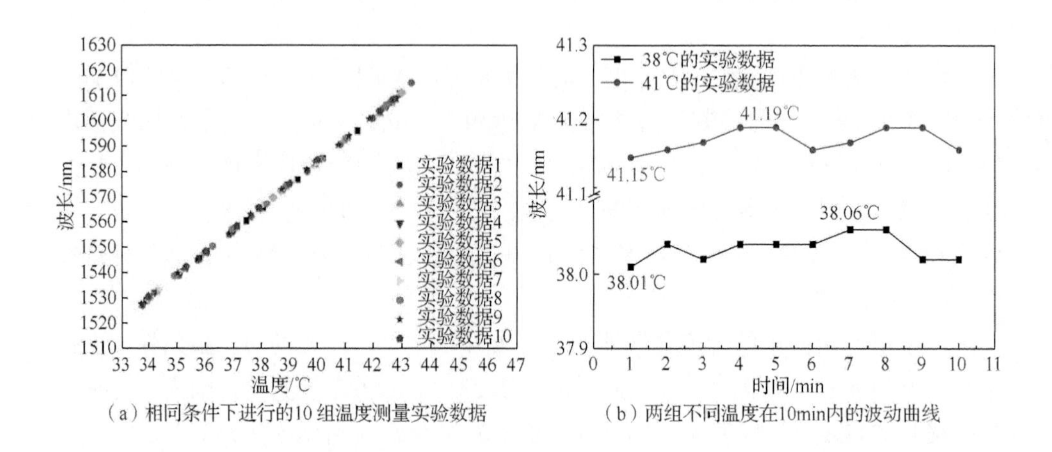

（a）相同条件下进行的10 组温度测量实验数据

（b）两组不同温度在10min内的波动曲线

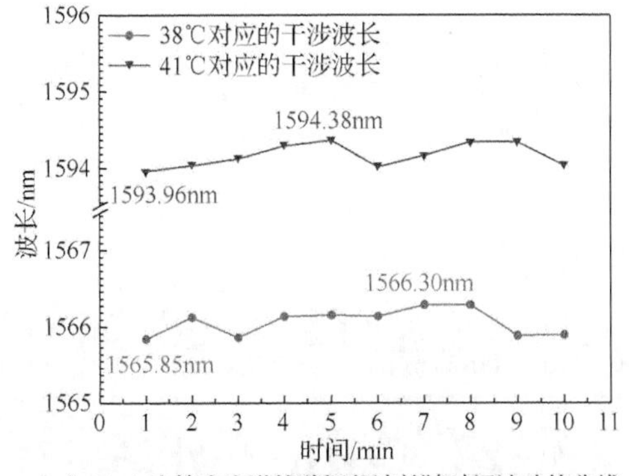

（c）10min内输出光谱的谐振谷波长随时间波动的曲线

图 4.4.5　硅油填充的光纤 MZ 温度传感器的重复性和稳定性测试

另外，分别在 38℃和 41℃情况下进行了一组实验以验证温度传感器的稳定性，在 10min 内每间隔 1min 记录一次实验数据，总共获得 10 组数据。由于恒温槽中的水温高于室温，因此两种介质之间存在温度交换，如图 4.4.5（b）所示，水温在 10min 内会略微波动（≤0.05℃），用 8.962nm/℃的温度灵敏度计算得到的与该温度波动值相对应的干涉波长的偏移量应为 0.448nm，实际上干涉波长的最大漂移［图 4.4.5（c）中的曲线］值小于等于 0.45nm。因此，该实验结果证明传感器具有良好的温度稳定性。

参考文献

[1] 康泽新, 孙将, 马林, 等. 基于双芯光纤级联布拉格光纤光栅的温度与应力解耦双测量传感系统[J]. 光学学报, 2015, 35(5): 0506004.

[2] Zhao Y, Wu D, Lv R Q. Magnetic field sensor based on photonic crystal fiber taper coated with ferrofluid[J]. IEEE Photonics Technology Letters, 2015, 27(1): 26-29.

[3] Zhao Y, Lv R Q, Ying Y, et al. Hollow-core photonic crystal fiber Fabry-Pérot sensor for magnetic field measurement based on magnetic fluid[J]. Optics & Laser Technology, 2012, 44(4): 899-902.

[4] Miao Y P, Wu J X, Zhang K L, et al. Magnetic field tunability of optical microfiber taper integrated with ferrofluid[J]. Optics Express, 2013, 21(24): 29914-29920.

[5] Chen Y F, Han Q, Liu T G, et al. Optical fiber magnetic field sensor based on single-mode-multimode-single-mode structure and magnetic fluid[J]. Optics Letters, 2013, 38(20): 3999-4001.

[6] Ying Y, Zhang R, Si G Y, et al. D-shaped tilted fiber Bragg grating using magnetic fluid for magnetic field sensor[J]. Optics Communications, 2017, 405: 228-232.

[7] Chen F F, Jiang Y, Zhang L C, et al. Fiber optic refractive index and magnetic field sensors based on microhole-induced inline Mach-Zehnder interferometers[J]. Measurement Science and Technology, 2018, 29(4): 045103.

[8] Shen T, Feng Y, Sun B C, et al. Magnetic field sensor using the fiber loop ring-down technique and an etched fiber coated with magnetic fluid[J]. Applied Optics, 2016, 55(4): 673-678.

[9] Li Z Y, Liao C R, Song J, et al. Ultrasensitive magnetic field sensor based on an in-fiber Mach-Zehnder interferometer with a magnetic fluid component[J]. Photonics Research, 2016, 4(5): 197-200.

第5章

基于磁流体磁控折射率特性的光纤模间干涉磁场传感技术

本书在第4章中针对大错位的光纤MZ磁场传感器研究进行了详细的阐述，而本章所提出的光纤模间干涉磁场传感器结构虽然有大错位的结构存在，但是从干涉光谱构成的本质是不同的。前者的传感光路直接穿过磁流体，即磁流体的折射率变化是直接作用于传感光路的光程，同时与参考光形成双光束干涉，最终达到高灵敏磁场测量；而后者的传感光路并不直接与磁流体作用，存在着多个模式的干涉，形成较为复杂的光谱，同时又产生更多的可能。

5.1 基于单模-多模-单模错位结构的光纤磁场传感技术

本节所提出的单模-多模-单模（single mode-multimode-single mode, SM-MM-SM）错位结构具有结构紧凑、制作简单、成本低廉等优点，通过仿真分析，确定传感结构的错位距离 D 与传感区域长度 L，在此基础上实现传感结构的制作以及性能测试，然后结合磁流体，实现基于磁流体磁控折射率特性的光纤模间干涉磁场传感器的制作，搭建磁场测量实验装置，验证磁场传感器的特性。

5.1.1 单模-多模-单模错位结构的原理及仿真分析

1. 单模-多模-单模错位结构的原理

本节提出了一种SM-MM-SM错位结构，如图5.1.1所示，其中多模光纤和错位点分别用于扩展包层模式和形成模式间干涉，多模光纤和错位点之间的单模光纤为传感区域。

当光从导入单模光纤传输到多模光纤时，由于多模光纤的纤芯直径为60μm，远大于单模光纤纤芯直径 8.2μm，纤芯模在多模光纤被扩展，导致在作为传感区域的单模光纤中产生包层模式。包层模式的有效折射率受外界环境折射率影响，经过一定长度的传感区域后，包层模式在错位处产生干涉，进入到导出单模光纤中。外界折射率变化最终表现为传感结构输出光谱的偏移。

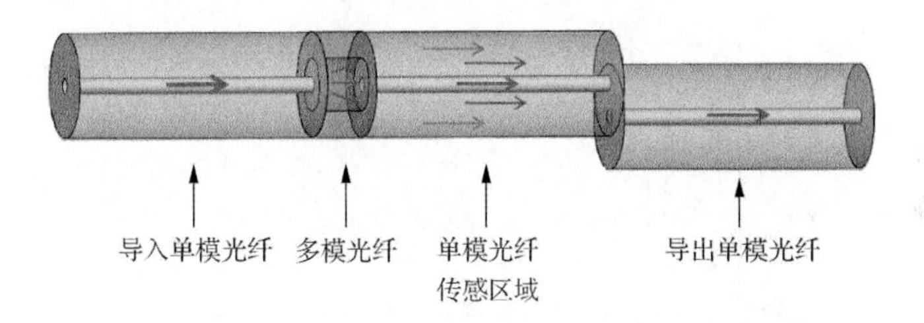

图 5.1.1　SM-MM-SM 错位结构

输出光的光强 I_{out} 可以表示为

$$I_{\text{out}}=\sum_{i=1}^{N}k_i^2\cdot I_{\text{in}}+\sum_{j=1,\,j\neq i}^{N}k_i\cdot k_j\cdot I_{\text{in}}\cdot\cos\phi \tag{5.1.1}$$

式中，I_{in} 是输入光强；N 是激发的包层模式数量；i 和 j 为包层模式序号，k_i 和 k_j 是其耦合系数；ϕ 为发生干涉的两种模式的相位差，可以表示为

$$\phi=\frac{2\pi\left(n_i-n_j\right)L}{\lambda}=\frac{2\pi\Delta n_{\text{eff}}L}{\lambda} \tag{5.1.2}$$

其中，n_i 和 n_j 为发生干涉的两种模式的有效折射率；Δn_{eff} 为这两种模式的有效折射率差；L 为干涉长度，即传感区域长度；λ 为真空中波长。当 $\phi+\phi_0=(2m+1)\pi$ 时，干涉光强达到最小值，对应的 m 阶谐振谷波长可以表示为

$$\lambda_m=\frac{2\Delta n_{\text{eff}}L}{2m+1} \tag{5.1.3}$$

将 SM-MM-SM 错位结构浸入磁流体中，当外界磁场强度发生变化时，磁流体中的磁性粒子沿磁场方向形成链状排列，这会使磁流体的折射率发生变化。Lv 等[1]实验测量了外加磁场强度不同时磁流体的折射率，其关系如图 5.1.2 所示。

实验时环境温度为 28℃，由图 5.1.2 可知，在 0～700Gs 的外加磁场强度范围内，磁流体的折射率与磁场强度呈线性关系，拟合曲线为 $y=3\times10^{-5}x+1.3399$。由外界磁场强度变化引起磁流体折射率变化，致使光纤中包层模式的有效折射率发生改变，进而影响发生干涉的包层模相位差，最终输出光谱的谐振波长发生偏移。

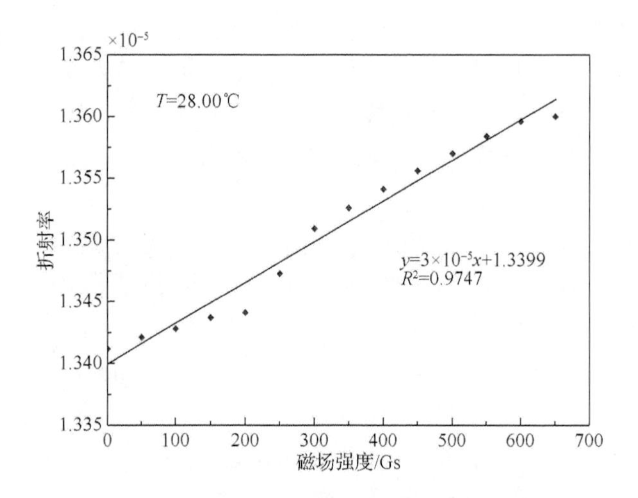

图 5.1.2 磁流体折射率和磁场强度的关系

2. 单模-多模-单模错位结构的仿真分析

本节通过仿真方式，确定光纤传感结构的各个参数，以获得最佳传感性能。针对 SM-MM-SM 错位结构中传感区域长度、错位距离进行数值仿真，采用 RSoft 软件中的光波导组件和光路的设计与仿真 BeamPROP 模块进行相应分析。仿真参数根据光纤实际参数设置：纤芯和包层的折射率分别为 1.4682 和 1.4628，光纤包层直径为 125μm，单模光纤和多模光纤的纤芯直径分别为 8.2μm 和 62.5μm。

SM-MM-SM 错位结构的仿真模型如图 5.1.3 所示，由外界环境、光纤包层以及光纤纤芯等三部分组成。仿真模型中从下到上分别为导入单模光纤、多模光纤、传感单模光纤、导出单模光纤。导出单模光纤与传感单模光纤存在错位关系，其距离为 D。需要通过仿真来确定 SM-MM-SM 错位结构的错位距离 D 和传感单模光纤长度 L。

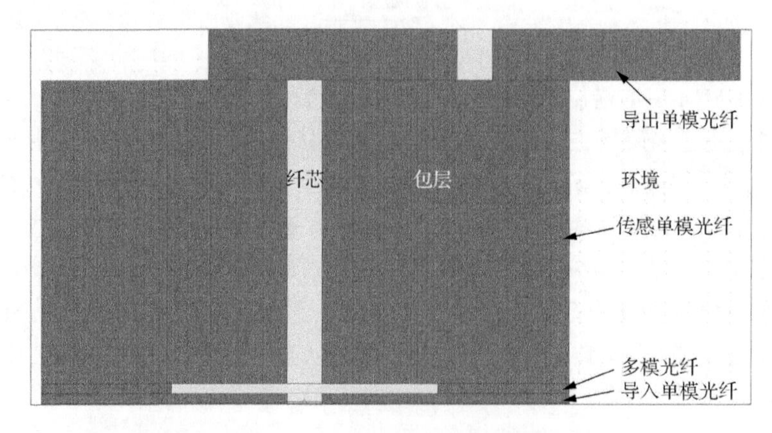

图 5.1.3 SM-MM-SM 错位结构的仿真模型

首先在不同错位距离 D 时对错位结构的折射率响应进行仿真。仿真时传感区域长度设为 3cm，环境折射率变化范围设为 1.3345～1.3761，多模光纤的长度设为 1mm，此长度下的多模光纤足以有效地扩展传输光的模场，并在传感单模光纤中激发包层模式。

当 D 为 25～50μm 时的仿真结果如图 5.1.4 所示。其中图 5.1.4（a）是以 D=25μm 为例展示了 SM-MM-SM 错位结构在不同环境折射率下的输出光谱，可知随着环境折射率的提高，光谱向长波长方向移动。图 5.1.4（b）则是传感结构的错位距离 D 不同时对应的光谱波谷波长与环境折射率的关系，其中的数据点表示

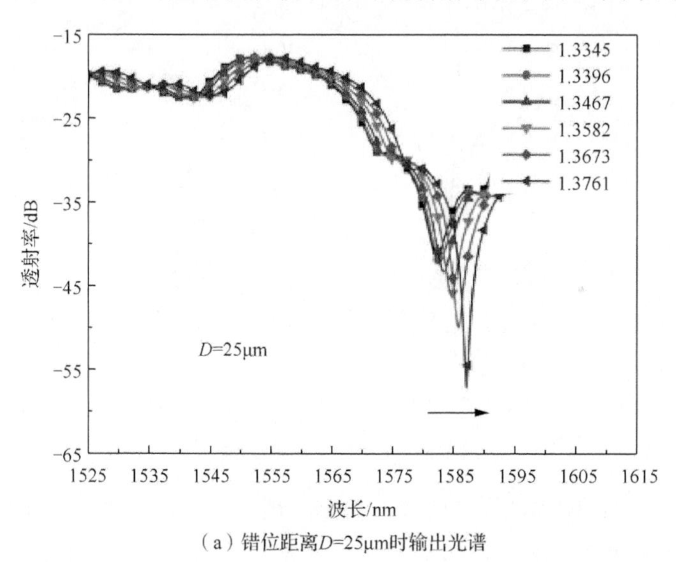

（a）错位距离D=25μm时输出光谱

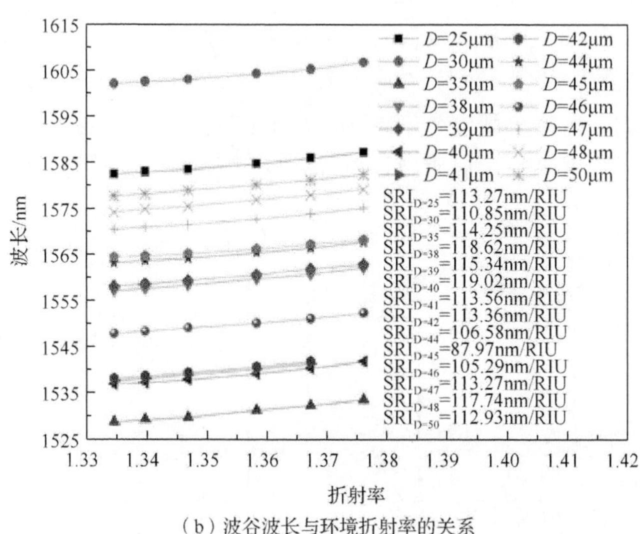

（b）波谷波长与环境折射率的关系

图 5.1.4　错位距离 D 不同时 SM-MM-SM 错位结构的折射率响应的仿真

传感结构在不同环境折射率下的输出光谱的谐振谷波长。错位距离 D 不同时，传感结构对应的折射率灵敏度也在图中列出，其中折射率灵敏度的具体数值通过线性拟合得到。

为了更加直观地分析比较 D 值大小对传感结构折射率灵敏度的影响，将它们的关系绘制于图 5.1.5（a）中。从图中不难看出，折射率灵敏度与错位距离 D 并不呈一种良好的线性关系，当 D=45μm 时，折射率灵敏度有一个最低谷，为 87.97nm/RIU，当 D=40μm 时，折射率灵敏度最大，为 119.02nm/RIU。因此，从传感结构的折射率灵敏度角度考虑，错位距离 D 取 40μm 最为合适。

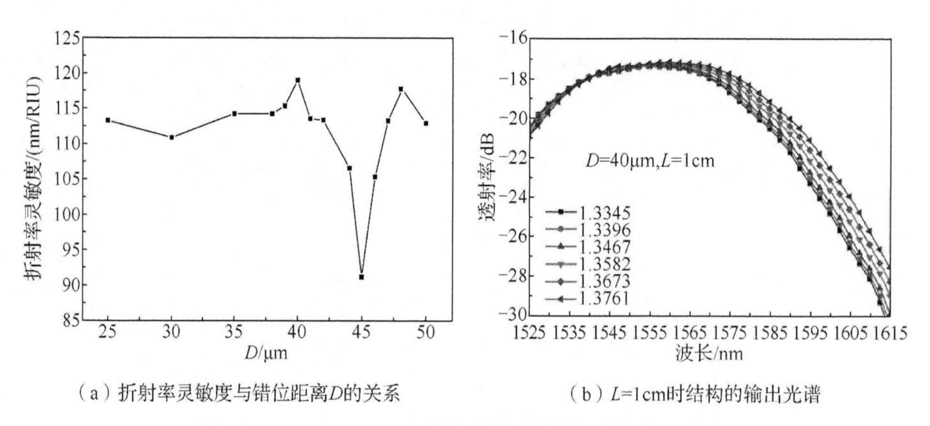

（a）折射率灵敏度与错位距离D的关系　　（b）L=1cm时结构的输出光谱

图 5.1.5　SM-MM-SM 错位结构折射率灵敏度的仿真

错位距离 D 的值确定后，需要确定传感区域长度 L 的值。对错位距离 D=40μm、不同传感区域长度 L 的传感结构进行折射率响应仿真。当 L 为 1cm 时，结构的输出光谱如图 5.1.5（b）所示。此时仿真光谱中没有干涉波谷，无法确定传感结构的折射率响应效果。当 L 分别为 2cm、3cm 时的结构的输出光谱如图 5.1.6 所示。此时传感结构的折射率灵敏度分别为 101.60nm/RIU 和 119.02nm/RIU。L=3cm 时传感结构对外界折射率变化更敏感，因此传感区域长度 L 为 3cm 时最合适。

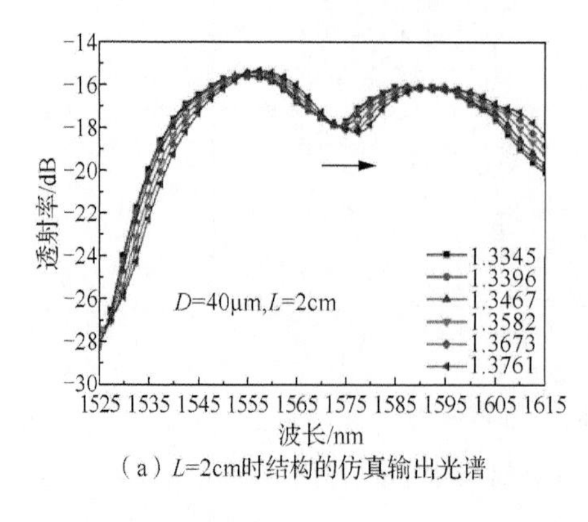

（a）L=2cm时结构的仿真输出光谱

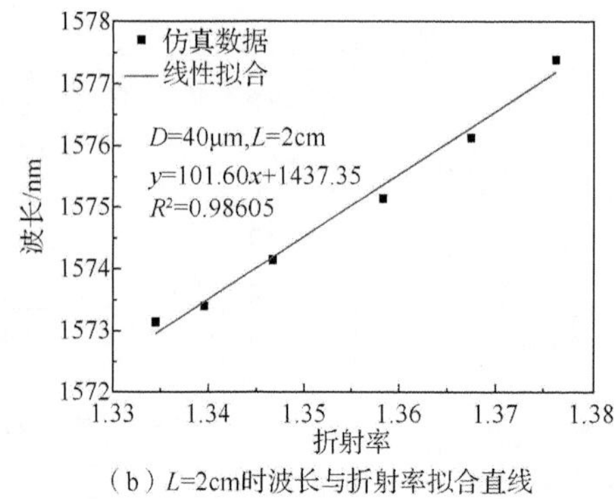

（b）L=2cm时波长与折射率拟合直线

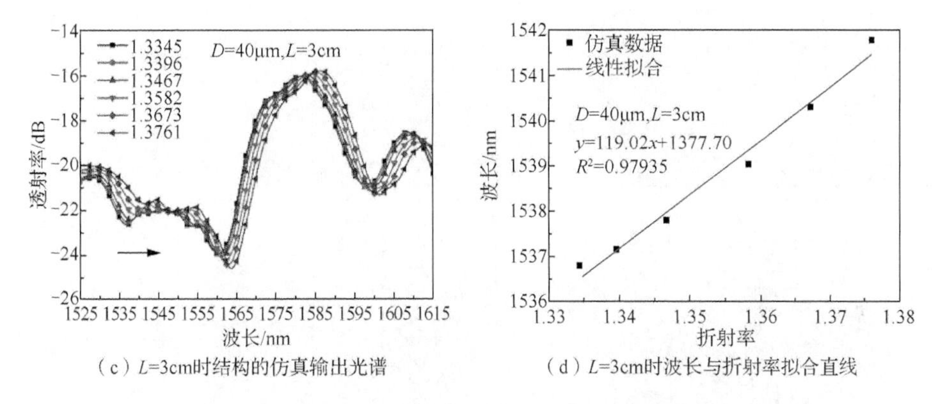

（c）L=3cm时结构的仿真输出光谱　　（d）L=3cm时波长与折射率拟合直线

图 5.1.6　L 为 2cm、3cm 时的 SM-MM-SM 错位结构的折射率响应

为了更加直观地验证 SM-MM-SM 错位结构的传感原理，在传感区域长度 L=3cm、错位距离 D=40μm 的情况下，对光纤结构内的电场分布进行仿真，如图 5.1.7 所示。

图 5.1.7（a）是 SM-MM-SM 错位结构仿真模型。图 5.1.7（b）是传感结构中的电场分布，从该图中可以看出，传感单模光纤包层具有明显的电场分布，说明多模光纤起到了扩展模场的作用。由于错位距离较大，只有传感单模光纤包层模式的光耦合进入了导出单模光纤纤芯，而传感单模光纤中纤芯模式的光并没有耦合进入导出单模光纤纤芯中。在图 5.1.7（b）中椭圆区域内可以看到包层模式的干涉光。图 5.1.7（c）所示为不同 Z 值的电场截面，分别对应图 5.1.7（a）中的 A、B、C、D 四个截面。电场截面图也说明了光在传感结构中的传播过程，与上述分析一致。

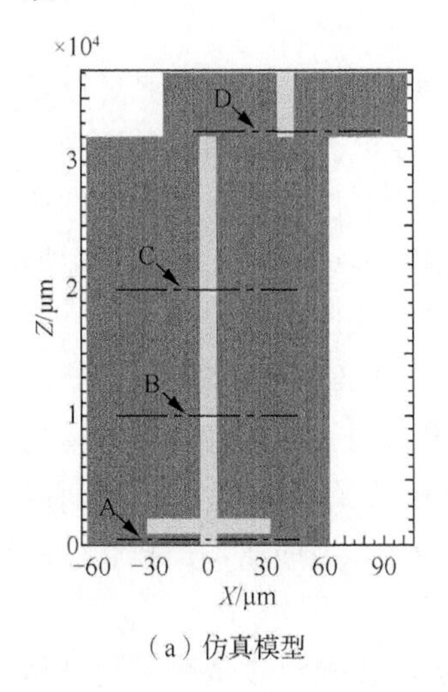

（a）仿真模型

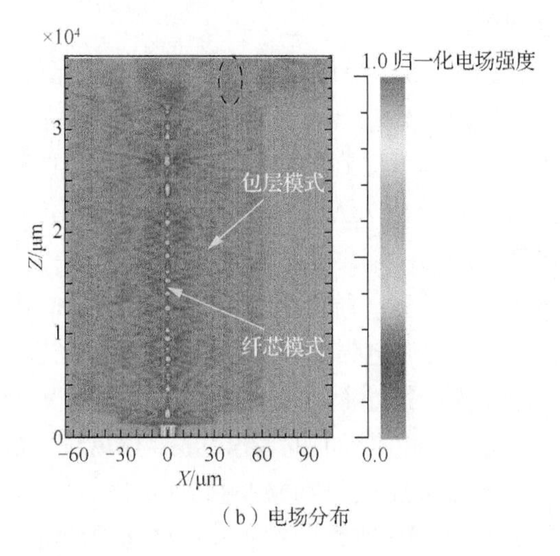

（b）电场分布

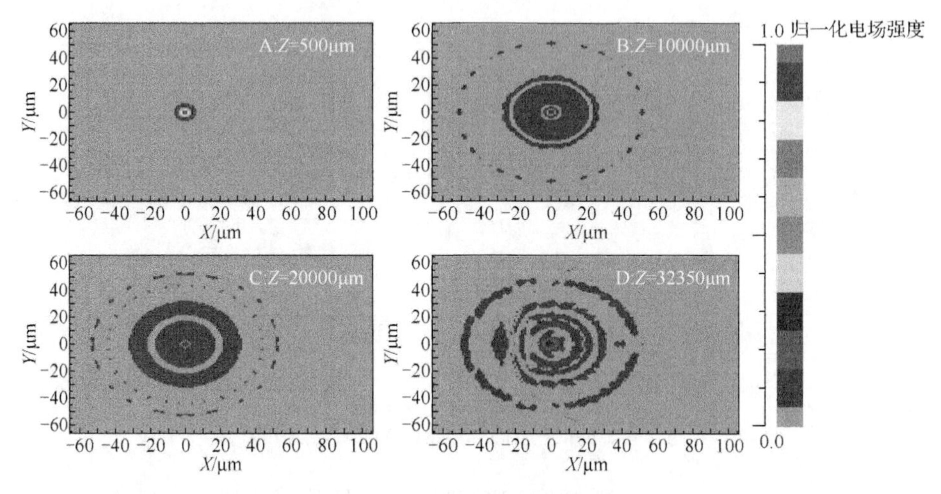

（c）不同Z值的电场分布截面

图 5.1.7　D=40μm 和 L=3cm 时 SM-MM-SM 错位结构的电场分布仿真结果

以上仿真结果表明，当错位距离 D=40μm、传感区域长度 L=3cm 时，传感结构具有较好的折射率响应效果。基于磁流体的 SM-MM-SM 错位结构光纤磁场传感器也将在这两个参数的基础上进行制作。

5.1.2　单模-多模-单模错位结构的制作与实验测试

1. 单模-多模-单模错位结构的制作

本节首先研究 SM-MM-SM 错位结构的制作以及性能测试，并在此基础上，进行磁流体的填充、密封等工作，最终实现 SM-MM-SM 错位结构的光纤磁场传感器制作。

SM-MM-SM 错位结构包含导入单模光纤、多模光纤、传感单模光纤以及导出单模光纤四部分。具体制作过程如下：首先将一段多模光纤与导入单模光纤用熔接机熔接，本节提到的熔接均借助于日本古河电气工业株式会社的光纤熔接机实现，其型号为 S178A V2。然后用精度为 1mm 的切割刀切割多模光纤。在切割后的多模光纤另一端面熔接传感单模光纤，并将传感单模光纤切割至 3cm。最后在传感单模光纤另一端面进行导出单模光纤的错位熔接。错位熔接采用手动熔接模式，熔接机的放电强度和放电时间分别设置为 80 和 600ms。先将传感单模光纤和导出单模光纤的端面对齐，并控制端面距离在 15μm 左右，然后在 X 平面移动导出单模光纤，使其错位偏移 40μm。最后进行放电操作，完成错位熔接。这样就实现了 SM-MM-SM 错位结构的制作。

用上述方法制作了 3 个 SM-MM-SM 错位结构，在光学显微镜下测量具体参数，其多模光纤长度分别为 200μm、700μm、927μm，按此参数将这 3 个传感结构记为结构 A、结构 B 和结构 C。以结构 A 为例，图 5.1.8 为多模光纤和错位点的显微镜图。

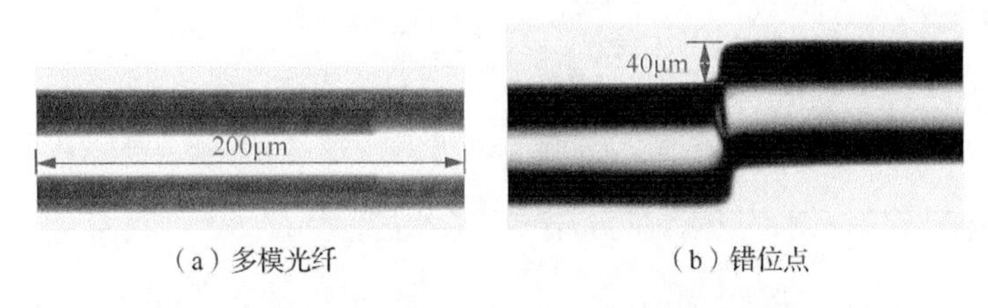

（a）多模光纤　　（b）错位点

图 5.1.8　SM-MM-SM 错位结构的显微镜图

2. 单模-多模-单模错位结构的性能测试

在填充磁流体、进行光纤磁场传感器的制作之前，有必要测试 SM-MM-SM 错位结构的性能。性能测试有 3 个目的：

（1）对比 SM-MM-SM 错位结构的仿真结果，检验实验结果与仿真结果是否保持一致。

（2）传感结构的实际折射率响应结合后续磁场测量结果可以分析光纤中光的干涉情况，包括光的频率、振幅等性质，这样能对 SM-MM-SM 错位结构的传感机理有更深入的了解。

（3）若某个传感结构的性能测试效果不理想，可直接淘汰该样本，避免使用性能不佳的传感结构制作磁场传感器而造成的制作材料和时间的浪费。

本节通过滴加不同浓度的 NaCl 溶液来改变传感结构的环境折射率。配制的 NaCl 溶液的质量浓度范围为 0.5%～25.0%，对应的折射率范围为 1.3345～1.3761。折射率通过 WYA-2S 数字阿贝折射仪测量，其精度为 0.0002。

光沿导入单模光纤到达传感结构，被环境折射率调制后沿导出单模光纤导出，处理分析输出光谱就能得到传感结构的折射率响应结果。实验时，将 NaCl 溶液按照折射率从低到高依次完全浸没传感结构，并记录对应的传感结构输出光谱。每次更换 NaCl 溶液前用吸水纸吸干溶液并用去离子水清洗传感结构，再用吸水纸吸干去离子水，保证实验的准确性。为了避免光纤弯曲对实验的影响，传感结构被固定在实验台上并保持拉直的状态直到实验结束。

结构 A、结构 B 和结构 C 的折射率响应实验结果如图 5.1.9 所示。从图 5.1.9 可以看出，结构 A、结构 B、结构 C 的折射率灵敏度分别为 156.63nm/RIU、132.37nm/RIU、154.50nm/RIU。其中，结构 A 折射率灵敏度最高，而且结构 A 的输出光谱的波谷对比度明显大于结构 B 和结构 C 的输出光谱波谷的对比度。从灵敏度以及输出光谱来说，结构 A 的折射率响应效果为三者最佳，因此使用结构 A 进行下一步光纤磁场传感器的制作。

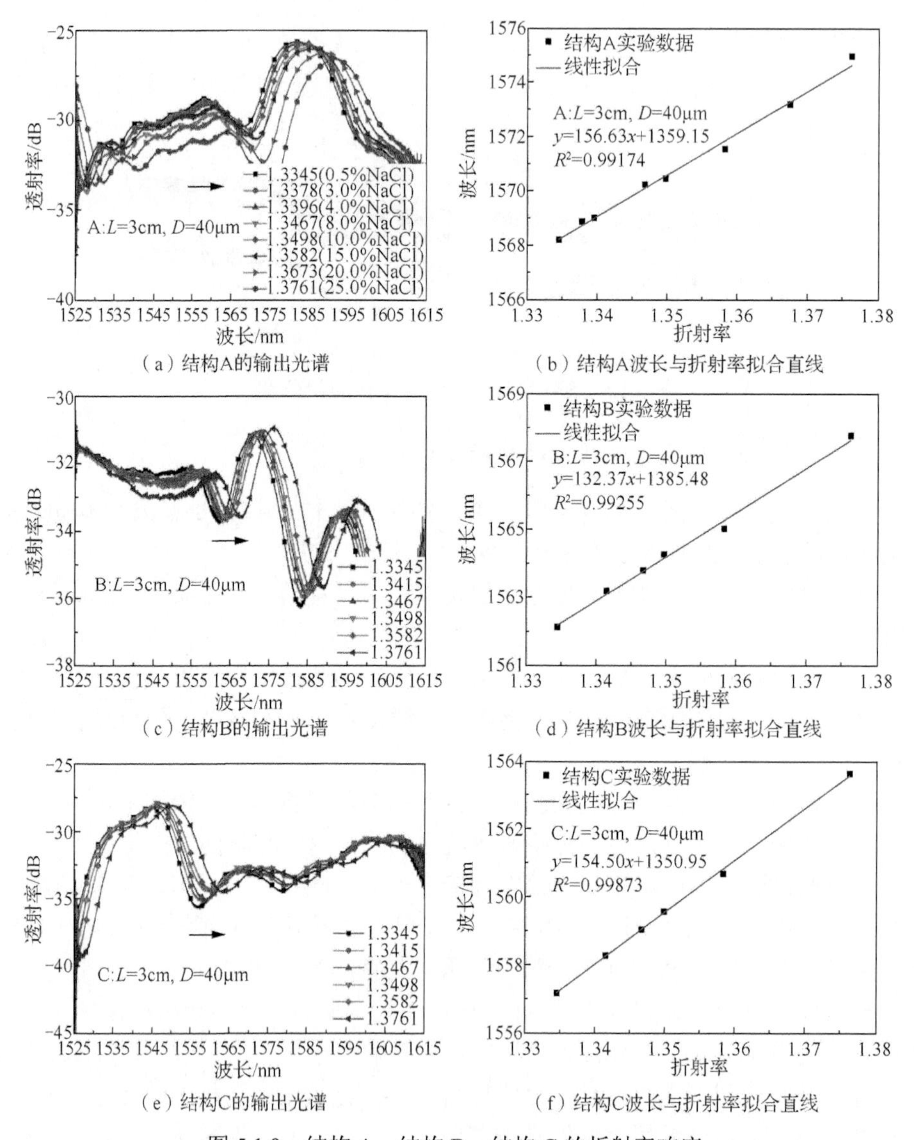

（a）结构A的输出光谱　（b）结构A波长与折射率拟合直线

（c）结构B的输出光谱　（d）结构B波长与折射率拟合直线

（e）结构C的输出光谱　（f）结构C波长与折射率拟合直线

图 5.1.9　结构 A、结构 B、结构 C 的折射率响应

为了进一步分析组成 SM-MM-SM 错位结构干涉谱的包层模式，对其输出光谱进行 FFT，得到空间频谱。将传感结构 A 置于去离子水中，对应输出光谱的频谱如图 5.1.10 所示。

图 5.1.10 中的每个峰表示由两种包层模式产生的干涉，它有干涉频率和振幅两个参数。频谱中有不止一个峰，这说明 SM-MM-SM 错位结构的干涉谱是由多个干涉共同组成的，而每个干涉又由两种包层模式组成，因此传感结构的频谱证明了传感单模光纤中的多种包层模式的存在，这些包层模式由传感结构中的多模光纤激发而来。峰的频率范围可用于对输出光谱进行滤波、去噪处理。

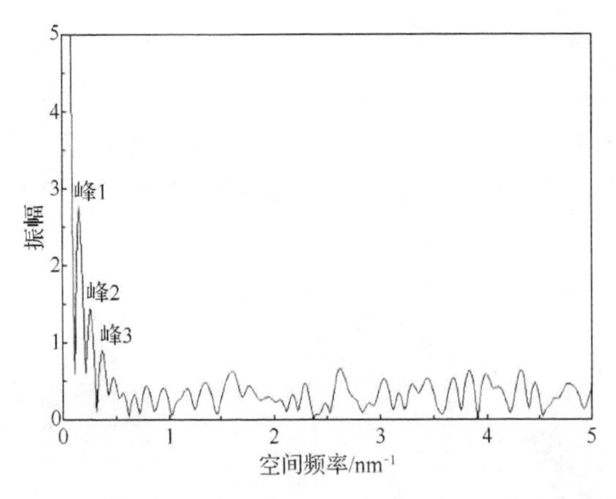

图 5.1.10　传感结构置于去离子水中时的空间频谱

5.1.3　单模-多模-单模错位结构的光纤磁场传感器制作与实验测试

1. 单模-多模-单模错位结构的光纤磁场传感器制作

在完成 SM-MM-SM 错位结构的制作和性能测试之后，选用折射率响应效果最好的结构 A 进行基于磁流体的磁场传感器的制作。

首先将 SM-MM-SM 错位结构和毛细玻璃管用无水乙醇清洗干净。传感结构的长度为 3cm，单模光纤涂覆层直径为 250μm，使用的毛细玻璃管长度和内径分别为 4.0cm 和 450μm。多出的 1cm 部分用于 UV 胶的填充以密封毛细玻璃管两端，而 450μm 内径的毛细玻璃管足以封装保护传感结构。将传感结构部分置于毛细玻璃管中间，拉紧并固定传感结构。在毛细玻璃管一端滴入微量的磁流体，通过毛细现象，磁流体很快就会将毛细玻璃管填充满。实验中采用的磁流体为油基磁流体（EMG905，Ferrotec），这种磁流体外观为黑褐色，载液是轻烃油，纳米磁性粒子粒径为 10nm，其饱和磁化强度和黏度分别为 44mT（±10%，25℃）和 6cP（±10%，27℃），特点是不易蒸发，保质期较长。最后用 UV 胶将毛细玻璃管两端密封，防止磁流体的溢出泄漏，而且能对光纤传感结构起到一定的保护作用。制作完成的磁场传感器实物图如图 5.1.11 所示。

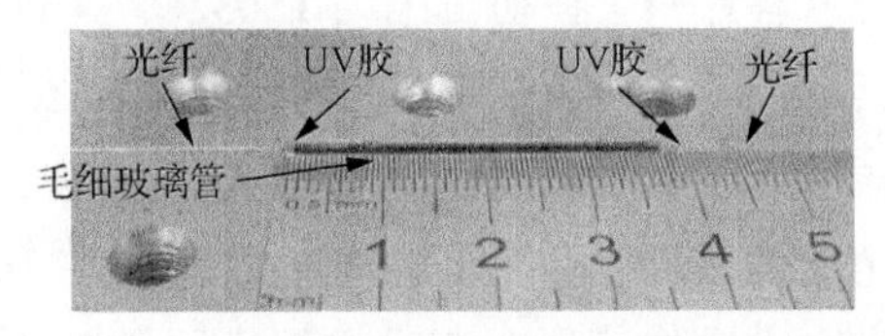

图 5.1.11　单模-多模-单模错位结构的光纤磁场传感器实物图

2. 单模-多模-单模错位结构的光纤磁场传感器实验测试

1）磁场实验装置

基于磁流体的 SM-MM-SM 错位结构光纤磁场传感器制作完成后，搭建磁场测量实验系统。实验系统中需要的设备包括放大自发辐射光源（amplified spontaneous emission source, ASE，波长为 1520～1620nm）、水冷液循环散热的磁场发生装置（最高可达 500Gs，分辨率可达 0.0076Gs，调整灵敏度为 76Gs/A）、高斯计（CH-1500）以及光谱仪。磁场测量的整体实验系统示意图如图 5.1.12（a）所示。

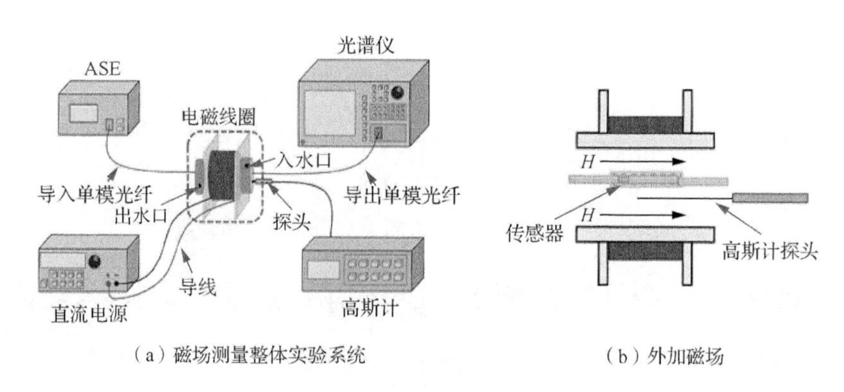

（a）磁场测量整体实验系统　　（b）外加磁场

图 5.1.12　磁场测量实验系统

光从 ASE 发出，沿导入单模光纤到达磁场传感器，当施加的磁场强度变化时，磁流体折射率发生改变，从而引起包层模式有效折射率的改变，最终引起输出光谱的偏移。通过对光谱偏移的分析，可获得 SM-MM-SM 错位结构光纤磁场传感器的磁场传感效果。磁场装置产生的磁场强度由高斯计校准，其分辨率为 0.1Gs。实验过程中，将磁场传感器放置在线圈内部中心，与线圈产生的均匀磁场方向平行，如图 5.1.12（b）所示。

2）磁场测量实验结果与分析

本节实验过程中原始输出光谱中有较多毛刺，为了能更准确地分析光谱，采用低通滤波的方法去除光谱数据的高频噪声。低通滤波的截止频率为 0.06nm^{-1}，得到的输出光谱如图 5.1.13（a）所示。当磁场从 20.2Gs 增加到 297.8Gs 时，输出光谱的谐振谷波长总体呈蓝移趋势，移动范围为 1563.37～1583.24nm。图 5.1.13（b）则是（a）光谱中谐振谷波长与磁场强度的关系，当磁场强度为 20.2～72.4Gs 时，谐振谷波长几乎没有偏移，这和磁流体的选择有关，只有当外界磁场强度达到某个阈值时，实验中所用的油基磁流体的折射率才开始发生变化，此处的阈值约为 72.4Gs。若要降低阈值让磁场传感器在低磁场强度区域敏感，可以尝试稀释磁流体的方法。当磁场强度为 72.4～297.8Gs 时，波长与磁场强度的线性拟合曲线为 $y = -0.09724x + 1592.20$，即基于磁流体的 SM-MM-SM 错位结构光纤磁场传感器的磁场灵敏度为−97.24pm/Gs。

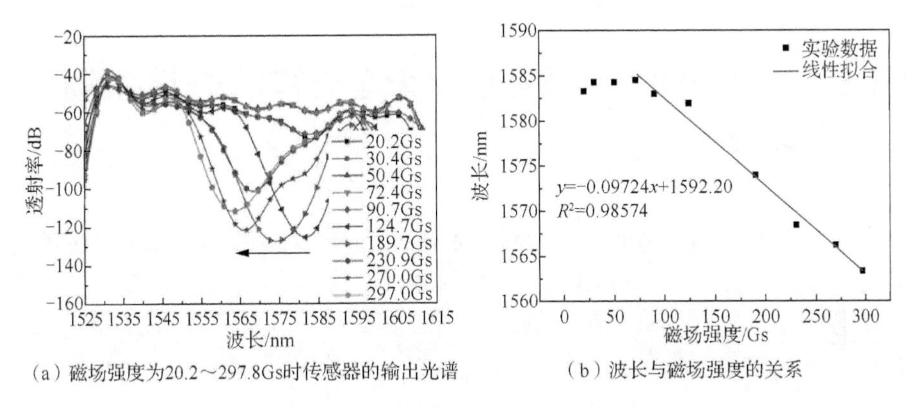

（a）磁场强度为20.2～297.8Gs时传感器的输出光谱　（b）波长与磁场强度的关系

图 5.1.13　SM-MM-SM 错位结构的光纤磁场传感器的磁场测量实验

本节提出的基于磁流体的 SM-MM-SM 错位结构光纤磁场传感器具有结构紧凑、制作简单、成本低廉等优点，同时该传感器的磁场灵敏度也要大于一些类似结构的光纤磁场传感器，如表 5.1.1 所示。

表 5.1.1　本节传感器与类似传感器的磁场灵敏度比较

传感结构	磁场灵敏度/（pm/Gs）
单模-多模-单模光纤结构[2]	−16.86
多模光纤和错位结构[3]	−18.7
多模-单模-多模光纤结构[4]	21.5
S 形微纳光纤结构[5]	56
本节提出的单模-多模-单模错位结构	−97.24

本节提出的光纤磁场传感器优点众多，性能优异，但仍有一些不足：

（1）磁场强度测量时输出光谱损耗大，滤波后光谱的波谷传输损耗超过−120dB，不利于矢量磁场的感测。

（2）传感结构尺寸过大，传感单模光纤长 3cm，错位距离为 40μm，这会降低矢量磁场感测的稳定性，增大实验误差。

（3）由于在制作传感结构时使用的光纤切割刀的精度只有 1mm，而多模光纤的长度需要保持在 1mm 以内，所以不能准确地控制传感结构的多模光纤长度，结构 A、结构 B、结构 C 的多模光纤长度分别为 200μm、700μm、927μm。而在传感结构的性能测试实验中，结构 A、结构 B、结构 C 的测试结果并不一致，这说明多模光纤的长度也会在一定程度上影响传感器性能。综合上述不足，需要从损耗、尺寸等对 SM-MM-SM 错位结构进行改进。

5.2 基于单模-多模-细芯错位结构的光纤磁场传感技术

本节针对基于磁流体的 SM-MM-SM 错位结构光纤磁场传感器存在的不足，对传感器进行改进设计，提出了一种基于磁流体的单模-多模-细芯错位结构的光纤磁场传感器。通过仿真分析，确定了单模-多模-细芯错位结构的多模长度、传感区域长度以及错位距离。

5.2.1 单模-多模-细芯错位结构的设计与数值仿真

1. 单模-多模-细芯错位结构的设计

本节对单模-多模-单模错位结构进行了改进，提出一种单模-多模-细芯（single mode-multimode-thin core, SM-MM-TC）错位结构。细芯光纤（thin core fiber, TCF）有多种规格，其特点是光纤包层直径和纤芯直径都要小于普通单模光纤。本节使用的细芯光纤包层直径和纤芯直径分别为 80μm 和 7.0μm，去除涂覆层后的细芯光纤在显微镜下的图片如图 5.2.1（b）所示。

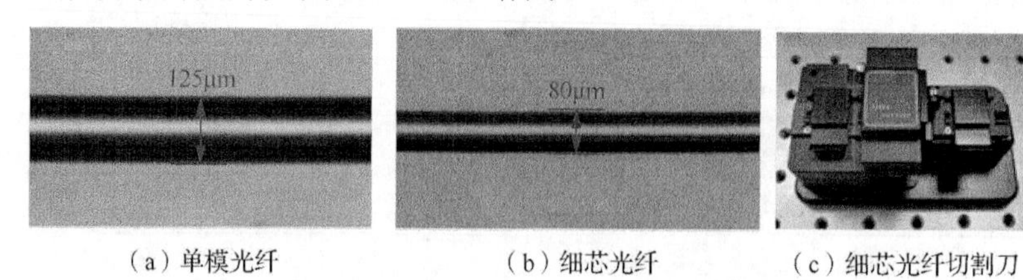

（a）单模光纤　（b）细芯光纤　（c）细芯光纤切割刀

图 5.2.1　去除涂覆层后的单模光纤和细芯光纤显微镜图

由于细芯光纤的涂覆层直径是 170μm，不同于普通单模光纤的涂覆层直径 250μm，所以无法用普通单模光纤的切割刀切割细芯光纤，需要将切割刀更换为细芯光纤专用的切割刀，如图 5.2.1（c）所示。该切割刀操作简单，使用方便，切割效果好。

相对于光纤拉锥和光纤腐蚀这两种改进方法，使用细芯光纤的优点是：细芯光纤包层直径固定，误差小于 1μm，不存在类似于光纤拉锥尺寸不能精确控制的问题；切割方便，耗时短，安全无污染；去除涂覆层后可直接使用，不存在光纤表面不平滑的问题。

综合以上比较分析，本节选择细芯光纤作为传感结构的改进方式，即将原来的传感单模光纤替换为细芯光纤，提出一种单模-多模-细芯（SM-MM-TC）错位结构，如图 5.2.2 所示。

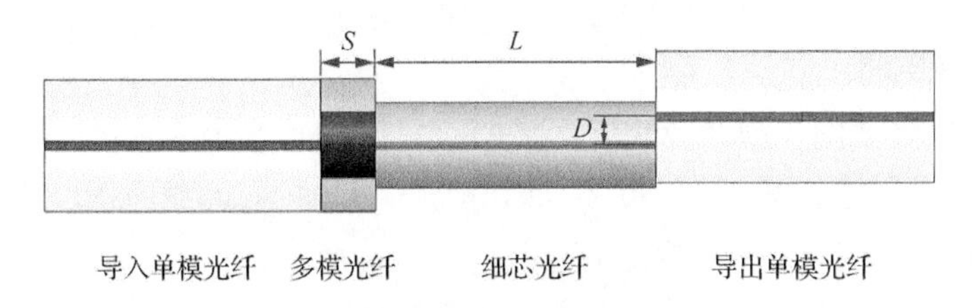

图 5.2.2　SM-MM-TC 错位结构

SM-MM-TC 错位结构传感原理与 SM-MM-SM 错位结构类似，光从导入单模光纤传输到多模光纤时，多模光纤纤芯起到扩展模场的作用，因此在作为传感用的细芯光纤中产生纤芯模式和包层模式。包层模式的有效折射率受外界环境折射率影响，外界环境折射率变化会引起包层模式的有效折射率的变化。经过细芯光纤后，光在错位处发生干涉，干涉光进入导出单模光纤中。外界环境折射率变化最终表现为输出光谱中的谐振谷波长偏移。

2. 单模-多模-细芯错位结构的数值仿真

本节对 SM-MM-TC 错位结构折射率响应进行仿真分析，确定传感区域长度和错位距离的具体数值。同时研究多模光纤长度对传感结构中传输光的影响，确定合适的多模长度。

1）单模-多模-细芯错位结构的参数确定

结构改进后，需对新结构重新进行模拟仿真，以确定具体参数。SM-MM-SM 错位结构性能测试实验结果说明多模光纤的长度对传感性能有影响，因此多模光纤合适的长度也需要通过仿真分析获得。对 SM-MM-TC 错位结构中的多模光纤长度 S、细芯光纤长度 L 以及错位距离 D 进行仿真分析。SM-MM-TC 错位结构的仿真模型如图 5.2.3 所示，包括外界环境、光纤包层、光纤纤芯三部分。模型中从下到上依次为导入单模光纤、多模光纤、细芯光纤、导出单模光纤。其中细芯光纤的纤芯直径设置为 7μm，包层直径设置为 80μm。

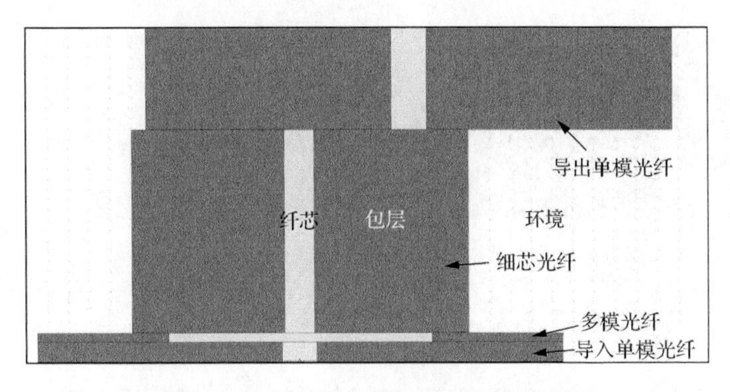

图 5.2.3　SM-MM-TC 错位结构的仿真模型

（1）多模光纤长度 S。

为了确定合适的多模光纤长度，需要对多模光纤内的电场分布情况进行仿真分析。图 5.2.4 是当多模光纤长度不同时光纤内电场分布的截面图，其中横截面圆心坐标为(0, 0)，X 轴和 Y 轴都表示距离。

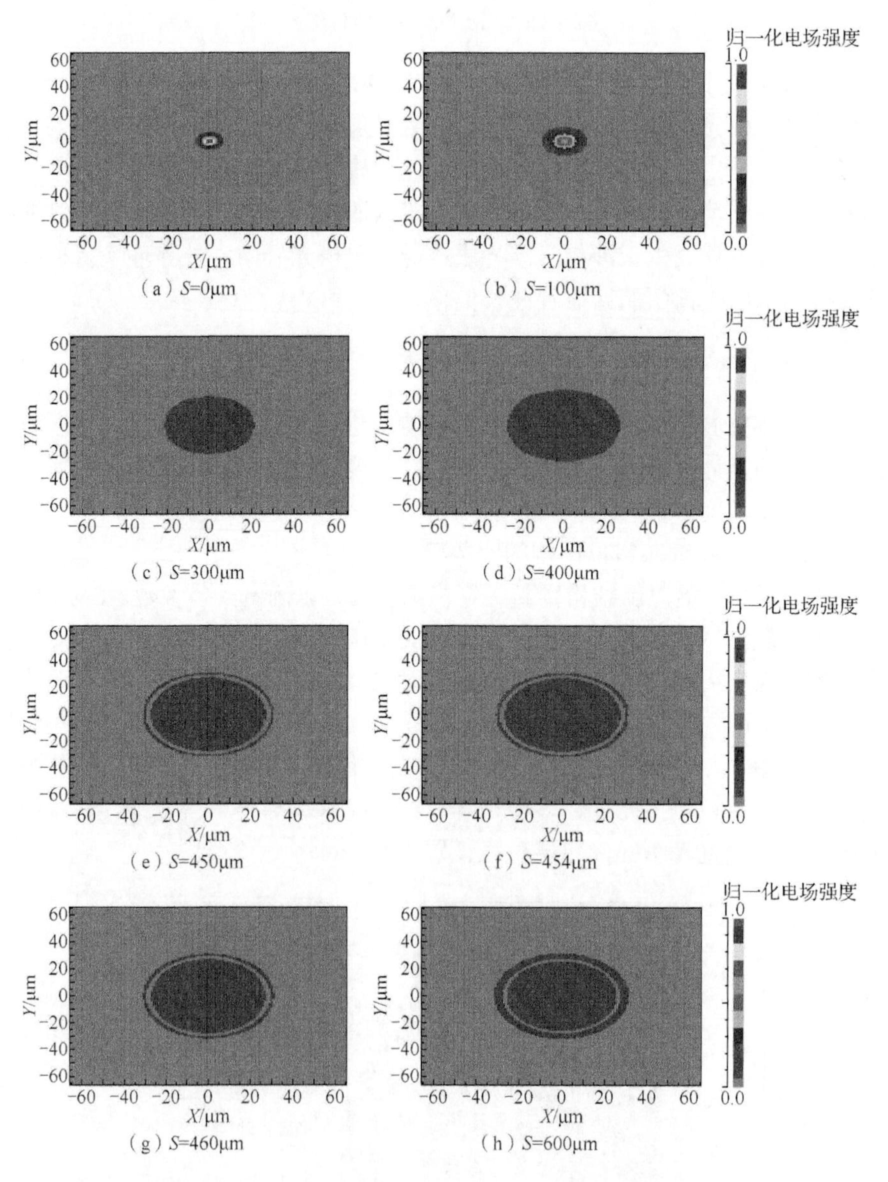

图 5.2.4　多模光纤长度 S 不同时光纤内电场分布截面图

多模光纤长度 S=0μm 时的电场分布截面与导入光纤内的电场分布截面一致，

随着 S 的增大，电场开始在多模光纤的纤芯内扩展，S=450μm 至 S=460μm 时，电场分布情况类似。当 S=454μm 时，电场截面的直径达到最大值，即多模光纤纤芯的直径为 62.5μm。此后电场截面的半径不再随 S 的增大而增大，而是保持最大值不变，这意味着电场被限制在了多模光纤纤芯中，S=600μm 时的电场截面说明了这一点。

多模光纤长度 S 的选择需要考虑两个问题：一是 S 应该尽可能短，以减小传感结构尺寸和减小多模光纤对传感结构的影响；二是多模光纤需要达到一定长度来实现在传感结构中扩展模场的作用，模场的有效扩展有利于传感结构性能的提高。结合多模光纤的电场分布截面仿真分析，综合考虑这两个问题，450～460μm 为多模光纤合适长度范围。

（2）细芯光纤长度 L 和错位距离 D。

在对不同细芯光纤长度 L 和错位距离 D 的 SM-MM-TC 错位结构进行折射率响应仿真时，多模光纤长度 S 设置为 454μm，环境折射率变化范围为 1.3345～1.3761。为了更准确地获得最佳参数，仿真了当错位距离 D 为 15～30μm，细芯光纤长度 L 分别为 0.5cm、1cm、2cm、3cm 时 SM-MM-TC 错位结构的折射率响应。

当 L=0.5cm 时，传感结构的折射率响应仿真的输出光谱几乎都无效，图 5.2.5 所示为 D=20μm 和 D=30μm 时的输出光谱。这说明 0.5cm 取值过小，不适合作为细芯光纤的长度。

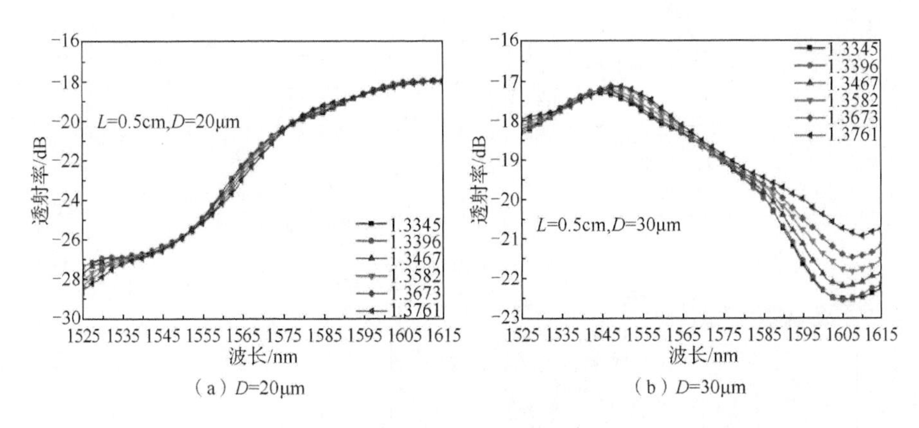

（a）D=20μm　　（b）D=30μm

图 5.2.5　当 L=0.5cm 时不同 D 的 SM-MM-TC 错位结构折射率响应仿真

当 L 为 1cm、2cm、3cm，错位距离 D 为 15～30μm 时，SM-MM-TC 错位结构的折射率响应仿真的输出光谱都有效，对应的折射率灵敏度与错位距离的关系如图 5.2.6 所示。从图中可以看出，SM-MM-TC 错位结构折射率灵敏度和错位距离并不是线性关系，但随着错位距离的改变，传感结构折射率灵敏度变化明显且具有最大值。当L取值不同时，传感结构折射率灵敏度和错位距离的变化曲线相似。

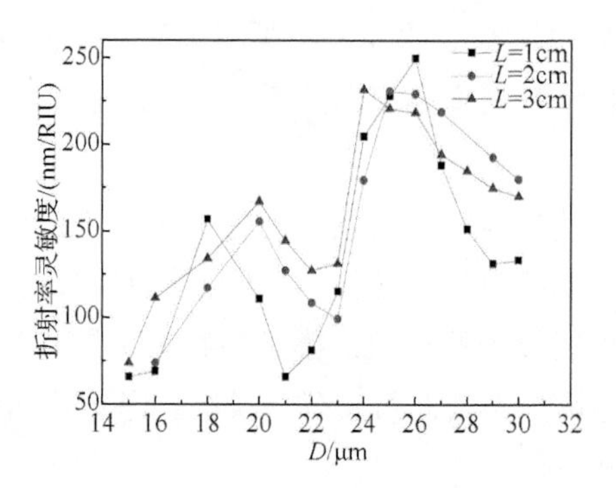

图 5.2.6 L为 1cm、2cm、3cm 时折射率灵敏度与错位距离的关系

当L为 1cm、2cm、3cm 时，折射率灵敏度达到最大时错位距离的值也很接近，分别为 26μm、25μm、24μm，具体的折射率响应如图 5.2.6、图 5.2.7 所示。当L为 1cm、2cm、3cm 时，传感结构的最大折射率灵敏度分别 249.80nm/RIU、230.76nm/RIU、231.80nm/RIU。

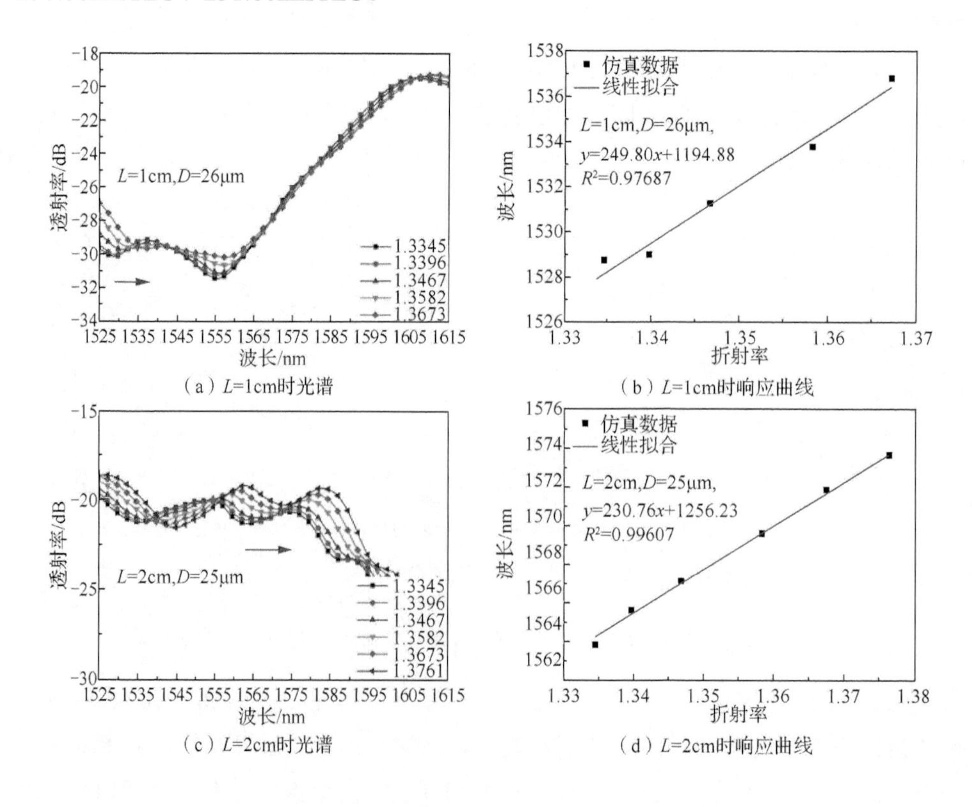

（a）L=1cm时光谱

（b）L=1cm时响应曲线

（c）L=2cm时光谱

（d）L=2cm时响应曲线

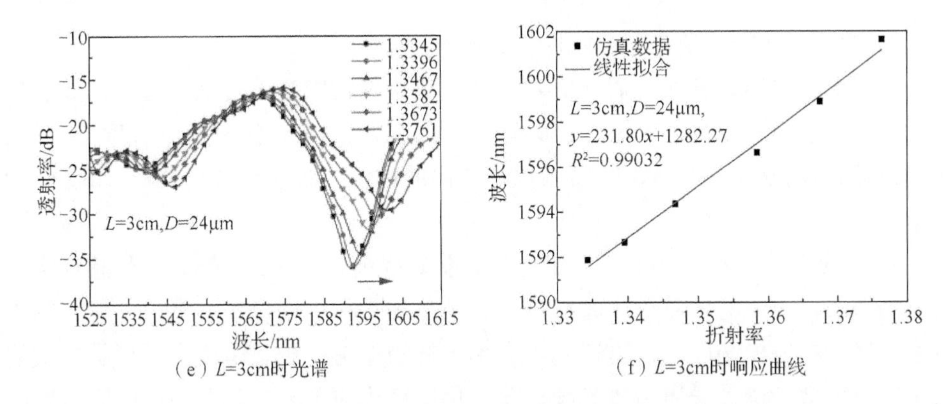

（e）L=3cm时光谱　　（f）L=3cm时响应曲线

图 5.2.7　SM-MM-TC 错位结构折射率响应特性仿真

虽然当 L=1cm 时拟合曲线的线性度相对较低，但此时的折射率灵敏度最大，又考虑到要减小传感结构的尺寸以提高磁场传感器稳定性，在这点上 L=1cm 时的尺寸有明显的优势。所以从仿真结果来看，细芯光纤长度 L=1cm、错位距离 D=26μm 应为最佳选择。为了验证 SM-MM-TC 错位结构的传感性能与之前的 SM-MM-SM 错位结构相比有较大提升，本节在参数相同的情况下，对 SM-MM-SM 错位结构的折射率响应进行了进一步仿真。SM-MM-SM 错位结构的多模光纤长度设为 454μm，传感单模光纤长度设为 1cm，错位距离范围为 15～30μm。当错位距离为 20～23μm 时，SM-MM-SM 错位结构的输出光谱在 1525～1615nm 波段内无波谷，图 5.2.8（a）为当错位距离为 20μm 时的输出光谱。多模光纤长度 S、细芯光纤长度 L 相同时，SM-MM-TC 错位结构与 SM-MM-SM 错位结构的折射率灵敏度比较如图 5.2.8（b）所示。通过比较，不难发现参数相同的情况下，SM-MM-TC 错位结构的传感性能要优于 SM-MM-SM 错位结构的传感性能，而且两者的最大折射率灵敏度差异明显。该仿真结果说明了对传感结构的改进设计是合理并有效的。

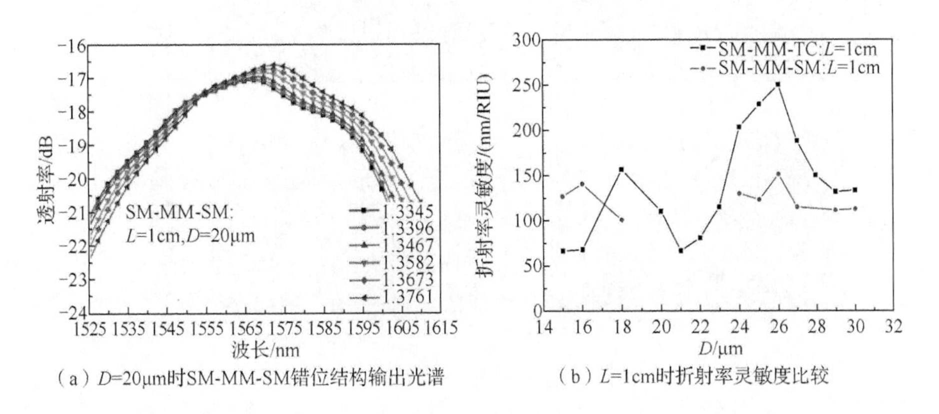

（a）D=20μm时SM-MM-SM错位结构输出光谱　　（b）L=1cm时折射率灵敏度比较

图 5.2.8　SM-MM-SM 错位结构与 SM-MM-TC 错位结构性能对比

2）单模-多模-细芯错位结构的电场分布

为了更具体地研究改进后 SM-MM-TC 错位结构中光的传播，证明在导出单模光纤中包层模式发生了干涉，对多模光纤长度 S=454μm、细芯光纤长度 L=1cm、错位距离 D=26μm 的 SM-MM-TC 错位结构内的电场分布进行仿真分析，如图 5.2.9 所示。

图 5.2.9（a）是 SM-MM-TC 错位结构仿真模型。图 5.2.9（b）是传感结构中的电场分布，图中的传感单模光纤包含了纤芯模式和包层模式，其中的包层模式由多模光纤扩展模场产生，这证明了多模光纤的作用。传感单模光纤包层模式的光在错位处耦合进入导出单模光纤纤芯，包层模式的干涉光如图中椭圆区域内所示。图 5.2.9（c）所示为 Z 值不同时的传感结构的电场截面，分别与图 5.2.9（a）

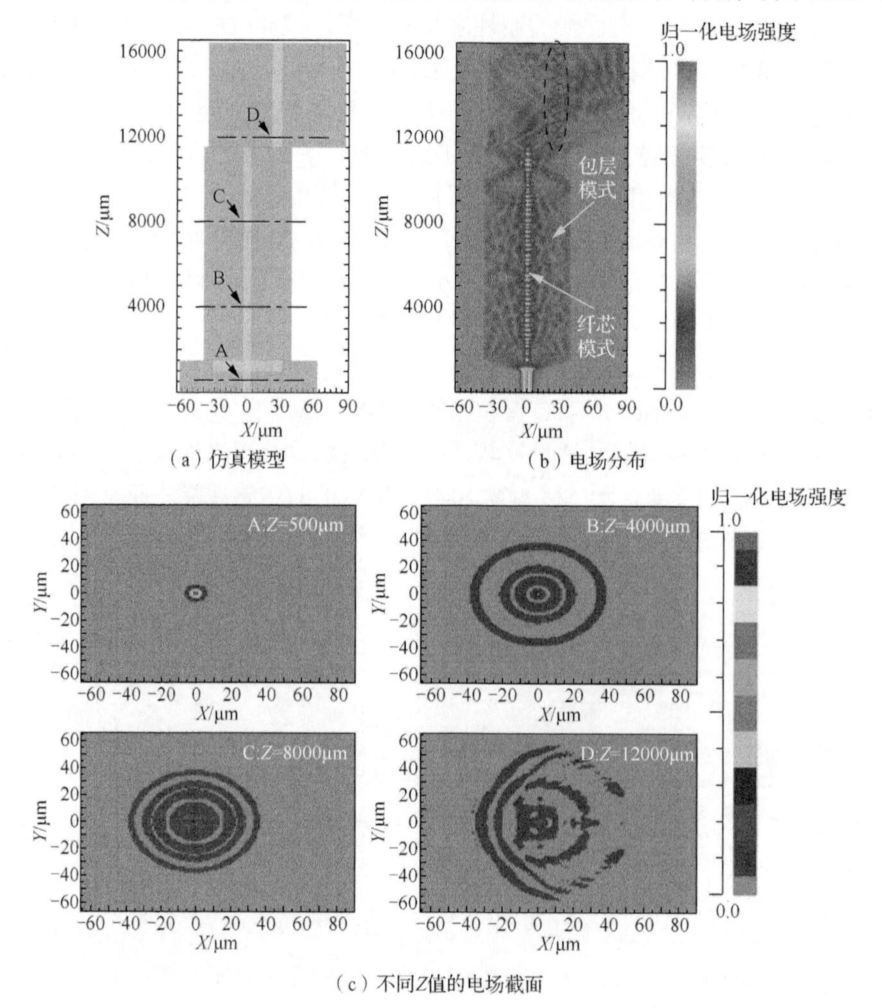

图 5.2.9　SM-MM-TC 错位结构的电场分布仿真（S=454μm，L=1cm，D=26μm）

中的A、B、C、D四个截面一一对应。电场截面图清晰地反映了光在传感结构中某一位置的传播状态，当Z=12000μm时，X=26μm、Y=0μm附近明显可见有电场分布，即包层模式的光在错位处耦合进了导出单模光纤纤芯。

通过以上仿真分析，确定了SM-MM-TC错位结构的各项具体参数，多模光纤长度S为450～460μm，细芯光纤长度L=1cm，错位距离D=26μm。

5.2.2　单模-多模-细芯错位结构的制作与实验测试

本节在5.2.1节确定的具体参数基础上进行SM-MM-TC错位结构的制作和性能测试。

1. 单模-多模-细芯错位结构的制作

SM-MM-TC错位结构的制作方法与SM-MM-SM错位结构的制作方法类似，但为了能较为精确地将多模光纤切割至所需长度，本节将切割刀与微位移平台结合起来，组合成一套能精确切割微小长度光纤的装置，如图5.2.10所示。微位移平台上的光纤夹具用于固定光纤，滑轮和夹子使得光纤在切割过程中保持拉直状态以保证切割的准确性。

图5.2.10　SM-MM-TC错位结构制作装置

SM-MM-TC错位结构具体制作过程如下：

（1）将导入单模光纤一端夹在微位移平台的夹具上，另一端绕过滑轮用夹子夹紧，此时导入单模光纤呈拉直状态，切割刀刀片附近的光纤涂覆层已提前被去除。

（2）切割导入单模光纤，然后用熔接机将单模光纤与已切割过的多模光纤熔接。熔接后用微位移平台右侧的微调旋钮将光纤夹具右移450μm，再将多模光纤绕过滑轮用夹子夹紧。切割后的多模光纤长度接近 450μm，微位移平台的精度为 10μm。

（3）多模光纤和细芯光纤的熔接采用手动熔接模式，熔接程序的放电强度和放电时间分别设置为 20 和 350ms，这两个参数是经过多次试验后得出的。多模光纤和细芯光纤熔接后如图 5.2.11（a）所示。

（4）将细芯光纤切割至 1cm。细芯光纤的切割不同于普通光纤的切割，其包层直径为 80μm，需使用直径 80μm 的光纤专用切割刀，步骤（3）中也使用该切割刀进行细芯光纤的切割。

（5）细芯光纤和导出单模光纤的错位熔接也采用手动熔接模式，熔接程序的放电强度和放电时间同样为 20 和 350ms。细芯光纤和导出单模光纤对齐后，在 X 平面移动细芯光纤，使其错位 26μm。放电熔接后如图 5.2.11（b）所示。

通过以上 5 个步骤，就能实现 SM-MM-TC 错位结构的制作。

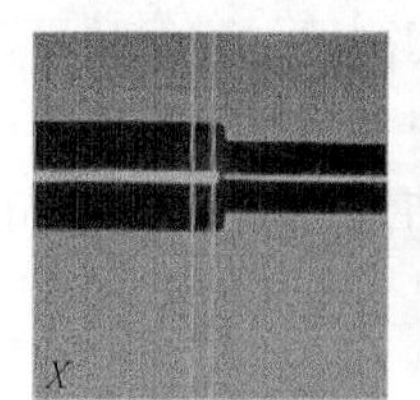

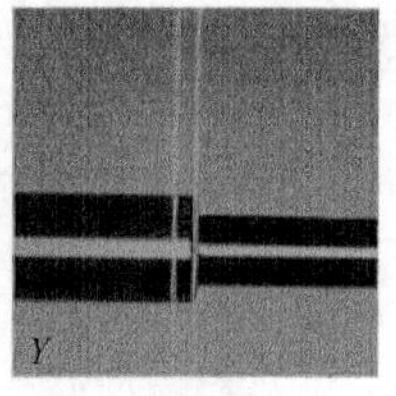

（a）多模光纤与细芯光纤熔接

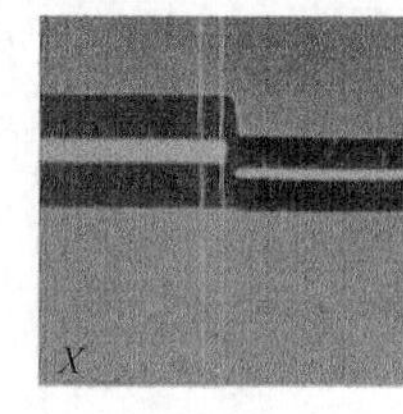

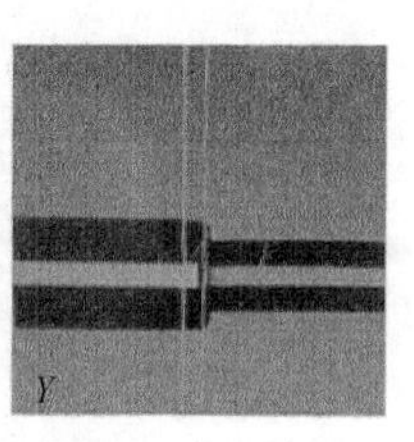

（b）错位熔接

图 5.2.11 SM-MM-TC 错位结构制作

2. 单模-多模-细芯错位结构的实验测试

SM-MM-TC 错位结构制作完成后，需要对其进行传感性能测试。性能测试中用不同浓度的 NaCl 溶液来改变传感结构的环境折射率。新配制的 NaCl 溶液的质量浓度范围为 1.0%～25.0%，对应的折射率范围为 1.3343～1.3770。

SM-MM-TC 错位结构的传感性能测试实验系统与 SM-MM-SM 错位结构的相同。测试过程中，仍需注意两个要点：一是确保每次更换 NaCl 溶液前必须清洗传感结构，本节用去离子水清洗并用吸水纸吸干，这样有利于提高实验的准确性；二是为了避免光纤弯曲、移动等因素对实验的影响，传感结构被固定且保持拉直的状态直到实验结束。SM-MM-TC 错位结构传感性能测试结果如图 5.2.12 所示。

图 5.2.12（a）是传感结构的输出光谱，随着外界环境折射率的增大，光谱波谷明显红移。图 5.2.12（b）是光谱波谷波长与环境折射率的关系，从图中可知，传感结构的折射率灵敏度为 260.90nm/RIU，略大于仿真中的灵敏度 249.80nm/RIU，可以认为实验结果与仿真结果一致。与 SM-MM-SM 错位结构的折射率灵敏度 156.63nm/RIU 相比，SM-MM-TC 错位结构的折射率灵敏度则有很大的提高。这从实验角度说明了对传感结构的改进是行之有效的，改进结果达到了预期要求。

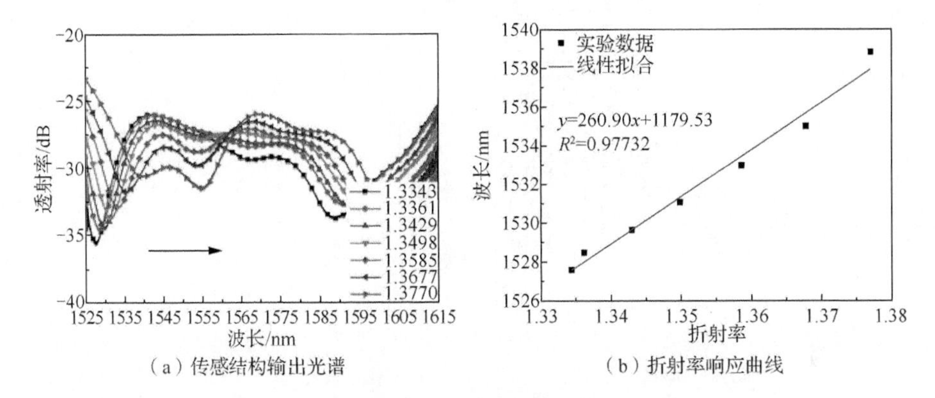

（a）传感结构输出光谱　　（b）折射率响应曲线

图 5.2.12　SM-MM-TC 错位结构传感性能测试结果

5.2.3　单模-多模-细芯错位结构的光纤磁场传感器制作与实验测试

基于 5.2.2 节的 SM-MM-TC 错位结构的传感结构，由于 SM-MM-TC 错位结构的传感区域长度只有 1cm，因此使用长度为 2cm 毛细玻璃管，多出的 1cm 是考虑 UV 胶填充以密封毛细玻璃管两端，最终制作出对应的光纤磁场传感器。

进行磁场测量实验时，使传感器附近的均匀磁场从 0Gs 开始增加至 60Gs 左右，并记录输出光谱。传感器磁场强度响应实验结果如图 5.2.13 所示。当施加平行磁场时，图 5.2.13（b）中拟合曲线的斜率非常接近 0，此时的光谱波谷无明显偏移现象。当施加垂直磁场时，实验结果如图 5.2.13（c）所示，光谱出现红移现象，此时的磁场灵敏度为 112.95pm/Gs。与基于磁流体的 SM-MM-SM 错位结构光纤磁场传感器相比，改进后的磁场传感器不仅在尺寸上有了明显减小，而且从磁场测量实验结果中可以看出，此时输出光谱的损耗更低，磁场灵敏度也有所提高，再一次证明了传感结构改进的有效性。

通过磁场传感器的磁场响应实验，验证了基于磁流体的 SM-MM-TC 错位结构的光纤磁场传感原理，并确定了基于磁流体 SM-MM-TC 错位结构光纤磁场传感器的传感特性，为实现磁场强度和磁场方向的测量提供了重要基础。

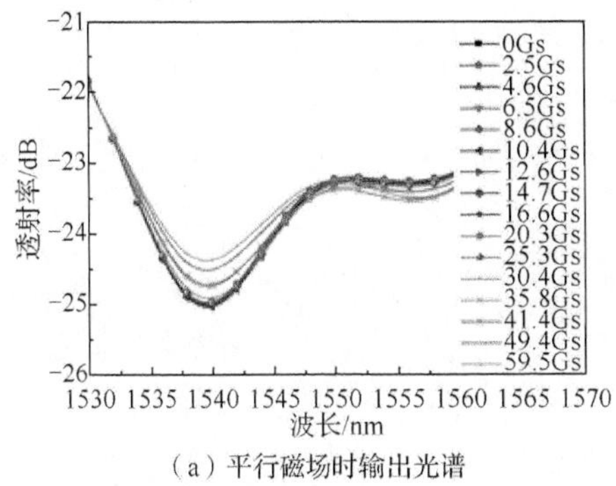

（a）平行磁场时输出光谱

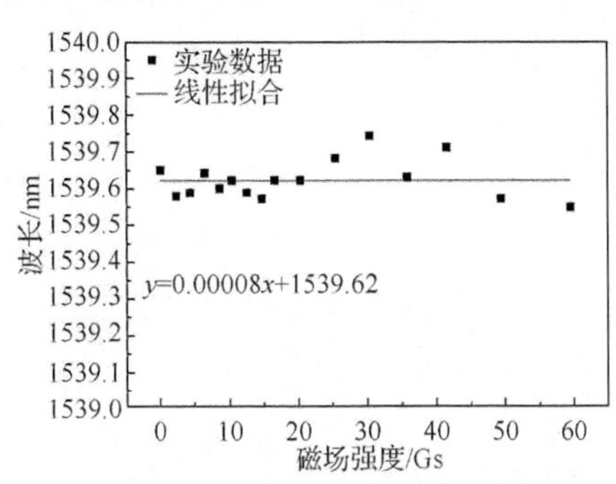

（b）平行磁场时波长与磁场强度拟合直线

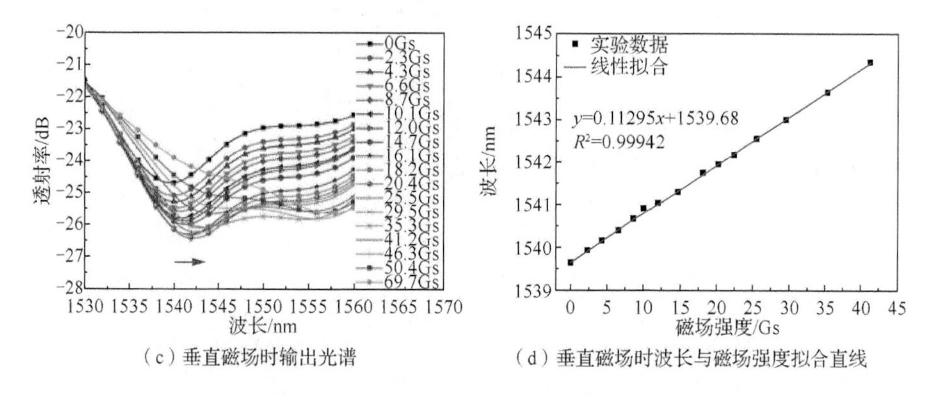

（c）垂直磁场时输出光谱

（d）垂直磁场时波长与磁场强度拟合直线

图 5.2.13 不同磁场方向时 SM-MM-TC 错位结构光纤磁场传感器的磁场响应

参 考 文 献

[1] Lv R Q, Zhao Y, Wang D, et al. Magnetic fluid-filled optical fiber Fabry-Pérot sensor for magnetic field measurement[J]. IEEE Photonics Technology Letters, 2014, 26(3): 217-219.

[2] Wang H T, Pu S L, Wang N, et al. Magnetic field sensing based on singlemode-multimode-singlemode fiber structures using magnetic fluids as cladding[J]. Optics Letters, 2013, 38(19): 3765-3768.

[3] Tong Z R, Wang Y, Zhang W H, et al. Optical fiber magnetic field sensor based on multi-mode fiber and core-offset structure[J]. Journal of Modern Optics, 2016, 64(12): 1129-1133.

[4] Tang J L, Pu S L, Dong S H, et al. Magnetic field sensing based on magnetic-fluid-clad multimode-singlemode-multimode fiber structures[J]. Sensors, 2014, 14(10): 19086-19094.

[5] Miao Y P, Wu J X, Lin W, et al. Magnetic field tunability of optical microfiber taper integrated with ferrofluid[J]. Optics Express, 2013, 21(24): 29914-29920.

第 6 章

基于磁流体磁控双折射特性的光纤 Sagnac 磁场传感技术

6.1 基于磁流体薄膜的光纤 Sagnac 磁场传感技术

Sagnac 干涉仪又称为光纤环镜（fiber loop mirror, FLM），已被广泛应用于光学传感和通信领域，引起了研究者的广泛关注。传统的 Sagnac 干涉仪由 3dB 耦合器和一段高双折射光纤（high birefringence fiber, HBF）组成，基于 Sagnac 干涉仪的各类传感器在传感领域已经得到广泛的应用，如温度传感器、应变传感器和曲率传感器等。本节将对基于磁流体薄膜的光纤 Sagnac 磁场传感技术展开研究。

6.1.1 光纤 Sagnac 传感原理

光纤 Sagnac 干涉仪在传感领域的应用始于光纤陀螺，光纤陀螺的典型结构如图 6.1.1 所示，光纤环绕垂直于环平面的轴旋转，经 Y 波导分成的两束光波在光纤环中沿相反方向传输，因光波的惯性运动会产生与光纤环旋转速率成比例的相位差，并在 Y 波导中发生干涉，由此可测量角速度[1]。

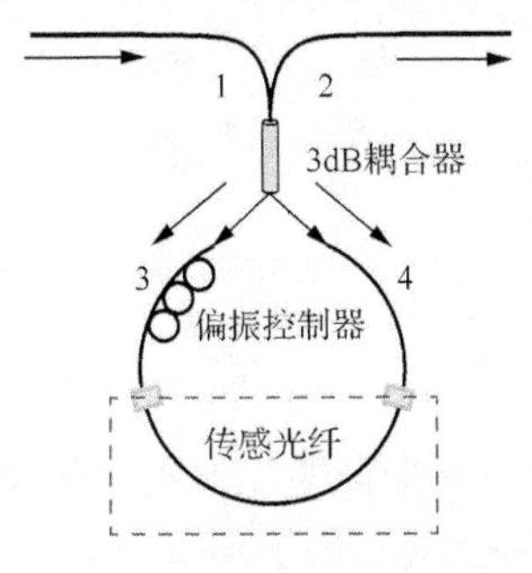

图 6.1.1　光纤陀螺的典型结构

在普通单模 Sagnac 干涉仪的最初设计中，是采用单模光纤连接 2×2 单模光纤耦合器两个输出端口，构成一个光纤环。单模光纤在非挤压、弯曲、扭转的情况下，双折射效应可以忽略。因此，若不考虑单模光纤的双折射效应，并忽略诸如外界法拉第效应或陀螺旋转效应的影响，当使用分光比为 K=0.5 的 3dB 单模光纤耦合器时，这个理想的光纤环起到了“全反射镜”的作用，因此被称为“光纤环镜”。如图 6.1.1 所示，光波从 3dB 耦合器端口 1 入射，50%光强的光经耦合器直通到端口 3，沿 Sagnac 干涉仪逆时针传输；而另外 50%光强的光经耦合器交叉耦合到端口 4，沿 Sagnac 干涉仪顺时针传输。

光纤熔融拉锥法是目前制作单模光纤耦合器的主要方法，它是将两根或多根剥掉涂覆层的单模光纤用一定方式靠拢，在高温下熔融的同时向两侧拉伸，最终在加热区形成双锥体的特殊波导结构。图 6.1.1 是常见的熔融拉锥型 2×2 单模光纤耦合器应用示意图。入射光强在双锥体结构的耦合区发生光强再分配，一部分光强通过“直通臂”3 继续传输，另一部分光则通过“耦合臂”4 传输到另一光路。当所用的单模光纤较短时，这种方法制作而成的光纤耦合器可不考虑对光波偏振态的影响。而 2×2 光纤耦合器的直通臂和耦合臂具有对称和互补的光强分配，当不考虑耦合器的插入损耗时，2×2 光纤耦合器的传输特性可由琼斯矩阵 T_c 描述为

$$E_{\text{out}} = T_c E_{\text{in}} = \begin{pmatrix} E_{\text{out1}} \\ E_{\text{out2}} \end{pmatrix} = \begin{pmatrix} A & B \\ B & A \end{pmatrix} \begin{pmatrix} E_{\text{in1}} \\ E_{\text{in2}} \end{pmatrix} \tag{6.1.1}$$

由于直通臂和耦合臂的光强守恒，有

$$\begin{aligned} & E_{\text{in1}} E_{\text{in1}}^* + E_{\text{in2}} E_{\text{in2}}^* \\ &= \left(AE_{\text{in1}} + BE_{\text{in2}}\right)\cdot\left(AE_{\text{in1}} + BE_{\text{in2}}\right)^* + \left(AE_{\text{in2}} + BE_{\text{in1}}\right)\cdot\left(AE_{\text{in2}} + BE_{\text{in1}}\right)^* \\ &= \left(AA^* + BB^*\right)E_{\text{in1}}E_{\text{in1}}^* + \left(AA^* + BB^*\right)E_{\text{in2}}E_{\text{in2}}^* \\ &\quad + \left(AB^* + BA^*\right)E_{\text{in1}}E_{\text{in2}}^* + \left(AB^* + BA^*\right)E_{\text{in2}}E_{\text{in1}}^* \end{aligned} \tag{6.1.2}$$

通过计算可得

$$\begin{aligned} AA^* + BB^* &= 1 \\ AB^* + BA^* &= 0 \end{aligned} \tag{6.1.3}$$

则有

$$T_c = \begin{pmatrix} A & B \\ B & A \end{pmatrix} = \begin{pmatrix} \sqrt{1-K} & \mathrm{i}\sqrt{1-K} \\ \mathrm{i}\sqrt{1-K} & \sqrt{1-K} \end{pmatrix} \tag{6.1.4}$$

式中，K 为分光比，直通臂和耦合臂的光波相位相差 $\pi/2$ 。因此，光纤耦合器中从端口 1 到端口 3 直通的光波比从端口 1 到端口 4 交叉耦合的光波相位超前 $\pi/2$ 。当两束光波再次在 3dB 耦合器中相遇时发生干涉，端口 2 的透射光波是具有任意相位 ϕ 的顺时针光波和相位为 $\phi-\pi$ 的逆时针光波的叠加。由于两个光波的光强相

等、相位相反，端口 2 的透射光强输出为 0，根据光强守恒可知所有的入射光都返回到端口 1。

在普通单模 Sagnac 干涉仪中运用熔接机熔接入一段高双折射光纤，可以形成高双折射 Sagnac 干涉仪[2]，并结合 ASE 和光谱仪搭建实验系统，如图 6.1.2 所示。由于高双折射光纤的双折射效应，在这种 Sagnac 干涉仪中沿相反方向传输的两束光波产生光程差，当两束光波再次进入光纤耦合器发生偏振干涉时，透射光谱和反射光谱具有梳状滤波特性，光波在高双折射 Sagnac 干涉仪中传输的过程同样可由琼斯矩阵描述。

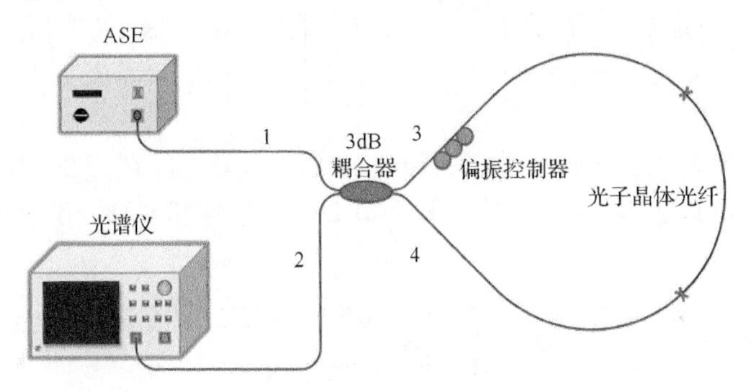

图 6.1.2　高双折射 Sagnac 干涉仪的基本结构

假设从 3dB 耦合器端口 2 入射的光矢量 $E_2=0$，同时从耦合器端口 1 入射的光矢量 $E_1\neq 0$，由于单模光纤存在不同程度的双折射，将 E_1 沿入射光矢量所在单模光纤的快轴和慢轴（分别记为 x 轴和 y 轴）分解为 E_{1x} 和 E_{1y}，并假设光矢量 E_1 的偏振方向沿 x 轴，即 $E_{1x}=E_1, E_{1y}=0$。由于耦合器分光比 K=0.5，经过耦合器入射至端口 3 和端口 4 的两束光矢量沿 x 轴和 y 轴分解后的琼斯矩阵分别为

$$\begin{pmatrix} E_{3x} \\ E_{4x} \end{pmatrix} = T_c \begin{pmatrix} E_{1x} \\ E_{2x} \end{pmatrix} = \begin{pmatrix} \sqrt{0.5} & \mathrm{i}\sqrt{0.5} \\ \mathrm{i}\sqrt{0.5} & \sqrt{0.5} \end{pmatrix} \cdot \begin{pmatrix} E_1 \\ 0 \end{pmatrix} = \begin{pmatrix} \sqrt{0.5}E_1 \\ \mathrm{i}\sqrt{0.5}E_1 \end{pmatrix} \tag{6.1.5}$$

$$\begin{pmatrix} E_{3y} \\ E_{4y} \end{pmatrix} = T_c \begin{pmatrix} E_{1y} \\ E_{2y} \end{pmatrix} = \begin{pmatrix} \sqrt{0.5} & \mathrm{i}\sqrt{0.5} \\ \mathrm{i}\sqrt{0.5} & \sqrt{0.5} \end{pmatrix} \cdot \begin{pmatrix} 0 \\ 0 \end{pmatrix} = 0 \tag{6.1.6}$$

对于沿 Sagnac 干涉仪顺时针传输的光矢量 E_3，由前面分析可知，当经过高双折射光纤时，光波总的传输特性为

$$\begin{aligned} \begin{pmatrix} E'_{4x} \\ E'_{4y} \end{pmatrix} &= T_{\mathrm{HBF}} \begin{pmatrix} E_{3x} \\ E_{3y} \end{pmatrix} \\ &= \begin{pmatrix} \cos\theta_2 & \sin\theta_2 \\ -\sin\theta_2 & \cos\theta_2 \end{pmatrix} \cdot \begin{pmatrix} \mathrm{e}^{-\mathrm{i}\frac{\pi\Delta nL}{\lambda}} & 0 \\ 0 & \mathrm{e}^{\mathrm{i}\frac{\pi\Delta nL}{\lambda}} \end{pmatrix} \cdot \begin{pmatrix} \cos\theta_1 & \sin\theta_1 \\ -\sin\theta_1 & \cos\theta_1 \end{pmatrix} \cdot \begin{pmatrix} E_{3x} \\ E_{3y} \end{pmatrix} \end{aligned} \tag{6.1.7}$$

式中，θ_1 和 θ_2 为入射和输出高双折射光纤时对应于入射光矢量 E_1 所在单模光纤快（慢）轴的旋转角度；L 是高双折射光纤的长度；Δn 是高双折射光纤的双折射值；λ 是波长。而对于沿 Sagnac 干涉仪逆时针传输的光矢量 E_4，当通过高双折射光纤时，由于坐标旋转方向相反且两次坐标旋转的顺序不同，相应地，光波总的传输特性可以被描述为

$$\begin{aligned}\begin{pmatrix}E'_{3x}\\E'_{3y}\end{pmatrix}&=T'_{\mathrm{HBF}}\begin{pmatrix}E_{4x}\\E_{4y}\end{pmatrix}\\&=\begin{pmatrix}\cos\theta_1&\sin\theta_1\\-\sin\theta_1&\cos\theta_1\end{pmatrix}\cdot\begin{pmatrix}\mathrm{e}^{-\mathrm{i}\frac{\pi\Delta nL}{\lambda}}&0\\0&\mathrm{e}^{\mathrm{i}\frac{\pi\Delta nL}{\lambda}}\end{pmatrix}\cdot\begin{pmatrix}\cos\theta_2&\sin\theta_2\\-\sin\theta_2&\cos\theta_2\end{pmatrix}\cdot\begin{pmatrix}E_{4x}\\E_{4y}\end{pmatrix}\end{aligned}\tag{6.1.8}$$

若忽略单模光纤双折射引起的相位延迟，则沿光纤环相反方向传输的两束光矢量再次经过耦合器到达端口 1 和端口 2 时沿 x 轴和 y 轴分解后的琼斯矩阵分别为

$$\begin{pmatrix}E'_{1x}\\E'_{2x}\end{pmatrix}=T_c\begin{pmatrix}E'_{3x}\\E'_{4x}\end{pmatrix}=\begin{pmatrix}\sqrt{0.5}&\mathrm{i}\sqrt{0.5}\\\mathrm{i}\sqrt{0.5}&\sqrt{0.5}\end{pmatrix}\cdot\begin{pmatrix}E'_{3x}\\E'_{4x}\end{pmatrix}\tag{6.1.9}$$

$$\begin{pmatrix}E'_{1y}\\E'_{2y}\end{pmatrix}=T_c\begin{pmatrix}E'_{3y}\\E'_{4y}\end{pmatrix}=\begin{pmatrix}\sqrt{0.5}&\mathrm{i}\sqrt{0.5}\\\mathrm{i}\sqrt{0.5}&\sqrt{0.5}\end{pmatrix}\cdot\begin{pmatrix}E'_{3y}\\E'_{4y}\end{pmatrix}\tag{6.1.10}$$

由于端口 2 未入射光矢量，则由式（6.1.5）～式（6.1.10），可化简得到高双折射 Sagnac 干涉仪透射光波的琼斯矩阵为

$$\begin{pmatrix}E'_{2x}\\E'_{2y}\end{pmatrix}=\left(T_{\mathrm{cd}}T_{\mathrm{HBF}}T_{\mathrm{cd}}+T_{\mathrm{cc}}T'_{\mathrm{HBF}}T_{\mathrm{cc}}\right)\cdot\begin{pmatrix}E_{1x}\\E_{1y}\end{pmatrix}\tag{6.1.11}$$

式中，T_{cd} 和 T_{cc} 分别为耦合器直通臂和交叉耦合臂单独的琼斯矩阵，可分别描述为

$$T_{\mathrm{cd}}=\begin{pmatrix}\sqrt{0.5}&0\\0&\sqrt{0.5}\end{pmatrix}\tag{6.1.12}$$

$$T_{\mathrm{cc}}=\begin{pmatrix}0&\mathrm{i}\sqrt{0.5}\\\mathrm{i}\sqrt{0.5}&0\end{pmatrix}\tag{6.1.13}$$

入射光的光强可表示为

$$I_{\mathrm{in}}=\left|E_{1x}\right|^2+\left|E_{1y}\right|^2=\left|E_1\right|^2\tag{6.1.14}$$

相应地，透射光的光强可表示为

$$I_{\mathrm{out}}=\left|E'_{2x}\right|^2+\left|E'_{2y}\right|^2\tag{6.1.15}$$

通过计算，即可得到高双折射 Sagnac 干涉仪透射光谱方程为

$$T = \frac{I_{\text{out}}}{I_{\text{in}}} = \cos^2\left(\frac{\pi \Delta n L}{\lambda}\right)\sin^2\left(\theta_1 + \theta_2\right) \tag{6.1.16}$$

由式（6.1.16）可知，高双折射 Sagnac 干涉仪透射光谱与入射光偏振态无关。在给定高双折射光纤长度 L 和高双折射光纤的双折射率大小 Δn 时，其透射光强仅随波长 λ 的变化呈周期分布。

由式（6.1.16）可进一步得到高双折射 Sagnac 干涉仪透射光谱周期为

$$\Delta\lambda \approx \frac{\lambda^2}{\Delta n L} \tag{6.1.17}$$

在一定波长范围内，如在 1524～1570nm，式（6.1.17）中 λ 可近似取定值为 1550nm，这是因为此时 λ 的变化远小于 1550nm 数量级。

传统保偏光纤双折射率的典型值大约为 4×10^{-4}，磁流体的双折射率的大小要大于保偏光纤的双折射率，故可以将磁流体的双折射特性应用于光纤 Sagnac 传感装置中。

6.1.2　基于磁流体薄膜的光纤 Sagnac 磁场传感器

考虑到磁流体的透射特性，可以采用在 FP 腔中填充磁流体来制备磁流体薄膜。通常 FP 腔长被控制在 30～150μm，但考虑到 Sagnac 干涉仪整体特性以及光谱仪分辨率的限制[3,4]，故在基于磁流体双折射特性的 Sagnac 传感结构中，常常需要通过连接一段高双折射光纤提高该装置对磁场的分辨率，如图 6.1.3 所示。当磁流体填充到 FP 腔后，构成的 Sagnac 干涉仪透射光谱与入射光偏振无关。在给定保偏光纤长度 L' 和磁流体的双折射率大小 Δn 时，其透射率仅随波长 λ 变化呈周期分布，可用式（6.1.18）表示：

$$T = \left(1-\cos\varphi\right)/2 \tag{6.1.18}$$

$$\varphi = 2\pi\Delta n L'/\lambda \tag{6.1.19}$$

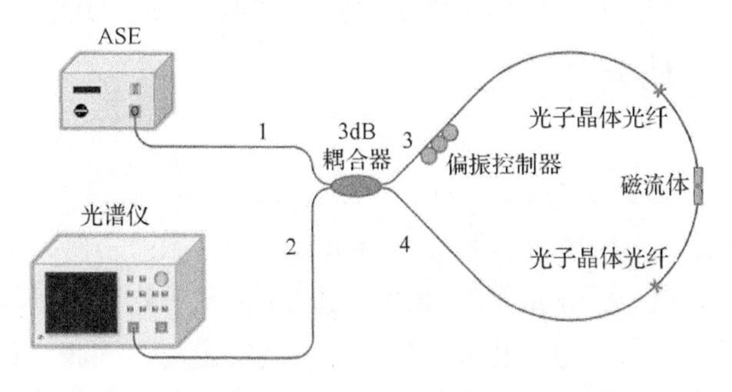

图 6.1.3　基于磁流体双折射特性的Sagnac 传感结构

由式（6.1.18）可知，当外加磁场变化时，磁场引起磁流体中微观结构的变化，从而导致磁流体双折射率的改变，最终使得输出的光谱发生变化。即在基于磁流体双折射特性的光纤 Sagnac 传感结构中，外加磁场的变化会导致光谱的移动。利用磁流体双折射特性与磁场强度之间的关系，选择磁流体双折射特性变化较为明显的磁场强度区域，仿真得到 Sagnac 干涉仪的输出光谱与磁场之间的关系图，如图 6.1.4（a）所示。

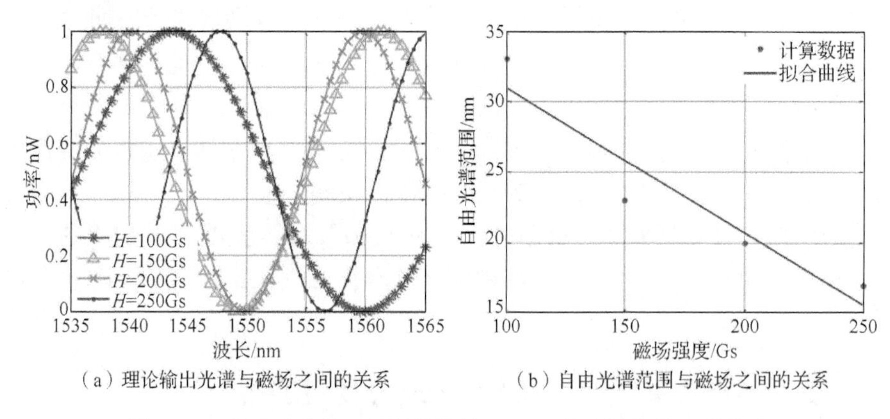

（a）理论输出光谱与磁场之间的关系　（b）自由光谱范围与磁场之间的关系

图 6.1.4　基于磁流体双折射特性的 Sagnac 传感结构的光谱仿真

由式（6.1.18）可知，随着磁场强度的改变，输出的透射自由光谱也将发生改变，故无法直观地通过透射光谱线的移动观测出来，因此，只能依靠自由光谱范围的变化反映磁场的变化。通过计算可以得到磁场强度与基于磁流体双折射特性的光纤 Sagnac 传感结构输出谱之间的关系，如图 6.1.4（b）所示。

随着磁场强度的增大，输出的干涉光谱的自由光谱范围会相应地发生改变，磁场强度越大，干涉光谱的自由光谱范围越小。仿真得到的干涉光谱自由光谱范围随磁场强度变化的灵敏度约为 107pm/Gs。

6.2　基于磁流体填充光子晶体光纤的光纤 Sagnac 磁场传感技术

传统 HBF 的双折射率为 10^{-4} 量级，而高双折射光子晶体光纤（high birefringence photonic crystal fiber, HB-PCF）的双折射率可以达到 10^{-3} 量级，可见 HB-PCF 比传统的 HBF 更适合组成 Sagnac 干涉仪。HB-PCF 属于几何双折射光纤，其折射率分布是由光纤包层内的空气孔大小和排列方式决定的，因此，具有设计灵活性大、高双折射、成本低等优点。本节利用 HB-PCF 包层内空气孔的这些特点，开展基于磁流体填充 HB-PCF 的光纤 Sagnac 磁场传感技术的研究工作，为开发高性能、结构简单、小巧的光纤磁场传感器提供一个新的方向。

6.2.1　基于磁流体填充光子晶体光纤的光纤 Sagnac 磁场传感结构设计与特性分析

如图 6.2.1 所示，通过将磁流体填充到 HB-PCF 的空气孔中，并插入到 Sagnac 光纤环中，得到本节所设计的磁场传感系统。当外加磁场强度发生变化时，磁流体的折射率将发生改变，对应的 HB-PCF 的双折射率发生改变，最终表现为干涉谱的移动。通过监测某个波峰或者波谷随磁场强度变化的偏移量，即可解调出磁场强度变化的信息。

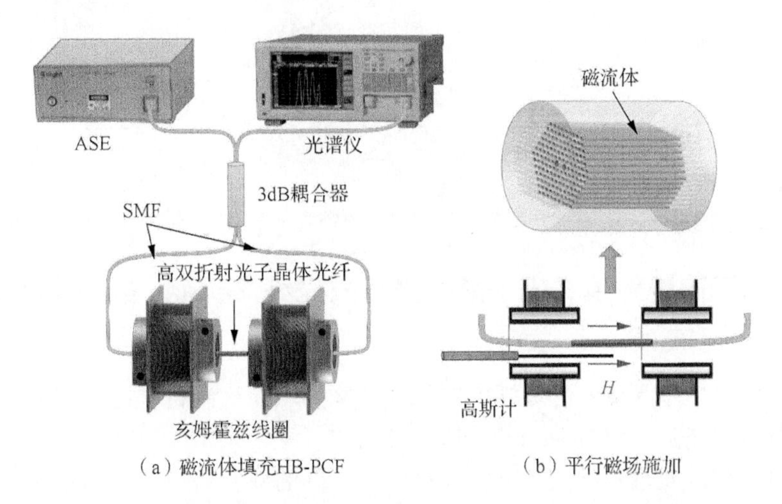

（a）磁流体填充HB-PCF　　（b）平行磁场施加

图 6.2.1　磁流体填充 HB-PCF 的 Sagnac 磁场传感结构实验系统

如图 6.2.1 所示，系统的传感探头由一段填充了磁流体的高双折射光子晶体光纤熔接在两段单模光纤之间构成，通过改变线圈中电流的大小来控制磁场强度的大小，并且用高斯计标定。由于外加磁场的改变将会造成磁流体折射率的改变，而磁流体折射率的改变引起了输出干涉光谱的移动。本传感结构因外界磁场变化导致的干涉峰偏移的灵敏度可以表示为

$$\frac{\Delta\lambda_{\text{fiber}}}{\Delta H}=\frac{\lambda}{B_{\text{pef}}}\frac{\Delta B_{\text{pef}}}{\Delta H} \tag{6.2.1}$$

根据图 6.2.2 中的仿真规律，可以看出随着磁场的增强，平行磁场下磁流体折射率升高，填充了磁流体的 HB-PCF 的双折射率在下降，线性下降区间和磁流体磁控折射率的线性区间一致（100～600Gs），而且零磁场下，仿真获得填充磁流

体的 HB-PCF 的双折射率 B_{pef} 为 2.462×10^{-3}（$B_{pef}=\Delta n_{pef}$），因此可以推算出该磁场传感器的理论灵敏度为 118pm/Gs。

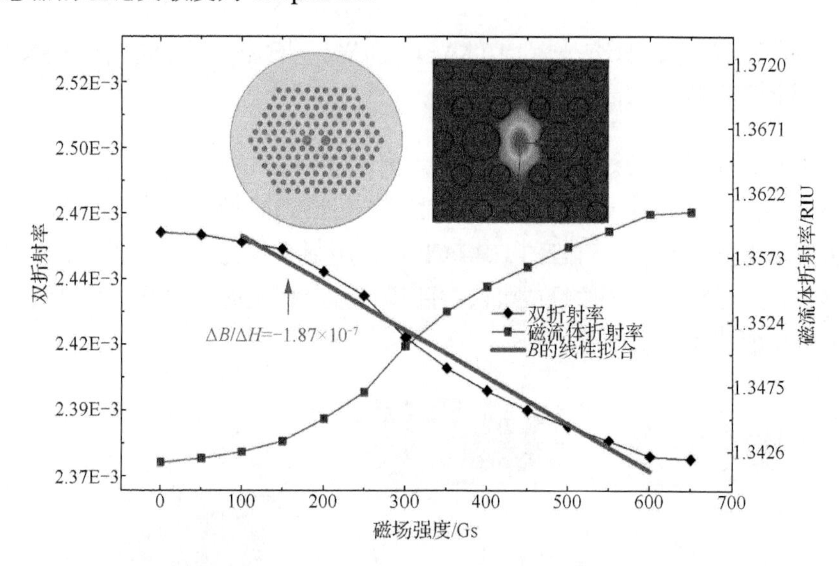

图 6.2.2 双折射率随磁场强度的变化规律（插图为 x 轴和 y 轴方向的电场矢量）

6.2.2 基于磁流体填充光子晶体光纤的光纤 Sagnac 磁场传感结构制备工艺

高双折射光子晶体光纤灵活的空气孔结构为填充敏感材料提供了条件，如何将敏感材料填充到高双折射光子晶体光纤的空气孔中是本节急需解决的问题，实验过程中，可以通过不同的填充方式来实现不同的双折射效果。填充敏感材料之后，如何实现将填充后的 HB-PCF 与单模光纤低损耗地熔接，又是另外一个关键的技术问题。

1. 高双折射光子晶体光纤液体填充工艺

HB-PCF 具有灵活的空气孔结构，在填充的时候可以根据不同需要选择全部填充或者选择性填充其中部分空气孔，下面分别对全填充和选择性填充的方法进行介绍。

1）全填充

由于 HB-PCF 的空气孔尺寸均在微纳米量级，普通的毛细作用效果并不明显，填充速度较慢而且填充长度有限。所以需要靠其他的设备来进行“施压”，提供压力的装置主要有注射器和真空泵。借助注射器实现全填充主要有以下两种方法：加压注入和减压吸出。

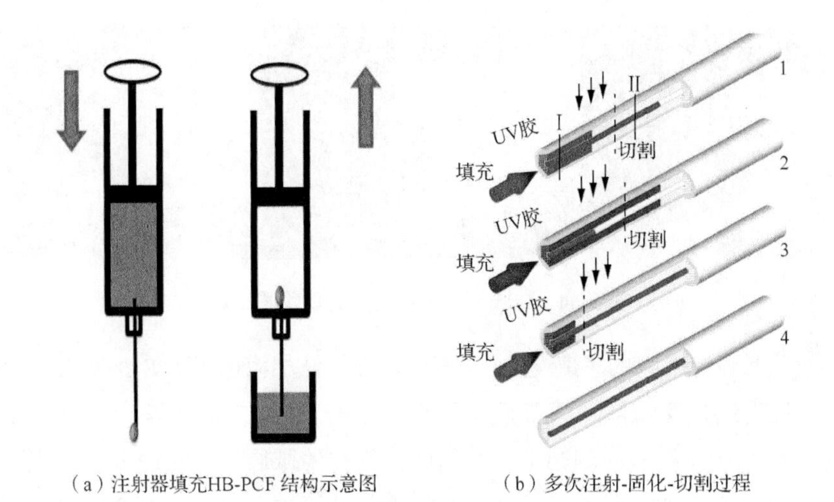

（a）注射器填充HB-PCF 结构示意图　　（b）多次注射-固化-切割过程

图 6.2.3　磁流体全填充工艺

如图 6.2.3（a）所示，将 HB-PCF 一端插入待填充的液体中，过程中一定要保证光纤和注射器针头间的密封性，完成填充的标志就是光纤的另外一端出现小液滴。

2）选择性填充

随着人们对基于液体填充光子晶体光纤传感特性的深入研究，全填充方法的单一性已经满足不了一些特殊场合的需求，因此选择性填充方法受到了更多研究者的关注。

2004 年，Huang 等[5]根据液体在不同大小的孔中流速不同的原理，与 UV 胶配合使用后首次实现了选择性填充，填充过程如图 6.2.3（b）所示。填充速度和孔的半径成平方关系，孔越大填充速度越快，相同时间内填充距离越长。利用这个“高度差”可以通过多次填充、UV 胶固化、切割、填充等一系列步骤实现多个孔选择性填充。该方法工艺复杂，需要有监控设备，否则很难清楚地判断包层孔和纤芯孔中液体上升的位置，而且该方法更适用于包层孔和纤芯孔尺寸差距较大的情况。

2005 年，Xiao 等[6]利用传统的熔接机在光纤端面放电，使端面的空气孔从包层孔到纤芯孔逐渐减小，多次放电后造成光纤包层孔坍塌，只留下纤芯孔通畅，最终实现了纤芯孔的选择性填充，电弧放电对空气孔坍塌的影响如图 6.2.4 所示。该方法和之前多次注射-固化-切割的方法相比，速度大幅提升，但是该方法不可避免地缩小了纤芯的直径。

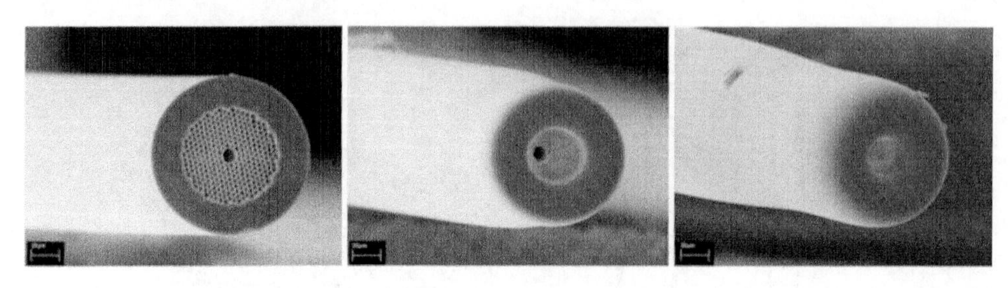

图 6.2.4　电弧放电导致空气孔的坍塌过程

随着飞秒激光技术的飞速发展，选择性填充方法相应也有了更多形式。2006 年，Cordeiro 等[7]提出一种侧向开孔然后加压抽入的填充方式。2007 年，van Brakel 等[8]利用飞秒激光在光纤侧向刻蚀了一个通向空气孔的微通道。2010 年，Ju 等[9]提出利用飞秒激光对高双折射光子晶体光纤端面打孔以选择性填充两个大孔。原理示意图分别如图 6.2.5（a）、（b）、（c）所示。

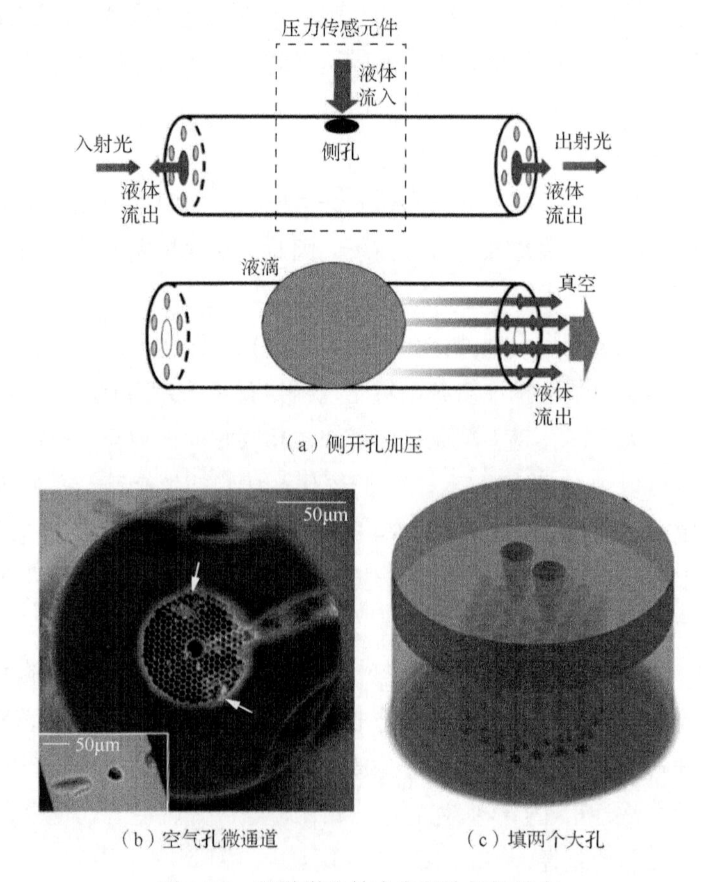

（a）侧开孔加压

（b）空气孔微通道　　（c）填两个大孔

图 6.2.5　飞秒激光技术实现选择性填充

2009 年，Kuhlmey 等[10]在高精度显微镜下借助精密的调节架来控制微米级的玻璃锥（黏附有辅助材料），并将其涂覆在光子晶体光纤端面不需要填充的空气孔中，接着利用紫外线照射以固化涂覆的材料。之后，就可以利用全填充的方法对未封闭的空气孔进行填充。最终实现点对点的填充，如图 6.2.6 所示。

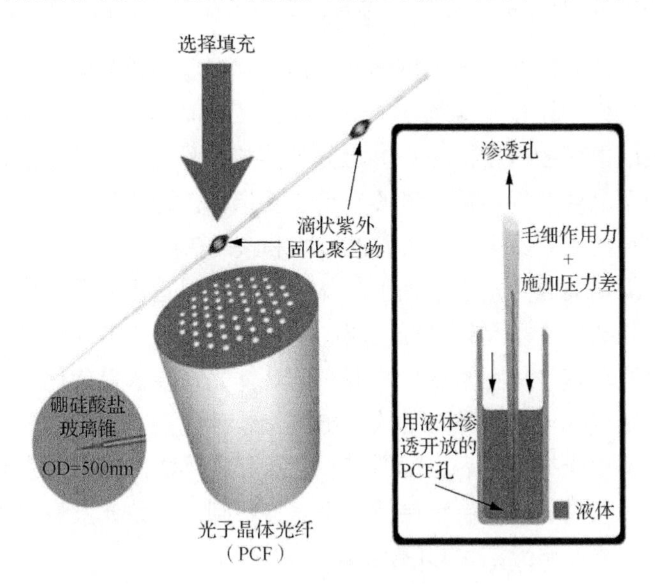

图 6.2.6　点对点填充法

2011 年，Wang 等[11]利用离子束在光纤端面刻蚀一个微通道，实现了光子晶体光纤包层中某一排空气孔的选择性填充。同年，Qian 等[12]利用空芯光子晶体光纤与单模光纤错位熔接的方法，填充了部分区域的空气孔。示意图分别如图 6.2.7（a）和（b）所示。

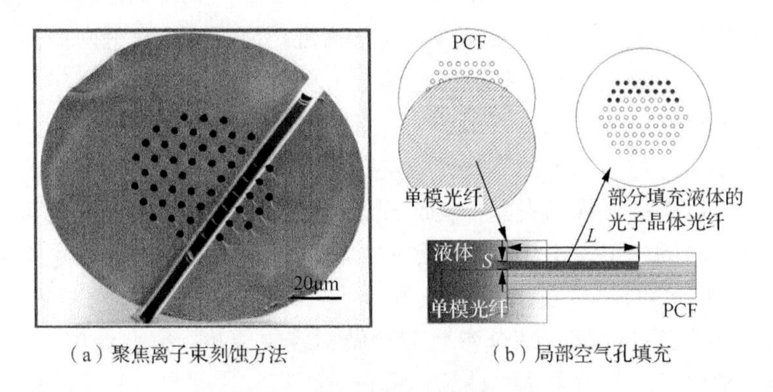

（a）聚焦离子束刻蚀方法　　（b）局部空气孔填充

图 6.2.7　选择性填充的不同方式

综合实验室现有条件与已知填充方法，实验中对光子晶体光纤的全填充采用减压吸入法，对高双折射光子晶体光纤的两个大孔填充可以采用多次填充、UV胶固化、切割、填充的方式。填充光子晶体光纤空气孔之后，接下来探讨如何将填充好敏感材料的光子晶体光纤与普通的单模光纤熔接。

2. 单模光纤与光子晶体光纤的熔接工艺

由于光子晶体光纤和普通单模光纤结构上存在着明显的差异，故光子晶体光纤和普通单模光纤的熔接本身就是一个难题。光子晶体光纤和普通单模光纤的熔接目前主要采取电弧放电熔接和 CO_2 激光器熔接两种方法。熔接损耗是衡量普通单模光纤和光子晶体光纤熔接质量的一个重要指标，造成光子晶体光纤和普通单模光纤熔接损耗的主要原因是空气孔的塌陷和模场失配。

空气孔的塌陷问题是指由于光子晶体光纤的包层是由周期性排列的空气孔组成，这样的结构致使光子晶体光纤包层的平均软化点低于普通单模光纤，故在熔接过程中，普通单模光纤正常软化，而光子晶体光纤会提前软化，在表面张力的作用下包层的空气孔塌陷，并随着放电电流持续出现严重的熔融态，导致光子晶体光纤与普通单模光纤熔接后出现纤芯和包层界限不清的焊点。当光传输到此熔接点时，由于没有明确的芯层包层折射率差异限制，导致光发生严重的散射，造成巨大的损耗并激发出无法预知的模式。

模场失配问题是指光子晶体光纤和普通的单模光纤由于模场以及入射孔径的不一致产生的能量损耗。液体填充的光子晶体光纤与普通单模光纤的熔接还会产生另外一个问题，就是形成气泡。由于光子晶体光纤包层的部分空气孔或全部空气孔均填充有液体，在熔接过程中，电弧放电所产生的高温会使液体气化，气化的液体来不及逃逸出熔接区域就被封进熔接点中形成气泡，从而引起较大的损耗并激发杂波。由于以上问题，光子晶体光纤与普通单模光纤的熔接需要调整放电时间、放电电流强度、放电中心偏移、光纤推进距离等参数，并对熔接参数做一些实验分析以获得最低熔接损耗的一组参数。

1）理论分析

由于在熔接过程中光子晶体光纤包层的空气孔会塌陷，随着放电的进行，模场会逐渐变大，因此，模场失配损耗的理论值逐渐改变。对于低空气填充率的光子晶体光纤，它的包层塌陷情况是一致的，在放电过程中空气孔的塌陷可以相对容易地观察到。熔接机内置了一些光子晶体光纤和单模光纤的熔接程序，但是根据光子晶体光纤的不同，部分参数需要做相应的调整。需要调整的参数如下：放电电流、放电时间、放电中心偏移量和推进距离。这些参数具体的作用如下。

（1）放电电流和放电时间。

随着放电电流和放电时间的变化，光纤熔接损耗存在最小值，因而找到一个合适的放电参数组合，是实现最低熔接损耗的最简单途径。对于熔接强度，在正常情况下增大放电电流，延长放电时间，熔接的强度较高。

（2）放电中心偏移量。

在光纤的轴向方向，电弧产生的温度场呈高斯分布，调节放电中心偏移量的主要目的是使光子晶体光纤端面的温度降低，从而减少空气孔塌陷，减少由此造成的损耗。

（3）推进距离。

推进距离对降低熔接损耗也有非常重要的作用，这种效应体现在两个方面：首先，在光纤熔接过程中，由于石英处于熔融状态，单模光纤内的掺杂剂会向光子晶体光纤内部扩散，从而影响波导的光子带隙结构，而推进量的存在可以降低这种损耗；其次，光子晶体光纤空气孔塌陷，在熔接点容易形成气隙，造成额外的损失，增大推进距离可以避免产生气隙，减少熔接损失。但是如果过度增加推进距离，则熔接过程中被压在一起的两根光纤将不可避免地在熔接点附近出现微弯损耗。

2）实验探究

实验中使用的熔接机型号为日本古河电气工业株式会社生产的 S178。该款熔接机可用来进行普通单模和普通多模光纤的熔接，具有自动熔接和手动熔接两种方式，实验中选择手动方式进行熔接。

实验中，设定放电中心偏移量为 50μm，熔接间隙为 5μm，设置推进距离为 10μm。实验分两组进行。

第一组实验，保持放电时间不变，这里先选用 300ms，放电电流由 4mA 变化到 7mA，变化间隔为 0.5mA。图 6.2.8（a）是熔接损耗随放电电流变化图。可以看到，放电电流为 5.5mA 时所得的损耗最小，约为 1.45dB。电流从 4.0mA 变化为 6.5mA 时，损耗曲线相对比较平缓，继续增加放电电流，损耗则急剧增加，这是由于在该电流范围内，由空气孔塌陷引起的损耗较小，损耗来源主要是模场不匹配。而当放电电流超过 6.5mA 后，空气孔塌陷速率急剧增加，成为主要的损耗来源。

第二组实验，保持放电电流为 5.5mA，改变放电时间从 0.1s 到 0.6s，间隔为 0.1s。图 6.2.8（b）是熔接损耗随放电时间变化图。从图中可以看到，放电时间为 0.4s 时所得的损耗最小，约为 1.2dB。前半段损耗下降可能是由于光纤熔接效果逐渐变好进而使损耗降低，而从后半段损耗突然上升则是由空气孔急速塌陷导致。

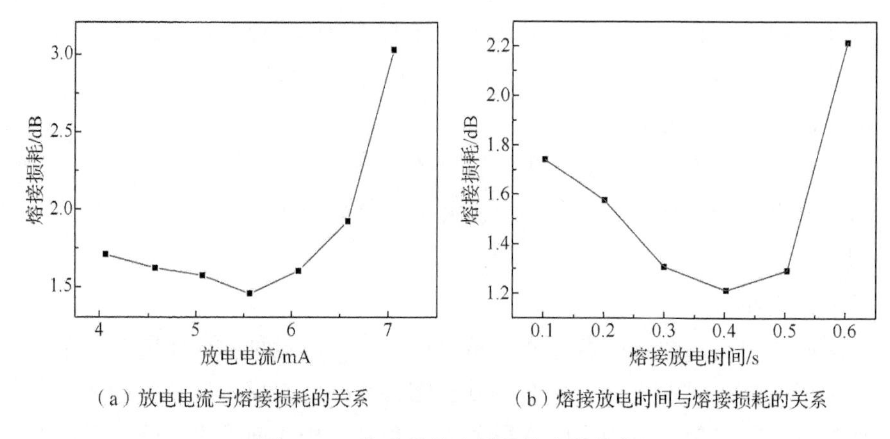

（a）放电电流与熔接损耗的关系 （b）熔接放电时间与熔接损耗的关系

图 6.2.8 光子晶体光纤熔接参数优化

熔接损耗随着放电电流的变化有着类似于其随放电时间或放电电流变化的函数关系，并且存在一个最佳放电电流使得熔接损耗最低。最优熔接参数如表 6.2.1 所示。

表 6.2.1 光子晶体光纤和单模光纤熔接相关参数

放电时间	放电电流	放电中心偏移	推进距离
350ms	5mA	−50μm	10μm

表 6.2.1 中的参数是光子晶体光纤空气孔中没有填充任何物质时得到的，但是当空气孔中填有敏感材料（磁流体）之后，当它与单模光纤熔接时，出现了如图 6.2.9（a）的情景。主要是因为在高温条件下光子晶体光纤熔接面附近的空气孔塌陷，导致空气孔中的液体溢出。所以在结束抽取液体之后，要继续抽一小段空气进去，防止液体和光纤端面直接接触。改进后成功熔接的效果如图 6.2.9（b）所示。

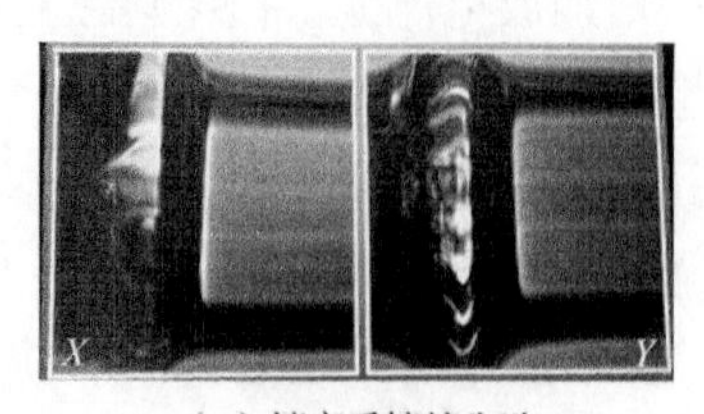

（a）填充后熔接失败

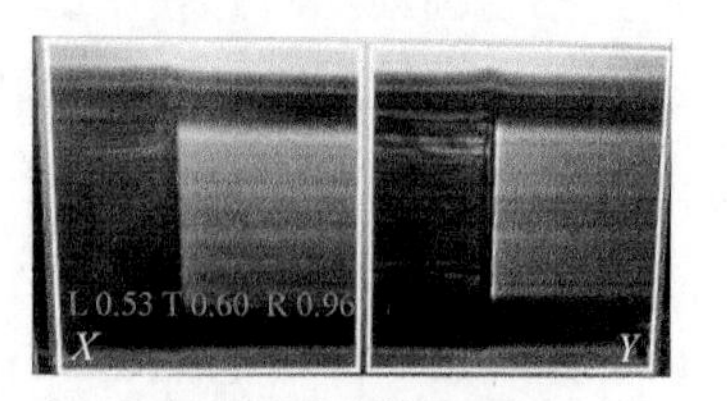

（b）填充后熔接成功

图 6.2.9 填充磁流体的光子晶体光纤和单模光纤熔接效果图

综上所述，探索通过调试熔接机相关参数实现光子晶体光纤与单模光纤的低损耗熔接，如果是 PCF 填充液体之后再熔接的情况，应该在填充液体之后，继续抽一小段空气进去，避免液体和光纤端面直接接触，之后再利用之前的程序进行熔接。如图 6.2.10（a）所示，实验中，采用减压吸入的方式将磁流体填充到 HB-PCF 的全部空气孔中，直到注射器中的 HB-PCF 一端出现磁流体液滴则认为填充结束，此过程较为漫长。填充成功之后将其熔接在一段单模光纤中间插入到 Sagnac 光纤环中。

下一步测试填充了磁流体的 HB-PCF 的实际的双折射率，在零磁场条件下，观察光谱仪接收到的干涉谱，如图 6.2.10（b）所示。

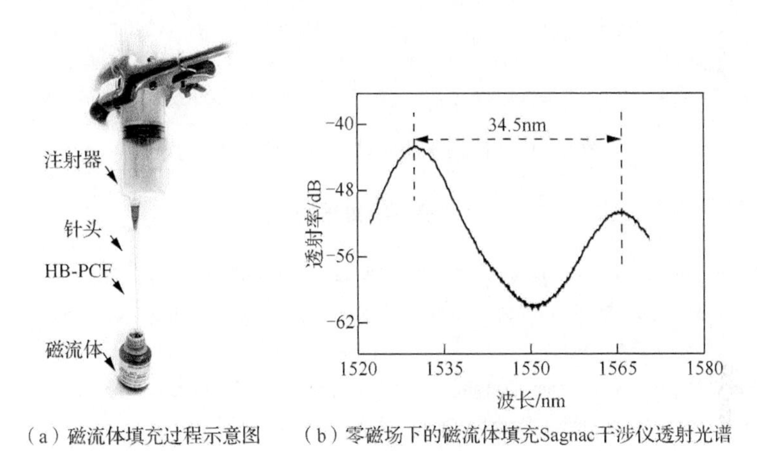

（a）磁流体填充过程示意图　（b）零磁场下的磁流体填充Sagnac干涉仪透射光谱

图 6.2.10　磁流体填充 HB-PCF 及其透射光谱

如图 6.2.10（b）所示，两个相邻干涉峰的间距为 34.5nm，根据 $\Delta\lambda = \dfrac{\lambda^2}{B_{\mathrm{pef}}L}$，可以计算出填充了磁流体的 HB-PCF 的双折射率 $B_{\mathrm{pef}} = 2.32\times10^{-3}$，与图 6.2.2 仿真模型中的理论值 2.462×10^{-3} 接近，验证了磁流体填充 HB-PCF 模型的准确性。

6.2.3　基于磁流体填充光子晶体光纤的光纤 Sagnac 传感结构性能测试

本节对制作的基于磁流体填充光子晶体光纤的光纤 Sagnac 传感结构进行了磁场性能测试。控制线圈中电流的大小实现磁场从 100Gs 升高到 300Gs，观察干涉峰的移动情况，如图 6.2.11（a）所示。从图中不同磁场强度下的传感器透射光谱可以看出，随着磁场的增强，干涉谱发生红移，手动提取干涉峰的波长并进行拟合后结果如图 6.2.11（b）所示。

从图 6.2.11（b）可以得出，该系统的磁场灵敏度为 107.3pm/Gs，略小于理论的磁场灵敏度 118pm/Gs。当光谱仪的分辨率为 1pm 的时候，系统的磁场强度分辨率为 0.01Gs。对于上述结构，可以通过缩短 HB-PCF 的长度来获得更高的灵敏度，或者更换双折射效应更明显的 HB-PCF。

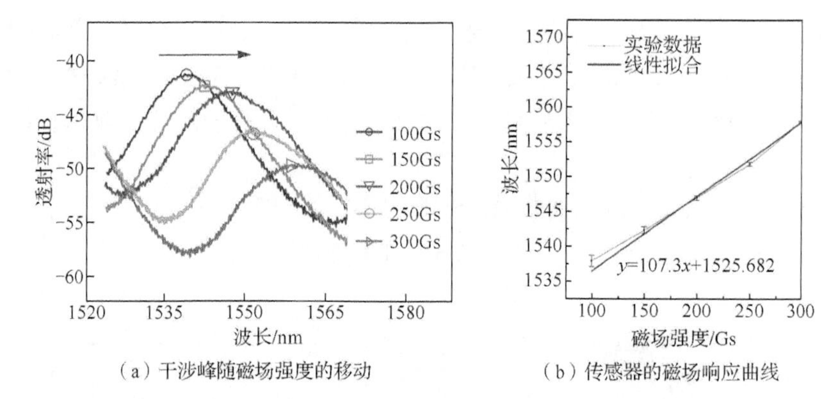

（a）干涉峰随磁场强度的移动　　（b）传感器的磁场响应曲线

图 6.2.11　传感器的磁场响应光谱与线性拟合

参 考 文 献

[1] Ulrich R. Fiber-optic rotation sensing with low drift[J]. Optics Letters, 1980, 5(5): 173-175.

[2] Nash P. Review of interferometric optical fibre hydrophone technology[J]. IEEE Proceedings-Radar, Sonar and Navigation, 1996, 143(3): 204-209.

[3] Zu P, Chan C C, Jin Y, et al. A novel magnetic field fiber sensor by using magnetic fluid in Sagnac loop[C]. 21st International Conference on Optical Fibre Sensors(OFS21), Ottawa, 2011: 77531.

[4] Zu P, Chan C C, Siang L W, et al. Magneto-optic fiber Sagnac modulator based on magnetic fluids[J]. Optics Letters, 2011, 36(8): 1425-1427.

[5] Huang Y, Xu Y, Yariv A. Fabrication of functional microstructured optical fibers through a selective-filling technique[J]. Applied Physics Letters, 2004, 85(22): 5182-5184.

[6] Xiao L, Jin W, Demokan M, et al. Fabrication of selective injection microstructured optical fibers with a conventional fusion splicer[J]. Optics Express, 2005, 13(22): 9014-9022.

[7] Cordeiro C M B, dos Santos E M, Brito Cruz C H, et al. Lateral access to the holes of photonic crystal fibers selective filling and sensing applications[J]. Optics Express, 2006, 14(18): 8403-8412.

[8] van Brakel A, Grivas C, Petrovich M N, et al. Micro-channels machined in microstructured optical fibers by femtosecond laser[J]. Optics Express, 2007, 15(14): 8731-8736.

[9] Ju J, Xuan H F, Jin W, et al. Selective opening of airholes in photonic crystal fiber[J]. Optics Letters, 2010, 35(23): 3886-3888.

[10] Kuhlmey B T, Eggleton B J, Wu D K C. Fluid-filled solid-core photonic bandgap fibers[J]. Journal of Lightwave Technology, 2009, 27(11): 1617-1630.

[11] Wang F, Yuan W, Hansen O, et al. Selective filling of photonic crystal fibers using focused ion beam milled microchannels[J]. Optics Express, 2011, 19(18): 17585-17590.

[12] Qian W, Zhao C L, Wang Y, et al. Partially liquid-filled hollow-core photonic crystal fiber polarizer[J]. Optics Letters, 2011, 36(16): 3296-3298.

第7章

基于磁流体磁控体形效应的光纤磁场传感技术

7.1 磁流体的磁致伸缩效应研究

7.1.1 磁流体磁致伸缩效应的产生机理

1. 磁性材料磁致伸缩效应机理

铁磁晶体和亚铁磁晶体在外加磁场中磁化状态改变时其长度和体积均发生变化，这种现象称为“磁致伸缩”或“磁致伸缩效应”。该现象由著名物理学家焦耳在18世纪40年代发现，因此也叫“焦耳效应”[1]。

在居里温度以下，磁性材料中存在着大量的磁畴，在每个磁畴中，原子的磁矩有序排列，引起晶格发生形变。由于各个磁畴的自发磁化方向不尽相同，因此在没有外加磁场时，如图7.1.1所示，自发磁化引起的形变互相抵消，显示不出宏观效应。外加磁场后，各个磁畴的自发磁化都转向外加磁场方向，结果导致磁体尺寸发生变化，于是产生了宏观磁致伸缩。

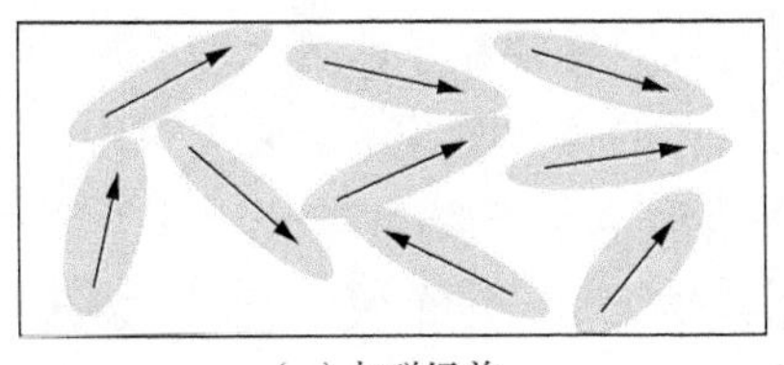

(a) 加磁场前

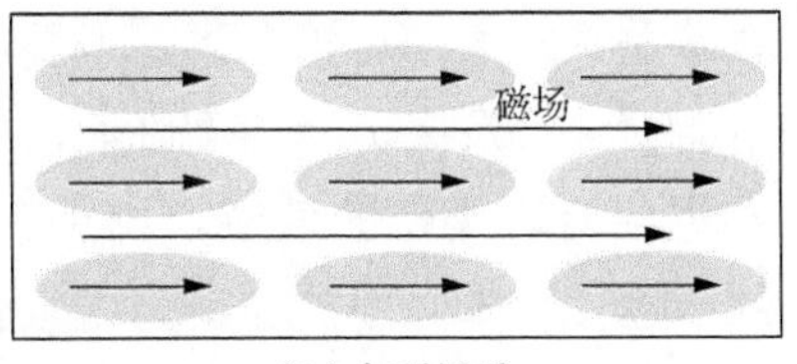

(b) 加磁场后

图7.1.1 加磁场前后的磁畴状态[2]

对于所研究的半封闭磁流体的光纤磁场传感器，如图7.1.2所示，磁流体一端被封闭，一端与空气相连，这种半封闭的结构为磁流体在磁场作用下的改变提供了条件。当磁流体受到外加磁场的作用时，它能够被磁化从而具有磁性，是一种特殊的磁性材料，所以也应该具有这种伸缩特性。磁流体是一种新型的功能液体材料，既有液体材料的流动性也有固体材料的磁性，因此本节将这种伸缩特性分为两个变化：其一为当磁流体处于外加梯度磁场的作用下时，能够被外界磁场磁化，同时对于质量保持不变的磁流体，磁流体内部的压强和密度会随着外加梯度磁场的变化而变化，因此磁流体的体积也随之变化，该效应称为磁流体的磁控体积效应；其二为当磁流体与毛细玻璃管接触时，由于表面张力的作用，磁流体将呈现凹面，随着磁场的增强，磁流体凹面凹陷的程度增加，引起磁流体凹面形状的改变，使得半封闭磁流体腔长改变，该效应称为磁流体的磁控体形效应。磁流体的磁控体积效应及磁控体形效应都会引起磁流体腔的伸缩，因此将二者统称为磁流体的磁致伸缩效应。下面将分别叙述磁流体磁控体积效应以及磁控体形效应的基本原理。

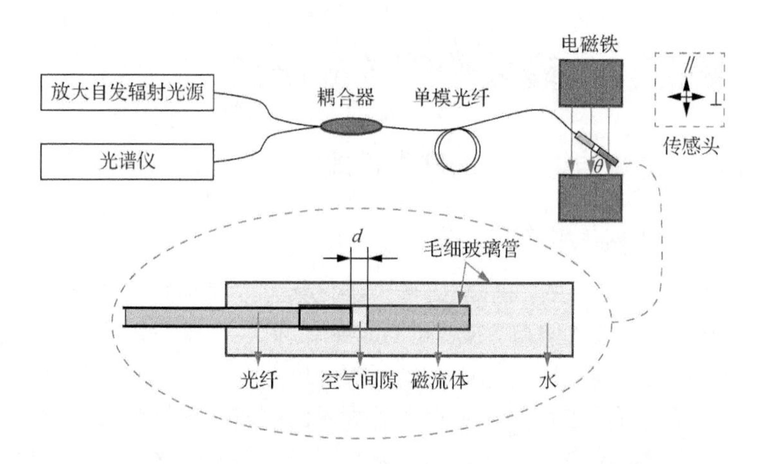

图 7.1.2 基于磁致伸缩效应的磁场测量系统以及光纤传感结构[3]

2. *磁流体磁控体积效应机理*

从统计学意义上讲，物体宏观体积的变化与构成其分子或者纳米粒子的热运动有着直接关系。大部分情况下，当温度升高，微观粒子的热运动将加剧，物质的体积将会增大；反之，当温度降低，磁流体的体积将减小。磁场对磁流体体积的影响和温度有着类似的效应。由于在磁场下，纳米磁性粒子会相互吸引形成磁链，纳米磁性粒子之间的吸引力将限制其热运动，这个效应类似于温度降低。图 7.1.3[4]反映了在磁场下磁流体中微观结构的相互作用，这将导致磁流体的宏观体积变化。在没有磁场的情况下，纳米磁性粒子可以看成处于自由的热运动状态的单磁畴。外界一加磁场，纳米磁性粒子像小磁铁一样将经历布朗和聂耳旋转或弛豫[5, 6]。这些过程促使磁性粒子形成链状结构，且平行于磁场方向排列。其中，纳米磁性粒子之间的吸引力（图 7.1.3）将在一定程度上限制纳米磁性粒子的运动。从统计学观点来看，由于这些有序结构内部的磁吸引力限制，纳米磁性粒子的热运动幅度相比没加磁场前减弱，所以磁流体的宏观体积会减小。

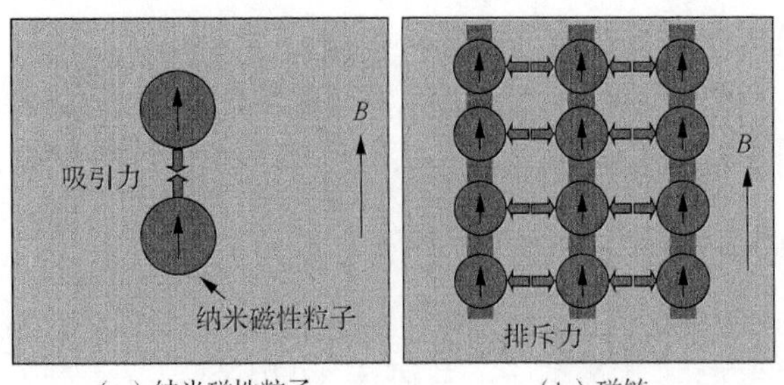

（a）纳米磁性粒子　　（b）磁链

图 7.1.3　磁场下磁流体中磁性粒子间的相互作用

根据流体力学的知识，在一定的温度下，质量保持不变的磁流体，当外界磁场施加于磁流体时，其压强增大导致磁流体密度变大，磁流体体积减小，这一属性称为磁流体的压缩性，通常用体积压缩系数 β_p 来表示，它反映了磁流体的压缩能力，其倒数称为磁流体的体积弹性模量，用字母 K 来表示，指的是磁流体单位体积的相对变化量所需要的压强增量，反映了磁流体的抗压缩能力，即

$$K = \frac{1}{\beta_p} = \lim_{\Delta V \to 0}(-\frac{\Delta p}{\Delta V / V}) = -V \lim_{\Delta V \to 0} \frac{\Delta p}{\Delta V} = -V \frac{\mathrm{d}p}{\mathrm{d}V} \tag{7.1.1}$$

式中，p 为液体压强；V 为液体体积；Δp 为液体压强的变化；ΔV 为液体体积的变化；K 为液体的体积弹性模量；β_p 为液体的体积压缩系数。

由式（7.1.1）得

$$\mathrm{d}p = -K \frac{\mathrm{d}V}{V} \tag{7.1.2}$$

假设实验中装磁性液体的试管是圆柱形，因此容器各处的截面积是相等的，所以推导得出下式：

$$\mathrm{d}p = -K \frac{\mathrm{d}h \cdot s}{hs} = -K \frac{\mathrm{d}h}{h} \tag{7.1.3}$$

式中，h 为容器高度；s 为圆柱形容器的截面积。

同时由于磁流体的质量是不变的，因此其所受到的重力也将不会发生变化，而且重力的大小远远小于磁场力的大小，所以不会压缩磁流体，可以得出

$$-K \frac{\mathrm{d}h}{h} = \int_{B_1}^{B_2} M \mathrm{d}B \tag{7.1.4}$$

即得磁流体的体积伸缩量的计算式为

$$\lambda = \frac{\mathrm{d}h}{h} = -\frac{1}{K}\int_{B_1}^{B_2} M\mathrm{d}B \tag{7.1.5}$$

式中，B_1 和 B_2 分别为容器两端的磁感应强度。

由式（7.1.5）可以得知，磁流体的体积伸缩量 λ 与磁流体的弹性模量 K 、外加磁场的磁感强度 B 及其梯度 $\mathrm{d}B$ ，以及磁流体的磁化程度 M 有关。

3. *磁流体磁控体形效应机理*

当向毛细玻璃管内注入磁流体时，由于表面张力的存在，磁流体与空气的界面出现凹面，如图 7.1.4（a）所示，从磁流体凹面中心点 1 到 UV 胶的距离为中心腔长 L_{central} ，从凹面边缘到 UV 胶的距离为边缘腔长 L_{edge} 。如图 7.1.4（b）所示，当磁场施加到传感结构时，磁流体的磁导率高于外界空气的磁导率，凹面的存在使得磁流体中的磁场发生扭曲，侧面点 2、3 的磁场大于凹面中心点 1 的磁场，从中心点 1 到侧面点 2、3 处磁场强度沿着凹面逐渐增大，磁流体凹面上形成了一个指向侧面点 2 和 3 的压力梯度，空气的气压保持不变且大于磁流体的压力，因此磁流体被从中心压向毛细玻璃管上，磁流体凹面的凹陷程度变大，使得中心腔长 L_{central} 减小而边缘腔长 L_{edge} 增大，空气腔长 L_{air} 增大，进而可以根据反射光谱波长的偏移达到感知磁场的目的。

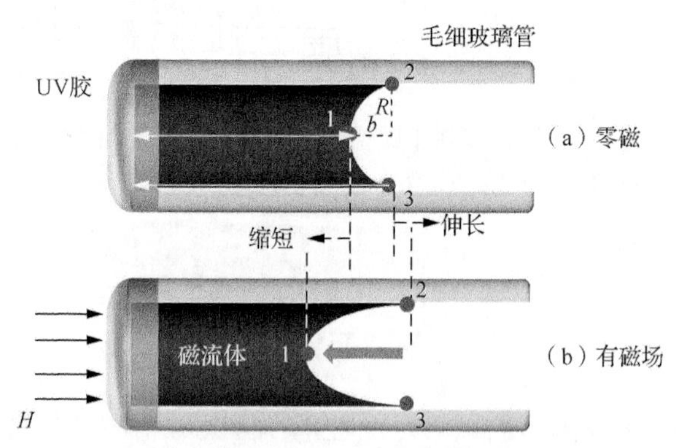

图 7.1.4　磁场下的磁流体表面情况

为了表示磁场对磁流体凹面的影响，定义凹面的纵横比 ε ，可表示为[7]

$$\varepsilon = \frac{b}{R} \tag{7.1.6}$$

式中，b 是由凹面形成的椭圆的半长轴；R 是毛细玻璃管的半径。

磁邦德数可以表示为

$$S = \frac{\mu_0 H_0^2 R}{2\sigma} \tag{7.1.7}$$

式中，μ_0 是真空磁导率；H_0 是外加磁场强度；σ 是表面张力。

凹面的纵横比与磁邦德数之间的关系可以表示为

$$S = \frac{1}{\mu}\left(\frac{\mu}{\mu-1} - N\right)\left(2\varepsilon - \varepsilon^{-2} - 1\right) \tag{7.1.8}$$

式中，μ 是磁流体的相对磁导率；N 是退磁系数。

7.1.2　磁流体磁致伸缩效应的实验研究

2012 年，张佳[8]采用毛细玻璃管结构作为盛装磁流体的器皿，利用毛细玻璃管放大的原理来测量磁流体中微小的变化，得出了电流从小到大和从大到小两个过程下磁场强度和磁流体体积伸缩量的实验测量数据。在梯度磁场从 0.06T 变化到 0.0896T 时，磁流体的体积伸缩量的平均值为 0.98×10^{-5}，比一般的铁磁性材料大，实验的平均值接近于理论平均值，其主要利用了磁流体磁致伸缩效应的磁控体积效应。张佳已经对磁流体体积效应做了充分的实验验证，因此本节主要进行磁流体磁控体形效应的实验研究，不再对磁流体磁控体积效应进行赘述，感兴趣的读者可以自行进行查看。

首先自制磁场装置，采用亥姆霍兹线圈提供磁场，可在轴向 1cm 的范围内提供一个均匀度小于 1%的磁场以防止磁流体磁控体积效应对实验的影响。

结合所设计的磁场发生装置，本节利用毛细作用的原理向毛细玻璃管中填充磁流体，制备了长度为 369μm 的磁流体腔，如图 7.1.5 所示，其中毛细玻璃管的内径为 128μm。将恒定的磁场强度施加到磁流体腔，待稳定后，记录磁流体腔的长度。图 7.1.5 显示了 0Gs、44.5Gs、92.2Gs 和 140.3Gs 磁场作用下的磁流体腔。由于磁流体腔为黑褐色，显微镜下只能观察到磁流体腔的边缘腔长，而无法看到磁流体腔的中心腔长。在图 7.1.5（a）和（d）中，当磁场从 0Gs 增加到 140.3Gs 时，边缘腔长从 369μm 增加到 374μm，磁流体的边缘腔长随磁场的增加而增加，边缘腔长的增加意味着磁流体与毛细玻璃管之间的接触面积增加，磁流体凹面将

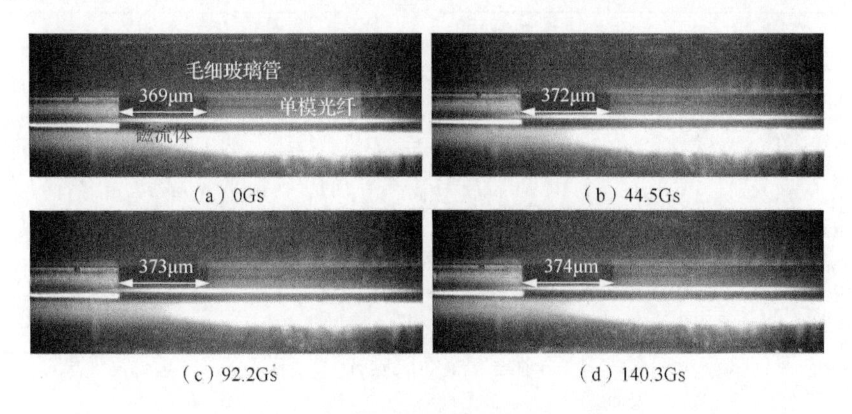

（a）0Gs　（b）44.5Gs　（c）92.2Gs　（d）140.3Gs

图 7.1.5　不同磁场强度对磁流体腔长的影响

随着磁场的增加变得更加凹陷。因此，在磁流体体积不变的前提下，中心腔长随磁场的增大而减小。

除了磁流体边缘腔长的变化，磁流体中心腔长也将发生变化。由于磁流体是一种黑褐色的液体，上述的实验显然不能观察到中心腔长的变化，因此本节采用光纤测距的原理测量磁流体中心腔长的变化。如图 7.1.6 所示，其中单模光纤的直径为 125μm，接近于所使用的毛细玻璃管的内径 128μm，可以认为单模光纤的纤芯与磁流体的凹面中心同轴。光从单模光纤输入时，经过单模光纤 1 的端面，空气以及磁流体凹面的中心被反射形成 FP 干涉仪，当空气腔长发生改变时，FP 干涉仪的干涉光谱将发生相应的偏移，因此可以采用光谱的偏移来反映磁流体中心腔长的变化。

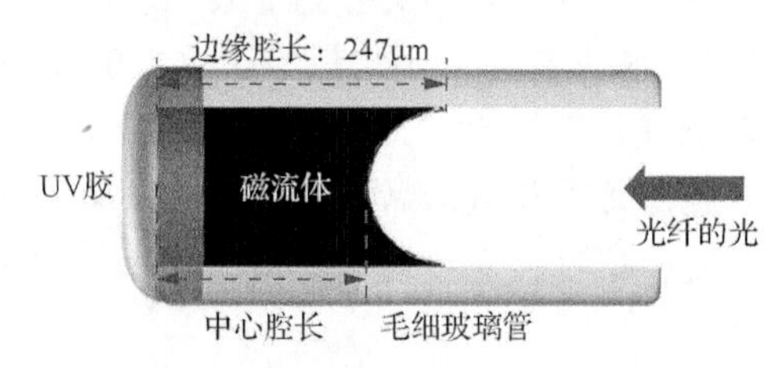

图 7.1.6　磁流体中心腔长观测装置图

通过将制造的观测装置与解调仪相连，可以获得观测装置的反射光谱。图 7.1.7 为反射光谱随着磁场变化的示意图。为清楚地显示反射光谱随着磁场强度的偏移，干涉光谱被分为 3 个磁场强度范围，反射光谱随着磁场强度的增加向右偏移，这表明观测装置空气腔长随着磁场的增加而增加。由于图 7.1.4 中传感结构的单模光纤的纤芯与磁流体的中心腔长 $L_{central}$ 对应，因此磁流体中心腔长 $L_{central}$ 随着磁场的增加而减小，与空气腔变化的趋势相反。结合图 7.1.5 中传感结构的凹面的边缘腔长 L_{edge} 增加以及图 7.1.7 光谱右移导致中心腔长 $L_{central}$ 减小，可以得出随着磁场的增加，磁流体凹面的凹陷程度更加明显的结论。

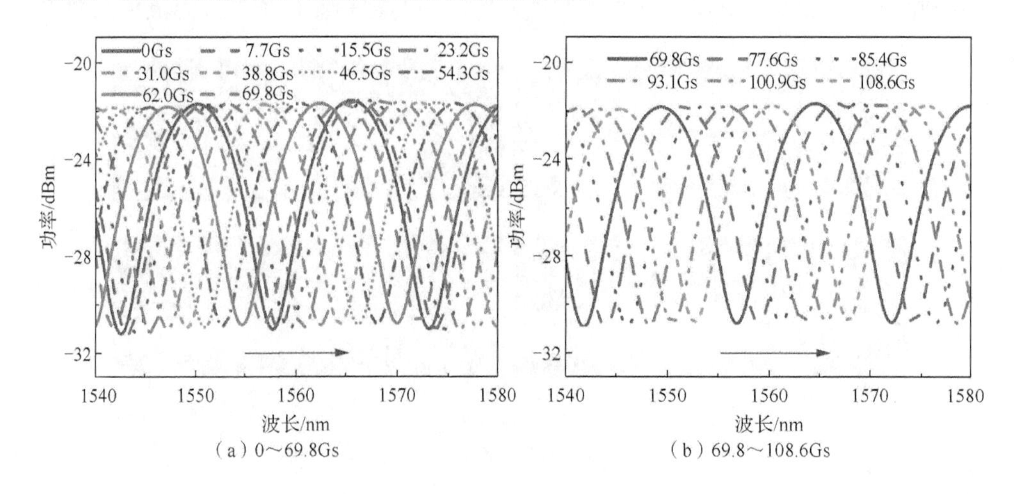

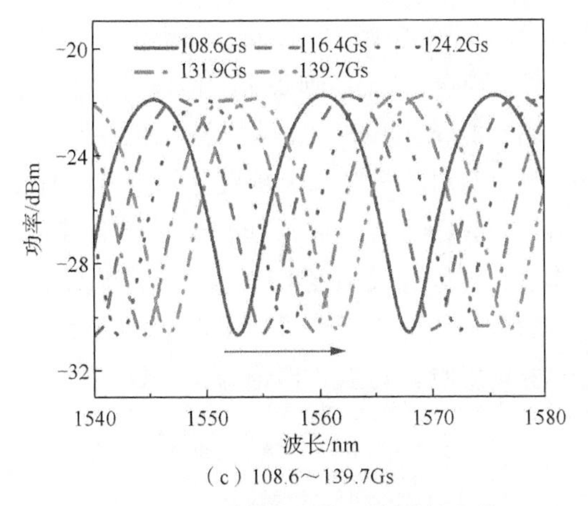

（c）108.6～139.7Gs

图 7.1.7　不同磁场强度下的反射光谱

图 7.1.8 显示了干涉波长和空气腔长随着磁场强度的变化，从图（a）得出，干涉波长随着磁场强度的增加而增加，在 0～139.7Gs 磁场强度范围内，磁场观测装置的波长灵敏度为 0.25nm/Gs。根据相位补偿技术的腔长补偿算法，可以获得空气腔长随着磁场强度变化的情况，如图（b）所示，空气腔长随磁场强度的增大而增大，腔长灵敏度为 0.013μm/Gs。在 0～139.7Gs 磁场强度范围内，可以计算出磁流体中心腔长度的变化为 1.8μm。图 7.1.5（a）中磁流体腔长为 369μm，接近于图 7.1.6 的 247μm 的磁流体边缘腔长。由于制作工艺的限制，无法制备出相同的磁流体腔长，同时磁流体磁控体形效应与磁流体的腔长无关，因此以图 7.1.5 中边缘腔长变化的 5μm 作为传感结构边缘腔长的变化。可以得出凹面的纵横比变化约为 0.11，接近于理论计算的 0.084，理论和实验之间的差异可能是由于系统本身的误差引起的。假设磁场的梯度为 1%，根据式（7.1.5）可以得出在 0Gs 到 139.7Gs 的磁场强度范围内，由磁流体体积的变化引起磁流体腔长的变化为 3.9×10^{-4} μm，远小于体形效应对磁流体腔长的影响，因此所制作的磁场传感器在磁场的影响下主要受磁流体磁控体形效应的影响。

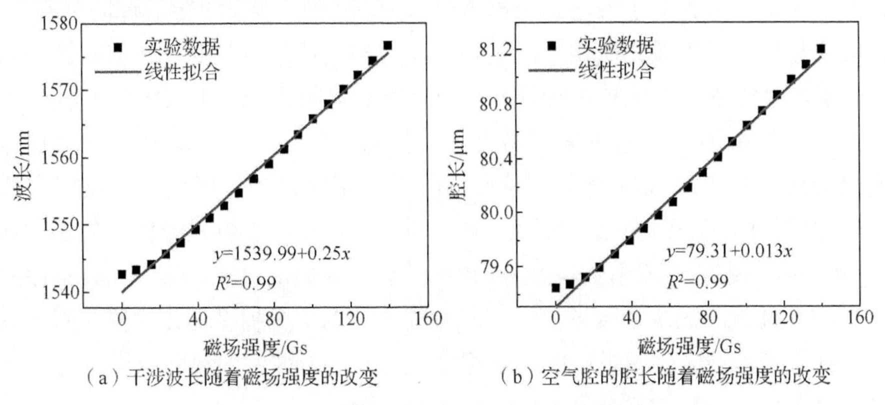

（a）干涉波长随着磁场强度的改变　　（b）空气腔的腔长随着磁场强度的改变

图 7.1.8　磁流体磁控体形效应的实验观测

为进一步研究磁场对磁流体磁控体形效应的影响，采用相同的传感器制备工艺，用体积浓度为7.8%的油基磁流体制备不同磁流体腔长的光纤磁场传感器，并分别对其进行磁场传感器测试。如图7.1.9所示，磁流体腔长为0.15mm、0.25mm、0.78mm以及1.0mm时，其对应的腔长灵敏度分别为0.011μm/Gs、0.013μm/Gs、0.011μm/Gs以及0.0098μm/Gs。尽管磁流体腔长不断地增大，但是其腔长灵敏度的变化较小，磁流体腔长对腔长灵敏度的影响小，腔长灵敏度之间的差异可能是由传感器中凹面初始的纵横比的不同造成，可以看出所使用传感器的腔长变化主要受到磁流体凹面的变化影响，与上述理论分析一致。

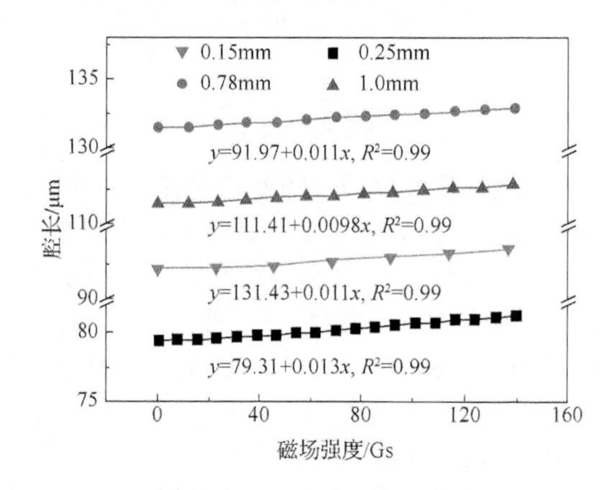

图7.1.9 不同磁流体腔长的传感器结构的腔长随磁场的变化

7.2 基于磁流体磁控体形效应的空气微腔光纤磁场传感技术

本节提出了一种基于磁流体磁控体形效应和FP干涉仪的新型磁场测量方法。与传统的光纤磁场测量方法相比，这种方法的磁场灵敏度更高，响应时间更短。将部分磁流体注入由两段单模光纤和一个毛细玻璃管组成的FP腔中，其中FP干涉仪是由光纤端面和磁流体端面构成。向传感器施加外部磁场时，磁流体腔长的变化会引起空气腔长的变化。因此，由于磁流体磁控体形效应，反射光谱会随着外部磁场的变化而变化。实验结果表明，即使使用少量磁流体，磁场传感器在15.5Gs到139.7Gs范围内的灵敏度也可达到268.81pm/Gs。在7.7Gs、31.0Gs、46.5Gs和139.7Gs的阶跃磁场下，响应时间为0.2s。这种磁场传感器具有灵敏度高、重复性好、响应时间短、成本低等优点，显示出很好的实际应用潜力。

7.2.1　基于磁流体磁控体形效应的空气微腔光纤磁场传感原理

本书所提出的空气微腔磁场传感器示意图如图 7.2.1 所示。当入射光依次通过单模光纤 2 和空气到达磁流体端面时，会形成两个反射面，即单模光纤 2 端面和磁流体端面。两个端面反射的输出光强可以表示为[9]

$$I = I_1 + I_2 + 2\sqrt{I_1 I_2}\cos\left(\frac{4\pi n_{\text{air}} L_{\text{air}}}{\lambda}\right) \tag{7.2.1}$$

式中，I_1 和 I_2 分别表示经单模光纤 2 端面和磁流体端面反射的光强；λ 为波长；n_{air} 为空气的折射率；L_{air} 为空气腔长。

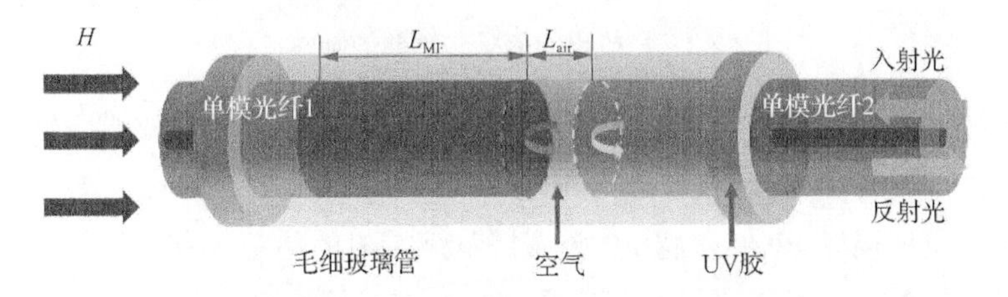

图 7.2.1　空气微腔磁场传感器示意图

当相位差为 $(2m+1)\pi$ 时，输出光强 I 达到最小值。波谷 λ_m 可以表示为

$$\lambda_m = \frac{4n_{\text{air}} L_{\text{air}}}{2m+1}, \quad m=1, 2, 3, \cdots \tag{7.2.2}$$

当磁场 H 作用于传感器的轴向时，磁流体的磁控体形效应导致磁流体腔长 L_{MF} 减小，从而导致空气腔长 L_{air} 增大。波谷波长偏移 $\Delta\lambda_m$ 可表示为

$$\frac{\Delta\lambda_m}{\lambda_m} = \frac{\Delta L_{\text{air}}(H)}{L_{\text{air}}} \tag{7.2.3}$$

7.2.2　基于磁流体磁控体形效应的空气微腔光纤磁场传感器的设计与制作

为了制作磁场传感器，将磁流体注入制作的 FP 腔中，该腔由两段内/外径为 8μm/125μm 的 SMF 和一个内/外径为 128μm/1000μm 的毛细玻璃管构成。本节所使用的磁流体（EMG905，Ferrotec）是油基的，磁性粒子粒径约为 10nm。传感器的制作过程如图 7.2.2 所示，可分为以下七个步骤。

（1）通过熔接机（S184）将单模光纤插入毛细玻璃管的一端，然后将单模光纤通过熔接机放电熔接在毛细玻璃管的内部。熔接机电极在高压下放电时，达到的高温会使毛细玻璃管和单模光纤之间的接触部分熔化。由于毛细玻璃管的内径大于单模光纤的外径，在熔接点处会存在一些空气间隙，为磁流体的注入提供了条件。

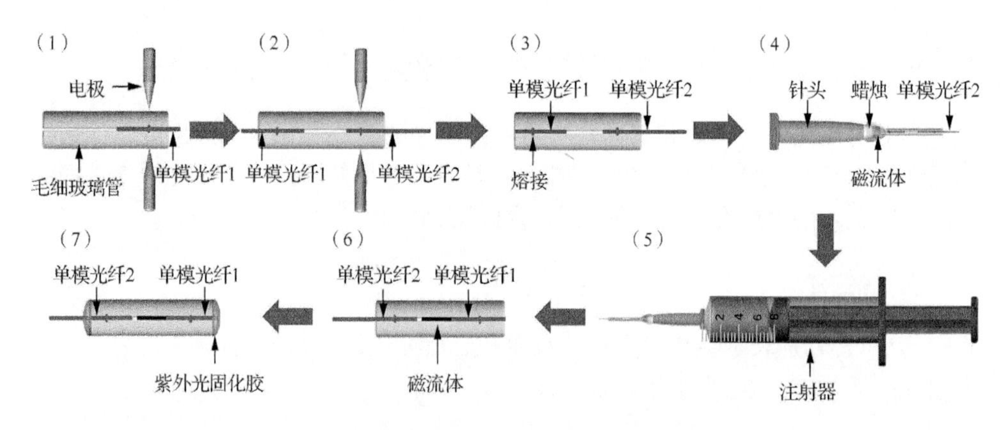

图 7.2.2 所提出的磁场传感器的制作过程

（2）按照上述操作，将单模光纤 2 熔接在毛细玻璃管的另一端，同时单模光纤 2 的另外一端与解调仪（Si155）相连。

（3）为避免损坏 FP 腔，将 FP 腔缓慢从熔接机的电机上移出，同时切掉毛细玻璃管以外的单模光纤 1 部分，以方便磁流体的注入。

（4）毛细玻璃管的单模光纤 1 端连接到含有磁流体的针头上。

（5）针头的另一端安装在注射器上，然后慢慢推动注射器。

（6）将部分磁流体从单模光纤 1 端注入制作的 FP 腔中，并利用解调仪对传感光谱进行实时观测。

（7）当获得所需光谱时，将毛细玻璃管从注射针头中轻轻拔出。毛细玻璃管的两端用 UV 胶密封，以阻止磁流体泄漏。图 7.2.3（a）是传感探头的实物图，图 7.2.3（b）是显微镜观察图，磁流体的腔长为 253μm，传感器探头的长度约为 2.5cm。

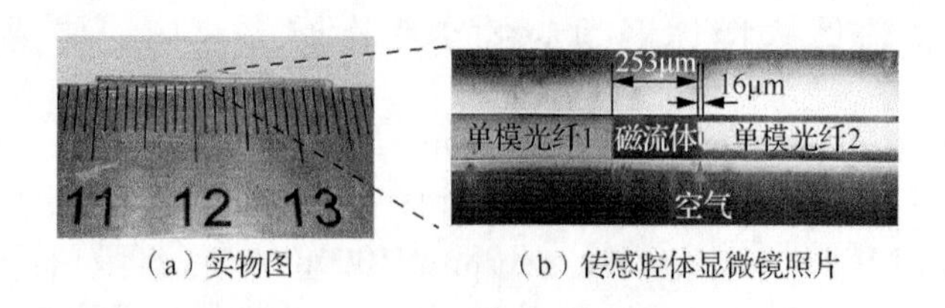

（a）实物图　（b）传感腔体显微镜照片

图 7.2.3 空气微腔磁场传感器

7.2.3 基于磁流体磁控体形效应的空气微腔光纤磁场传感器的实验测试与分析

图 7.2.4（a）显示了传感器在 1550nm 波长附近的干涉光谱，其中自由光谱范围为 14.872nm。图 7.2.4（b）显示了干涉光谱的快速傅里叶变换谱，可以看出光谱

中存在两个不同的峰，分别为峰 1(0.06875nm,35894)和峰 2(0.1375nm,5545.4)，其中峰 1 的幅度约为峰 2 的 7 倍。因此，反射光谱主要由谐振峰 1 决定，该谐振峰 1 是由传感器的空气腔结构产生的。

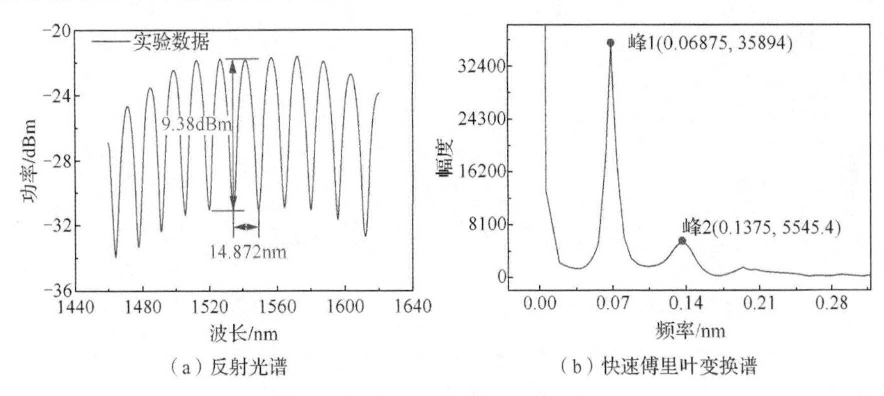

（a）反射光谱　　（b）快速傅里叶变换谱

图 7.2.4　空气微腔磁场传感器的光谱信号

1dBm=10log(入射功率/1mW)

图 7.2.5 反映了轴向磁场下传感器干涉光谱的磁场响应。磁场强度范围为 0～139.7Gs，步长约为 7.7Gs。如图 7.2.5（a）所示，选择 0～62Gs 的干涉光谱来显示光谱响应。图 7.2.5（b）是 0～62Gs 下 1560nm 附近的光谱放大图。0～62Gs 磁场传感器显示出向长波长方向偏移。为了清楚地观察并比较波长随磁场的变化，同时考虑干涉波长越大，磁场灵敏度越高，选择 0Gs 下的干涉波长 1579.952nm 进行跟踪，波长偏移表示为某磁场强度下的干涉波长与 0Gs 下 1579.952nm 的比较结果。从图 7.2.5（c）可以看出，波长偏移在 20Gs 以下缓慢增大，这是因为磁流体的黏度引起的磁流体变化存在阈值。考虑到阈值的存在，在 15.5～139.7Gs 的磁场下进行线性拟合，结果为 $y=-3.88008+0.26881x$ 。传感器的灵敏度为 268.81pm/Gs，线性度为 0.99795。然而，当干涉波长的偏移超过一个自由光谱范围时，很难区分不同的干涉波长，这可以通过腔长解调来解决[10]。

对提出的空气微腔磁场传感器进行重复性实验，磁场以每步 7.7Gs 从 0Gs 增加到 139.7Gs 后，将其重置为 0Gs。根据上述步骤依次对传感器进行三次重复性实验。波长偏移与磁场的关系如图 7.2.6 所示。实验结果表明，波长偏移随磁场强度的增加而增加。在重复性实验中，最大标准偏差为 0.376nm，该传感器显示出良好的可重复性。为了获得传感器对磁场变化的响应时间，如图 7.2.7 所示，对所提出的空气微腔磁场传感器施加了 7.7Gs、31.0Gs、46.5Gs 和 139.7Gs 四种不同的阶跃磁场。解调仪可每 0.1s 记录一次实验数据，磁场快速变化后波长偏移达到稳定值 90%的时间段被定义为“响应时间”。如图 7.2.7 所示，磁场传感器的响应时间为 0.2s，与磁场强度范围无关。

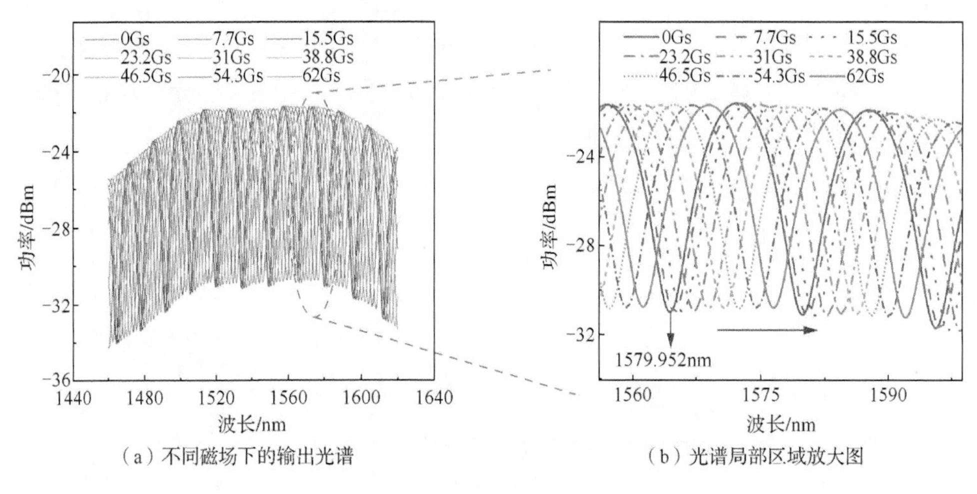

（a）不同磁场下的输出光谱　　（b）光谱局部区域放大图

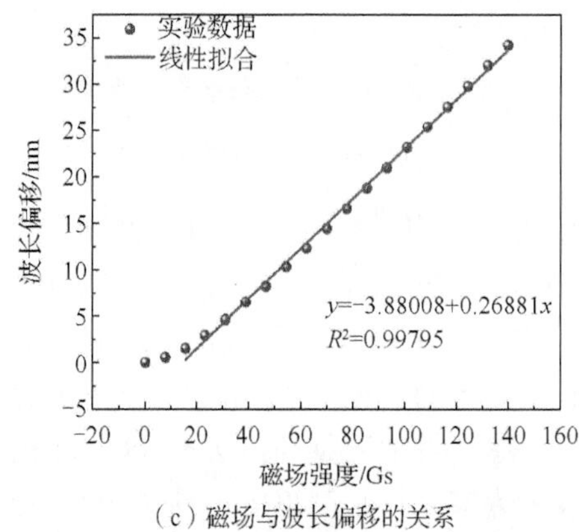

（c）磁场与波长偏移的关系

图 7.2.5　空气微腔磁场传感器的磁场强度响应

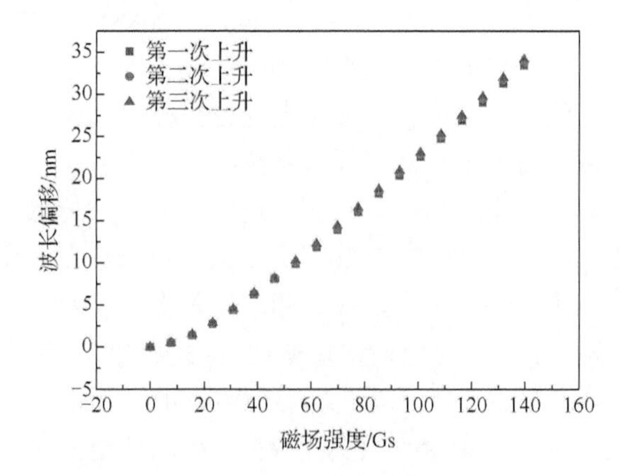

图 7.2.6　空气微腔磁场传感器的重复性实验

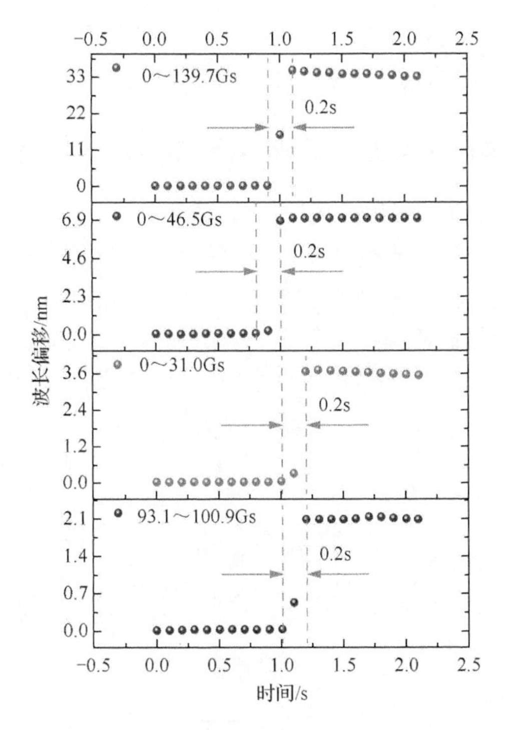

图 7.2.7　空气微腔磁场传感器的响应时间测试

综上所述，本节提出了一种基于 FP 的高灵敏度、快速响应的光纤磁场传感器，并进行了实验验证。磁流体的凹面随外加磁场的变化而变化，引起波谷波长的偏移。从实验结果可得出结论：在 15.5～139.7Gs 时，磁场灵敏度为 268.81pm/Gs，线性度为 0.99795，传感器的响应时间为 0.2s。在重复性实验中，最大标准偏差为 0.376nm。总之，该传感器不仅具有磁场灵敏度高、重复性好、响应时间短、成本低等优点，而且为光纤磁场测量提供了一种新思路。

7.3　基于磁流体磁控体形效应的磁流体微腔光纤磁场传感技术

本节提出了一种基于磁流体磁控体形效应的新型磁场测量方法。磁场传感结构是通过将部分磁流体填充到空芯光纤中制成的。在所提出的磁流体微腔传感结构中，空气的存在为磁流体磁控体形的变化提供了条件。因此，将磁控体形效应引入磁场传感机制。在 109.6～125.8Gs 时，峰值波长偏移量为-65480pm，灵敏度为-4219.15pm/Gs，与基于磁控折射率调制效应的传感结构（波长偏移仅与磁流体的折射率有关）对比，灵敏度提高了 28.16 倍。引入磁控体形效应可以提高磁场传感结构的灵敏度。传感结构的响应时间和恢复时间同样为 0.2s。因此，该传感结构灵敏度高、线性度好、响应时间短，在磁场传感中具有潜在的应用前景。

7.3.1 基于磁流体磁控体形效应的磁流体微腔光纤磁场传感原理

所提出的磁流体微腔传感结构示意图如图 7.3.1 所示。该磁流体微腔传感结构由一段空芯光纤、UV 胶、单模光纤和磁流体组成。单模光纤作为光的输入端；毛细注射锥可以通过本生灯加热空芯光纤手动拉锥制作而成，用于实现在单模光纤附近的区域注入少量磁流体；空芯光纤的另一端用 UV 胶进行密封。当光线从单模光纤进入空芯光纤时，传感器中将存在 3 个反射面，即 S1、S2 和 S3。S1 介于单模光纤和磁流体之间，S2 介于磁流体和空气之间，S3 介于空气和 UV 胶之间。

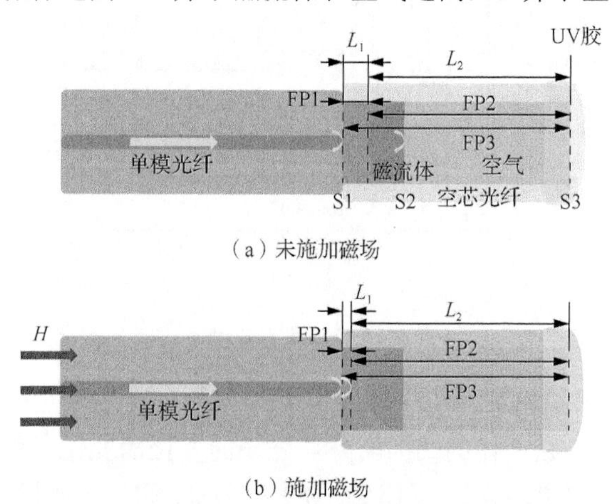

（a）未施加磁场

（b）施加磁场

图 7.3.1 磁流体微腔磁场传感结构示意图

因此，传感器中存在三个 FP 腔，长度为 L_1 的 FP1 腔包含磁流体腔，由 S1 和 S2 组成，长度为 L_2 的 FP2 腔是由 S2 和 S3 组成，长度为 L_1+L_2 的 FP3 腔由 S1 和 S3 组成。三个 FP 腔形成的反射光谱表示为

$$\begin{cases} I = R_1 + A^2 + B^2 + 2\sqrt{R_1}A\cos(2\phi_1) + 2AB\cos(2\phi_2) + 2\sqrt{R_1}B\cos[2(\phi_1+\phi_2)] \\ A = (1-\varepsilon_1)(1-R_1)\sqrt{R_2} \\ B = (1-\varepsilon_1)(1-\varepsilon_2)(1-R_1)(1-R_2)\sqrt{R_3} \end{cases} \tag{7.3.1}$$

式中，ε_1 和 ε_2 分别为 FP1 和 FP2 的传输损耗；R_1、R_2 和 R_3 分别为 S1、S2 和 S3 的反射系数；$\phi_1 = 2\pi n_1 L_1/\lambda$ 和 $\phi_2 = 2\pi n_2 L_2/\lambda$ 分别为 FP1 和 FP2 的相移，n_1 和 n_2 是磁流体和空气的折射率，L_1 和 L_2 是 FP1 和 FP2 的长度，λ 是波长。

然而，考虑到三个 FP 腔的组成，FP1 腔的干涉波长对磁场最敏感。这是因为 FP1 仅由磁流体组成，而 FP2 和 FP3 包含对磁场不敏感的空气。因此，将滤波器

应用于全反射光谱，得到 FP1 对应的光谱，可表示为

$$I = R_1 + A^2 + 2\sqrt{R_1}A\cos(2\phi_1) \tag{7.3.2}$$

当 FP1 腔的相移满足 $2\phi_1=2m\pi\ (m=0,1,2,\cdots)$ 时，反射光谱的峰值波长可以表示为

$$\lambda_m = \frac{2n_1L_1}{m} \tag{7.3.3}$$

FP1 腔在相邻峰值波长之间的自由光谱范围（free spectrum range, FSR）由以下公式表示：

$$\mathrm{FSR} = \lambda_m - \lambda_{m+1} = \frac{2n_1L_1}{m(m+1)} = \frac{\lambda_m\lambda_{m+1}}{2n_1L_1} \tag{7.3.4}$$

随着磁场的增强，不仅磁流体的折射率发生改变，磁流体的体形也会发生变化，如图 7.3.1（b）所示，磁流体的磁控体形效应使得磁流体腔长缩短。因此，根据方程（7.3.3），峰值波长将随外界磁场的变化而变化。峰值波长的偏移可以表示为

$$\Delta\lambda = \frac{2\Delta n_1L_1 + 2n_1\Delta L_1}{m} = \frac{\Delta\mathrm{OPD}}{m} \tag{7.3.5}$$

式中，Δn_1 是磁流体折射率的变化；ΔL_1 是 FP1 腔长在外加磁场下的变化；ΔOPD 是光程差（optical path difference）的变化。

讨论不同磁流体腔长对传感器的影响，图 7.3.2 给出了 50μm、80μm、110μm、140μm、170μm 和 200μm 磁流体腔长的干涉波长偏移与光程差变化之间的关系，其中光程差的变化以步长 0.1μm 增加到 0.5μm。随着磁流体腔长从 50μm 增加到 200μm，传感器的灵敏度从 30.74nm/μm 下降到 7.80nm/μm。因此磁流体腔长越短，传感器的灵敏度越高。

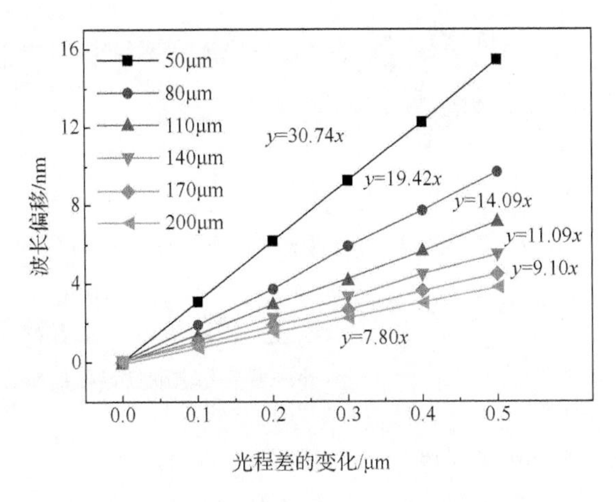

图 7.3.2　不同磁流体腔长对干涉波长偏移的影响

7.3.2 基于磁流体磁控体形效应的磁流体微腔光纤磁场传感结构的设计与制作

传感结构的制作步骤如图 7.3.3 所示。首先，如图 7.3.3（a）所示，通过商用熔接机的手动焊接方式，将一段空芯光纤（芯径：100μm。外径：168μm）与磁流体进行熔接。磁流体和空芯光纤放置在熔接机的两台电机上，然后，通过手动熔接的方式将磁流体与空芯光纤对齐。清洁强度为 20 个单位，清洁时间为 200ms，熔接开始强度为 70 个单位，熔接结束强度为 70 个单位，熔接时间为 400ms。使用定长切割装置切割空芯光纤。其次，如图 7.3.3（b）所示，取另一部分空芯光纤，用本生灯加热，然后向两侧拉伸，可以获得毛细注射锥。接下来，毛细注射锥通过毛细硅胶管连接到充满磁流体的注射器上。利用注射泵缓慢推动注射器，使磁流体可以缓慢注入空芯光纤，如图 7.3.3（c）所示。最后，空芯光纤的另一端用 UV 胶封闭，以防止磁流体挥发。图 7.3.4（a）是毛细注射锥实物图，从图中可以看出，所制备的毛细注射锥的直径为 22μm，小于空芯光纤的内径。图 7.3.4（b）是所提出的磁流体微腔磁场传感结构的显微照片，空气腔长为 1036μm，远大于磁流体腔长的 55μm，其目的是防止 UV 胶在封装的过程中沿空芯光纤内壁与磁流体接触，空气为磁流体微腔的伸缩提供了空间。

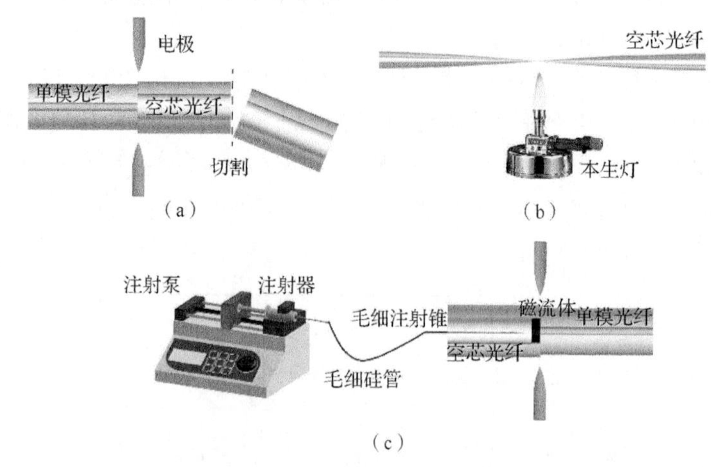

图 7.3.3 磁流体微腔磁场传感结构的制作过程

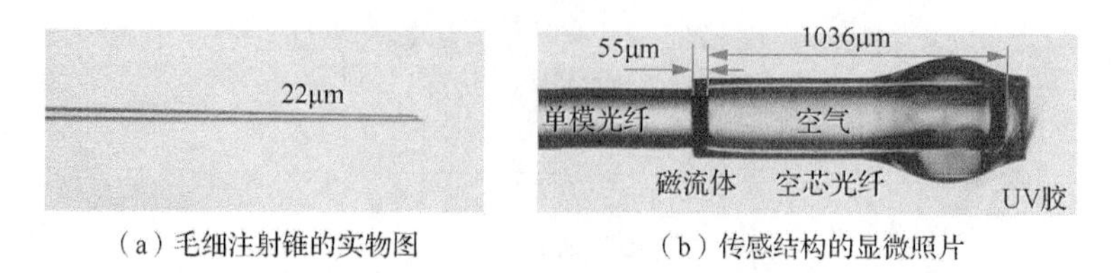

（a）毛细注射锥的实物图　　（b）传感结构的显微照片

图 7.3.4 毛细注射锥及传感结构图

反射光谱的低频条纹主要取决于FP1腔，而高频条纹主要取决于FP2腔和FP3腔，因为FP2腔和FP3腔的光程远大于FP1腔。低通滤波器用于通过FP1腔对应的频率，并阻断FP2腔和FP3腔对应的频率，即只有FP1腔对应的频谱才能通过。图7.3.5为所提出的磁流体微腔磁场传感结构的反射光谱，其中实线是原始光谱，虚线是滤波光谱。根据方程式（7.3.4），滤波后光谱的FSR为63.64nm，磁流体的腔长为12.77μm，小于图7.3.4（b）中获得的55μm。这是由于受表面张力的影响，磁流体在空芯光纤中呈现凹面。

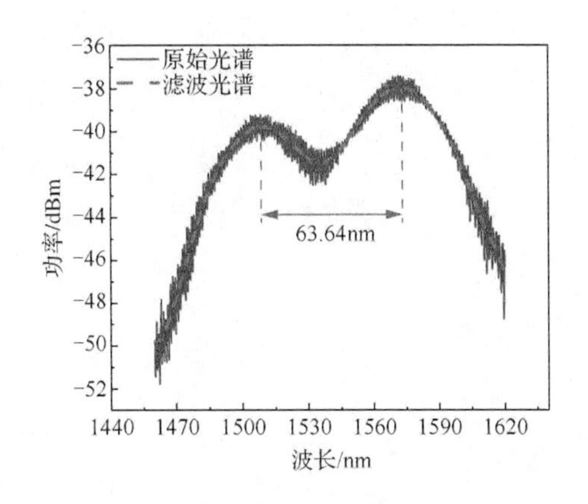

图 7.3.5　磁流体微腔磁场传感结构的反射光谱

7.3.3　基于磁流体磁控体形效应的磁流体微腔光纤磁场传感结构的实验测试与分析

图 7.3.6 显示了在不同磁场强度下所提出的磁流体微腔传感结构滤波后的反射光谱，磁场施加的范围为 0～125.8Gs，调整的步长约为 3.1Gs。随着磁场的增强，干涉谱移动大于一个 FSR，不同磁场的光谱将出现重叠，导致磁场传感器的传感能力丧失，这可以通过粗测量与细测量相结合来解决[11]。为了清楚地确定峰值波长和磁场之间的关系，反射光谱被分为五个部分，即0～48.3Gs、48.3～74.2Gs、74.2～93.5Gs、93.5～109.6Gs、109.6～125.8GS，如图 7.3.6（a）～（e）所示。从图 7.3.6 可以看出，随着磁场增强，峰值波长向短波长方向移动。

为了详细显示峰值波长和磁场之间的关系，在六个磁场强度范围内选择不同的峰值波长进行跟踪。如图 7.3.7（a）～（f）所示，首先，随着磁场增强，峰值波长出现蓝移。在 0～25.7Gs、25.7～48.3Gs、48.3～74.2Gs、74.2～93.5Gs、93.5～109.6Gs 和 109.6～125.8Gs 的磁场强度范围内，峰值波长的偏移量分别为-19968pm、-38344pm、-63048pm、-63776pm、-61376pm、-65480pm。由于磁链形成过程中存在阈值，在 0～25.7Gs 磁场范围内的波长偏移小于其他磁场强度范围内的波长偏移。特别地，74.2～93.5Gs 磁场强度范围内的最佳线性系数为0.9999，109.6～125.8Gs 的最大峰值波长偏移为-65480pm。误差分布区间表明测量结果受到干扰，这主要是由于环境温度和振动的影响。

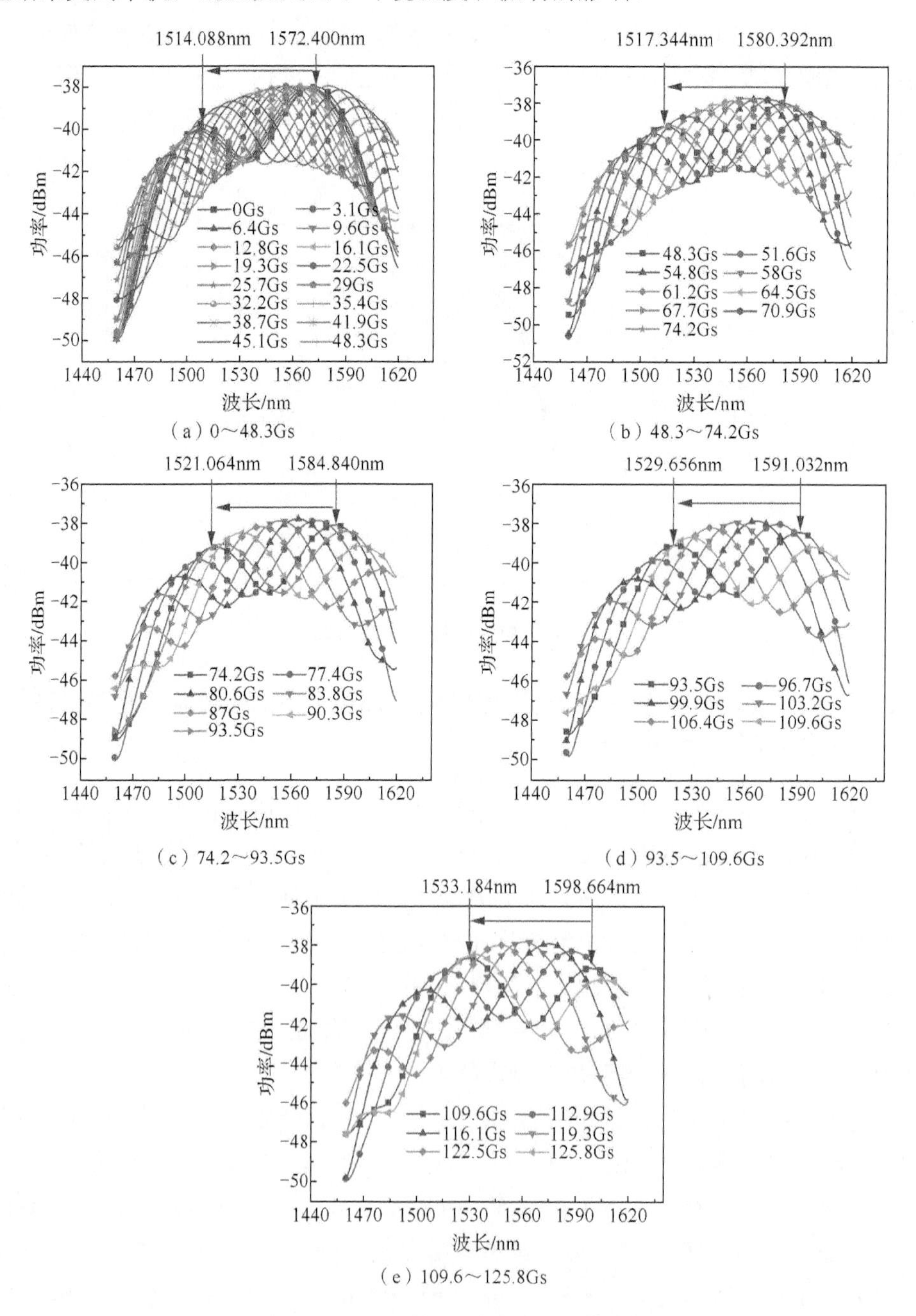

（a）0～48.3Gs

（b）48.3～74.2Gs

（c）74.2～93.5Gs

（d）93.5～109.6Gs

（e）109.6～125.8Gs

图 7.3.6 不同磁场下滤波后的反射光谱

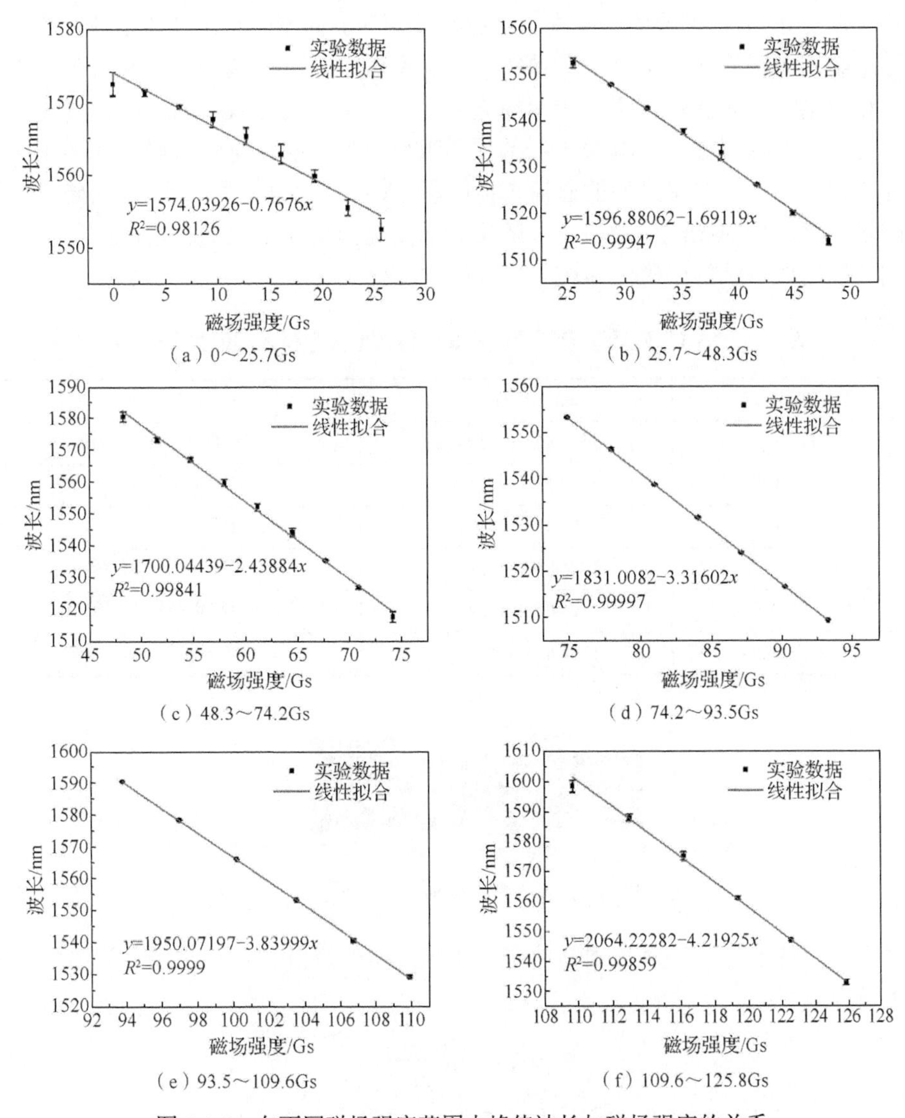

（a）0～25.7Gs　（b）25.7～48.3Gs

（c）48.3～74.2Gs　（d）74.2～93.5Gs

（e）93.5～109.6Gs　（f）109.6～125.8Gs

图 7.3.7　在不同磁场强度范围内峰值波长与磁场强度的关系

表 7.3.1 清晰地显示了磁场强度范围、波长偏移和拟合方程之间的关系。传感结构的波长偏移不仅与磁流体的磁控折射率调制效应有关，还与磁控体形效应有关。为了探索磁控折射率调制效应和磁控体形效应对磁流体微腔磁场传感结构峰值波长偏移的影响，根据文献[12]中的制备方法制作基于磁控折射率效应的传感结构，如图 7.3.8 所示。将磁流体填充到由两部分单模光纤和一部分空芯光纤构成的 FP 腔中，其中空芯光纤的内径和外径分别为 152μm 和 351μm。该结构的干涉波长的偏移仅与磁流体的折射率有关，用于与磁流体微腔磁场传感结构进行对比研究。磁流体微腔磁场传感结构（图 7.3.1）和基于磁控折射率调制效应的传感

结构（图 7.3.8）之间最大区别在于：磁流体两侧界面不一样。其中磁流体微腔磁场传感结构的磁流体是位于一段单模光纤和空气之间，而基于磁控折射率调制效应的传感结构的磁流体位于两段单模光纤之间。由于表面张力的影响，磁流体微腔磁场传感结构仅被一段单模光纤的端面吸引，另一端与空气接触；而基于磁控折射率调制效应的传感结构的磁流体被两段 SMF 的端面吸引。因此，在磁流体微腔磁场传感结构中磁流体腔长可以随磁场的变化而变化，但是在基于磁控折射率调制效应的传感结构中磁流体腔长不能发生变化。

表 7.3.1　磁场强度范围、波长偏移和拟合方程之间的关系

磁场强度范围/Gs	波长偏移/pm	拟合方程
0～25.7	1572.400～1552.432	$y = 1574.03926 - 0.7676x$
25.7～48.3	1552.432～1514.088	$y = 1596.88062 - 1.69119x$
48.3～74.2	1580.392～1517.344	$y = 1700.04439 - 2.43884x$
74.2～93.5	1584.840～1521.064	$y = 1831.0082 - 3.31602x$
93.5～109.6	1591.032～1529.656	$y = 1950.07197 - 3.83999x$
109.6～125.8	1598.664～1533.184	$y = 2064.22282 - 4.21925x$

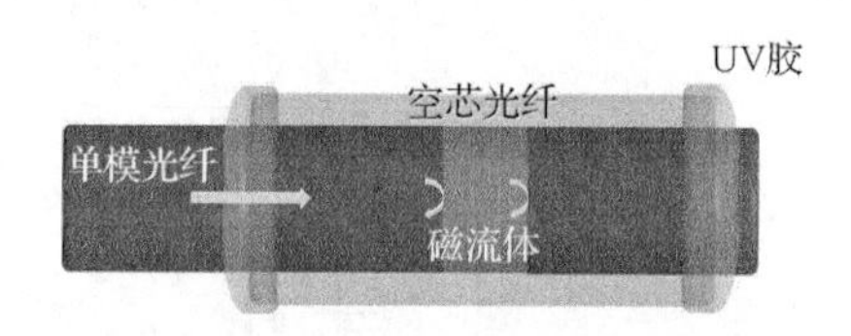

图 7.3.8　基于磁控折射率效应的传感结构示意图

因此，基于磁控折射率调制效应的传感结构的峰值波长和磁场之间的关系可以表示为

$$\Delta\lambda_{m2} = \frac{2\Delta n_2 L_2}{m} \tag{7.3.6}$$

式中，L_2 是基于磁控折射率调制效应的传感结构的磁流体腔长；Δn_2 是基于磁控折射率调制效应的传感结构的磁流体折射率的变化。因此，通过比较两种传感结构的波长偏移，可以得出磁流体的磁控折射率效应、磁控体形效应与磁流体微腔磁场传感结构峰值波长移动的关系。

平行于传感结构轴向的磁场被施加到基于磁控折射率调制效应的传感结构上，范围为 0～123.7Gs。不同磁场下的反射光谱如图 7.3.9（a）所示。根据方程（7.3.4），基于磁控折射率调制效应的传感结构的腔长为 10.15μm，与磁流体微腔磁场传感结构的腔长 12.77μm 接近。由于制造工艺的限制，很难制造出两种腔长完全相同的磁场传感结构。当磁场从 0Gs 增加到 123.7Gs，光谱红移。峰值波长和磁场强度之间的拟合线如图 7.3.9（b）所示。传感结构的磁场灵敏度在 0～123.7Gs 范围内为 149.83pm/Gs，磁控折射率调制效应可以使峰值波长向右偏移。

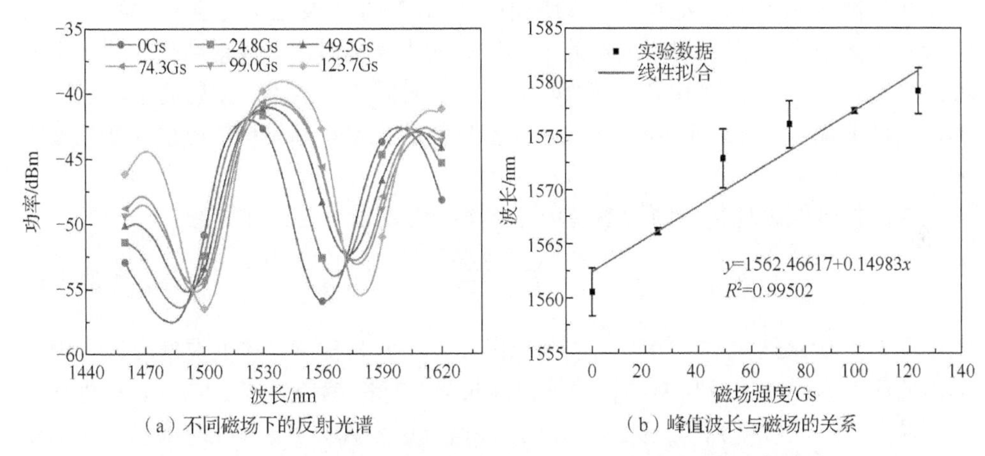

（a）不同磁场下的反射光谱　（b）峰值波长与磁场的关系

图 7.3.9　不同磁场下基于磁控折射率效应的传感结构的反射光谱

磁流体微腔磁场传感结构的峰值波长偏移主要是由磁流体的腔长变化引起的。两种传感结构在不同磁场强度范围内的详细峰值波长偏移见表 7.3.2。可以看出，磁流体微腔磁场传感结构的峰值波长偏移大于基于磁控折射率调制效应的传感结构的峰值波长偏移，并且在所有磁场强度范围内两个传感结构的波长偏移的方向相反。磁流体微腔磁场传感结构中，随着磁场增加，磁流体的凹面变得更加凹陷，从而导致磁流体腔长的减小。根据方程（7.3.5），磁控体形效应将导致峰值波长随着磁场的增强而减小。该传感结构波长偏移的方向与磁控体形效应一致，但与磁控折射率调制效应相反。因此，在 0～125.8Gs 时，磁控体形效应对峰值波长偏移起正作用，而磁控折射率调制效应起负作用。磁控体形效应对波长偏移的影响大于磁控折射率调制效应。通过引入磁控体形效应，大大提高了传感结构的磁场灵敏度。

表 7.3.2　两个磁场传感结构之间的详细波长偏移

磁流体微腔传感结构		基于磁控折射率效应的传感结构	
磁场强度范围/Gs	波长偏移/pm	磁场强度范围/Gs	波长偏移/pm
0～25.7	-19968	0～24.8	5592
25.7～48.3	-38344	24.8～49.5	6712
48.3～74.2	-63048	49.5～74.3	3152
74.2～93.5	-63776	74.3～98.9	1256
93.5～109.6	-61376	98.9～123.7	1824
109.6～125.8	-65480	—	—

将三种不同的磁场强度范围应用于所提出的磁流体微腔磁场传感结构中以测试其磁场响应性能。解调仪可以在实验中每间隔 0.1s 记录一次实验数据。在磁场作用下峰值波长从初始位置移动到最大位置的时间被定义为响应时间，峰值波长从最大位置返回到初始位置的时间被定义为恢复时间。传感结构的响应性能如图 7.3.10 所示。可以看出，响应时间和恢复时间均为 0.2s。反射光谱峰值波长的最大标准偏差为 460.63pm。通过合理地封装和优化传感结构，可以降低光谱的波动。

磁流体微腔磁场传感结构的磁场分辨率可通过以下公式计算：

$$F = \frac{3D}{P} \tag{7.3.7}$$

式中，F 为传感结构的分辨率；D 为标准偏差；P 为传感结构的灵敏度。考虑到提出的磁流体微腔磁场传感结构的峰值波长最大标准偏差为 460.63pm，且传感结构的最大磁场灵敏度为-4219.25pm/Gs，根据上述公式计算磁场分辨率为 0.33Gs。

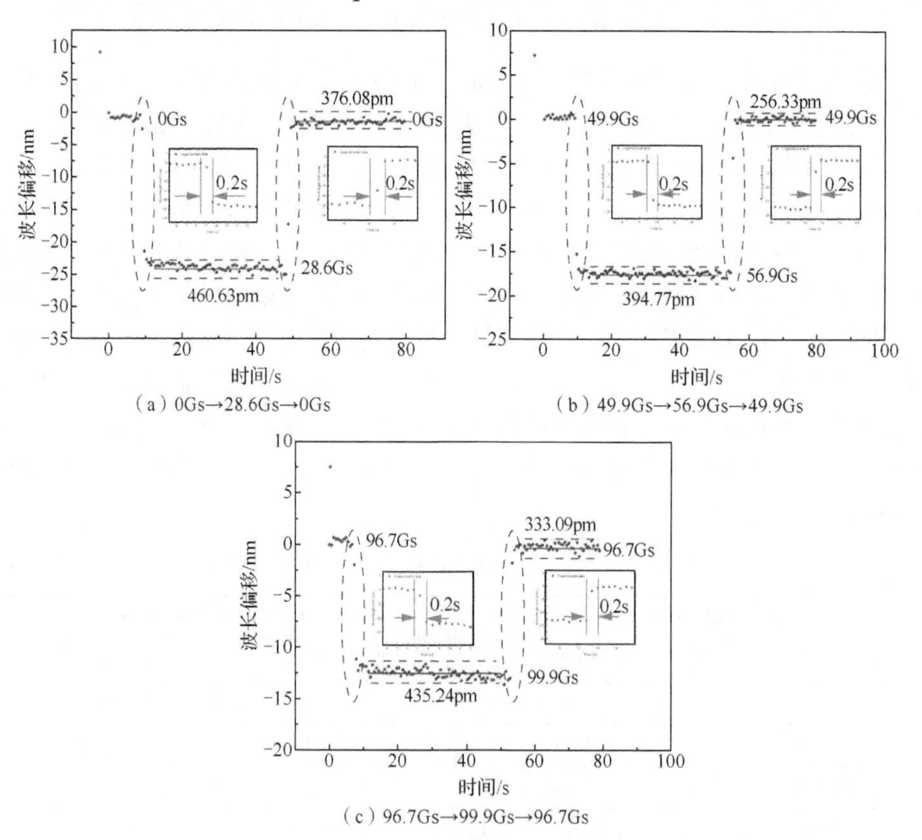

图 7.3.10　磁流体微腔磁场传感结构的响应性能

本节提出并验证了一种新型高灵敏度磁场传感结构，通过引入磁流体的磁控体形效应，大大提高了磁场灵敏度。磁场实验表明，在 0～25.7Gs、25.7～48.3Gs、48.3～74.2Gs、74.2～93.5Gs、93.5～109.6Gs 和 109.6～125.8Gs 的磁场强度范围内，峰值波长的偏移分别为-19968pm、-38344pm、-63048pm、-63776pm、-61376pm、-65480pm。此外，该传感结构的磁场响应时间和恢复时间均为 0.2s，传感结构的长度仅为 1mm 左右。总之，该传感结构灵敏度高、响应时间短，具有良好的商业前景。

参 考 文 献

[1] Lee E W. Magnetostriction and magnetomechanical effects[J]. Reports on Progress in Physics, 1955, 18(1): 184-229.

[2] 董佳琦. 基于磁致伸缩效应的锚杆锚固检测系统研究[D]. 石家庄: 石家庄铁道大学, 2021.

[3] Dong S H, Pu S L, Huang J. Magnetic field sensing based on magneto-volume variation of magnetic fluids investigated by air-gap Fabry-Pérot fiber interferometers[J]. Applied Physics Letters, 2013, 103(11): 111907.

[4] 董少华. 基于磁流体的光纤传感器件的研究[D]. 上海: 上海理工大学, 2015.

[5] Payet B, Donatini F, Noyel G. Longitudinal magneto-optical study of Brown relaxation in ferrofluids: Dynamic and transient methods. Application[J]. Journal of Magnetism & Magnetic Materials, 1999, 201(1-3): 207-210.

[6] Kötitz R, Fannin P C, Trahms L. Time domain study of Brownian and Néel relaxation in ferrofluids[J]. Journal of Magnetism and Magnetic Materials, 1995, 149(1-2): 42-46.

[7] Bashtovoi V, Kuzhir P, Reks A. Capillary ascension of magnetic fluids[J]. Journal of Magnetism & Magnetic Materials, 2002, 252: 265-267.

[8] 张佳. 磁性液体磁致伸缩效应的理论分析与实验研究[D]. 天津: 河北工业大学, 2012.

[9] Wang J, Liu B, Wu Y F, et al. Temperature insensitive fiber Fabry-Pérot/Mach-Zehnder hybrid interferometer based on photonic crystal fiber for transverse load and refractive index measurement[J]. Optical Fiber Technology, 2020, 56: 102163.

[10] Jiang Y, Tang C J. Fourier transform white-light interferometry based spatial frequency-division multiplexing of extrinsic Fabry-Pérot interferometric sensors [J]. Review of Scientific Instruments, 2008, 79(10): 106105.

[11] Tong R J, Zhao Y, Hu H F, et al. Large measurement range and high sensitivity temperature sensor with FBG cascaded Mach-Zehnder interferometer[J]. Optics Laser Technology, 2020, 125: 106034.

[12] Lv R Q, Zhao Y, Wang D, et al. Magnetic fluid-filled optical fiber Fabry-Pérot sensor for magnetic field measurement[J]. IEEE Photonics Technology Letters, 2014, 26(3): 217-219.

第 8 章

基于磁流体的光纤矢量磁场传感技术

8.1 基于磁流体的 C 型光纤矢量磁场传感技术

在磁场传感技术的实际应用过程中，高灵敏的矢量磁场传感技术是不可缺少的。针对磁场测量的高灵敏度和矢量化要求，本节提出了一种基于磁流体的 C 型光纤矢量磁场传感器，深入研究磁场方向与强度同时测量的传感原理，并通过实验进行验证。

8.1.1 基于磁流体的 C 型光纤矢量磁场传感原理

本节提出了一种基于磁流体的 C 型光纤矢量磁场传感结构，并从 C 型光纤传感结构原理和矢量磁场传感原理两方面进行详细说明。

1. C 型光纤传感结构的原理

基于 C 型光纤（C-type optical fiber, CTF）的传感结构如图 8.1.1 所示，它是由单模-多模-C 型-多模-单模（single mode-multimode-C-type optical-multimode-single mode, SM-MM-CT-MM-SM）拼接而成，其中 MMF 起到分光与合光的作用。

由图 8.1.1 可以看出，当光强为 I_{in} 的入射光从单模光纤传入 MMF1 时，模场半径扩大，光被分成两部分，其中一路沿着 CTF 的纤芯传输，另一路在 CTF 的 C 型槽内传输，即直接接触变化的外界环境，传输一段距离后，最终两部分在 MMF2 内相遇，发生干涉后沿着导出单模光纤传出，符合 MZI 的双光路干涉原理。因此，经过传感结构输出光的光强 I_{out} 可以表示为

$$I_{\text{out}} = I_1 + I_2 + 2\sqrt{I_1 I_2}\cos\varphi_0 \tag{8.1.1}$$

式中，I_1 是直接在 CTF 纤芯中传输的光强；I_2 是在 CTF 的 C 型槽内传输的光强；φ_0 是发生干涉两路光的相位差，可表示为

$$\varphi_0 = \frac{2\pi \cdot \Delta n_{\text{eff}} L}{\lambda} = \frac{2\pi \cdot \left(n_{\text{e}} - n_{\text{core}}\right) L}{\lambda} \tag{8.1.2}$$

其中，n_{e} 和 n_{core} 分别是光在 CTF 的 C 型槽内和纤芯中传输的有效折射率，它们的有效折射率差 $\Delta n_{\text{eff}} = n_{\text{e}} - n_{\text{core}}$，$L$ 是 CTF 的长度；λ 是光在真空中的波长。当 $\varphi_0 = (2k+1)\pi$ 且 k 是整数时，干涉光谱将会形成波谷，此时式（8.1.2）变形将得到

$$\lambda_k = \frac{2\pi \cdot \Delta n_{\text{eff}} L}{(2k+1)\pi} = \frac{2\Delta n_{\text{eff}} L}{2k+1} \tag{8.1.3}$$

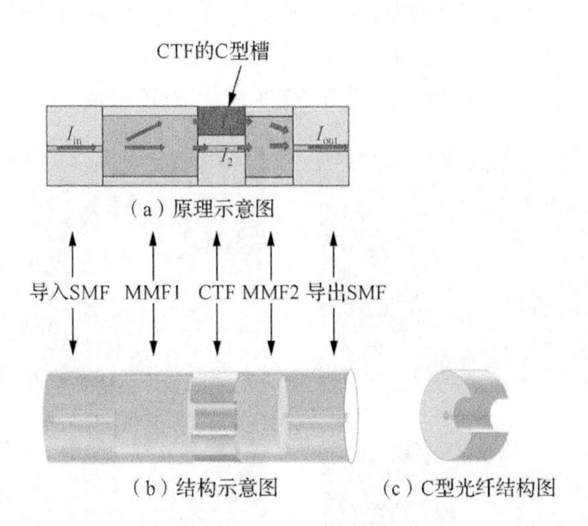

（a）原理示意图

（b）结构示意图　（c）C型光纤结构图

图 8.1.1　CTF 传感结构

根据式（8.1.3）可以判断干涉光谱波谷移动的方向，当 $n_{\text{e}} < n_{\text{core}}$ 时，随着 n_{e} 的增大，$|\Delta n_{\text{eff}}|$ 将减小，因此 n_{e} 变大，该结构形成的干涉光谱将蓝移。相应地，n_{e} 变小，干涉光谱红移。

因此，由 $\text{FSR} = \lambda_k - \lambda_{k+1}$ 可得

$$\text{FSR} = \lambda_k - \lambda_{k+1} = \frac{\lambda_k \lambda_{k+1}}{\Delta n_{\text{eff}} L} \approx \frac{\lambda^2}{\Delta n_{\text{eff}} L} \tag{8.1.4}$$

根据式（8.1.4）可以验证最终光谱是否由具有对应光程差的两束光干涉形成。虽同属于 MZI，但相较于外界折射率间接影响光纤包层中传输模式的结构方案，该结构具有较高的灵敏度，原因是发生干涉的一路光将直接在变化环境中传输，外界环境的影响力被放大了，折射率灵敏度自然大大提高了。同样利用这种思路的结构包括大错位熔接结构[1]。相较于大错位结构，该结构的优势表现为无模场失配、损耗小、全光纤熔接、机械结构更稳定。

2. 基于磁流体的 CTF 矢量磁场传感原理

磁流体的光学特性与其微观粒子的排列紧密相关[2]，在 2.2 节中，利用蒙特卡罗法仿真分析了在外加磁场环境下磁流体粒子的聚集排列过程。可以观察到磁流体粒子将沿着磁场方向进行链式排列，并且磁场强度越大，磁链排列越密集。从理论上解释了磁流体的各向异性，以及折射率可调的特性。这些仿真与实际观察到的磁流体薄膜中的现象规律一致。

为探究磁流体包裹光纤时磁性纳米粒子的排列情况，Yin 等[3]利用气泡模拟光纤端面，在显微镜下观察到如图 8.1.2 所示的排列情况。微观粒子在沿磁场方向排列成磁链的过程中，受到圆形端面的影响，粒子更多地沿着磁场方向聚集在与圆相切的切点周围，而在垂直于磁场方向的切点周围疏散。当磁场方向转动时，排列状态也随之旋转，因此磁场方向影响磁性粒子在光纤周围的排列密度。

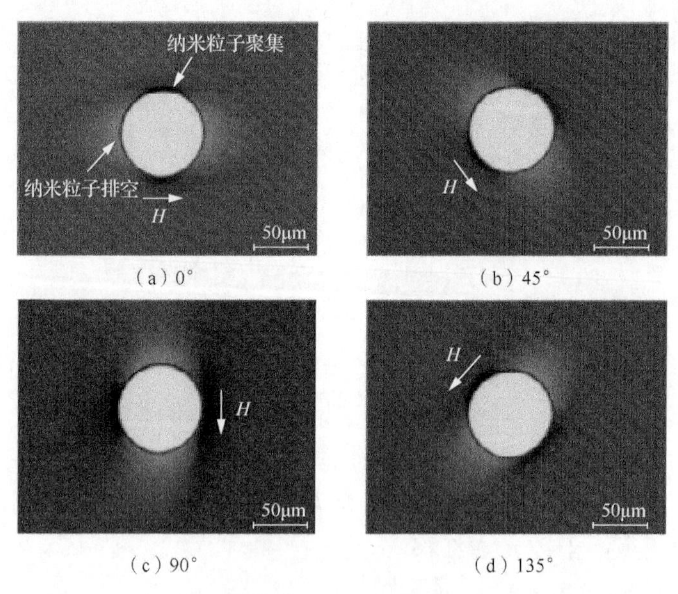

（a）0°　（b）45°　（c）90°　（d）135°

图 8.1.2　在磁场方向与水平呈 0°、45°、90°、135°角时，磁场流体粒子在气泡周围的显微镜图像[3]

很多矢量磁场传感器的原理便是根据这个现象，利用倏逝波的耦合效应，制作非对称或者偏心的结构，这样产生的非圆对称的光纤模式的有效折射率会受周围粒子排列的影响，即受磁场方向影响。

本节所提出的 CTF 虽然也是非中心对称结构，但正如上文解释的传感原理，发生干涉的光，一路在纤芯传输，一路在 C 型槽内传输，并不是利用产生的非圆对称的光纤模式进行干涉，而是利用结构的特殊性，使磁场方向对充满磁流体的 C 型槽内的有效折射率 n_e 进行调制。

当 CTF 周围及槽内充满磁流体时，C 型槽外的磁性粒子依旧会在磁场方向与光纤截面的切点处沿磁场方向排列成链，并且随着磁场方向的变化而旋转。由于 CTF 的 C 型槽与外界连通，且开口方向为唯一指向，所以在磁场方向发生变化的过程中，即磁链旋转的过程中，周围的粒子会进出 C 型槽，造成粒子的流动，从而影响 C 型槽中磁性粒子的密度，对 C 型槽内的 n_e 进行了调制。

因此，如图 8.1.3 所示，将 D_{light} 定义为光在纤芯内的传输方向，将 D_c 定义为 CTF 中 C 型槽的开口方向。当 $H \perp D_{light}$ 时，H 和 D_c 的相对角位置会影响充满磁流体的 C 型槽内的 n_e，这为矢量磁场的测量提供了理论支持。

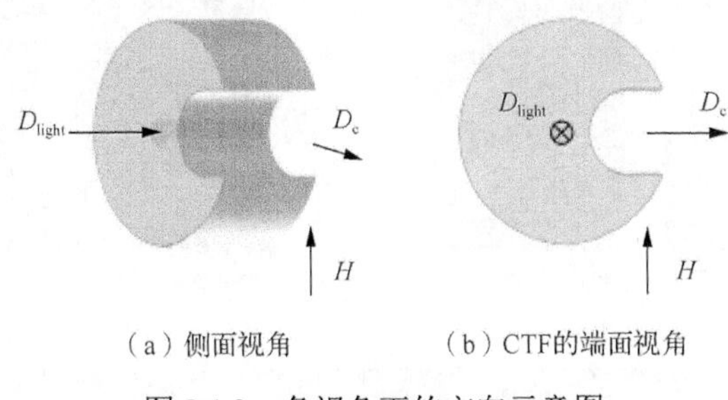

（a）侧面视角　　（b）CTF的端面视角

图 8.1.3　各视角下的方向示意图

8.1.2　基于磁流体的 CTF 矢量磁场传感结构仿真

从理论分析可知，整个光纤矢量磁场传感器利用 CTF 中 C 型槽内 n_e 的变化进行传感，因此传感结构对折射率变化越敏感，结合磁流体后的磁场传感器灵敏度越高。为了得到更高的灵敏度，需要利用 RSoft 软件对传感结构进行仿真，在一定折射率变化范围内，调节结构的尺寸参数进行折射率灵敏度的对比，找到更合适的参数。

根据 SM-MM-CT-MM-SM 结构的实际参数建立如图 8.1.4 的仿真模型。模型从下到上依次为 SMF、MMF、CTF、MMF、SMF，根据实际参数对模型进行设置：光纤纤芯折射率 $n_{core}=1.4682$，包层折射率 $n_{clad}=1.4628$，光纤直径为 125μm，其中 SMF 纤芯直径 8.2μm，MMF 纤芯直径 105μm，CTF 纤芯直径 9.6μm。该结构中需要优化探讨的尺寸参数依旧是 MMF 和 CTF 的长度，所以主要优化调节的是 CTF 的长度 L。

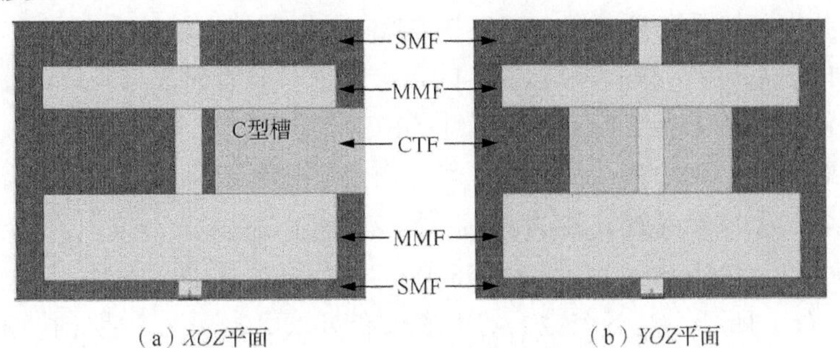

（a）XOZ平面　　（b）YOZ平面

图 8.1.4　CTF 传感结构仿真模型

为了更好地证实传感原理的分析，验证光在传感结构中的传输路径，先对 L=1000μm 的结构模型进行传感结构内部电场分布的仿真，这时把 CTF 中 C 型槽的折射率 n_e 与背景折射率统一，并设置为 1.34，电场分布图如图 8.1.5 所示。

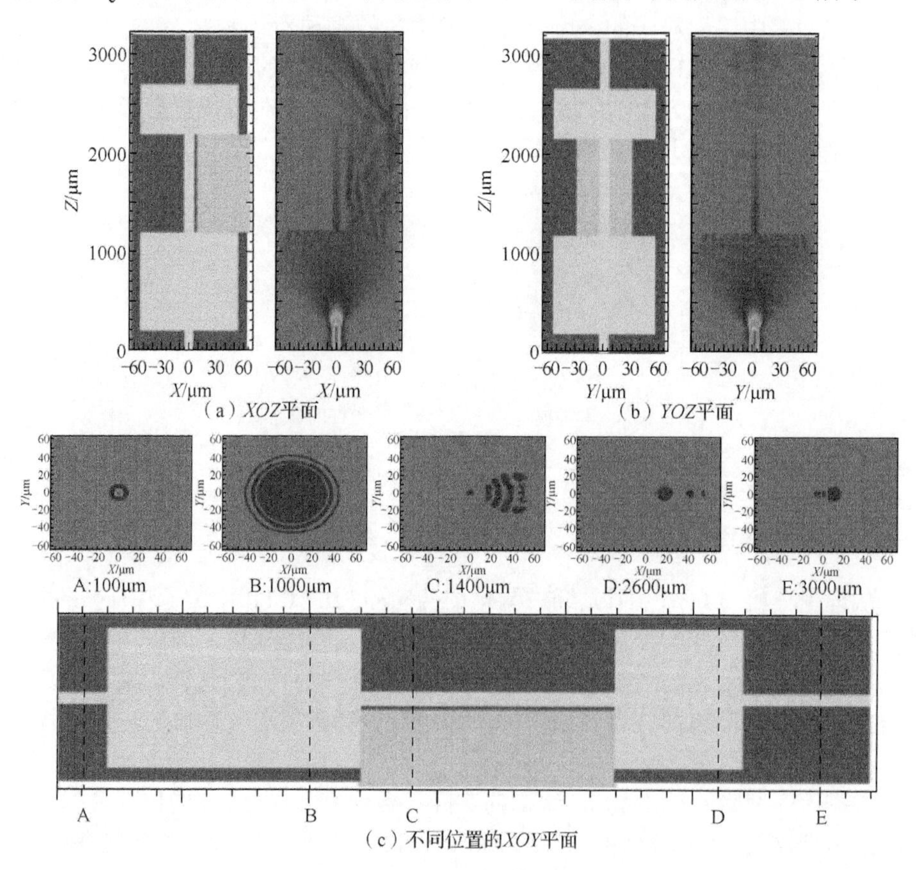

图 8.1.5　CTF 传感结构的电场分布仿真图

从图 8.1.5（a）和（b）展示的传感结构在两个平面视角下的电场分布图中可看出，光从导入 SMF 出发，经过第一个 MMF 分光后，在 CTF 中分成了纤芯和 C 型槽两部分光，然后在第二个 MMF 中合光，发生干涉，最后沿着 SMF 传输。虽然在图 8.1.5（a）中，最后导出 SMF 的包层中也存在光模式，但是随着传输距离的增加，包层中的光会散掉，只留下纤芯中的光。

除了对 *XOZ*、*YOZ* 两个平面的电场分布进行仿真观察外，传感结构中的每段光纤上也各取了一个截面，用来观察不同 *Z* 轴位置上 *XOY* 面的电场分布情况。*Z* 轴上 100μm、1000μm、1400μm、2600μm、3000μm 处的截面 A、B、C、D、E 如图 8.1.5（c）所示，这五个截面的电场分布可以更直观地说明光传输的过程。

其中 A 是导入 SMF 的截面，可以看到光在纤芯中传输；B 是前端 MMF 的截面，可以看到光的模式发生扩展；C 是 CTF 的截面，可以看到两部分光分别在纤芯与 C 型槽中传输；D 是后端 MMF 的截面，可以看到两部分光在进行合光；E 是导出 SMF 的截面，随着传输距离增加，光会回到导出 SMF 的纤芯。这与通过 *XOZ*、*YOZ* 两个平面观察到的现象一致，并且符合理论分析。

在验证了传感原理后，首先对 L=1000μm 的参数进行建模，并对 1.3372～1.3468 范围内的 n_e 进行了透射光谱的仿真，得到如图 8.1.6（a）所示的仿真结果。根据前文的理论分析，透射光谱的波谷应随着 n_e 增大而蓝移，由此对图 8.1.6（a）所示的 L=1000μm 时的透射光谱进行处理后得到图 8.1.6（c）中 1000μm 的数据点，线性拟合后得到-12902.46nm/RIU 的折射率灵敏度，线性度高达 0.999。这样的高折射率灵敏度符合此类结构的数量级。

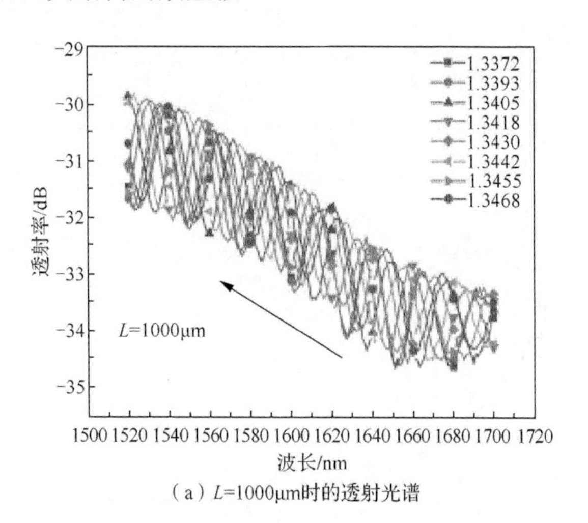

（a）L=1000μm时的透射光谱

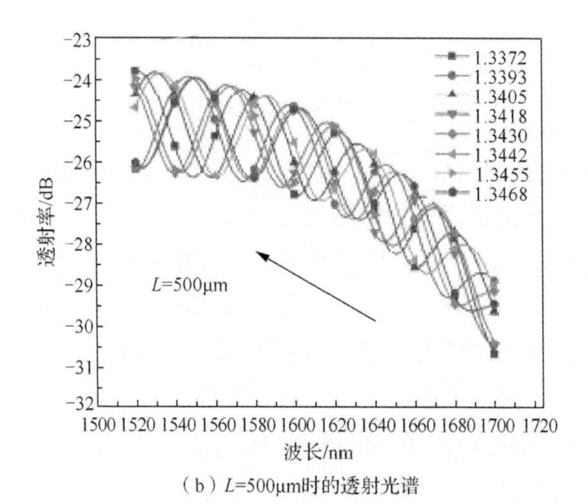

（b）L=500μm时的透射光谱

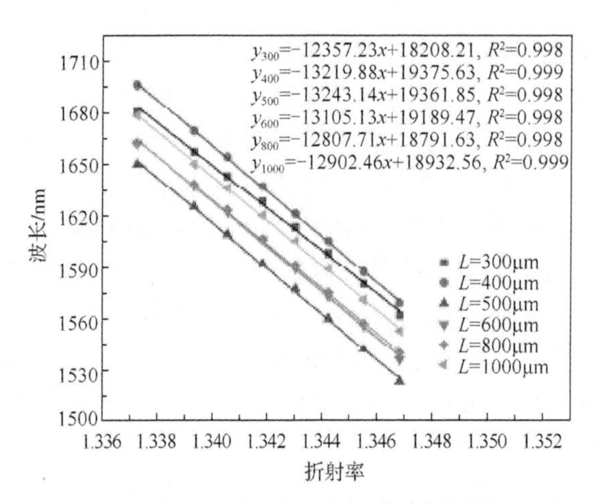

（c）L为300μm到1000μm时波谷线性拟合结果

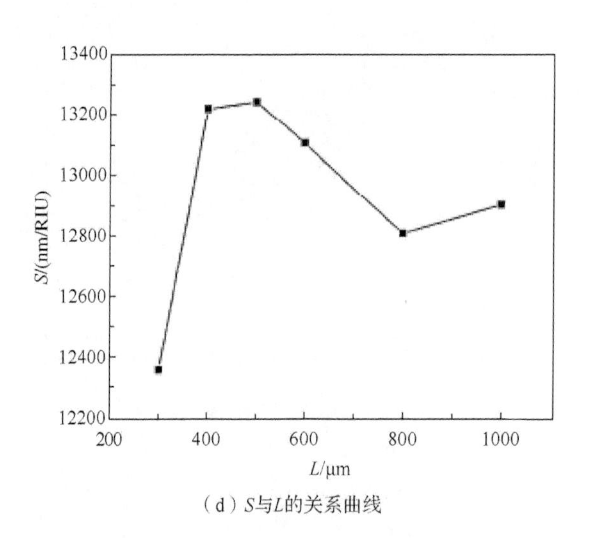

（d）S与L的关系曲线

图 8.1.6　CTF 传感结构折射率响应的仿真结果

为优化传感结构的参数，之后分别对 L 为 800μm、600μm、500μm、400μm、300μm 的参数进行建模仿真，其中图 8.1.6（b）所示的是 L=500μm 时传感结构的透射光谱。可以看到，随着尺寸长度的减小，光谱的 FSR 增大，随着 n_e 增大，光谱波谷均蓝移，符合原理分析。将各长度参数下的透射光谱波谷分别分析处理后得到如图 8.1.6（c）所示的各组数据，从分别线性拟合后的结果展示可以看出，该结构的折射率灵敏度 S 均在 10000 的数量级，线性度均达到 0.99，属于性能较好的高折射率灵敏度的传感结构，满足设计预期。图 8.1.6（d）中展示了 S 与 L 的对应关系，可以看出传感区域长度即 CTF 的长度 L 与 S 没有明显的相关性，这可能是因为光在 C 型槽内折射率变化的介质中也存在不同的模式，它们的有效折射率同方向变化。当 L 改变时，耦合进 MMF 中与 CTF 纤芯发生干涉的模式发生了变化。

从整体仿真得到的干涉光谱来看，观测的波形都存在于一种更大范围 FSR 的低频干涉谱中，这种干涉谱属于有效折射率差较小的两种光学模式发生干涉的情况，这也验证了上述分析。但这已经不属于纤芯与 C 型槽内部的双光路干涉，与本次设计出发点不符。况且在观察波段内对低频光谱进行分析需要增大传感结构的尺寸，减小对应光谱的 FSR，然而长尺寸的结构会导致光在磁流体中传播过长，产生较大损耗，甚至无干涉形成。因此在传感应用的时候不考虑这种大范围 FSR 的低频干涉谱，只对相对高频的干涉谱进行数据处理。

8.1.3　基于磁流体的 CTF 矢量磁场传感结构制作与实验系统搭建

本节将 C 型传感结构与磁流体结合，利用磁流体的折射率可调特性制作矢量磁场传感器。首先探究磁流体对传感结构的影响，然后进行矢量磁场传感器的制作，最后搭建满足矢量测试的矢量磁场传感实验系统，为矢量磁场传感实验做准备。

1. *磁流体对 CTF 传感原理的影响及分析*

由于磁流体直接充当传输介质，探究磁流体是否对传感原理造成折射率变化以外的影响是非常必要的。如图 8.1.7 所示，在垂直 CCD 观察系统下将磁流体滴加在 CTF 一侧，让磁流体充满整个 C 型槽。这里使用去离子水稀释过的水基磁流体（EMG507，Ferrotec），以此减弱磁流体的强吸光能力对干涉的影响，增强干涉条纹对比度。

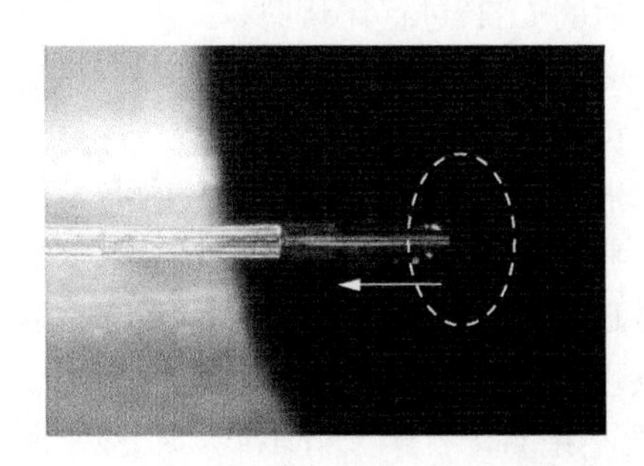

图 8.1.7　磁流体充满 CTF 的过程

实验中观察并记录了 C 型槽内为空气和磁流体时的透射光谱，从图 8.1.8（a）可以看出，在磁流体充满 C 型槽后，透射光谱的 FSR 明显变大，这是因为 $n_{\mathrm{MF}} > n_{\mathrm{air}}$，导致 $|\Delta n_{\mathrm{eff}}|$ 变小。

另外，条纹对比度也有明显降低，这是因为磁流体的吸光性质使 C 型槽内的光强度变弱。但是磁流体并没有对整体的透射光谱造成较大损耗，尤其是传感所用的 1500～1700nm 波段，可见稀释磁流体起到了一部分作用，另一个原因是在整个传输截面上 CTF 的 C 型槽相对整个光纤截面较小。

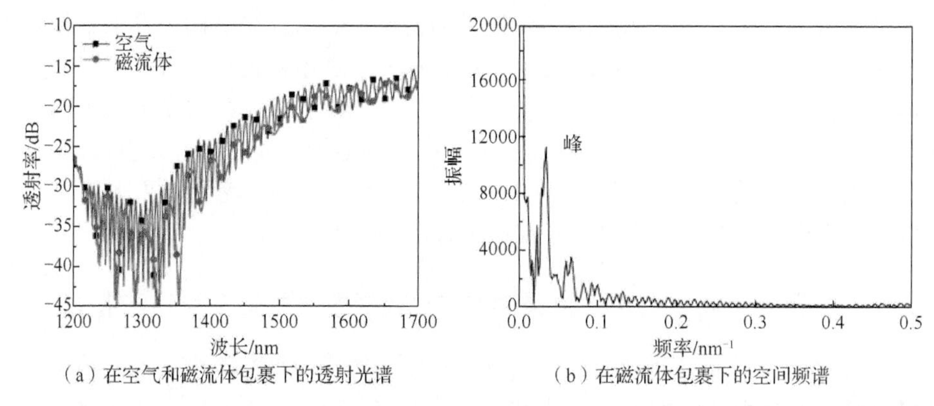

（a）在空气和磁流体包裹下的透射光谱　（b）在磁流体包裹下的空间频谱

图 8.1.8　CTF 传感结构在空气或磁流体包裹下的光谱分析

光谱形态分析完成后，对其进行傅里叶分析得到图 8.1.8（b）所示的空间频谱，可见图中有一个峰，即一个主要干涉，对于其余频率的干扰，在数据处理的时候可以通过适当的滤波去除。通过计算峰频率的倒数，求得$\left|\Delta n_{\mathrm{eff}}\right| \approx 0.12$，可以确定干涉的两路光仍然为纤芯和 C 型槽，因此磁流体对传感结构及原理没有造成折射率之外的影响。

2. 基于磁流体的 CTF 矢量磁场传感结构的制作及实验系统搭建

1）基于磁流体的 CTF 矢量磁场传感结构的制作

考虑到对腐蚀完成后的 CTF 进行熔接时，C 型槽及 CTF 的机械结构容易受到影响，并且不利于定长微切割，所以采用先熔接后腐蚀的方案。即先利用微切割平台实现 SM-MM-CT-MM-SM 全光纤结构的定长熔接，再利用微操作台对单偏孔光纤进行定点氢氟酸（hydrofluoric acid, HF）腐蚀，制备 CTF，如图 8.1.9（a）所示。在实际制作的过程中，考虑腐蚀所用的针头内径参数，制作了 L=500μm 的 CTF 传感结构。制备完成的 CTF 传感结构在高倍显微镜下如图 8.1.9（b）所示。可以看到明显的 C 型槽，发现整个 C 型槽的开口宽度由一端的 20μm 渐进增大到另一端的 28μm，即开口平面不绝对平行于光纤轴线。原因是腐蚀探头鼠尾管末端端口自身轻微倾斜，导致 HF 与光纤接触不均匀，但是这不影响矢量磁场传感原理中提到的粒子运动，满足使用需求。接下来，在垂直 CCD 下对传感结构进行磁流体的填充与封装。首先将 C 型传感结构套进直径为 150μm 的毛细玻璃管，并拉直结构使 CTF 位于毛细玻璃管的中心位置，以防止后期封装造成结构的弯曲。然后将去离子水稀释的水基磁流体从毛细玻璃管的一侧滴下，磁流体会因毛细玻璃管效应沿着一侧缓慢流到另一侧，以此完成 C 型槽的填充。接下来使用 UV

胶固化封装毛细玻璃管的两侧，以防止磁流体的挥发或泄漏。最后，用 UV 胶将软塑料管固定在传感器的两端，以保护传感器。包装后的实物图如图 8.1.9（c）所示。

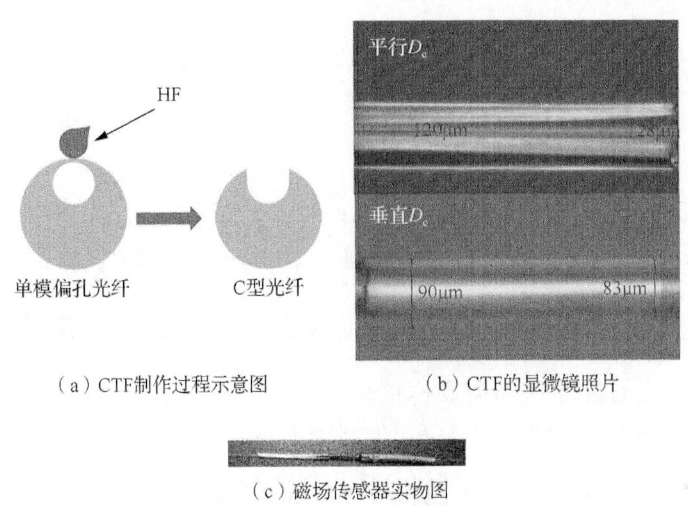

（a）CTF制作过程示意图　（b）CTF的显微镜照片

（c）磁场传感器实物图

图 8.1.9　光纤 C 型磁场传感器

2）光纤矢量传感实验系统

根据传感结构的设计思路，需要在实验过程中令 $H \perp D_{\text{light}}$，通过改变 H 与 D_c 的相对位置，从而实现矢量磁场传感。为此搭建了一个旋转台，分为上下两层圆盘，其中下层圆盘固定，上层圆盘旋转，中间为贯穿两层的大孔。使用时如图 8.1.10 所示，将磁场发生装置的传感位置与旋转台圆心重合，两个通电线圈对应放置在旋转台上盘的一条直径上，然后将传感器垂直悬挂穿过旋转台的大孔，固定在两个线圈中间。

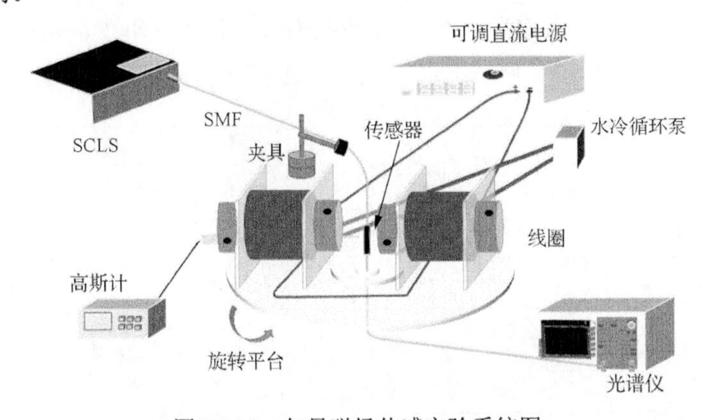

图 8.1.10　矢量磁场传感实验系统图

SCLS（supercontinuum light source）为超连续谱光源

实验中转动旋转台上盘就能调节 H 与 D_c 的相对位置，如图 8.1.11 所示，视角沿光传播方向看去，当旋转台上盘为 0° 时，H 方向向左，此时调节传感器角度，令 $H \perp D_c$，之后 H 随旋转台上盘逆时针旋转，当转动 90° 时 $H // D_c$，依此类推。

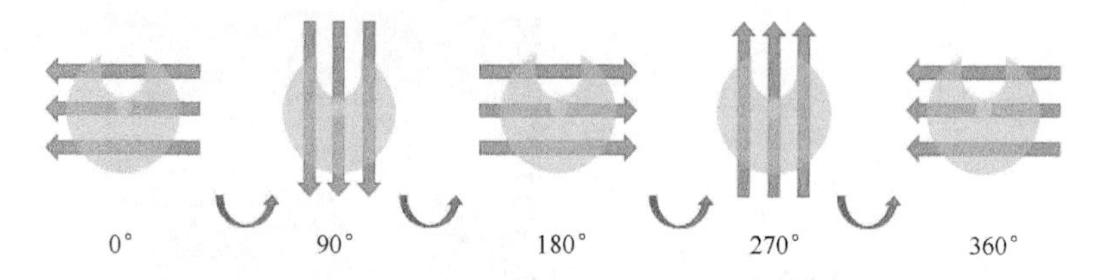

图 8.1.11　旋转台在不同角度时 D_c 与 H 的具体相对位置

8.1.4　基于磁流体的 CTF 矢量磁场传感器的测试与分析

本节对基于 CTF 的矢量磁场传感器进行了矢量磁场传感实验，分别从磁场方向响应与磁场强度响应两方面进行了结果处理与分析。

1. 基于磁流体的 CTF 矢量磁场传感器的磁场方向响应

磁场方向实验需要先调节可编程直流电源使磁场环境为恒定磁场，本次实验设定恒定磁场强度为 50Gs。在整个实验过程中，磁场传感器固定悬挂，以 10° 为步长逆时针转动旋转台，让磁场方向 H 逆时针旋转 360°，实验结果如图 8.1.12 所示。

从图 8.1.12（a）～（d）可以看到，在 1600nm 附近的波谷交替出现红移和蓝移现象。以图 8.1.12（a）为例，在旋转台上盘从 0° 逆时针转到 90° 时，观察到波谷从最小位置移动到最大位置。根据传感结构对折射率的响应规律可知，此过程 C 型槽内的 n_e 由大到小变化。也就是说，在磁场方向从 $H \perp D_c$ 旋转到 $H // D_c$ 的过程中，C 型槽的磁性粒子密度发生变化。这种变化正是因为聚集在 C 型槽外的磁链会随磁场方向转动而绕 CTF 旋转运动，此时 C 型槽内粒子密度受磁链位置的影响。

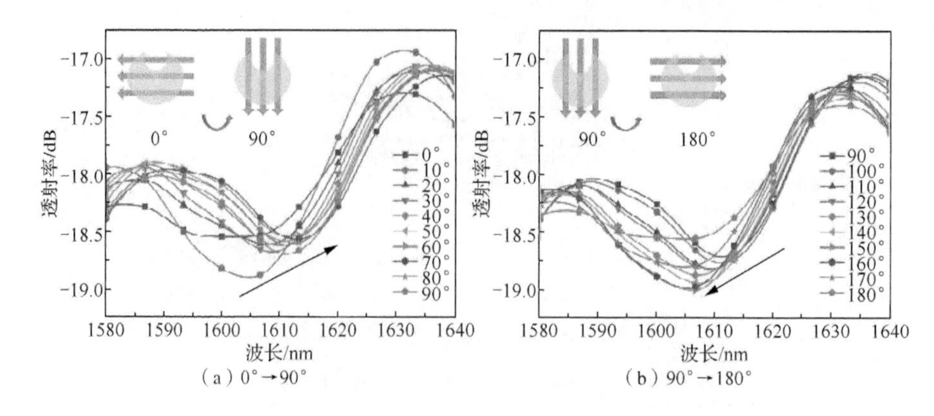

（a）0°→90°　　（b）90°→180°

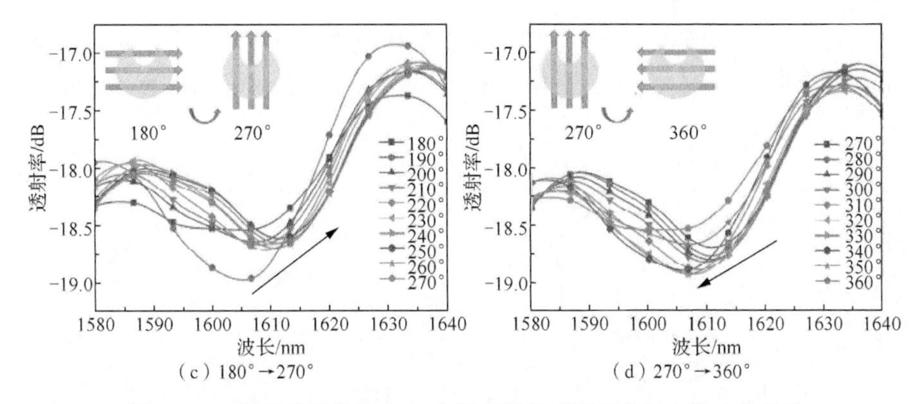

图 8.1.12　基于磁流体的 CTF 矢量磁场传感器的磁场方向响应光谱

如图 8.1.13 所示，在磁场强度恒定前提下，当 $H \perp D_c$ 时，C 型槽内磁性粒子较多，排列密度较大，当 $H // D_c$ 时，C 型槽内的磁性粒子较少，排列密度较小。又因为 C 型槽开口唯一，整体结构非圆对称，所以每 90° 有一个单调变化过程，每 180° 有一个重复过程，对应图 8.1.12（a）～（d）。

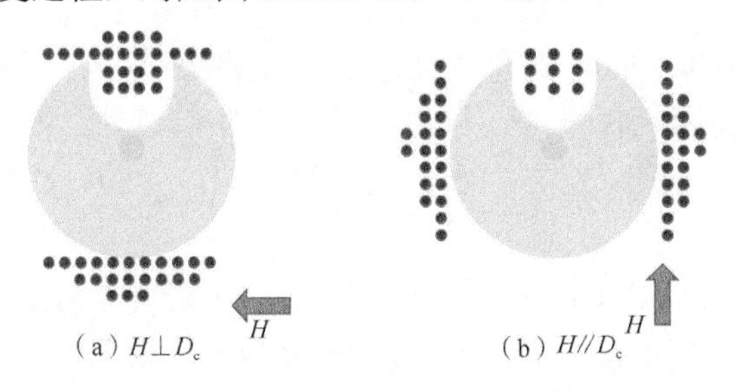

图 8.1.13　不同磁场方向下磁性粒子的分布

根据光谱中波谷的数据，绘制波谷在极坐标系中的移动轨迹，如图 8.1.14（a）所示，用笛卡儿坐标系表示旋转角度与波谷波长偏移量的关系，如图 8.1.14（b）所示。这些可以清楚地显示 H 与 D_c 夹角变化后波谷的移动情况，但是波谷的移动轨迹不是严格对称的，而且在 90°、270° 的位置处没有出现对称的交替变化转折点，这是因为腐蚀后的 C 型槽开口边缘不绝对平行，开口平面不完全整齐。这也导致在制作的时候很难准确地指出 D_c，因此存在角度误差。

此外，从图 8.1.14（b）可以看出，0°～180° 范围内的最大偏移量大于 180°～360° 范围内的最大偏移量，分析是 C 型槽两侧的闭合趋势不完全一致导致磁性粒子的运动受到的影响也略有不同，即磁场方向改变过程中，先经过 C 型槽的高边缘或低边缘，波谷移动的轨迹是不一样的。

但从整体结果看，基于磁流体的 CTF 矢量磁场传感器已经可以根据传感器探测的轨迹辨别出垂直于传感器平面内的磁场方向，当波谷红移到最大偏移量的时候，$H // D_c$。同时从图 8.1.14（b）中可以看出，该传感器可以对测试平面内的磁场方向实现方位角度大小的测量，当波谷蓝移最小偏移量的时候，即在 $H \perp D_c$ 的位置处，H 顺逆时针两侧共 150°的范围内，角度灵敏度分别为 84pm/(°)、99pm/(°)。

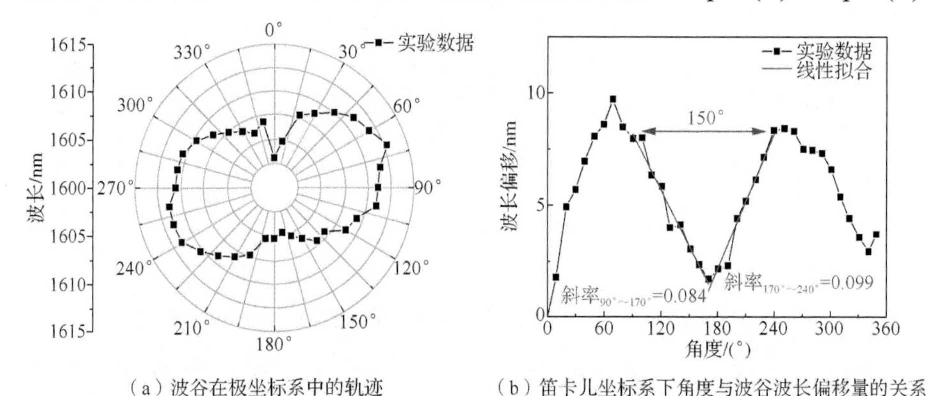

（a）波谷在极坐标系中的轨迹　　（b）笛卡儿坐标系下角度与波谷波长偏移量的关系

图 8.1.14　谐振谷的方向响应曲线

2. 基于磁流体的 CTF 矢量磁场传感器的磁场强度响应

选取旋转台在 0°与 90°的两个位置进行强度响应实验，即 $H \perp D_c$ 和 $H // D_c$ 的两种特殊情况，因为此时光谱波谷的移动量最少和最多。实验时，磁场强度从 0Gs 开始增加，以 10Gs 左右为步长进行强度响应实验，实验结果如图 8.1.15 所示。

从图 8.1.15（a）和（b）可以看出光谱在两个磁场方向上都是红移的，结合传感原理分析可知磁流体的折射率与磁场强度的变化成反比。将两组光谱的波谷数据分别线性拟合之后，结果如图 8.1.15（c）所示，在 0～123Gs 的磁场强度下，当旋转台上盘在 90°和 0°位置时，传感器的灵敏度分别达到 202.23pm/Gs 和 84.83pm/Gs，拟合直线的线性度分别为 0.99074 和 0.94487。相比之下，本节提出的传感器在 $H // D_c$ 时灵敏度最高，性能最好。

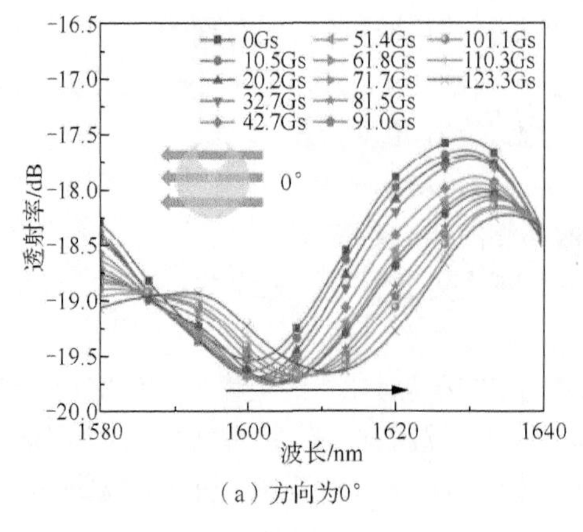

（a）方向为0°

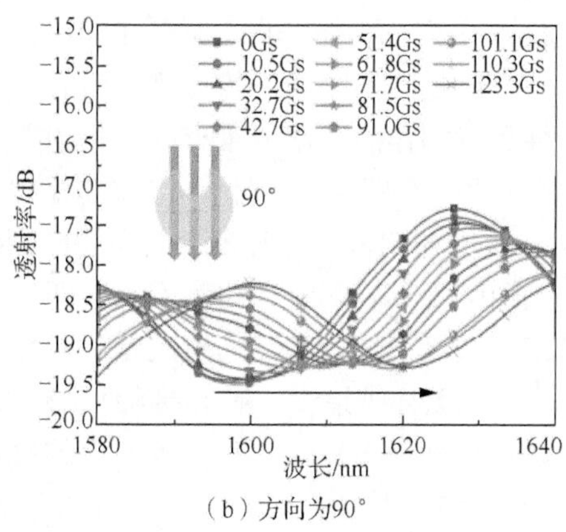

（b）方向为90°

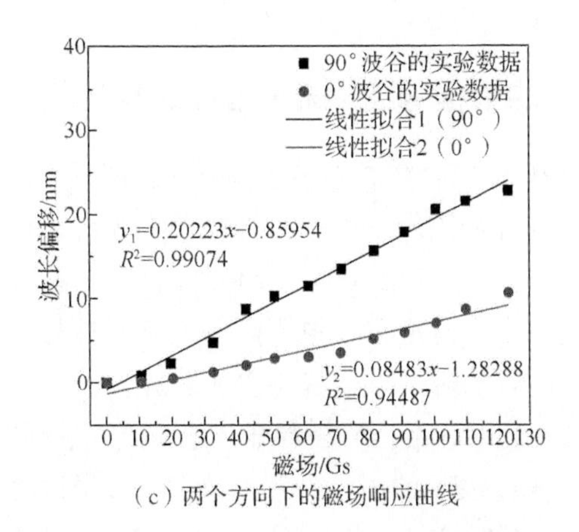

（c）两个方向下的磁场响应曲线

图 8.1.15　不同磁场强度下传感器的光谱响应

通过将各种常见的基于磁流体的矢量磁场传感器进行对比，如表 8.1.1 所示，可以看出基于磁流体的CTF矢量磁场传感器在磁场灵敏度上比其余的高一个数量级，基于磁流体的 CTF 矢量磁场传感器具有明显的优势。

表 8.1.1　常见的基于磁流体的矢量场磁场传感器间的比较

传感器	灵敏度/（pm/Gs）	测量范围/Gs	年份	参考文献
MZI-TCF	22.2	50～170	2017	[4]
MZI-DCPCF	11.45（90°），4.19（0°）	20～140	2017	[3]
SMF-capillaries in parallel	11.2	0～1100	2019	[5]
dumbbell-like structure	24.4	0～900	2019	[6]
SPF-SNS	237	20～60	2019	[7]
Microfiber knot	0.56	0～220	2019	[8]
SP-MMF	53	0～60	2020	[9]
基于磁流体的 CTF 矢量磁场传感器	202.23（90°），84.83（0°）	0～123	2021	本节

8.2　基于磁流体的单模-多模-细芯错位结构光纤矢量磁场传感技术

本节详细研究了 SM-MM-TC 错位结构矢量磁场传感原理和传感器制作方法，并对传感器的磁场方向响应、磁场强度响应进行实验研究。

8.2.1 基于磁流体的单模-多模-细芯错位结构光纤矢量磁场传感原理

目前，绝大部分基于磁流体的光纤磁场传感器都采用磁流体包裹光纤传感结构的方法，需要对不同外加磁场下纳米磁性粒子在光纤表面附近的微观结构进行进一步研究。针对这个问题，Zhang 等[10]将磁流体放置在载玻片和盖玻片之间，并在磁流体中间制造一个小气泡来模拟不同磁场下磁性粒子在光纤表面的分布。实验显示，当磁场方向转动时，排列状态也随之旋转。

当外界磁场方向变化时，根据磁性粒子的各向异性分布的性质，SM-MM-SM 错位结构的传感单模光纤表面的磁性粒子分布情况如图 8.2.1 所示。当无外加磁场时，磁性粒子呈一种无序状态，自由分布在光纤表面，如图 8.2.1（a）所示。当施加的磁场平行于传感结构的错位方向时，磁性粒子沿磁场方向形成有序的链状结构，在与光纤截面相切处附近聚集，而在与光纤截面垂直处附近稀疏，如图 8.2.1（b）所示。当施加的磁场垂直于传感结构的错位方向时，磁性粒子形成的链状结构仍然在与光纤截面相切处附近聚集，在垂直处附近稀疏，如图 8.2.1（c）所示。

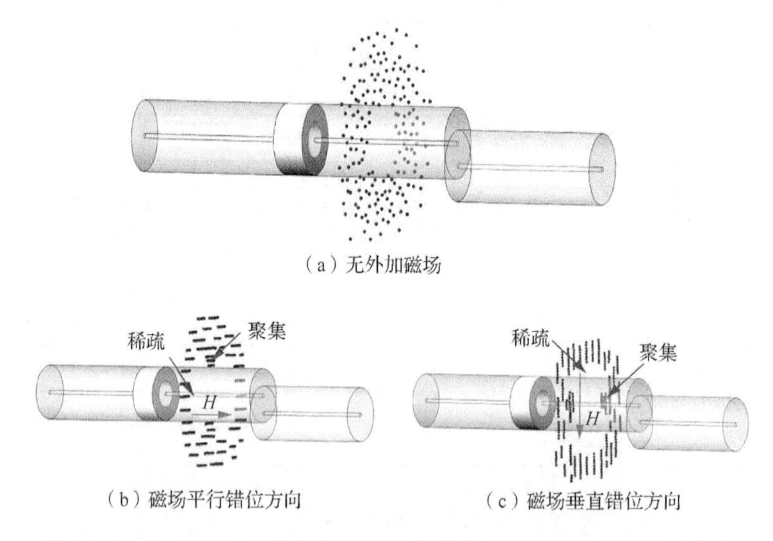

（a）无外加磁场

（b）磁场平行错位方向　　（c）磁场垂直错位方向

图 8.2.1　SM-MM-SM 错位结构的传感单模光纤表面的磁性粒子分布

磁性粒子的这种各向异性分布性质导致传感光纤附近的外界折射率是不均匀的，即磁场对光纤中包层模式的有效折射率影响是有方向性的。又由于光纤错位结构的存在，耦合到导出单模光纤的包层模式的有效折射率随外界磁场方向变化而变化。同样的，这影响发生干涉的包层模相位差，输出光谱也会发生波长偏移。根据这一特性就可以实现对磁场强度大小和磁场方向的测量。

8.2.2　基于磁流体的单模-多模-细芯错位结构光纤矢量磁场传感器的制作

在 5.2.2 节 SM-MM-TC 错位结构光纤传感器制作的基础上，继续完成矢量磁场传感器的制作。由于 SM-MM-TC 错位结构的传感区域长度只有 1cm，使用的毛细玻璃管的长度只需 2cm，多出的 1cm 长度是考虑到了 UV 胶的填充以密封毛细玻璃管两端。将 SM-MM-TC 错位结构插入毛细玻璃管后用磁流体填充。此次将油基磁流体更换为水基磁流体（EMG507，Ferrotec），如图 8.2.2（a）所示，其饱和磁化强度和黏度分别为 110Gs 和 5cP（27℃）。

水基磁流体的折射率小于油基磁流体的折射率，在相同情况下，使用水基磁流体填充的光纤磁场传感器的灵敏度要小于使用油基磁流体填充的光纤磁场传感器的灵敏度，但为了减小磁场传感器的输出光谱损耗以提高实用性，使用水基磁流体是很有必要的。用 UV 胶密封毛细玻璃管并用紫外灯照射使其固化后，基于磁流体的 SM-MM-TC 错位结构光纤矢量磁场传感器就制作完成了，如图 8.2.2(b) 所示。

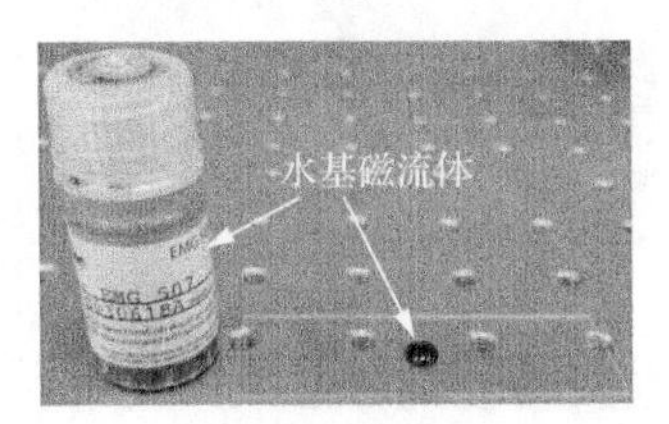

（a）水基磁流体

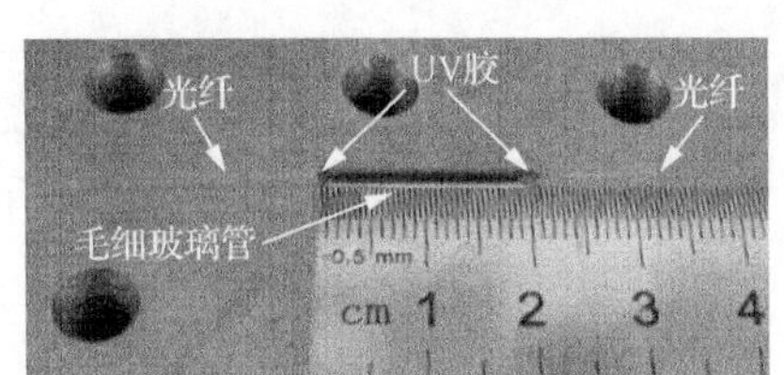

（b）基于磁流体的SM-MM-TC错位结构光纤矢量磁场传感器

图 8.2.2　磁流体及光纤矢量磁场传感器

8.2.3　基于磁流体的单模-多模-细芯错位结构光纤矢量磁场传感器的测试与分析

本节通过实验测量 SM-MM-TC 错位结构光纤矢量磁场传感器的磁场方向响应，并在几个特定磁场方向确定传感器的磁场灵敏度。

1. 基于磁流体的单模-多模-细芯错位结构光纤矢量磁场传感器的磁场方向响应

实验时，先控制可编程直流电源的输出电流，使线圈在传感器附近产生强度固定的均匀磁场。将 SM-MM-TC 错位结构中导出单模光纤的偏移方向定义为 0°，调节刻度转盘，每隔 5° 记录一次传感结构的输出光谱，当磁场方向从 0° 变化至 355° 时，一组不同方向的磁场响应测量完成。实验中进行了磁场强度大小为 14Gs、

22Gs、40Gs 时的三组不同方向的磁场响应测量。下面以磁场强度大小为 22Gs 时的传感器磁场方向响应为例进行分析，如图 8.2.3（a）～（c）所示。

当磁场方向为 0°～90° 时，输出光谱如图 8.2.3（a）所示，从图中不难看出，光谱出现红移现象，即光谱波谷随磁场方向的变化向长波长方向移动。当磁场方向为 90°～180° 时，输出光谱如图 8.2.3（b）所示，光谱出现蓝移现象，即光谱波谷随磁场方向的变化向短波长方向移动。磁场方向为 180°～355° 时输出光谱的移动规律与磁场方向为 0°～180° 时的类似，即磁场方向为 180°～270° 时光谱红移，270°～355° 时光谱蓝移。将光谱波谷波长偏移与磁场方向的关系绘制于图 8.2.3（c）。磁场方向为 0° 和 180° 附近时，光谱波谷波长无明显偏移现象，偏移程度很小，而磁场方向为 90° 和 270° 时，光谱偏移程度最大。360° 范围内的光谱偏移情况整体呈“∞”字形，这种现象与磁流体中磁性粒子的各向异性分布性质有关。

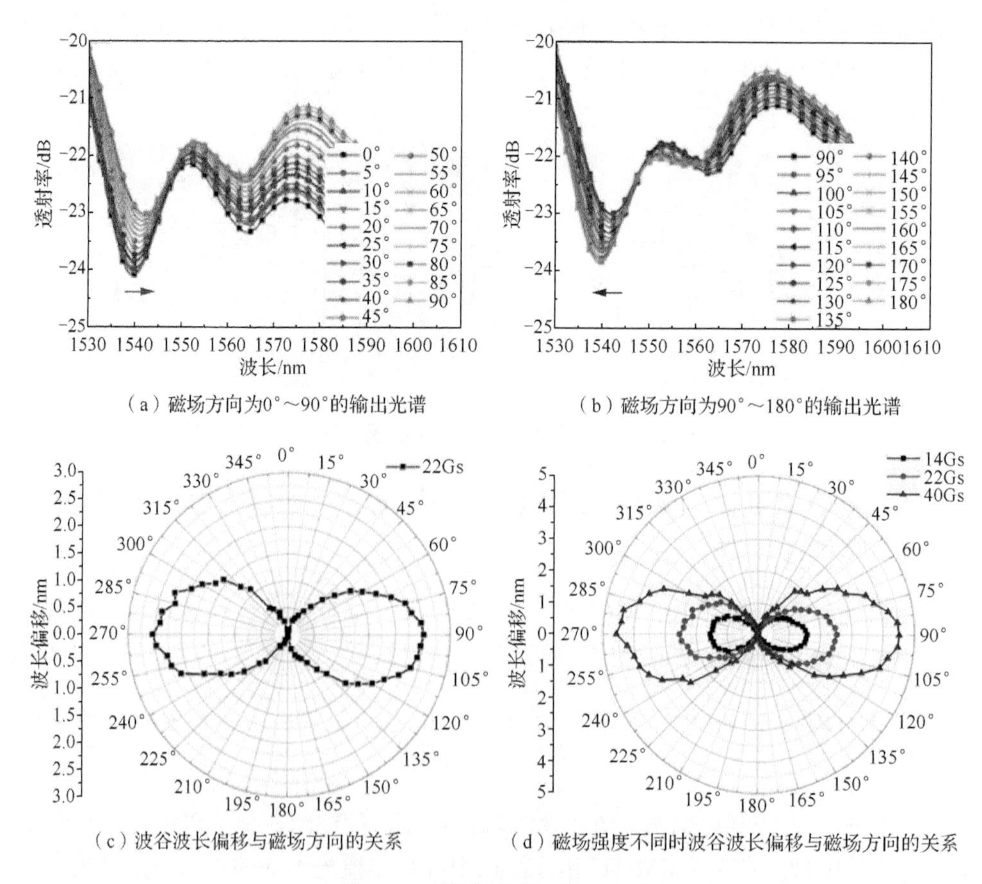

（a）磁场方向为0°～90°的输出光谱

（b）磁场方向为90°～180°的输出光谱

（c）波谷波长偏移与磁场方向的关系

（d）磁场强度不同时波谷波长偏移与磁场方向的关系

图 8.2.3 传感器磁场方向响应

磁场强度为 14Gs、22Gs、40Gs 时光谱波谷波长偏移与磁场方向的关系如

图 8.2.3（d）所示。三者的总体变化趋势类似，在 0° 和 180° 附近，光谱波谷波长偏移程度很小，当磁场方向为 90° 和 270° 时，偏移达到最大值，整体都呈“∞”字形，而不同之处在于，磁场强度越大，相同方向对应的光谱红移程度越大，这一现象能很容易地从图 8.2.3（d）中发现。磁场方向为 90° 和 270° 时，不同磁场强度大小的波长红移值差别最为明显。这些规律符合磁流体折射率随外界磁场强度增大而增大的特点，也与纳米磁性粒子的各向异性分布性质保持一致。

2. 基于磁流体的单模-多模-细芯错位结构光纤矢量磁场传感器的磁场强度响应

为了更深入了解磁场强度大小变化时传感器的表现，根据传感器磁场方向响应实验结果，选取了 0°、50° 以及 90° 这三个具有一定代表性的方向来进行传感器磁场强度响应的测量实验。

实验时，先调节好磁场方向，然后旋转轴承外侧的旋钮锁定轴承，固定住转盘来保持磁场方向稳定，再调节可编程直流电源，使传感器附近的均匀磁场从 0Gs 开始增加至 60Gs 左右，并记录输出光谱。传感器磁场强度响应实验结果如图 8.2.4 所示。

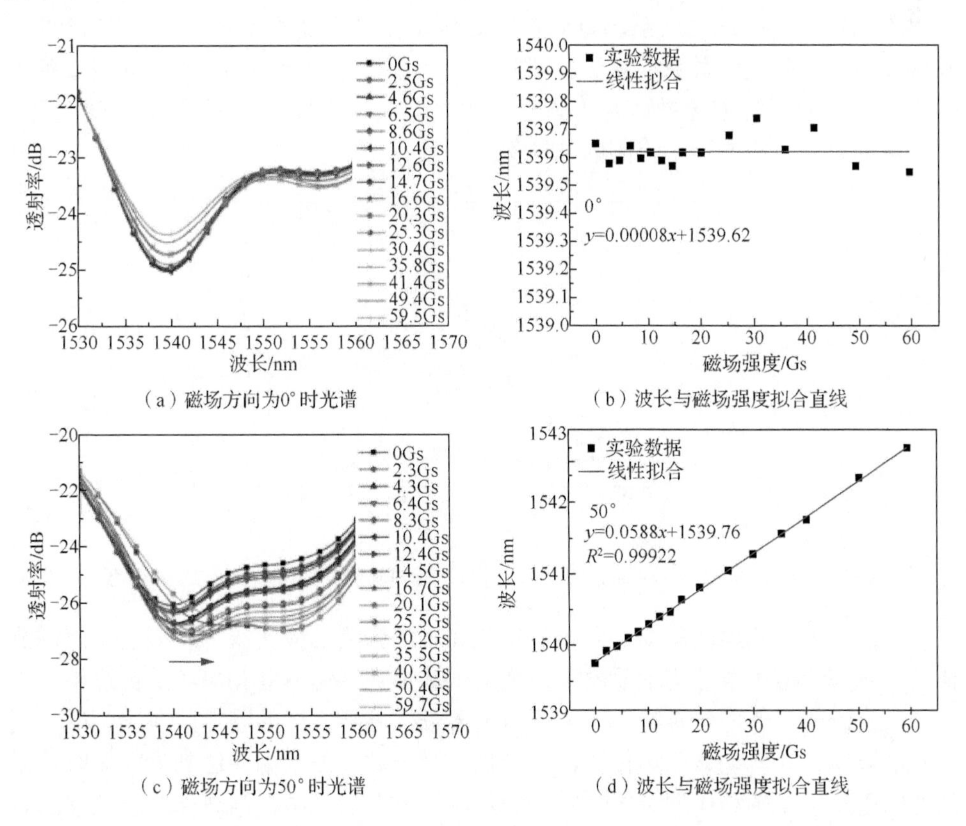

（a）磁场方向为0°时光谱　（b）波长与磁场强度拟合直线

（c）磁场方向为50°时光谱　（d）波长与磁场强度拟合直线

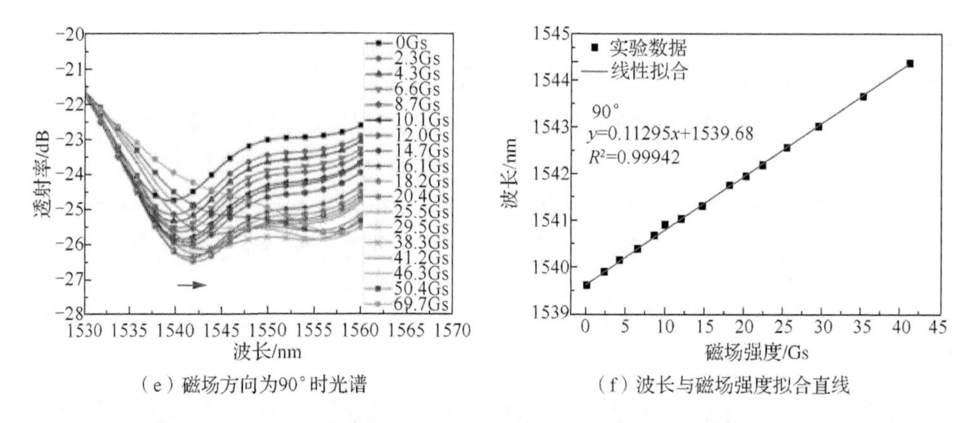

（e）磁场方向为90°时光谱　　（f）波长与磁场强度拟合直线

图 8.2.4　特定方向磁场强度响应

当磁场方向为 0° 时，实验结果如图 8.2.4（a）、（b）所示，拟合曲线的斜率非常接近 0，此时的光谱波谷无明显偏移现象。当磁场方向为 50° 时，实验结果如图 8.2.4（c）、（d）所示，随着磁场强度增大，光谱红移，传感器的磁场灵敏度为 58.8pm/Gs。当磁场方向为 90° 时，实验结果如图 8.2.4（e）、（f）所示，光谱同样出现红移现象，此时的磁场灵敏度为 112.95pm/Gs。

为了更加直观地比较磁场方向不同时传感器灵敏度的差异，将三次实验的波长偏移与磁场强度的关系绘制于图 8.2.5。三个磁场方向上传感器的磁场灵敏度不同，0° 时传感器的磁场灵敏度几乎为 0，90° 时灵敏度最大，50° 时灵敏度次之。这与磁场方向响应实验中得到的结论保持一致。

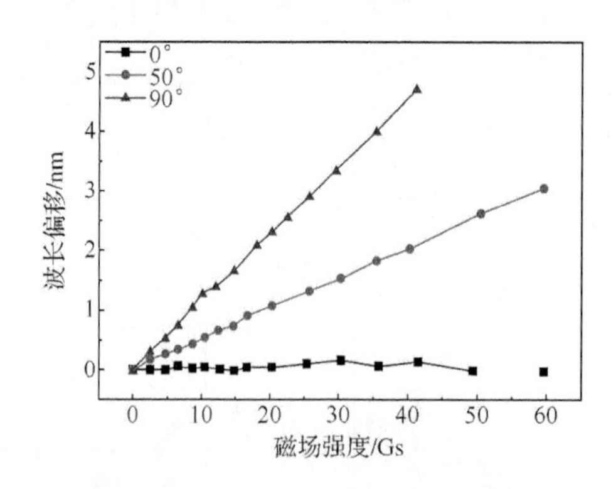

图 8.2.5　磁场方向不同时波长偏移与磁场强度的关系

通过磁场传感器的磁场方向响应实验和磁场强度响应实验，验证了基于磁流体的光纤矢量磁场传感基本原理，并确定了基于磁流体 SM-MM-TC 错位结构光纤矢量磁场传感器的传感特性。为了实现磁场强度和方向的测量，在实际磁场测量时，可先轴向转动该磁场传感器，当输出光谱波谷波长偏移达到最大值时，磁场方向垂直于传感结构的错位方向。确定磁场方向后，再根据波谷波长偏移的具体数值就可以推算出磁场的强度，最终实现矢量磁场的测量。然而本光纤磁场传感器存在一个不足，那就是不能判断磁场方向的正负，这也是以后的矢量磁场测量研究工作中需要努力解决的问题。

8.3　基于磁流体的光纤 FP 磁场传感器矢量磁场传感特性研究

根据 2.5.3 小节中磁场方向对磁流体折射率影响的实验可知，在平行和垂直磁场下磁流体的折射率特性是不同的，可以实现矢量磁场的测量，基于此，本节对基于磁流体的光纤 FP 磁场传感器进行了矢量磁场传感特性研究，并分析了光纤 FP 传感结构在传感中的使用和一些优化方法。

8.3.1　基于磁流体的光纤 FP 磁场传感器制作

1. 低温敏空气腔体 FP 传感结构的研究

由于光纤 FP 腔体内部可以方便地填充敏感材料，非常适合基于磁流体填充的光纤磁场传感器的开发，因此本节将对其制作方法展开详细的研究。光纤 FP 传感结构的制作方法主要有胶水黏结式、放电熔接式、激光熔接式、化学腐蚀式和飞秒激光微腔加工式。其中化学腐蚀需要用到剧毒的氢氟酸，一般不使用这种方式，激光熔接和飞秒激光微腔加工方式的制作成本较高，不易实现。因此本节主要采用胶水黏结和放电熔接的方法制作光纤 FP 传感结构。

在研究磁流体的磁光特性时使用光纤 FP 传感结构进行磁流体的折射率变化测量，通过观测 FP 传感结构反射光谱的移动来检测磁流体的折射率变化。但是由式（3.2.2）知光纤 FP 传感结构的波长移动不仅与 FP 腔内磁流体的折射率变化 Δn 有关系，还跟 FP 腔的腔长变化 Δl 有关系。因此在设计制作光纤 FP 传感器时尽量减少 FP 腔的腔长变化 Δl，这样就能保证 FP 传感器的光谱移动完全来源于腔内磁流体介质的折射率变化 Δn。对于胶水黏结和放电熔接的方法制作的光纤 FP 传感结构，其腔长的变化主要受材料的热膨胀影响，当温度变化时传感结构中的材料发生变化会影响腔长的变化。

表 8.3.1 中给出了一些材料的热膨胀系数，热膨胀系数低的材料主要有石英、二氧化硅、熔融石英、微晶玻璃等，但经过对加工、来源等考虑最终选择熔融石英材料，该材料易加工和方便购买，且和光纤的热膨胀系数较为接近。在胶水黏结的工艺中需要优选胶水的性能，表中给出了几种常用的胶水的热膨胀系数。其中环氧树脂胶的热膨胀系数最小，但是环氧树脂胶的固化时间较长，为 24～48h，在固化的过程中容易造成腔内敏感材料的蒸发。UV 胶在强紫外光的照射下可在

几分钟内快速固化，防止腔内敏感材料的蒸发，同时 UV 胶的热膨胀系数低于硅胶和 502 胶，综合考虑使用 UV 胶作为黏结材料。

表 8.3.1 材料的热膨胀系数

材料	线性热膨胀系数（20℃）/$10^{-6}K^{-1}$
玻璃	8.5
硼硅酸盐玻璃	3.3
熔融石英	0.59
石英	0.33
二氧化硅	0.55
微晶玻璃	0.02
硅胶	310
502 胶	100
UV 胶	47
环氧树脂胶	6

1）胶水黏结式光纤 FP 传感结构制作与研究

使用胶水黏结的光纤 FP 传感结构如图 8.3.1 所示，去除涂覆层的两根单模光纤插入毛细玻璃管中形成 FP 传感结构，单模光纤通过胶水与毛细玻璃管固定。为了便于对准与固定，所选毛细玻璃管的内径为 126μm，外径为 2mm，长度为 2cm。

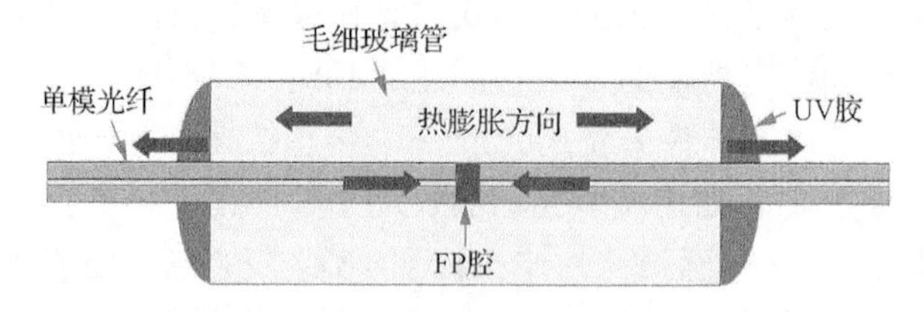

图 8.3.1 胶水黏结式 FP 传感结构

图 8.3.1 中粗箭头标识了在温度升高时传感结构中各部分的热膨胀方向，因此 FP 传感结构腔长的变化为

$$\Delta L_{\text{FP}} = \Delta L_{\text{tube}} + \Delta L_{\text{glue}} - \Delta L_{\text{fiber}} \tag{8.3.1}$$

式中，ΔL_{tube}、ΔL_{glue} 和 ΔL_{fiber} 分别为毛细玻璃管、胶水和光纤的长度变化量。因为光纤 FP 传感结构的腔长为几十微米，毛细玻璃管的长度为 2cm，毛细玻璃管的长度近似等于光纤的长度，且两者的热膨胀系数接近。因此光纤 FP 传感结构腔长变化量为

$$\Delta L_{\text{FP}} = \Delta L_{\text{glue}} = \alpha L_{\text{glue}} \Delta T \tag{8.3.2}$$

式中，α 为胶水的热膨胀系数；L_{glue} 为胶水的总长度；ΔT 为温度变化量。由上式看出传感器的温度灵敏度受胶水的影响很大，在制作的过程中要控制好胶水的使用量，尽可能少地使用胶水同时保证牢固黏结密封。

依托实验室现有的六维调整架装置，实现毛细玻璃管封装 FP 腔的制作。该六维调整架配有合适的光纤夹具和高精密的六维位移台可以将光纤插入毛细玻璃管中。此外该六维调整架内还配备了一个光学显微镜，可以实现光纤与毛细玻璃管的对准观察、光纤 FP 腔的腔长的观测以及整个 FP 传感结构制作过程的监测。整个系统如图 8.3.2 所示。

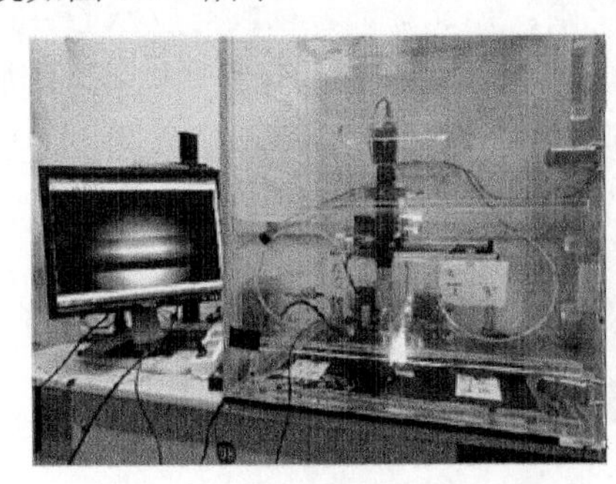
（a）装置整体图

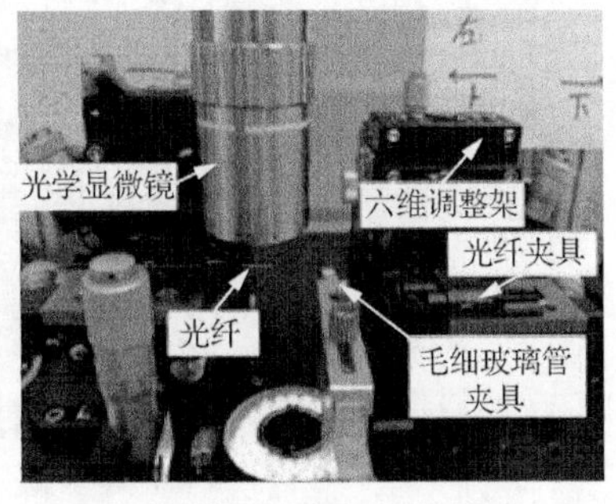

（b）六维调整架和光学显微镜

图 8.3.2　具有显微观测功能的六维光学对准系统

2）侧面熔接式光纤 FP 传感结构制作与研究

侧面熔接的光纤 FP 传感结构如图 8.3.3 所示。去除涂覆层的两根单模光纤插入毛细玻璃管中形成光纤 FP 传感结构，在毛细玻璃管侧面的放电点熔接固定单模光纤。为了便于毛细玻璃管内部光纤的对准，选取毛细玻璃管的内径为 126μm，外径为 1mm，长度为 2cm，填充敏感材料后再在毛细玻璃管端面用 UV 胶密封。单模光纤与毛细玻璃管是通过熔接固定的，UV 胶的热膨胀在结构中对 FP 腔的腔长无影响。根据式（8.3.1）的分析，毛细玻璃管的长度近似等于光纤的长度，且两者的热膨胀系数接近，因此该传感结构在理论上应该有很好的温度稳定性。实验中使用的光纤熔接机为日本古河电气工业株式会社的 S184 大芯径光纤熔接机，最大可以熔接 1200μm 芯径的光纤，可以实现该实验中的毛细玻璃管和单模光纤的熔接。

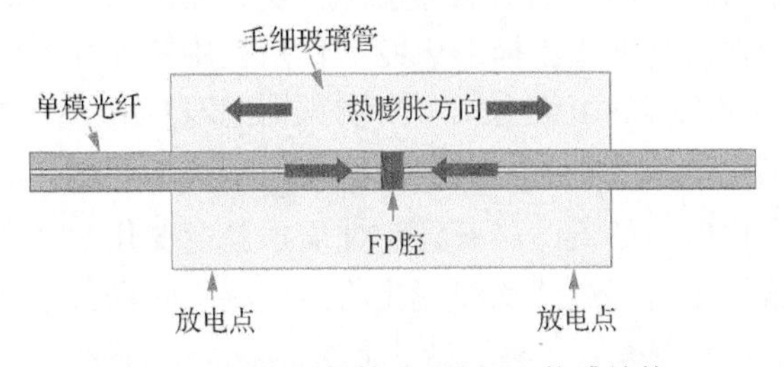

图 8.3.3　侧面熔接式光纤 FP 传感结构

3）端面熔接式光纤 FP 传感结构制作与研究

端面熔接式光纤 FP 传感结构如图 8.3.4 所示，该结构与侧面熔接不同的是使用了更细的毛细玻璃管，且放电点在毛细玻璃管的端面能够将毛细玻璃管和单模光纤完全熔接固定密封。毛细玻璃管的内径为 126μm，外径为 350μm，长度为 10mm。为了方便填充磁流体，在毛细玻璃管的侧面使用二氧化碳激光器开一个侧口，填充磁流体后使用 UV 胶密封开口处防止磁流体蒸发。端面熔接式的相比于侧面熔接式的结构使用的毛细玻璃管外径更细，端面放电熔接时可以轻易熔化端面的石英和单模光纤，熔接固定得更加牢固。在光纤的轴向没有胶水的存在，完全消除了胶水热膨胀对 FP 腔腔长的影响，传感器有更好的热稳定性能，胶水仅在毛细玻璃管的侧面起到密封磁流体的作用。此外该结构有更小的体积，增加了传感器结构的稳定性。

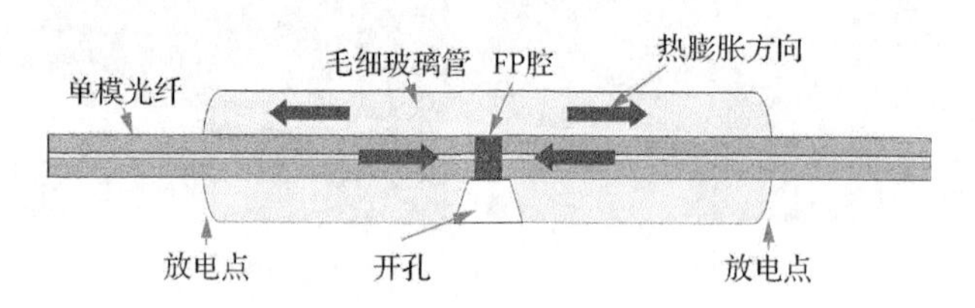

图 8.3.4　端面熔接式 FP 传感结构

2. *磁流体填充方法及密封技术的研究*

前面介绍了三种不同的光纤 FP 传感结构的制作工艺，在本节中继续研究光纤 FP 传感结构如何填充敏感材料磁流体。

1）胶水黏结式光纤 FP 传感结构的填充

胶水黏结式的光纤 FP 传感结构填充磁流体较为简单，主要是通过毛细玻璃管的毛细作用填充进 FP 腔内，移动毛细玻璃管轴向方向的微调旋钮将光纤从毛细玻璃管内拔出，在一端处填充少量磁流体，磁流体会因毛细作用而填满整个毛细玻璃管。然后仅移动毛细玻璃管轴向的微调旋钮将光纤插入毛细玻璃管内一段距离。在插入过程中用光纤解调仪实时监控 FP 腔的光谱参数，调节单模光纤的位置使光谱的参数符合要求。然后清除毛细玻璃管端面残留的磁流体，并在两端未插入毛细玻璃管内的光纤上涂抹 UV 胶，然后使用紫外灯固化 UV 胶，完成胶水黏结的空气腔 FP 传感结构的制作。制作好的传感器如图 8.3.5 所示。

虽然制作出了磁流体填充的胶水黏结的 FP 磁场传感器，但是在实验中发现胶水黏结的方法制作的传感器的温度稳定性差，温度变化时光谱出现明显偏移且周期变化大，导致无法再通过波长的变化稳定地测量磁场。这是由于磁流体的煤油载液和固定的 UV 胶混合，导致固化不稳定，此外由于胶水混合后变质，传感

（a）传感器实物

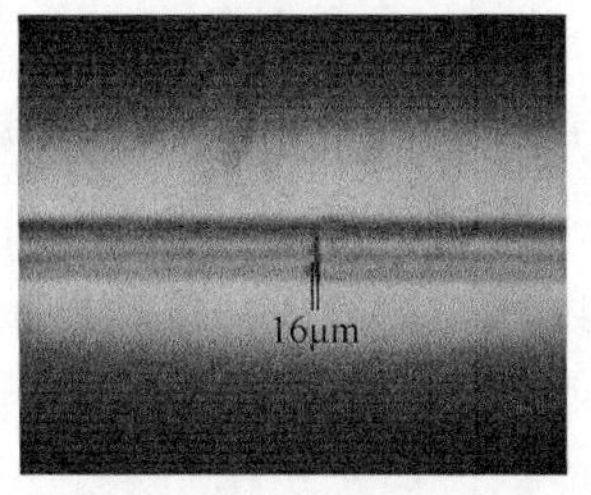

（b）显微镜下的磁流体FP腔

图 8.3.5　填充磁流体的胶水黏结光纤 FP 磁场传感器

器密封不严，导致传感器短时间内就因磁流体蒸干挥发而损坏。因此胶水黏结的方法不适合制作磁流体填充的 FP 磁场传感器，但是其制作方法简单易操作，可以应用在填充其他敏感材料如液晶和硅油的光纤 FP 传感结构中。

2）侧面熔接式光纤 FP 传感结构的填充

对于侧面熔接式的光纤 FP 传感结构，由于光纤和毛细玻璃管是部分熔接，因此在光纤和毛细玻璃管内壁存在缝隙，可以通过该缝隙进行磁流体的填充，本节尝试了下面的两种方法。

（1）毛细法填充。

毛细法和上面的胶水黏结式 FP 传感结构填充方法相同，在使用毛细法填充时，因为填充磁流体后再放电熔接会被蒸干，应先制作好结构再进行填充。在制作好空气腔的 FP 传感结构后，在毛细玻璃管的端面滴入磁流体，让磁流体通过毛细作用进入 FP 腔内。但是毛细作用使磁流体无法进入 FP 腔内，这是因为缝隙的内径远远小于 FP 腔的内径，内径小的地方的毛细作用更强，如图 8.3.6 所示，腔内的磁流体总会吸附到内壁中，腔内产生气泡，使传感器退化为空气腔的光纤 FP 传感结构。因此侧面熔接式的光纤 FP 传感结构无法使用毛细作用进行填充磁流体。

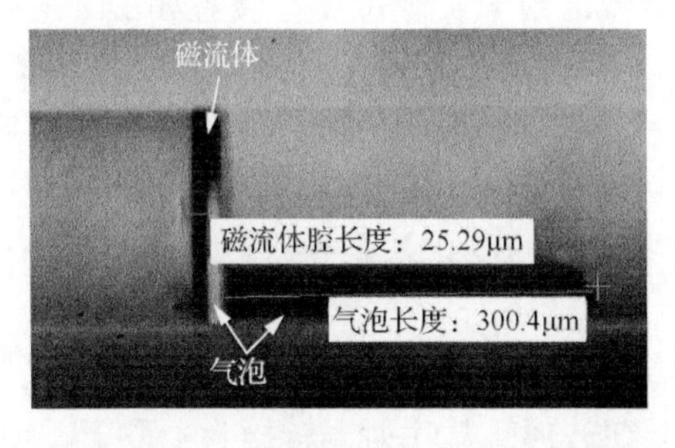

图 8.3.6　基于毛细作用填充磁流体的侧面熔接式光纤 FP 传感结构

（2）压差法填充。

压差法的主要原理为在毛细玻璃管的端面施加气压，使毛细玻璃管端面和 FP

腔内产生压力差，克服毛细作用使腔内填充进磁流体。压差法可以使用负压法和加压法，这两种方法都要将光纤 FP 传感结构和注射器连接。将 FP 传感结构其中一端的尾纤截去，用注射器转接头将毛细玻璃管和注射器连接，并用融化的蜡密封连接处，连接结构如图 8.3.7（b）所示。这两种方法磁流体填充的方向不同，负压法将磁流体滴在 FP 探头的保留尾纤一端需要的磁流体量很小，靠注射器吸气将磁流体吸入腔内，但是负压产生的压差比加压的小，不足以克服毛细作用，当连接装置的气密性不够时填充容易失败。

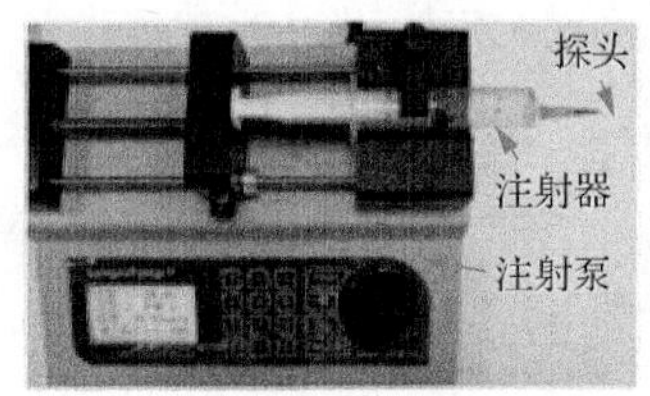

（a）加压填充装置结构

（b）填充过程中与传感结构的连接结构

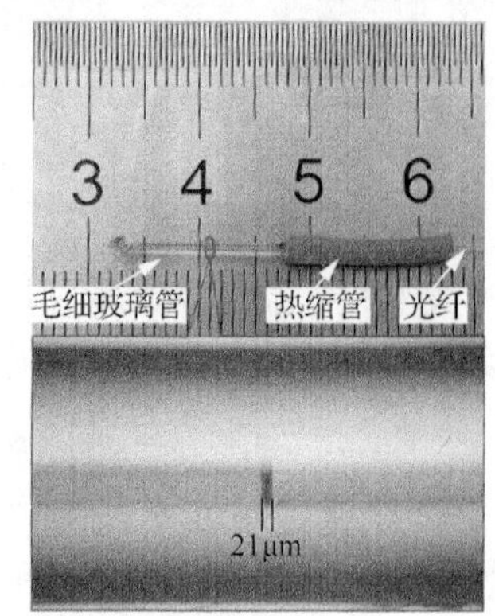

（c）磁流体填充的侧面熔接光纤FP 传感器

图 8.3.7　侧面熔接式的光纤 FP 传感结构的加压填充磁流体流程

加压法填充借助微流注射泵实现加压，装置如图 8.3.7（a）所示。填充时注射器先抽取一段空气，再吸入磁流体，磁流体需要完全覆盖住毛细玻璃管，磁流体消耗量比负压法大。填充过程中使用光栅解调仪实时监测 FP 传感结构的干涉光谱，启动注射泵对注射器加压，直到毛细玻璃管的另一端出现磁流体并且传感器的干涉光谱发生明显的变化，保持注射器的压力一段时间后缓缓减小施加的压力。

填充完成后将带有尾纤的毛细玻璃管一端溢出的磁流体清洁干净，用 UV 胶密封快速固化，再将毛细玻璃管从注射器转接头上取下，用 UV 胶密封毛细玻璃管另一端，制作的磁流体填充的侧面熔接光纤 FP 磁场传感器如图 8.3.7（c）所示。

3）端面熔接式光纤 FP 传感结构的填充

端面熔接式光纤 FP 传感结构的两端在熔接时将毛细玻璃管和单模光纤完全

熔接在一起，无法使用上面的毛细法和压差法填充。在制作空气腔传感器时，在毛细玻璃管上开孔并保证 FP 腔在开口处，可以借助这个开孔进行磁流体的填充。

（1）微探针的制作。

填充时需要用微米级别的空芯微探针来注射磁流体到 FP 腔内，开孔的尺寸为宽度 40μm、长度 127μm。需要制作出直径小于 40μm 的微探针，因此搭建了如图 8.3.8（a）的微探针制作平台，该平台使用加热拉锥的方法制作空芯微米探针。使用的玻璃管的参数为外径 1.2mm、内径 1mm，玻璃管夹持在平台两端的夹具上，两边的平台可以在三个维度调整保证玻璃管的准直不受扭力，从而保证拉出的微米探针不弯曲。右端平台的夹具固定在滑轨上并用砝码拉着滑轨，滑轨可以在玻璃管的轴向移动。在玻璃管下面使用本生灯加热玻璃管，加热熔化后的玻璃管在砝码的拉力下沿玻璃管轴向移动，加热区的玻璃管逐渐变细，当玻璃管移动达到极限距离后在最细的锥区断开成两个微探针，制作出锥形的微探针的针头如图 8.3.8（b）所示。

（a）微探针制作平台

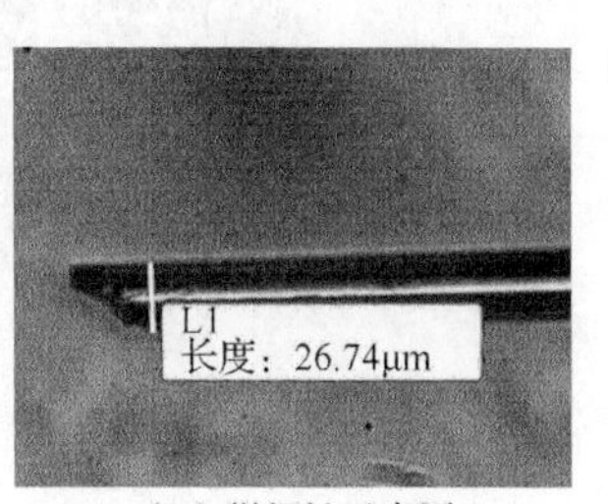

（b）微探针示意图

图 8.3.8　微探针的制作

（2）磁流体的填充。

为了方便进行填充，搭建了双视场观察的微操作平台，如图 8.3.9（a）所示。该平台可以提供操作过程中的上端和后端观察系统，观察系统的空间分辨率为 1μm，可以很容易地看到微探针和毛细玻璃管的开孔，辅助系统中的两个六维调整架保证操作的精度。系统中的两个六维调整架上装有微探针夹具和旋转光纤夹具。微探针夹具用于夹持微探针，旋转光纤夹具用于夹持制作好的光纤 FP 传感结构并且可以旋转，便于微探针对准毛细玻璃管上的开孔，如图 8.3.9（b）所示。微探针通过橡胶管与注射器连接，用于控制磁流体的注射。在微操作平台上将微探针对准插入光纤 FP 传感结构的开孔中，然后启动注射器将磁流体注射进入 FP 腔内，如图 8.3.9（c）所示。注射时少量慢速确保 FP 腔内无空气。当 FP 腔内填满磁流体后用 UV 胶密封 FP 探头的开孔处。制作完成的填充磁流体的端面熔接式光纤 FP 磁场传感器如图 8.3.9（d）所示。

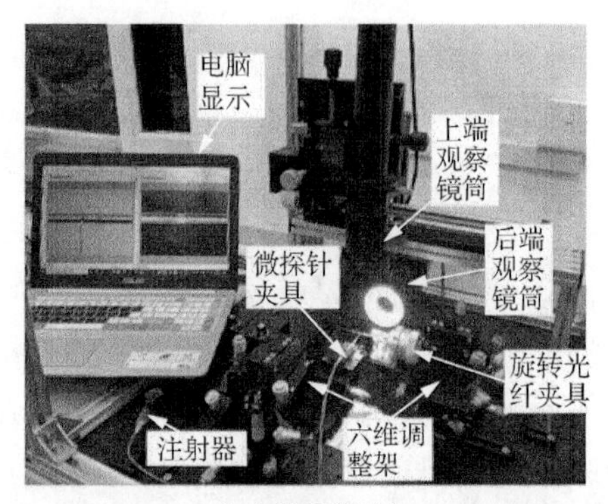

（a）微操作平台

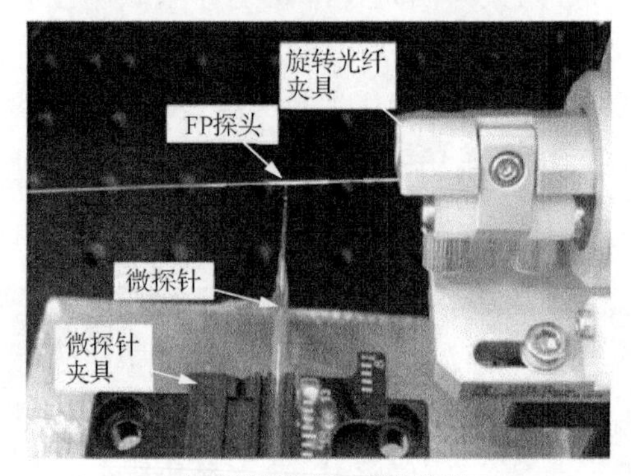

（b）微探针和FP 探头放置

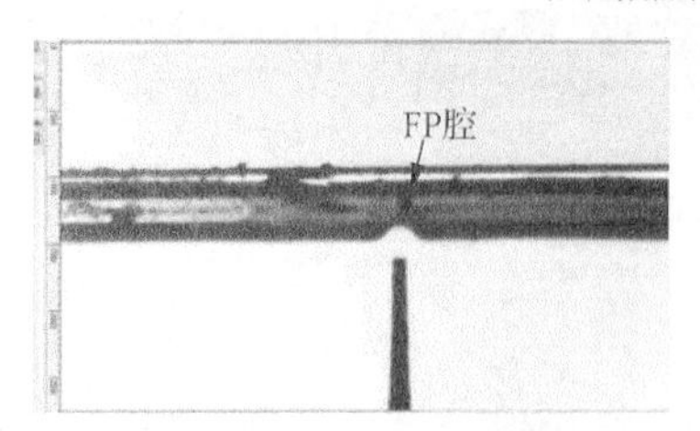

（c）微探针插入FP 探头上的开孔

（d）制备完成的端面熔接式光纤FP磁场传感器

图 8.3.9 双视场观察的微操作平台

8.3.2 基于磁流体的光纤 FP 磁场传感器系统搭建与测试

使用上述提到的性能最好的端面熔接法制作磁流体填充的光纤 FP 磁场传感器，并对制作的传感器进行磁场测试。磁场实验系统如图 8.3.10（a）所示，探头放置在亥姆霍兹线圈外，可编程直流电源对亥姆霍兹线圈供电，以此控制产生的磁场强度大小，磁场强度大小用高斯计进行标定。传感探头连接到光纤光栅解调仪，通过解调仪来获取传感探头的光谱。

传感器的磁场传感特性如图 8.3.10（b）、（c）所示，在磁场传感特性中制作的传感器体现出较好的稳定性和较小的温度干扰性，对波形移动和磁场强度变化的数据进行线性拟合得到传感器的磁场灵敏度为 191.2pm/Gs。此外该传感器有良好的稳定性能，在 3 个月内进行了多次磁场测量，其传感器灵敏度波动小于 3%。还对数据进行非线性拟合得到图 8.3.10（c）中的朗之万函数拟合曲线，从图中可以看出该拟合曲线对数据的描述比线性拟合更准确，进一步验证理论的正确性。

在表 8.3.2 中对比了本节提出的端面熔接式FP传感结构和其他结构的光纤FP磁流体传感器的性能。本节所提出的端面熔接式 FP 传感结构具有腔长控制精度高和易填充的特点，因此，可以在 FP 传感结构的腔内填充高灵敏度和高稳定性的油基磁流体，以获得综合性能优良的基于磁流体的光纤 FP 磁场传感器。光纤 FP 磁场传感器在腔内填充敏感材料时，由于材料对光的吸收，传感器的反射光谱的信号强度会有衰减。本节提出的端面熔接式光纤 FP 磁场传感器还可以通过对光纤端面的处理增加传感器的反射光信号强度。

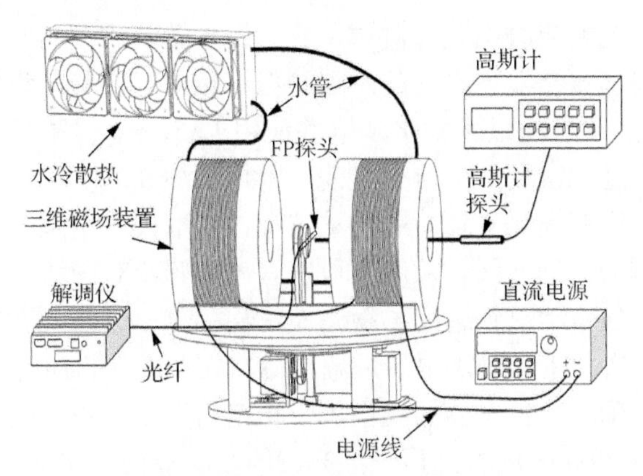

（a）填充磁流体FP 传感器的磁场实验系统

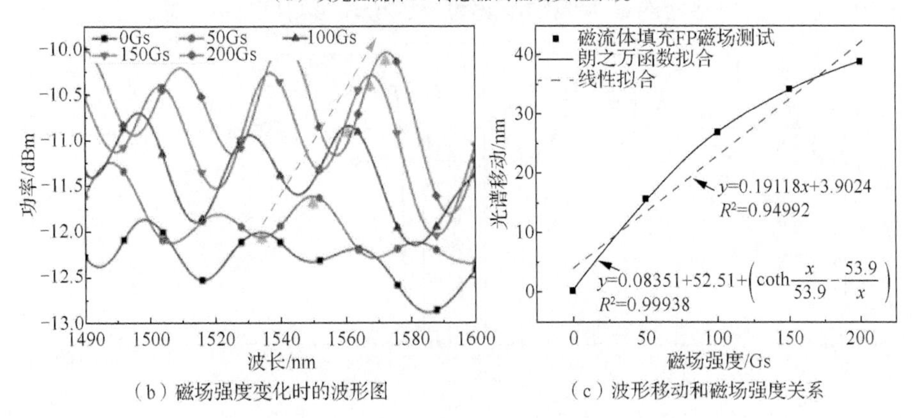

（b）磁场强度变化时的波形图　　（c）波形移动和磁场强度关系

图 8.3.10　磁场实验系统及传感器响应曲线

表 8.3.2　填充磁流体的光纤 FP 传感器性能对比

传感器类型	磁场灵敏度	磁流体类型	光谱质量	寿命	重复性
本节提出的传感结构	191.2pm/Gs	油基	高	6 个月	高
环氧树脂胶水固定[11]	40pm/Gs	水基	高	1～2 天	低
单-空-单结构[12]	121pm/Gs	油基	低	—	高
单-空-空结构[13]	375pm/Gs	水基	低	—	高

8.3.3　基于磁流体的光纤 FP 磁场传感器矢量磁场特性测试与分析

1. 基于磁流体的光纤 FP 磁场传感器的磁场预实验

在进行矢量磁场实验之前，先对填充磁流体的光纤 FP 磁场传感器进行预实验以确定传感器的响应时间、稳定性磁场范围等参数，保证后续实验数据的准确性。

首先对传感器的响应时间进行测试。传感器放置于磁场实验系统中，旋转磁场线圈使磁场方向和传感器方向（传感器轴向）相同。实验前设置电流大小使磁场大小为 15Gs，然后启动磁场发生装置并使用 Labview 程序对实验数据自动记录，获得传感器在施加磁场后的响应时间，数据如图 8.3.11 所示。图 8.3.11（a）为传感器的干涉光谱在施加磁场后的移动情况，提取图中箭头处的干涉波谷得到图 8.3.11（b）的响应时间曲线，从图中可以看出传感器对磁场的响应迅速，在 2s 时传感器的干涉波谷移动已经达到了稳态值，然后经过 200s 的波动后趋于稳定。因此在后续的磁场实验中，施加磁场后需要等待约 200s 的时间再记录实验数据，保证实验数据的准确性。传感器的光谱趋于稳定后重新记录实验数据，获得了在 15Gs 的稳定磁场下 20min 的时间内干涉光谱的波动数据，如图 8.3.12（a）所示，从图中可以看出传感器的最大波动不超过 0.04nm，具有很高的稳定性。

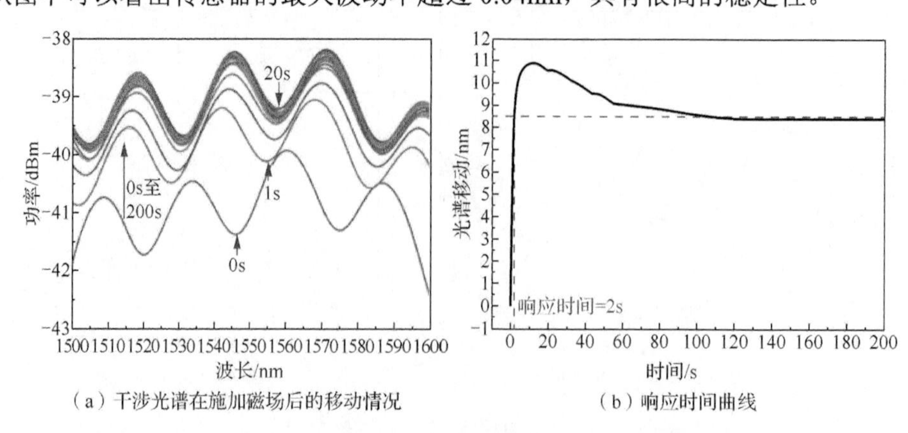

（a）干涉光谱在施加磁场后的移动情况　　（b）响应时间曲线

图 8.3.11　15Gs 磁场强度下基于磁流体的光纤 FP 磁场传感器的响应时间

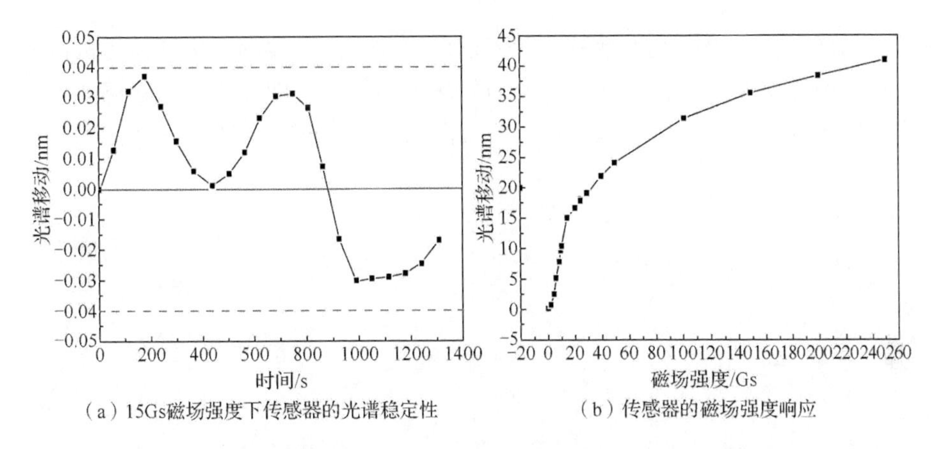

（a）15Gs磁场强度下传感器的光谱稳定性　（b）传感器的磁场强度响应

图 8.3.12　基于磁流体的光纤 FP 磁场传感器的稳定性和磁场响应曲线

在关于磁流体的理论研究中，磁流体的折射率和磁场的关系符合朗之万函数，并不是线性的，在后面的实验中需要确定磁场范围，使得此范围内磁流体的折射率和磁场的关系近似线性。首先需要确定磁场的强度范围，测试磁场方向和传感器方向平行时的磁场响应，如图 8.3.12（b）所示。从图中可以看出传感器的干涉光谱移动和磁场强度变化呈现出非线性，传感器的干涉光谱在 50Gs 内随磁场的增强移动幅度较大，当磁场继续增强时传感器的磁场灵敏度减小，当磁场增强到一定的值后干涉光谱的移动不再明显，这种干涉光谱的变化规律主要是磁流体内部磁性粒子的分布变化造成的。磁性粒子在磁场作用下形成磁链，在弱磁场时磁性粒子从无序状态转换成有序状态使磁流体折射率变化梯度大，当磁场继续增强，磁性粒子从有序到更有序状态转换，磁流体折射率变化梯度就相对小一些。

2. 基于磁流体的光纤 FP 传感器的磁场强度传感特性

实验中测量在不同磁场方向下传感器的干涉光谱随着磁场强度变化的移动。通过系统中的可编程直流电源控制线圈产生不同的磁场强度，定义传感器的轴向为传感器方向，磁场线圈的轴向为磁场方向。实验中的角度为传感器方向和磁场方向的夹角，传感器水平放置在传感器支架上，通过旋转线圈调整磁场的方向，改变传感器方向与磁场方向的夹角。实验首先测量了在 0° 和 90° 传感器的干涉光谱变化，如图 8.3.13（a）和（b）所示。

0° 和 90° 干涉光谱的变化方向相反，传感器在不同角度下的干涉光谱会有不同的变化趋势。在 0° 时，随着磁场强度的增大传感器的光谱红移，即光谱向长波长方向移动，磁流体的折射率变大。这是因为此时传感器内光的方向与磁场方向平行，磁流体内部的磁性粒子在磁场方向上形成磁链，即光与磁链同向，磁场越强形成的磁链就越多，在光的方向上磁流体的折射率就越大。在 90° 时，随着磁场强度的增大传感器的光谱蓝移，即光谱向短波长方向移动，磁流体的折射率变小。这是因为此时传感器内光的方向与磁场方向垂直，即光垂直于磁链，当磁场增大时磁链与磁链的间距增大，在光的方向上磁流体的折射率就减小。

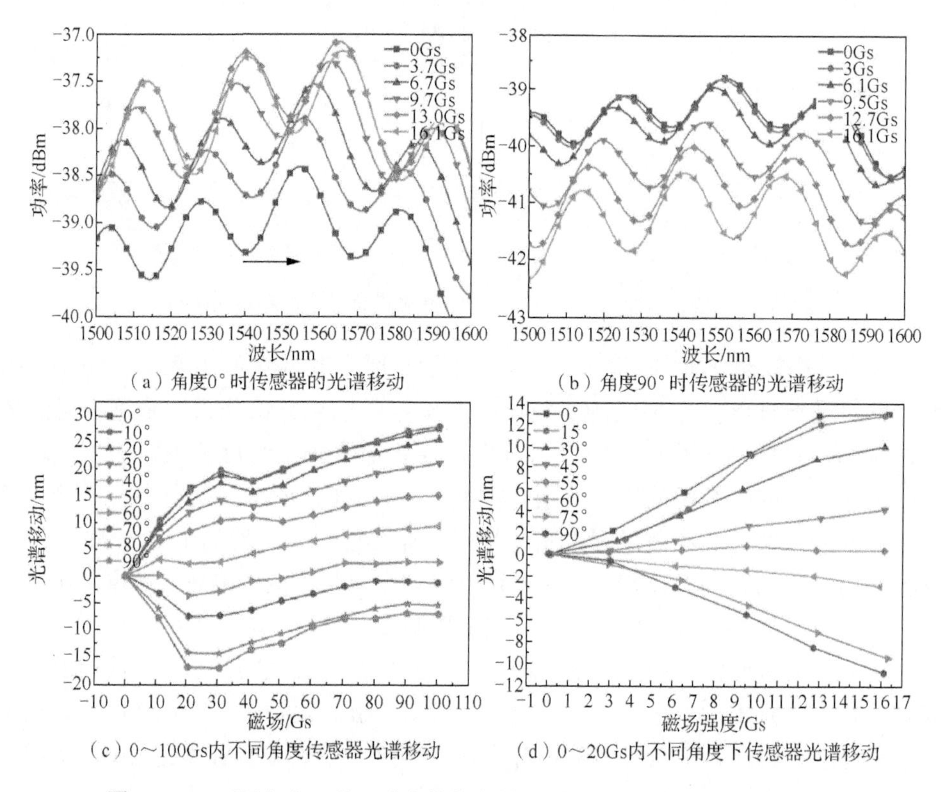

图 8.3.13 不同角度下基于磁流体的光纤 FP 磁场传感器的磁场强度响应

此外还测量了角度在 0°～90°（每 10° 变化）、磁场强度在 0～100Gs（每 10Gs 变化）时干涉光谱的变化，实验结果如图 8.3.13（c）所示。可以看出在 0° 时，传感器的干涉光谱随着磁场的增强红移得最大；在 90° 时，传感器的干涉光谱随着磁场的增强蓝移得最大；在 50° 和 60° 时传感器的干涉光谱随着磁场强度的增大变化较小，这与理论相符合，即当磁场与电场的角度为 55° 时磁场强度对磁流体的折射率无影响。此外，当磁场强度在 30～40Gs 时干涉光谱的移动呈现出非单调的特性，这将对测量存在很大影响。在磁场强度 0～20Gs 范围内进行了深入实验，并增加了 55° 时传感器的磁场强度响应实验，实验结果如图 8.3.13（d）所示，从图中看出，在 55° 时传感器的干涉光谱几乎不随着磁场强度变化。在 0～20Gs 的磁场强度范围内，传感器的干涉光谱移动和磁场强度有较好的线性度，传感器红移的最大磁场灵敏度为 1.02nm/Gs，传感器蓝移的最大磁场灵敏度为 −0.713nm/Gs。

3. 基于磁流体的光纤 FP 磁场传感器的磁场方向传感特性

为了更加深入地研究磁流体的矢量磁场特性，测量了在 3Gs、6Gs、9Gs 和 15Gs 磁场强度下，磁场方向在 0°～90°（每 15° 变化）时传感器干涉光谱的移动，实验结果如图 8.3.14 所示，实验数据以无磁场时的波形为基值来计算波形的移动。从图中可以看出，在某一磁场强度下，角度从 0° 变化到 90° 的过程中，传感器的光谱移动值从正值变为负值，从红移变成蓝移，在 0° 和 90° 时移动值达到最大，传感器的红移和蓝移的最大值也随着磁场的增强而变大。图中所有曲线在 55° 时光谱移动值最小，说明在磁场方向为 55° 时，磁场对磁流体的折射率几乎无影响。

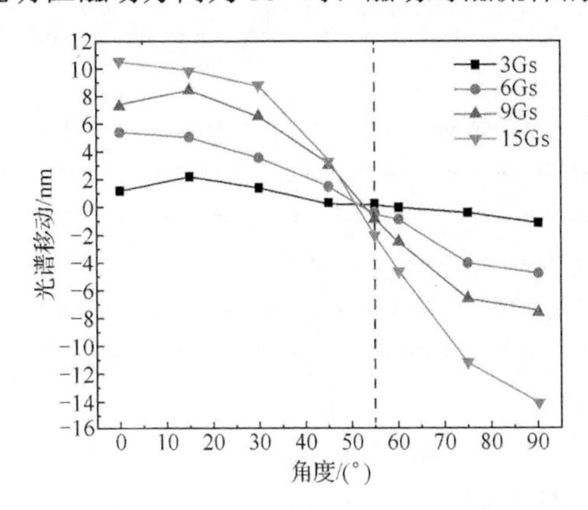

图 8.3.14　不同磁场强度下基于磁流体的光纤 FP 磁场传感器的磁场方向响应

通过传感器的磁场强度和磁场方向响应的实验，验证了磁流体的矢量磁场特性，也确定了基于磁流体的光纤 FP 磁场传感器的矢量磁场特性。结合实验的数据和理论，在使用基于磁流体的光纤 FP 磁场传感器进行矢量磁场的测量时，可以通过扫描的方式先转动传感器使传感器的输出干涉光谱红移达到最大值，此时磁场方向平行于传感器的轴向。磁场的方向确定后再根据干涉光谱移动的大小推算出磁场强度的大小，最终实现矢量磁场的测量。

参考文献

[1] Lin Z T, Lv R Q, Zhao Y, et al. High-sensitivity salinity measurement sensor based on no-core fiber[J]. Sensors and Actuators A: Physical, 2020, 305: 111947.

[2] Zhao Y, Lv R Q, Li H, et al. Simulation and experimental measurement of magnetic fluid transmission characteristics subjected to the magnetic field[J]. IEEE Transactions on Magnetics, 2014, 50(5): 4600107.

[3] Yin J D, Ruan S C, Liu T G, et al. All-fiber-optic vector magnetometer based on nano-magnetic fluids filled double-clad photonic crystal fiber[J]. Sensors and Actuators B: Chemical, 2017, 238: 518-524.

[4] Yin J D, Yan P G, Chen H, et al. All-fiber-optic vector magnetometer based on anisotropic magnetism-manipulation of ferromagnetism nanoparticles[J]. Applied Physics Letters, 2017, 110(23): 231104.

[5] Cui J G, Qi D W, Tian H, et al. Vector optical fiber magnetometer based on capillaries filled with magnetic fluid[J]. Applied Optics, 2019, 58(10): 2754-2760.

[6] Tian H, Song Y X, Li Y Z, et al. Fiber-optic vector magnetic field sensor based on mode interference and magnetic fluid in a two-channel tapered structure[J]. IEEE Photonics Journal, 2019, 11(6): 7104309.

[7] Li Y X, Pu S L, Zhao Y L, et al. All-fiber-optic vector magnetic field sensor based on side-polished fiber and magnetic fluid[J]. Optics Express, 2019, 27(24): 35182-35188.

[8] Li X L. Investigation of the magnetic field sensing properties of a magnetic fluid clad microfiber knot sensor[J]. Instrumentation Science & Technology, 2019, 47(3): 341-354.

[9] Chen Y F, Hu Y C, Cheng H D, et al. Side-polished single-mode-multimode-single-mode fiber structure for the vector magnetic field sensing[J]. Journal of Lightwave Technology, 2020, 38(20): 5837-5843.

[10] Zhang Z C, Guo T, Zhang X J, et al. Plasmonic fiber-optic vector magnetometer[J]. Applied Physics Letters, 2016, 108(10): 101105.

[11] Zhao Y, Lv R Q, Wang D, et al. Fiber optic Fabry-Perot magnetic field sensor with temperature compensation using a fiber Bragg grating[J]. IEEE Transactions on Instrumentation and Measurement, 2014, 63(9): 2210-2214.

[12] Song Y, Yuan L, Hua L W, et al. Ferrofluid-based optical fiber magnetic field sensor fabricated by femtosecond laser irradiation[C]. Integrated Optics: Devices, Materials, and Technologies, 2016, 9750: 97501.

[13] Zheng Y Z, Chen L H, Yang J Y, et al. Focused ion beam ablated microslot for fast refractive index and magnetic field measurement[J]. IEEE Journal of Selected Topics in Quantum Electronics, 2017, 23(2): 322-326.

第9章

基于磁流体光子晶体结构的磁场传感技术探索

9.1 基于磁流体光子晶体微腔的磁场传感技术

光子晶体在传感领域的应用一直是光学传感技术的重要研究方向，而光子晶体传感系统大多都基于光子晶体微腔结构。近些年，随着光子晶体微腔理论的深入研究和制作工艺的不断发展，基于光子晶体微腔的传感系统相继被提出。光子晶体微腔通常都是基于固体电介质材料，具有稳定且不易改变的特点。相对而言，磁流体光子晶体作为一种胶体光子晶体，具有更为灵敏的响应特性。因此，本节提出利用磁流体光子晶体的微腔特性来实现磁场传感，设计一种中间带缺陷柱的槽结构来填充磁流体，研究在中红外和近红外区域对磁场的响应特性。

9.1.1 光子晶体微腔的基本理论

光子晶体是由介电常数不同的两种材料周期性排列而成的介电结构，这种周期性材料结构会产生光子禁带，频率在光子禁带范围内的光不能在该结构内传播。如果在这种周期性结构中引入缺陷，就会破坏结构的周期性，此时光子晶体会在原先的禁带中出现缺陷模，形成波导或微腔等。光子晶体的点缺陷具有自己的共振波长，因此能够局域某一波长的光，形成光子局域，这种现象能够用于光学传感。光子晶体滤波器[1]、光子晶体波导[2]和光子晶体微腔[3]等新型的光学器件就是基于这种特性提出的。

后来，研究者提出在光子晶体微腔中填充敏感材料，发现当通过外界激励改变敏感材料的特性时，缺陷模式所对应的谐振峰发生变化，从而开启了光子晶体在传感领域的研究。如 2009 年，Lu 等[4]提出了一种基于由铟镓砷磷（InGaAsP）和空气孔所构成的双层光子晶体微腔的高敏感压力传感系统，并仿真了其对压力的响应。结果表明，当对上层表面施加 50nN 的压力时，两层之间的间距减少了

165nm，导致经过微腔的谐振峰波长从 1.341μm 红移到 1.346μm。2010 年，傅海威等[5]对基于硅介质柱的二维光子晶体微腔进行研究，通过分析硅在不同温度下的热膨胀系数变化，提出了基于光子晶体微腔的温度传感系统。当温度从 0℃升高到 100℃时，经过微腔的谐振峰的光波长从 1607.4nm 红移到 1608.05nm。2011 年，Scullion 等[6]提出了一种基于槽光子晶体微腔的生物传感系统并研究了它对有机物浓度的检测。当流经槽内的抗生物素蛋白浓度从 0μg/ml 增加到 100μg/ml 时，经过微腔的谐振峰值所对应的光波长从 1549.3nm 红移到 1551.5nm。2014 年，Chen[7]提出了一种基于光子晶体纳米梁微腔的超灵敏气体检测系统。当流经微腔内的水杨酸甲酯气体的体积浓度从 240pl/L 增加到 1200pl/L 时，经过气体的谐振峰光功率从 1.5μW 增加到 6.5μW。由此可见，光子晶体微腔能够将光子局域在光子禁带处产生谐振峰，且谐振峰能够随着外加参量的变化而发生变化。因此，光子晶体微腔的这一特性可应用于不同环境物理量的检测。

9.1.2 基于磁流体的光子晶体微腔设计

1. 磁流体光子晶体微腔的构成

磁流体本身是一种胶体材料，在外加磁场作用下所形成的光子晶体是一种胶体光子晶体。这种结构虽然有着极易调谐的优点，但却不能像固体介质那样形成稳定的光子晶体微腔结构。因此，本节提出一种基于特殊槽结构的磁流体填充光子晶体微腔结构。图 9.1.1（a）为用于填充磁流体的矩形填充槽，槽较长边为光传播的方向，为保证足够大的透射率和满足光子晶体周期性分析，光透射方向的边长设定为 W=50μm。为形成磁流体光子晶体缺陷模，在腐蚀槽的同时，中心位置保留一个直径为 1μm 圆形介质柱。关于材料的选取，需要满足结构的稳定性和较好的透光性，因此，本节提出采用硅来作为填充磁流体槽结构的制作材料。如图 9.1.1（b）所示，将磁流体填充到槽中后，在垂直槽表面方向施加磁场，在磁场作用下，磁流体在这种槽中能够形成磁流体光子晶体微腔结构，晶格常数和磁柱直径分别为 a 和 d。中间部分的硅柱为磁流体光子晶体缺陷模。

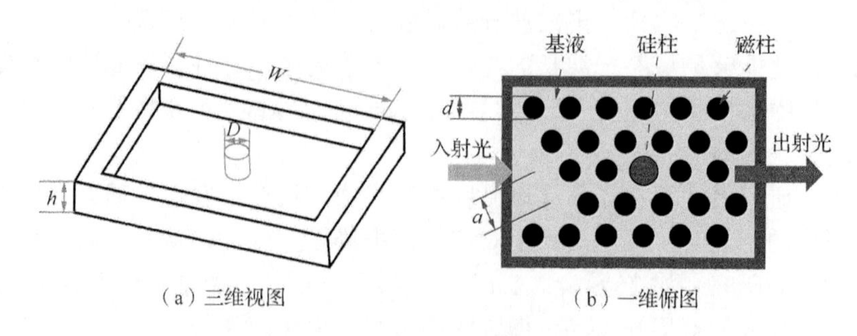

（a）三维视图　　（b）一维俯图

图 9.1.1　磁流体光子晶体微腔结构

2. 传感方案及测试系统的设计

本节提出了基于磁流体光子晶体微腔的磁场传感方案及测试系统，如图 9.1.2 所示。磁场由前期搭建的具有水冷散热功能的磁场发生装置提供。此外，微腔与光纤的耦合是研究的另一重点。在光纤与微腔连接的部分，提出利用传统光纤、透镜光纤和锥形光纤实现光的耦合，其中锥形光纤的末端尺寸与光子晶体晶格常数在一个数量级内，大约 4μm。当光源发出的光由光纤进入磁流体光子晶体微腔时，由于缺陷模的存在，在磁流体光子晶体中传播的光会在原先禁带区域产生谐振峰。改变磁场强度，谐振峰也会发生变化，从而实现磁场传感。

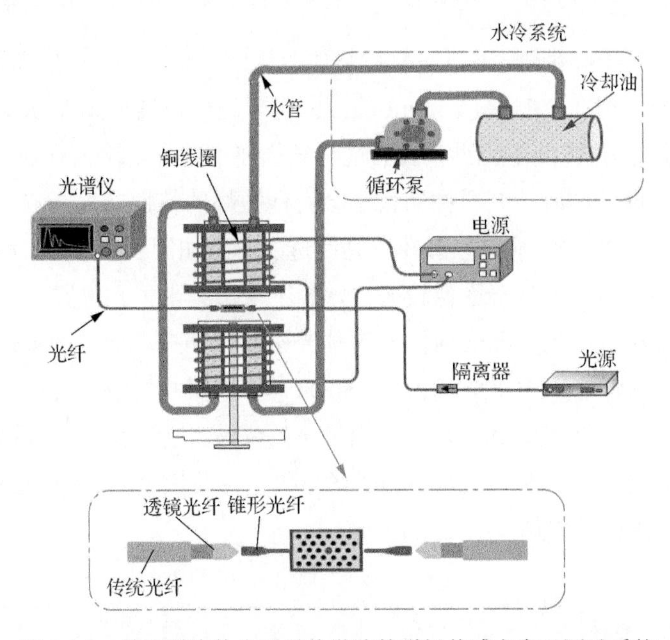

图 9.1.2　基于磁流体光子晶体微腔的磁场传感方案及测试系统

9.1.3　基于磁流体的光子晶体微腔的磁场传感性能分析

本节将饱和磁化强度为 5.6emu/g（$1emu/g=1Am^2/kg$）的磁流体填充到 6μm 厚的槽内。通过查阅文献可得出这个厚度的槽形成磁流体光子晶体的范围[8]。如图 9.1.3 所示，在 250～600Oe 的磁场范围内，磁流体光子晶体的晶格常数从 3.13μm 减小到 1.59μm，磁调谐范围在 250～550Oe 内。

首先对磁流体光子晶体微腔的禁带区域进行判定。基于二维时域有限差分法，利用 RSoft 软件对磁流体光子晶体微腔的透射光谱进行模拟。当磁流体薄膜的厚

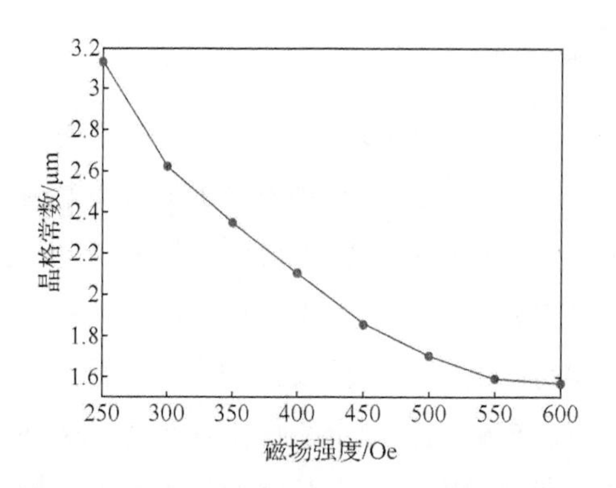

图 9.1.3　磁流体光子晶体晶格常数随磁场的变化曲线（薄膜厚度为 6μm）

度为 6μm 时，光子禁带随磁场的变化趋势如图 9.1.4（a）所示。当磁场强度为 250Oe 时，光子禁带出现在 9.76～14.53μm 的范围内。当磁场增加到 550Oe 时，光子禁带蓝移到 6.97～10.49μm。由此可见，这种结构在中红外范围内存在光子禁带，并可实现磁调谐性。同时，介质柱的大小会对谐振峰的特性产生影响，在磁场强度为 250Oe 时，不同尺寸缺陷柱直径下光的透射光谱如图 9.1.4（b）所示，当缺陷柱直径为 0.6μm 时，谐振峰图像较明显，位于光子禁带中心位置。如图 9.1.5（a）所示，对介质柱直径为 0.6μm 时的磁流体光子晶体谐振峰的磁调谐性进行分析可知，当外加磁场强度从 250Oe 增大到 550Oe 时，谐振峰的中心波长从 12.38μm 蓝移到 8.25μm。由图 9.1.5（b）可以看出，谐振峰波长在不同磁场强度范围内具有不同的磁响应特性。在 250～350Oe 的磁场范围内的灵敏度（24.3nm/Oe）高于 350～550Oe 磁场范围内的灵敏度（8.5nm/Oe）。

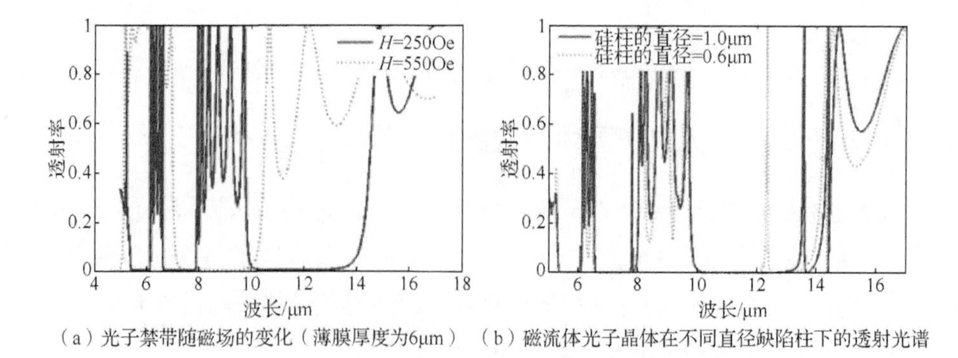

（a）光子禁带随磁场的变化（薄膜厚度为6μm）　（b）磁流体光子晶体在不同直径缺陷柱下的透射光谱

图 9.1.4　磁流体光子晶体的光子禁带

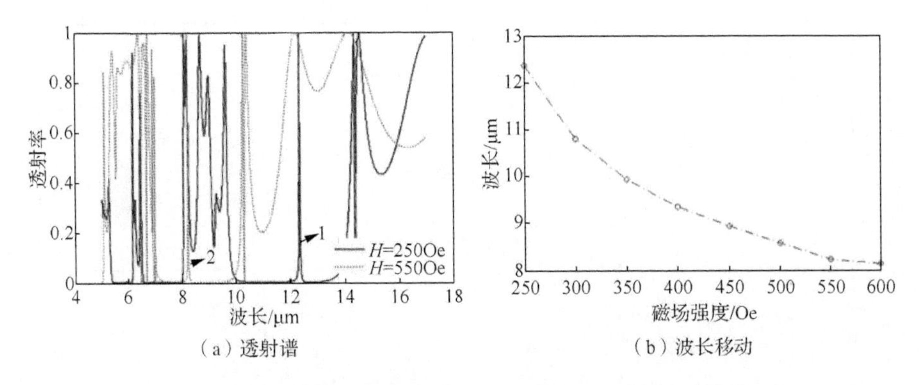

（a）透射谱　（b）波长移动

图 9.1.5　磁流体光子晶体微腔在不同磁场下的中红外光学性质

虽然谐振峰对磁场具有较高的灵敏度，但在实际应用中，中红外波段的器件比较昂贵，为了降低成本，需要将磁流体光子晶体的光子禁带范围限制在近红外波段区域。将磁流体光子晶体的磁柱直径和间距减小，可以使光子禁带向短波长区域移动。相关研究表明，磁场和温度稳定下，槽深度越小，磁流体光子晶体的晶格常数越小，将磁流体填充到厚度为 0.94μm 的槽中时，形成规则结构的光子禁带在近红外区域[9]。如图 9.1.6 所示，在这个薄膜厚度下，形成磁流体光子晶体的磁场范围为 150～350Oe。当磁场强度增大时，磁柱晶格常数逐渐减小。如图 9.1.7（a）所示，当磁场强度从 150Oe 增大到 350Oe 时，谐振峰波长的透射率从 0.65 减小到 0.30，与此同时，谐振峰所对应的中心波长从 1.528μm 蓝移到 1.452μm。如图 9.1.7（b）所示，磁流体光子晶体微腔在厚度为 0.94μm 槽内的灵敏度为 0.38nm/Oe，且线性度比较好。

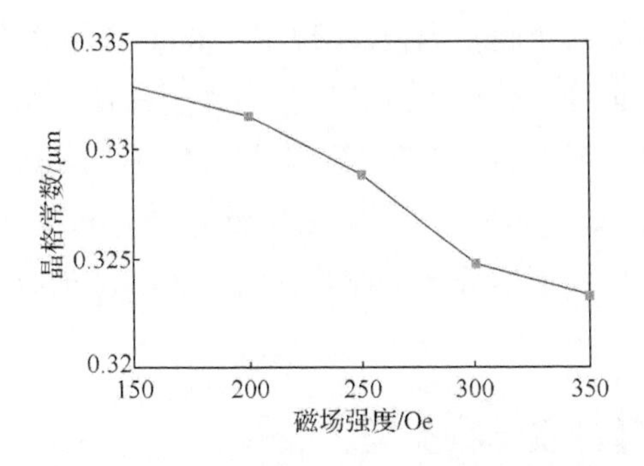

图 9.1.6　磁流体光子晶体晶格常数随磁场的变化曲线（薄膜厚度为 0.94μm）

综上，基于磁流体光子晶体微腔的传感系统具有较好的磁调谐性，谐振峰的中心波长随外界磁场强度变化而移动，能够在中红外波段和近红外波段实现磁场传感，具有较高的灵敏度。

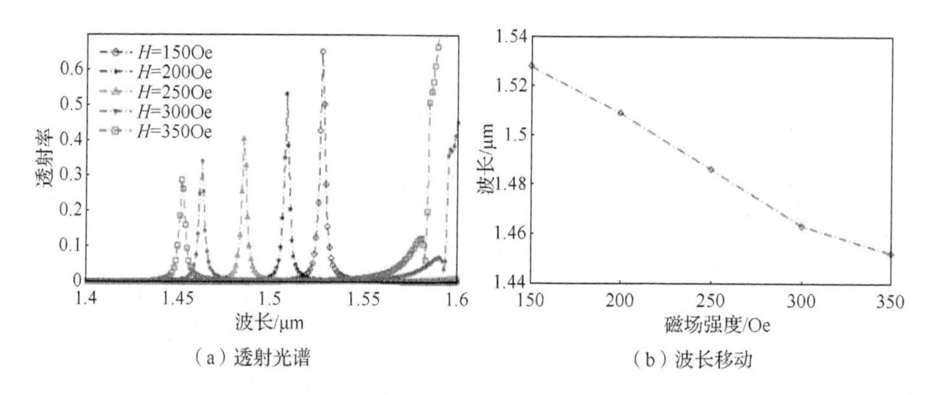

（a）透射光谱　　（b）波长移动

图 9.1.7　磁流体光子晶体微腔在不同磁场下的近红外光学性质

9.2 表面等离子体共振结合磁流体光子晶体的磁场传感技术

表面等离子体共振（surface plasmon resonance, SPR）技术是近代生物学与物理学互相结合的产物。基于 SPR 技术的传感器最早用于溶液折射率测量，这种技术具有样品用量少、免标记、浑浊液体测量、可在线实时检测等优点[10-12]。为了进一步提高检测灵敏度，近些年，人们对 SPR 技术进行了深入的研究，提出将光子晶体与 SPR 技术相结合来扩大与检测物质的作用面积，并取得了初步进展。2011 年，Srivastava 等[13]设计了一种单通道光子晶体波导结合 SPR 的传感器，并用于气体检测，实现了 7500nm/RIU 的灵敏度传感。2013 年，Su 等[14]将具有 TiO_2 缺陷层的一维光子晶体与金膜相耦合，实现了 300nm 波长宽度调谐范围的 SPR 传感器。2014 年，Wang 等[15]将金银双金属膜与光子晶体相结合，结果表明，光子晶体的引入使测量灵敏度提高了 5.76 倍。为此，本节研究磁流体与 SPR 技术相结合实现磁场传感的方法，分析金属膜附近的磁流体形成光子晶体结构对表面等离子体波的调制效应以及表面等离子体共振角的影响，进而提出一种新型的磁场传感方法。

9.2.1 SPR 电磁理论及结构类型

SPR 是指当光波的 p 偏振光的波矢与表面等离子体波的波矢相等时发生共振后所产生的一种物理现象。当光在光密介质与光疏介质交界面处发生全反射时，能够沿着界面产生一种呈指数衰减的倏逝波。当倏逝波与玻璃表面等离子体波的波矢匹配时，二者会发生共振现象，此时对入射光的吸收量达到最大，导致反射光的强度减小，从而在反射光谱上形成共振峰。当金属膜表面的待测物折射率变化时，共振峰位置随之改变。SPR 的调制方式主要分为波长调制、角度调制和相位调制[16-18]。

1. SPR 电磁理论

SPR 发生在金属膜与电介质的交界面上，其中倏逝波和表面等离子体波产生的机理不同。倏逝波是光从光密介质向光疏介质传播的过程中，在分界面发生全反射时产生的。如图 9.2.1（a）所示，光 I_0 从介质 n_0 向 n_1（$n_1 < n_0$）传播时，当入射角 α 大于临界角时，会在交界面处发生全反射。然而，发生全反射时，入射光 I_0 并没有以理想方式 I_1 路径完全反射回。在介质 n_1 侧会有部分光渗入，并沿着垂直交界面方向呈指数衰减。然后光波以 I_2 路径反射回光密介质 n_0。渗入介质 n_1 的光波即为倏逝波。表面等离子体波是由表面等离子体产生的。表面等离子体拥有大量离子和自由电子，且其中的阳极电子和自由电子的数量相同，整体表现为中性。在金属中，大量离子被吸附在晶格位置，然而，大量的自由电子却可以在金属中自由移动。金属电子的密度几乎与金属离子的密度相同。在特殊情况下，当入射光照射到金属表面时，金属中电荷的密度会由于光波的干扰发生变化。当某一区域的电子较少时，一个正电荷过剩的区域就会形成。区域周围的自由电子会向这个区域移动，导致这个区域电子过剩，在排斥力作用下，电子又开始离开这个区域。如图 9.2.1（b）所示，最终金属中的电子就会在空间中周期性振荡，振荡产生的波为表面等离子体波。

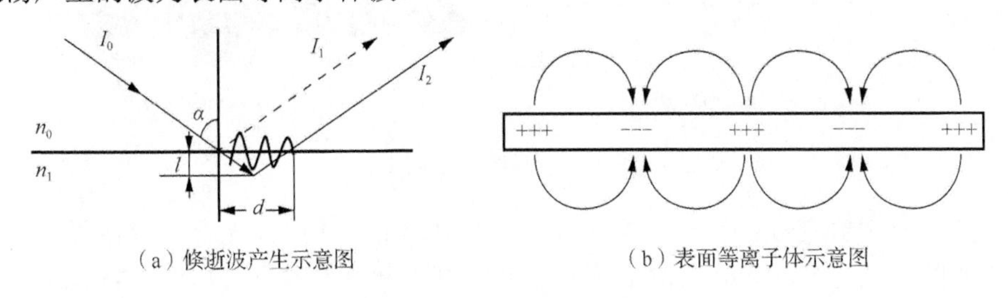

（a）倏逝波产生示意图　　（b）表面等离子体示意图

图 9.2.1　SPR 原理

2. SPR 的激发方式

SPR 的激发方法主要有三种，分别为棱镜耦合型表面等离子激发方法[19]、光栅耦合型 SPR 激发方法[20]以及光纤型激发方法[21]。棱镜耦合型方法主要有 Kretschmann 和 Otto 两种类型。如图 9.2.2（a）所示，在 Kretschmann 型结构中，金属膜直接粘贴在三棱镜底部，待测液置于金属膜下侧。金属膜的厚度会影响测量液的测定结果。当金属膜的厚度大于倏逝波能够穿透的厚度时，倏逝波便不能传播到金属膜与待测液的交界面处，无法产生 SPR 现象。如果金属太薄，共振效果也不明显，影响传感精度。如图 9.2.2（b）所示，在 Otto 型结构中，棱镜与金属膜留有一定距离。使待测液能够流入三棱镜与金属膜的间隙。当入射角大于临界角时，就会在样品与棱镜之间发生全反射。三棱镜与金属膜的距离会影响实验结果，并且在现实中不易控制，因此这种结构在实际中比较少用。

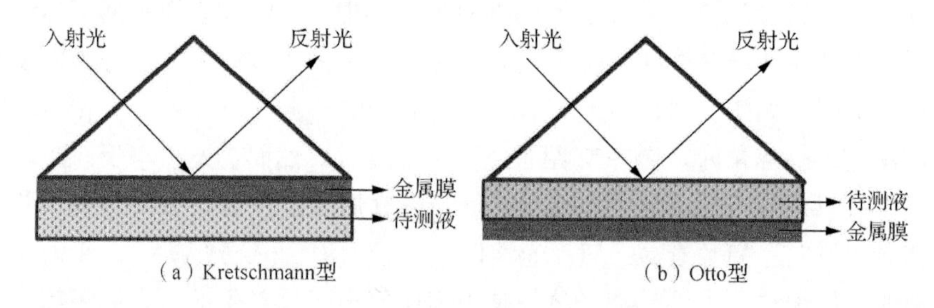

图 9.2.2　Kretschmann 型和 Otto 型示意图

光栅耦合型是 Tiefenthaler 等[22]于 1989 年提出的。如图 9.2.3（a）所示，金属光栅与待测液相互接触时能够形成金属与待测液之间的周期性光栅结构。当入射光经过待测液照射到光栅时，会发生衍射，形成不同的衍射阶。当金属膜表面的等离子波与某一阶光波的波矢相等时，就会发生共振。

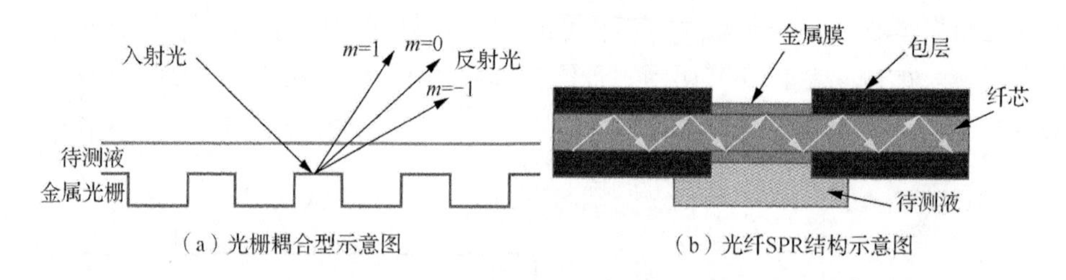

图 9.2.3　SPR 耦合结构

光纤型 SPR 是 Jorgenson 等在 1993 年提出来的结构[23]，至今已取得了很大进展。如图 9.2.3（b）所示，光在纤芯与包层中以全反射的方式传播，将其中一小段的包层剥离使其裸露纤芯，在裸露的纤芯上镀上一层适当厚的金属膜，这个部分作为传感区域。当浸入待测液时，实现折射率变化检测。

9.2.2　SPR 结合磁流体光子晶体的磁场传感方案

1. 传感系统结构

SPR 效应是发生在金属和介质分界面上的电子共振效应。如图 9.2.4 所示，本节采用比较简单且主流的 Kretschmann 棱镜耦合型结构实现磁场传感。

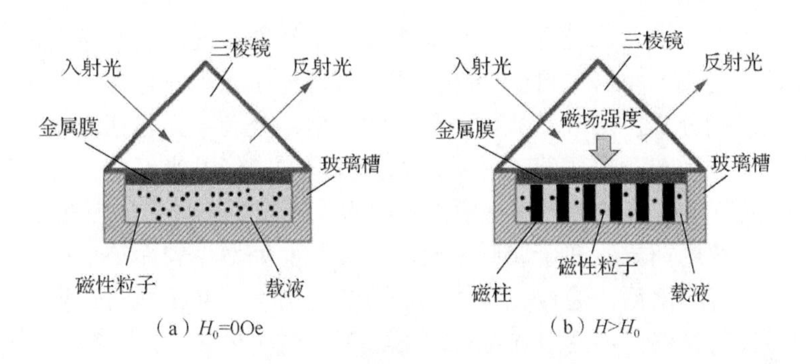

图 9.2.4　磁场传感探头结构示意图

探头结构主要由三棱镜、纳米级厚度的金属膜以及填充磁流体的玻璃槽组成。所用三棱镜的折射率为 1.56，边长为 25mm，斜边长度为 35.35mm，厚度为 25mm。常用的金属膜材料为金膜和银膜，但由于金膜比银膜稳定，因此本节采用金膜作为敏感膜与外界测量液体相互作用，所选的金属膜层厚度为 50nm。为实现磁流体光子晶体与金属膜耦合，将体积浓度为 1.46%的磁流体填充到玻璃槽中，并将上端与金属膜面相互接触。如图 9.2.4（a）所示，当无磁场时，磁流体薄膜中的磁性粒子处于无规则状态；如图 9.2.4（b）所示，当施加磁场时，磁流体薄膜中的磁流体形成磁流体光子晶体，实现 SPR 与磁流体光子晶体的结合。根据三棱镜耦合型 SPR 以及磁流体光子晶体的特性，本节提出一种磁流体光子晶体结合 SPR 的磁场传感系统，如图 9.2.5 所示。

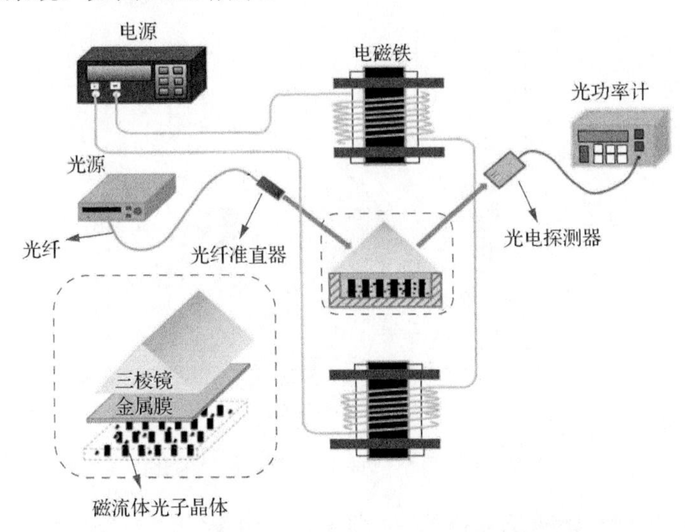

图 9.2.5　磁流体光子晶体结合 SPR 的磁场传感系统

传感系统由磁场发生单元、信号处理单元、传感单元以及相互连接的光纤和导线组成。传感单元包含探头结构（三棱镜、金属膜和磁流体薄膜）、光源和准直器。磁场发生单元由直流电源与铜线圈组成，铜线圈中的电流由直流电源供给，通过调节输出电流大小产生可变磁场来改变玻璃槽中的磁流体微观结构，使之成链进而发生二相分离，形成磁流体光子晶体。信号处理单元包括光电探测器、处理电路及计算机系统。在传感单元中，光源发出的光经过光纤准直器后进入探头结构，其中准直器能够旋转，使三棱镜之内的入射光能够与交界面在 0° 到 90° 之间旋转，实现角度扫描。在金属膜与磁流体接触面处发生表面等离子体共振，反射光通过三棱镜射出后，通过光电探测器检测光信号，并传送至计算机系统中显示及处理，反射光强能够通过光电探测器检测。磁流体光子晶体微观结构变化，共振特性改变，通过检测共振角变化，可以实现磁场传感。

2. 传感系统理论模型

研究磁流体光子晶体结合 SPR 系统的磁场传感特性，首先应分析金属膜附近的磁流体微观结构随磁场强度的变化。而微观结构随磁场的响应特性主要体现在折射率随磁场的变化。图 9.2.6 是体积浓度为 1.46%的油基磁流体折射率随磁场强度变化趋势图[24]，从图中可以看出所选择的磁流体折射率在不同磁场强度阶段具有不同的变化趋势。本节根据磁流体在外界磁场下的折射率变化机理，将折射率在磁场作用下的变化过程分成三个阶段来进行研究。在 0～30Oe 的范围内，折射率不变；在 30～110Oe 范围内，折射率增大更为明显，呈线性趋势；超过 110Oe 时，折射率增大趋势变缓，呈非线性特点；超过 150Oe 时，折射率增大程度继续变小。

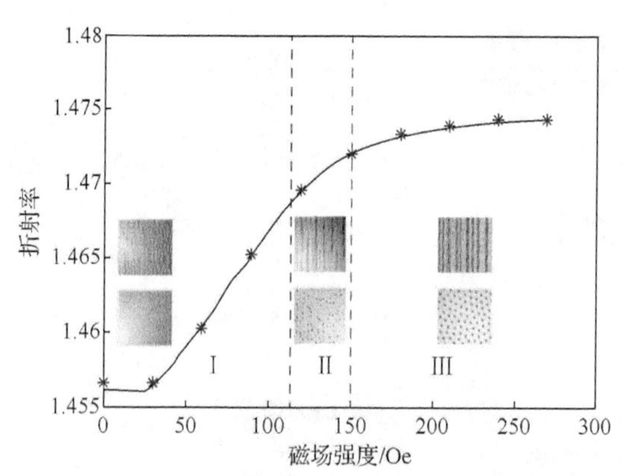

图 9.2.6 磁流体折射率随外加磁场变化

对磁流体折射率随磁场变化的三个阶段分别进行分析。第一阶段的磁场范围为 0～110Oe。在这个阶段，磁流体中的磁性粒子几乎处于团簇状态。其中在 0～30Oe 的磁场强度范围内，折射率随磁场增强几乎不发生变化。这是由于此时布朗力的作用远大于外加磁场作用，磁性粒子不发生变化。当磁场强度从 30Oe 增大到110Oe，磁流体中的磁性粒子沿着磁场方向聚集形成很多短小的磁链，但还未发生二相分离。此时的磁流体可以看成均匀物质。第二阶段的磁场强度范围为110～150Oe。在这个阶段，磁链聚集形成很多磁柱，磁流体已经发生二相分离，然而这些磁柱任意分布在薄膜中。此时，磁流体中的磁柱处于无规则状态。第三阶段磁场强度范围为150～250Oe，即形成磁流体光子晶体的过程。在这个阶段，磁性粒子几乎处于磁饱和状态，折射率变化不明显。在整个过程中，第二阶段是磁性粒子形成无规则磁柱的过程，磁流体处于混沌状态，目前尚无较适合的分析方法，因此本节不分析这个过程的共振特性，只研究磁流体在第一阶段和第三阶段的共振特性。

3. 均匀介质分析方法

在30～110Oe磁场强度范围内，磁流体处于均匀状态，如图9.2.7所示，可按传统SPR分析方法对其共振特性进行分析。

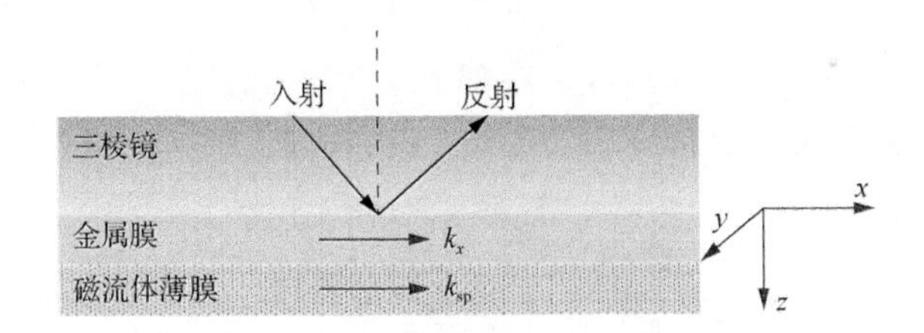

图9.2.7　传统棱镜SPR传感原理图

利用麦克斯韦（Maxwell）方程对金属膜与电介质交界面的折射率分布进行求解计算，金属膜和空气的电场分别为[25]

$$\begin{cases} E_1 = \left(E_{1x}, 0, E_{1z}\right)\exp\left(\mathrm{i}Kx + a_1 z - \mathrm{i}\omega t\right) \\ E_2 = \left(E_{2x}, 0, E_{2z}\right)\exp\left(\mathrm{i}Kx + a_2 z - \mathrm{i}\omega t\right) \end{cases} \tag{9.2.1}$$

式中，a_1和a_2分别为金属和空气的衰减系数；$K = \omega/c$为波矢，ω和c分别为频率和光速。式（9.2.1）必须同时满足波动方程，于是

$$\begin{cases} \nabla^2 E_1 + \varepsilon_1 (\omega / c)^2 E_1 = 0 \\ \nabla^2 E_2 + \varepsilon_2 (\omega / c)^2 E_2 = 0 \end{cases} \tag{9.2.2}$$

式中，ε_1为金属膜介电常数；ε_2为待测液的介电常数。由上式可得

$$\begin{cases} a_2 E_{2x} = -\mathrm{i}KE_{2x} \\ K^2 - a_2^2 = (\omega / c)^2 \varepsilon_2 \end{cases} \tag{9.2.3}$$

若交界面无自由电荷，则

$$D_{1z} - D_{2z} = 0, \quad \varepsilon_1 E_{1z} - \varepsilon_2 E_{2z} = 0 \tag{9.2.4}$$

式中，D_{1z} 和 D_{2z} 表示两种材质的电位移矢量。

将式（9.2.1）代入式（9.2.4），最终可得

$$\begin{cases} \varepsilon_1 a_2 E_{1x} = -\varepsilon_2 a_1 E_{2x} \\ \mathrm{i}KE_{2x} + a_2 E_{2x} = 0 \end{cases} \tag{9.2.5}$$

将式（9.2.5）代入式（9.2.4），最终可得

$$\varepsilon_1 a_2 = -\varepsilon_2 a_1 \tag{9.2.6}$$

通过联立式（9.2.3）、式（9.2.6）可求得色散方程：

$$K^2 = \left(\frac{\omega}{c}\right)^2 \frac{\varepsilon_1 \varepsilon_2}{\varepsilon_1 + \varepsilon_2} \tag{9.2.7}$$

对于金属膜，它的介电常数可表示为

$$\varepsilon_1 = \varepsilon_a + \mathrm{i}\varepsilon_b \tag{9.2.8}$$

式中，ε_1 为复数，其中实部 $\varepsilon_a < 0$，虚部 $\varepsilon_b > 0$。

通过式（9.2.7）可以得出

$$\begin{cases} \operatorname{Re} K_x = \dfrac{\omega}{c}\sqrt{\dfrac{\varepsilon_a \varepsilon_2}{\varepsilon_a + \varepsilon_2}} \\ \operatorname{Im} K_x = \dfrac{\omega \varepsilon_b}{c \varepsilon_a^2}\sqrt{\left(\dfrac{\varepsilon_a \varepsilon_2}{\varepsilon_a + \varepsilon_2}\right)^3} \end{cases} \tag{9.2.9}$$

在式（9.2.8）中，虚部表示电场衰减，可以得出表面等离子体波的电场在金属膜与电介质交界面呈指数衰减的趋势。求解麦克斯韦方程，可得到沿金属膜与电介质界面方向衰减的表面等离子体波的波矢：

$$K_{\mathrm{sp}} = \frac{\omega}{c}\sqrt{\frac{\varepsilon_1 \varepsilon_2}{\varepsilon_1 + \varepsilon_2}} \tag{9.2.10}$$

当入射光以大于临界角度入射到三棱镜后，会在三棱镜与金属膜接触面产生全反射，这时会激发金属膜表面等离子体波，从而实现表面等离子体共振。入射光平行于金属膜表面的波矢分量为[26]

$$K_x = \frac{\omega}{c}\sqrt{\varepsilon_0}\sin\theta_{\mathrm{spr}} \tag{9.2.11}$$

因此，要使光波和表面等离子体波发生共振，必须保证光经过金属膜产生的倏逝波与表面等离子体波的相位和波数一致：

$$K_x = K_{\mathrm{sp}} \tag{9.2.12}$$

由上式可知，影响 SPR 的条件包括光入射角、入射波长、棱镜介电常数、金属膜介电常数以及待测液介电常数。而实际中，棱镜和金属膜的介电常数固定。因此，通过改变其他三个参数可实现对共振特性的调制。本节采用角度调制，通过式（9.2.10）～式（9.2.12），可求得入射角为

$$\theta_{spr} = \arcsin\sqrt{\frac{\varepsilon_1\varepsilon_2}{\varepsilon_0(\varepsilon_1+\varepsilon_2)}} \tag{9.2.13}$$

根据菲涅耳公式，入射光为 p 偏振光时，反射率 R 可表示为

$$R = \left|\frac{r_{01}+r_{02}\exp(2\mathrm{i}K_{1s}d)}{1+r_{01}r_{02}\exp(2\mathrm{i}K_{1s}d)}\right|^2 \tag{9.2.14}$$

式中，

$$r_{ij} = \frac{\varepsilon_i K_{js} - \varepsilon_j K_{is}}{\varepsilon_i K_{js} + \varepsilon_j K_{is}} \tag{9.2.15}$$

式中，$i, j = 0,1,2$ 分别代表棱镜、金属膜和待测液。

通过式（9.2.14）和式（9.2.15）可建立起反射率与介质折射率之间的关系，如果介质为敏感材料，折射率随外界磁场发生变化，即可以得到共振角与磁场的关系，从而实现磁场传感。

4. 二相介质分析方法

在 150～250Oe 磁场强度范围内，磁流体发生二相分离，形成规则的磁流体光子晶体，此时，虽然可以求出有效折射率，但磁流体已发生二相分离，不能按照均匀情况分析折射率对表面等离子体波的调制。为解决这一问题，本节采用有限元法[27]进行分析，用 Comsol 软件建模并进行模拟仿真。图 9.2.8 为 150Oe 磁场强度时，磁流体光子晶体结合 SPR 的有限元模型。仿真模型由三棱镜、金属膜（Au）

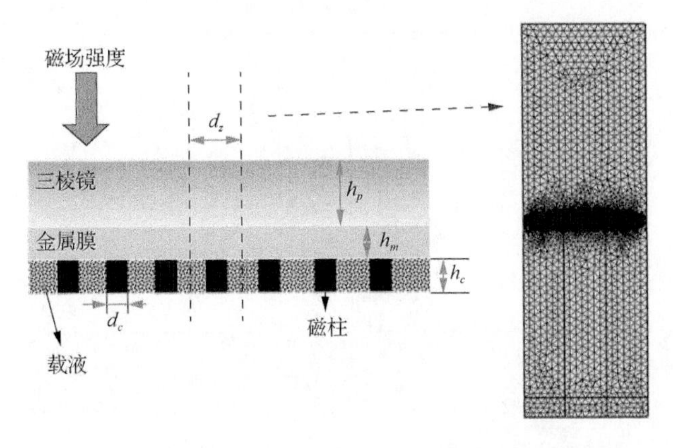

图 9.2.8　磁流体光子晶体结合 SPR 的模型和网格分布

和磁柱（Fe_3O_4）组成。由于磁流体光子晶体为周期性六边形结构，因而在垂直外加磁场方向呈光栅排列形式。光栅周期 d_z 为 0.9715μm，三棱镜计算区域的厚度 h_p 为 1.5μm，金属膜厚度 h_m 为 0.05μm，玻璃槽深度 h_c 为 1.5μm，磁柱直径 d_c 为 0.33μm。为了精确分析金属膜对于表面等离子体波的调制，金属膜的网格需要在纵向保证在 10 个晶格周期以上。

9.3 磁流体光子晶体结构的仿真结果及讨论

本节对传感系统在 30～110Oe 与 150～250Oe 两段磁场强度范围内的传感特性分别进行分析。传感系统的实现主要体现在共振特性随磁场的改变。所采用的方法为角度调制，即入射光波长固定，通过扫描入射角，记录 0°～90°入射角范围内反射率的变化。在反射光谱中反射率最小时所对应的角度为共振角。改变磁场强度，观测共振角的变化，实现磁场传感。

本节对磁流体在 30～110Oe 的磁场强度范围内的共振特性进行分析。在这个过程中，磁流体为胶体结构形式，几乎处于一相均匀状态，因此可以用传统的表面等离子体共振方法分析计算它的共振特性。入射光波长的合理选取有利于获得较好的共振角。在光学传感领域中，一般选取入射光为可见光波段范围（0.40～0.78μm）与近红外波段范围（0.78～2.50μm），这是由于处于这部分光波段范围内的光源为常用光源，相关的光学器件大多数也工作在这段范围内，且成本较低。

如图 9.3.1 所示，采用角度调制方法，计算 0.40～2.50μm 入射光波长下的反射率随入射角（0°～90°）的变化趋势。对可见光波段（0.40～0.78μm）与近红外波段（0.78～2.50μm）范围内光的共振特性分别进行分析。在无磁场情况下，磁流体折射率为 1.45656，在此情况下分别计算反射率与入射角的关系。

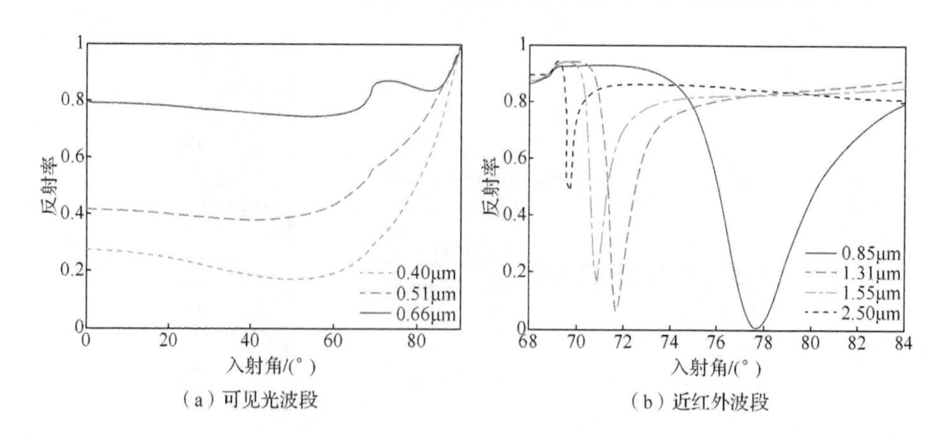

图 9.3.1 不同波长下磁流体反射率与入射角的关系（H=0Oe）

如图 9.3.1（a）所示，在可见光波段，分析紫光（0.40μm）、绿光（0.51μm）和红光（0.66μm）的反射率与入射角之间的关系。从仿真结果可以看出，当紫光通过传感单元时，入射角从 0° 增加到 60° 的过程中，反射率缓慢减小，超过 60° 时，反射率增加，无吸收峰出现。当绿光通过传感单元时，反射率与入射角的变化趋势与紫光情况大致相同，不同的是在整个入射角范围内，绿光的反射率整体比紫光高。当红光通过传感单元时，同样仅增大了光的反射率，无吸收峰出现。因此，可以得出在可见光区域无法实现共振特性，不能用于传感。

如图 9.3.1（b）所示，在近红外波段，分析了四个光波长情况下的反射率与入射角之间的关系。入射光波长的选取需要具有代表性。本节研究的方向为光学传感，光学传感与光通信密不可分。因此在共振特性的研究中，首先选取常用的通信窗口（λ 为 0.85μm、1.31μm 和 1.55μm）以及近红外边界波长（λ=2.5μm）进行分析。当 λ 为 0.85μm 时，可以观测到入射角 θ=77.57° 处存在明显的吸收峰，反射率几乎为 0。当 λ 为 1.31μm 时，吸收峰出现在 θ=71.8°，反射率为 0.06。当 λ 为 1.55μm 时，吸收峰出现在 θ=70.9°，反射率为 0.16。当 λ 为 2.5μm 时，吸收峰出现在 θ=69.73°，反射率为 0.48。通过比较可以看出在这几个波长处的光都具有较明显的吸收峰。在光通信传感领域中，1.55μm 为最常用的通信窗口，因此本节将入射光波长设定为 1.55μm，并研究在此波长下共振角与磁场的关系。

分析 30～150Oe 磁场范围内共振角与磁场强度的关系，如图 9.3.2（a）所示，分别对磁场强度为 30Oe、50Oe、70Oe、90Oe 和 110Oe 的反射率随入射角的变化趋势进行分析。磁流体在这几种磁场强度下对应的折射率分别为 1.45656、1.45944、1.46299、1.46625 和 1.46919。从图中可以看出，当磁场强度从 30Oe 增大到 110Oe 时，反射率几乎保持不变，共振峰所对应的角度从 70.90° 增加到 72.43°。图 9.3.2（b）给出了传感系统的共振角与磁场强度的关系。通过对光波长 λ 为 1.55μm 处共振角随外加磁场的变化特性进行分析，得出在 30～150Oe 的磁场强度范围内，随磁场强度增大，共振角增大。绘制出 30Oe、50Oe、70Oe、90Oe 和 110Oe 磁场强度下所对应的点，通过拟合函数，得出共振角 Φ 与外加磁场强度 H 的关系可表示为

$$\Phi = 0.0129H + 70.5 \tag{9.3.1}$$

从图 9.3.2（b）中可以看出曲线与点的拟合程度非常好。随着磁场强度增大，共振角与外加磁场强度呈线性关系，灵敏度为 0.0129° /Oe。

对磁流体在 150～250Oe 的磁场强度范围内的共振特性进行分析。在这个过程中，磁流体在磁场作用下发生二相分离，形成磁流体光子晶体。构成磁流体光子晶体的磁柱为六边形规则排列。随着外加磁场强度的增大，磁柱的平均直径逐渐减小，与此同时，在磁流体内部有更多的磁柱形成。磁柱直径的减小和新的磁柱的出现会使晶格常数减小。如图 9.3.2（c）所示，为了分析规则磁柱的出

现对表面等离子体波的影响，设置磁场强度为 150Oe，即刚刚形成磁流体光子晶体的阶段，分别通过传统 SPR 方法和有限元法分析了共振特性随磁场强度变化的情况。

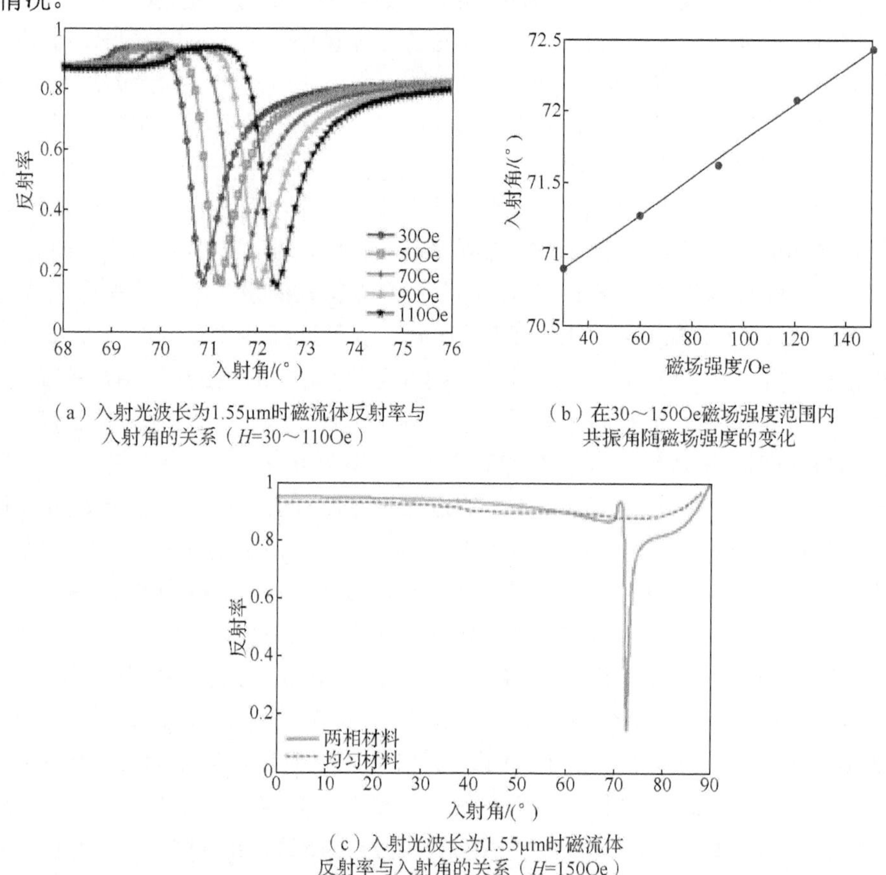

（a）入射光波长为1.55μm时磁流体反射率与入射角的关系（H=30～110Oe）

（b）在30～150Oe磁场强度范围内共振角随磁场强度的变化

（c）入射光波长为1.55μm时磁流体反射率与入射角的关系（H=150Oe）

图 9.3.2　磁流体光子晶体与 SPR 相结合结构的反射光谱、共振角、入射角与磁场关系

磁场强度为 150Oe 时磁流体的有效折射率为 1.47196，当将形成磁流体的光子晶体结构按均匀物质考虑时，通过传统 SPR 方法计算，结果表明共振角出现在 θ=72.79° 处。然而，当考虑磁柱出现时，磁流体可看成由磁柱和载液组成的二相物质，通过有限元计算，结果表明波长为 1.5μm 的光在 0°～90° 范围没有共振角出现。

如图 9.3.3 所示，分别用有限元法对 λ 为 0.85μm、1.31μm、1.55μm 和 2.5μm 时反射率与入射角的关系进行仿真。从图中可以看出，这几种波长下的光经过传感单元反射时，均无共振角产生。在入射角 θ 为 81.5° 时，反射率有减小趋势，但并不明显。对这几种情况下的电场强度分布进行分析可以看出，当 θ=81.5° 时，这几种波长的光均不能够透过金属膜，因而无法产生倏逝波，发生共振。

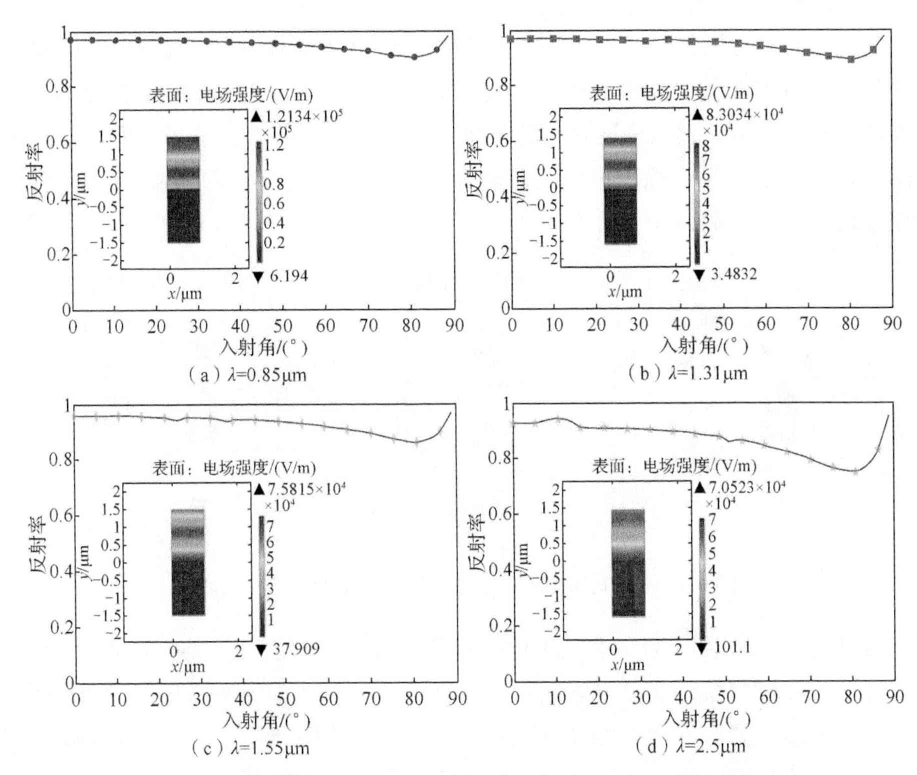

图 9.3.3　磁流体光子晶体在不同光波长下反射率与入射角的关系

在 0.4～2.5μm 的范围内，对除通信窗口外的其他光波段的共振特性进行分析。如图 9.3.4 所示，在仿真中，发现当光波长为 1.7μm 时，随着入射角从 53.1° 增加到 56.7°，反射率从 0.9192 迅速下降到 0.8053。继续增大入射角到 59.3°，反射率增加到 0.8814。由于这时的吸收峰不明显，因此不能用于检测。继续增大光波长后发现吸收峰随着波长增加向右移动。反射率也逐渐减小。当波长增大到 1.8μm 时反射率减小到 0.66。继续增大光波长，吸收峰逐渐消失。

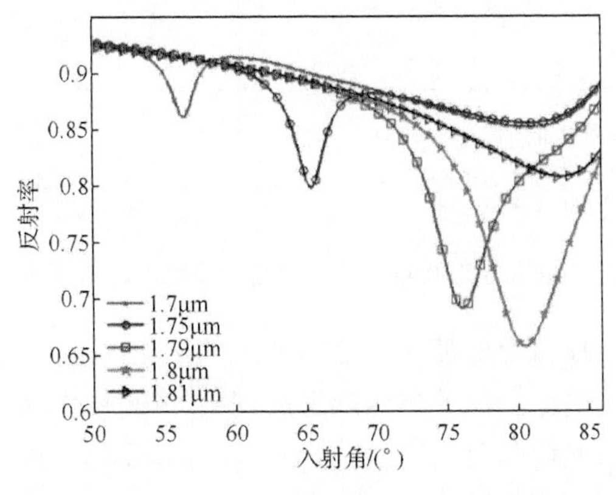

图 9.3.4　入射光波长为 1.7～1.81μm 时磁流体反射率与入射角的关系

通过分析，可以得出光波长在 1.8μm 处能够产生共振角。如图 9.3.5 所示，对这个波长范围左右的电场分布情况进行仿真。发现 λ 为 1.79μm 和 1.81μm 的入射光能够透过金属膜，然而透过金属膜的电场强度不大。而当光波长 λ 为 1.8μm 时，光透过金属膜后在另一面的电场强度较大，造成较小的反射率，因此可选用此波长用于传感并检测磁场信号变化。

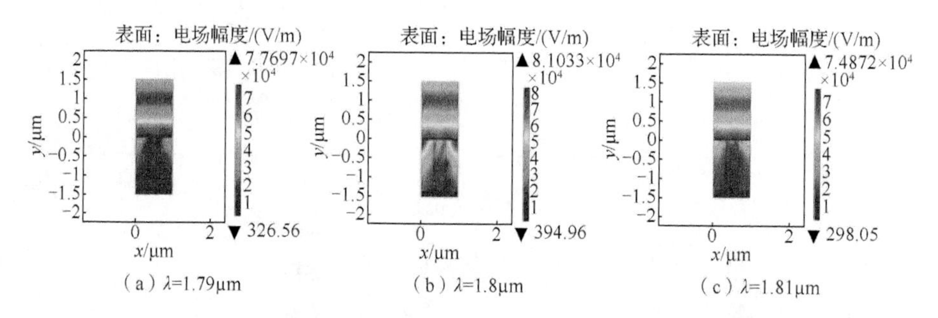

图 9.3.5 磁流体光子晶体在不同光波长的电场分布图

得出最优波长后，对 150～250Oe 磁场强度范围内的共振特性进行分析。采用有限元法分析共振角随外界磁场的变化特性。图 9.3.6 为在磁场强度 150Oe、175Oe、200Oe、225Oe 和 250Oe 下反射率与入射角的关系曲线，即形成磁流体光子晶体阶段的共振曲线。结果表明，当磁场强度从 150Oe 增大到 250Oe 时，共振角从 79.2° 增大到 85.1° 。

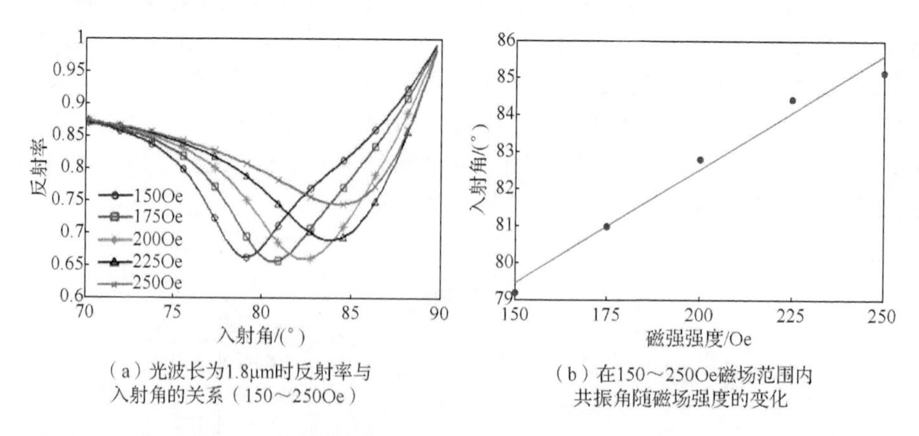

图 9.3.6 磁流体光子晶体与 SPR 结合的入射角、反射率、共振角与磁场强度的关系

形成的磁柱结构在特定的波长处能够产生共振角，这是由磁流体光子晶体的周期性结构变化引起的。当磁流体内部形成规则的磁柱时，沿着金属膜与磁流体的交界面方向有类似光栅的结构形成。光栅能够使特定波长的光的发生能带劈裂，并在特定的波长范围处发生反射。光栅周期 Λ 满足以下公式[28,29]：

$$\Lambda = \frac{\lambda}{2N_p \sin\theta} \tag{9.3.2}$$

式中，λ 代表入射光波长；θ 代表入射角；N_p 代表光栅结构的有效折射率（光栅由磁柱和载液组成）。从式（9.3.2）可以看出，当外加磁场强度增大时，晶格常数减小导致光栅周期 Λ 减小，有效折射率增大。然而，在这个过程中，光栅变化的效应远大于有效折射率变化的效应，因此，共振角增大。对 λ 为 1.8μm 光波长处共振角随外加磁场的变化趋势进行分析，如图 9.3.6（a）所示，通过函数拟合，当磁场强度为 150～250Oe 时，得到共振角。共振角 Φ 与外加磁场强度 H 的关系为

$$\Phi = 0.0612H + 70.27 \tag{9.3.3}$$

从图 9.3.6（b）中可以看出，磁场强度所对应的 5 个点与拟合曲线具有较好的吻合度，可以得出共振角随磁场强度呈线性趋势变化，传感灵敏度为 0.0612°/Oe。

通过比较图 9.3.2（b）和图 9.3.6（b）可以看出，在 30～150Oe 和 150～250Oe 的磁场强度范围内，共振角都随着磁场强度的增大而增大，波长为 1.55μm 的光在 30～110Oe 的范围内具有较好的线性响应特性。当磁场强度在 150～250Oe 的范围内时，磁流体发生二相分离形成磁流体光子晶体，波长为 1.55μm 的共振角消失。与此同时，发现在 λ=1.8μm 的光波长处出现共振角，随着磁场强度增大，共振角增大，此时的灵敏度是 30～150Oe 范围内的 4.74 倍。

通过以上分析，可以得出磁流体二相分离形成磁流体光子晶体时产生的磁柱周期随着磁场强度变化，且能够对 SPR 的共振特性产生影响。这种特性为新型光电器件的研制和新型磁场传感技术提供理论依据。

参 考 文 献

[1] Mehr A, Emami F, Mohajeri F. Tunable photonic crystal filter with dispersive and non-dispersive chiral rods[J]. Optics Communications, 2013, 301-302: 88-95.

[2] Redondo B, Sarriugarte P, Adeva A G, et al. Coupling mid-infrared light from a photonic crystal waveguide to metallic transmission lines[J]. Applied Physics Letters, 2014, 104(1): 011101.

[3] Radulaski M. Photonic crystal cavities in cubic (3C) polytype silicon carbide films[J]. Optics Express, 2013, 21(26): 32623-32629.

[4] Lu T W, Lee P T. Ultra-high sensitivity optical stress sensor based on double-layered photonic crystal microcavity[J]. Optics Express, 2009, 17(3): 1518-1526.

[5] 傅海威, 赵辉, 乔学光, 等. 光子晶体微腔温度响应特性研究[J]. 光学学报, 2010, 30(1): 237-239.

[6] Scullion M G, Di Falco A. Slotted photonics crystal cavities with integrated microfluidics for biosensing applications[J]. Biosensors & Bioelectronics, 2011, 7: 101-105.

[7] Chen Y. Ultrasensitive gas-phase chemical sensing based on functionalized photonic crystal nanobeam cavities[J]. Chinese Physics Letters, 2014, 8(1): 522-527.

[8] Yang S Y, Chen Y F, Ke Y H. Effect of temperature on the structure formation in the magnetic fluid film subjected to perpendicular magnetic fields[J]. Journal of Magnetism and Magnetic Materials, 2002, 252: 290-292.

[9] Yang S Y, Horng H E, Shiao Y T, et al. Photonic-crystal resonant effect using self-assembly ordered structures in magnetic fluid films under external magnetic fields[J]. Journal of Magnetism and Magnetic Materials, 2006, 307(1): 43-47.

[10] Xiang Y, Zhu X Y, Huang Q, et al. Real-time monitoring of mycobacterium genomic DNA with target-primed rolling circle amplification by a Au nanoparticle-embedded SPR biosensor[J]. Biosensors & Bioelectronics, 2015, 66: 512-519.

[11] Kumar M P, Rajan J. On the electric field enhancement and performance of SPR gas sensor based on graphene for visible and near infrared[J]. Sensors and Actuators B: Chemical, 2015, 207: 117-122.

[12] Choi Y H, Ko H, Lee G Y, et al. Development of a sensitive SPR biosensor for C-reactive protein (CRP) using plasma-treated parylene-N film[J]. Sensors and Actuators B: Chemical, 2015, 207: 133-138.

[13] Srivastava T, Das R, Jha R. Highly accurate and sensitive surface plasmon resonance sensor based on channel photonic crystal waveguides[J]. Sensors and Actuators B: Chemical, 2011, 157(1): 246-252.

[14] Su W, Zheng G G, Li X Y. A resonance wavelength easy tunable photonic crystal biosensor using surface plasmon resonance effect[J]. OPTIK, 2013, 124(21): 5161-5163.

[15] Wang F, Chen C Y, Mao P L. Sensitive surface plasmon resonance biosensor based on a photonic crystal and bimetallic configuration[C]. 2014 14th International Conference on Numerical Simulation of Optoelectronic Devices, Palma de Mallorcab, 2014: 117-118.

[16] Kurihara K, Suzuki K. Theoretical understanding of an absorption-based surface plasmon resonance sensor based on Kretchmann’s theory[J]. Analytical Chemistry, 2002, 74(3): 696-701.

[17] Bevenot X, Trouillet A, Veillas C. Surface plasmon resonance hydrogen sensor using an optical fibre[J]. Measurement Science & Technology, 2002, 13(1): 118-124.

[18] Nelson S G, Johnston K S, Yee S S. High sensitivity surface plasmon resonance sensor based on phase detection[J]. Sensors and Actuators B: Chemical, 1996, 35(1-3): 187-191.

[19] Li J, Zhao Y, Hu H F, et al. SPR based hollow prism used as refractive index sensor[J]. OPTIK, 2015, 126(2): 199-201.

[20] Ruffato G, Pasqualotto E, Sonato A. Implementation and testing of a compact and high-resolution sensing device based on grating-coupled surface plasmon resonance with polarization modulation[J]. Sensors and Actuators B: Chemical, 2013, 185: 179-187.

[21] Cennamo N, Pesavento M, Lunelli L. An easy way to realize SPR aptasensor: A multimode plastic optical fiber platform for cancer biomarkers detection[J]. Talanta, 2015, 140: 88-95.

[22] Tiefenthaler K, Lukosz W. Sensitivity of grating couplers as integrated-optical chemical sensors[J]. Journal of the Optical Society of America B, 1989, 6: 209-212.

[23] Jorgenson R C, Yee S S. A fiber optic chemical sensor based on surface plasmon resonance[J]. Sensors and Actuators B: Chemical, 1993, 12: 213-220.

[24] Hong C Y, Yang S Y, Horng H E, et al. Control parameters for the tunable refractive index of magnetic fluid films[J]. Journal of Applied Physics, 2003, 94(6): 3849-3852.

[25] 张雪姣. 基于 SPR 传感技术的生物检测方法与实验研究[D]. 杭州: 浙江大学, 2007.

[26] Zhao Y, Deng Z Q, Li J. Photonic crystal fiber based surface plasmon resonance chemical sensors[J]. Sensors and Actuators B: Chemical, 2014, 202: 557-567.

[27] Qiu H L, Mei L Q. Two-level defect-correction stabilized finite element method for Navier-Stokes equations with friction boundary conditions[J]. Journal of Computational and Applied Mathematics, 2015, 280(15): 80-93.

[28] 於丰, 许兴胜, 阚强, 等. 光栅辅助的表面波传感器研究[J]. 量子电子学报, 2010, 27(1): 100-104.

[29] Descrovi E, Giorgis F, Dominici L. Experimental observation of optical bandgaps for surface electromagnetic waves in a periodically corrugated one-dimensional silicon nitride photonic crystal[J]. Optics Letters, 2008, 33(3): 243-245.